Arbeitsheft
Mathematik

6

Für die Klasse 10

Herausgegeben von
J. Peter Böhmer

Bearbeitet von
J. Peter Böhmer
Ekkehard Jander
Wilfried Schlake
Otto Steinhoff
Paul Zahn

Lineare Gleichungen, Gleichungssysteme
Quadratische Funktionen, Potenzfunktionen
Trigonometrie
Körperberechnungen
Sachthemen
Daten und Zufall

Ernst Klett Verlag
Stuttgart • Leipzig

1. Auflage 1 16 15 14 | 26 25 24

Alle Drucke dieser Auflage sind unverändert und können im Unterricht nebeneinander verwendet werden.
Die letzte Zahl bezeichnet das Jahr des Druckes.

Herausgeber: J. Peter Böhmer, Emden
Autoren: J. Peter Böhmer, Emden; Ekkehard Jander, Friedeburg; Wilfried Schlake, Oldenburg; Otto Steinhoff, Köln; Paul Zahn, Emden

Redaktion: Kerstin Leonhardt, Claudia Gritzbach
Herstellung: Nicole Weldert

Gestaltung: Katja Buß
Umschlaggestaltung: Katja Buß
Illustrationen: Rudolf Hungreder, Leinfelden-Echterdingen; media office gmbh, Kornwestheim
Satz: media office gmbh, Kornwestheim
Druck: Plump Druck und Medien GmbH, Rheinbreitbach

Printed in Germany
ISBN 978-3-12-746806-9

9 783127 468069

ÜS

Alle wichtigen Elemente im Überblick

Dieses **Arbeitsheft** kann lehrbuchunabhängig im Unterricht eingesetzt werden:
- zusätzlich zu jedem Lehrwerk
- als alleiniges Begleitwerk für den Mathematikunterricht

Kasten
mit Definitionen, Informationen, Beispielen und Musterlösungen

Aufgaben zum direkten Eintragen
- Ergebnisse können in vorbereitete Tabellen, Diagramme, … eingetragen werden
- Schrittfolgen können nachvollzogen werden
- Aufgaben auf zwei Niveaus zur Differenzierung
  - **1** normales Niveau
  - **2** ☆ erhöhtes Niveau, Zusatzinhalte
- alle Lösungen befinden sich im beiliegenden Lösungsheft

Kompetenz-Tests
- wichtige Kapitel werden mit einem Kompetenz-Test abgeschlossen
- diese Seiten dienen der Lernkontrolle
- die Aufgaben werden in drei Schwierigkeitsstufen angeboten (leicht – mittel – schwer)
- die Auswertung der Lernkontrolle kann durch die Symbole vorgenommen werden:
  - ☹ keine Aufgabe gelöst
  - 😐 eine oder zwei Aufgaben gelöst
  - ☺ drei Aufgaben gelöst

Auf der hinteren Umschlagseite können die Schülerinnen und Schüler die bearbeiteten Lerneinheiten und Kompetenz-Tests markieren ☒, was dem schnellen Überblick dient.

Formelsammlung
Auf den letzten beiden Seiten (S. 87/88) sind die wichtigsten Inhalte zusammengefasst und können dort nachgeschlagen werden.

Hinweise, Tipps zur Bearbeitung, Erinnerung an bekannte mathematische Inhalte

Achtung! Wichtige Regeln und Hinweise

☑ Lösungskontrolle durch Abstreichen möglich

i Informationen

3.1 Weitere Aufgaben
- sie enthalten gleiche Aufgabenstellungen wie oben
- sie sind den Aufgaben von oben durch eine gemeinsame Kennzeichnung zugeordnet. Beispiel: zur Aufgabe 3 gehören die Übungsaufgaben 3.1 und 3.2
- die Lösungen aller Aufgaben sind im beiliegenden Lösungsheft abgedruckt

4 Neue Aufgaben
- zum Problemlösen, Argumentieren, Kommunizieren und Darstellen
- sie eignen sich zur Differenzierung
- auch die Lösungen dieser Aufgaben befinden sich im beiliegenden Lösungsheft

Schriftliche Rechenverfahren

1 Berechne.

a) 25,07 + 3,194 + 105,2 + 0,0652

b) 0,036 + 2,98 + 72,852 + 0,29

Dezimalzahlen dividieren 0,581 : 0,07

(1) **Nebenrechnungen**
- Anzahl der Dezimalstellen beim Divisor bestimmen — 0,07 → 2 Dezimalstellen
- Aufgabe so verändern, dass der Divisor eine natürliche Zahl ist — 0,581 : 0,07 → 58,1 : 7

(2) Schriftlich dividieren

5	8,	1	:	7	=	8,	3
5	6						
	2	1					
	2	1					
		0					

(3) Ergebnis notieren — 0,581 : 0,07 = 8,3

2 Berechne.

a) 70,746 − 8,35 b) 9,27 − 6,094 c) 102,9 − 91,03 − 5,2 d) 0,038 − 0,009 − 0,51

3 Berechne.

a) 49,3 · 7,02 b) 0,98 · 0,015 c) 903,5 · 5,6 d) 0,034 · 40,7

4 Berechne wie im Kasten.

a) 45,81 : 9 b) 5,442 : 0,06 c) 10,4 : 0,16 d) 1,5 : 0,75

Dezimalzahlen addieren und subtrahieren

(1) Stellengerecht untereinanderschreiben, **Komma unter Komma**

(2) Stellenweise addieren oder subtrahieren, Überträge notieren

71,53 − 45,67 − 3,70

	7	1,	5	3	
−	4	5,	6	7	+
−		3,	7	0	
	1	1	1		
	2	2,	1	6	

Dezimalzahlen multiplizieren

(1) Schriftlich multiplizieren

(2) Dezimalstellen mit · · · markieren und addieren

(3) Komma im Ergebnis setzen

	·	·			·	·	·
1,	3	4	·	0,	0	8	3
			1	0	7	2	
					4	0	2
				1			
		0,	1	1	1	2	2
			·	·	·	·	·

1.1 Berechne. a) 32,004 + 19,1 + 403,28 + 0,0917 b) 1,95 + 99,307 + 20,02 + 0,358 c) 807,4 + 90,5 + 1603,21 + 8,034

2.1 Berechne.
a) 17,903 − 13,47 − 1,0247 b) 6,043 − 0,84 − 3,254
c) 806,1 − 5,01 − 12,765 d) 0,875 − 0,0835 − 0,108
e) 907,3 − 55,46 − 0,476 f) 100,9 − 45,68 − 2,006

3.1 Berechne. a) 19,3 · 9,13 b) 5,02 · 0,095
c) 506 · 0,87 d) 3,87 · 0,007 e) 89,9 · 3,04
f) 19,01 · 3,005 g) 1,2 · 547,5 h) 0,009 · 0,004

4.1 Berechne. a) 162,4 : 8 b) 404,1 : 0,9
c) 0,1232 : 0,04 d) 0,957 : 1,1 e) 194,35 : 2,3
f) 2,238 : 0,003 g) 4,485 : 0,05 h) 5,679 : 0,09

Bruchrechnen

1 a) $\frac{2}{7} + \frac{3}{4}$ b) $\frac{7}{8} - \frac{5}{12}$

(1)

(2)

(3)

Brüche addieren und subtrahieren

	$\frac{5}{6} + \frac{3}{4}$	$\frac{14}{9} - \frac{1}{6}$
(1) Brüche gleichnamig machen	$= \frac{10}{12} + \frac{9}{12}$	$= \frac{28}{18} - \frac{3}{18}$
(2) Zähler addieren/subtrahieren, Nenner beibehalten	$= \frac{19}{12}$	$= \frac{25}{18}$
(3) Wenn möglich – kürzen – in eine gemischte Zahl umwandeln	$= 1\frac{7}{12}$	$= 1\frac{7}{18}$

2 a) $\frac{2}{3} \cdot \frac{4}{7}$ b) $\frac{3}{5} \cdot \frac{7}{9}$

(1)

(2)

(3)

(4)

3 a) $\frac{3}{8} : \frac{1}{4}$ b) $\frac{11}{15} : \frac{2}{3}$

Brüche multiplizieren

(1) Zähler mal Zähler, Nenner mal Nenner
(2) Wenn möglich, kürzen
(3) Berechnen
(4) Wenn möglich, in eine gemischte Zahl umwandeln

$\frac{3}{2} \cdot \frac{5}{6} = \frac{{}^{1}\cancel{3}}{2} \cdot \frac{5}{\cancel{6}_{2}} = \frac{5}{4} = 1\frac{1}{4}$

Brüche dividieren

(1) 1. Bruch notieren, dann mit dem **Kehrbruch** des 2. Bruches multiplizieren
(2) Wenn möglich, kürzen
(3) Berechnen
(4) Wenn möglich, in eine gemischte Zahl umwandeln

$\frac{3}{4} : \frac{7}{8} = \frac{3}{{}_{1}\cancel{4}} \cdot \frac{\cancel{8}^{2}}{7} = \frac{6}{7}$

4 a) $1\frac{1}{2} + 3\frac{2}{3}$ b) $5\frac{2}{5} + 2\frac{1}{4}$

5 a) $3\frac{1}{10} - 2\frac{5}{8}$ b) $6\frac{1}{5} - 3\frac{2}{7}$

6 a) $2\frac{1}{2} \cdot 3\frac{2}{3}$ b) $4\frac{2}{5} \cdot 3\frac{1}{4}$

7 a) $8\frac{2}{5} : 3\frac{1}{10}$ b) $4\frac{2}{3} : 1\frac{1}{9}$

zu 4 bis 7

Wandle die gemischte Zahl zuerst in einen Bruch um.

$1\frac{1}{2} = \frac{2}{2} + \frac{1}{2} = \frac{3}{2}$

☑ zu 1 bis 7

$\frac{8}{21}$; $\frac{11}{24}$; $\frac{7}{15}$; $1\frac{1}{28}$; $1\frac{1}{10}$; $1\frac{1}{2}$; $2\frac{22}{31}$; $2\frac{32}{35}$; $\frac{19}{40}$; $4\frac{1}{5}$; $5\frac{1}{6}$; $7\frac{13}{20}$; $9\frac{1}{6}$; $14\frac{3}{10}$

1.1 a) $\frac{3}{5} + \frac{2}{3}$ b) $\frac{4}{3} + \frac{3}{4}$ c) $\frac{1}{9} + \frac{2}{7}$

1.2 a) $\frac{7}{8} - \frac{1}{4}$ b) $\frac{5}{12} - \frac{1}{3}$ c) $\frac{5}{11} - \frac{2}{9}$

2.1 a) $\frac{2}{3} \cdot \frac{6}{7}$ b) $\frac{4}{5} \cdot \frac{10}{11}$ c) $\frac{4}{3} \cdot \frac{2}{7}$

3.1 a) $\frac{3}{5} : \frac{2}{3}$ b) $\frac{1}{4} : \frac{2}{7}$ c) $\frac{5}{8} : \frac{5}{12}$

4.1 a) $1\frac{1}{2} + 2\frac{3}{4}$ b) $2\frac{1}{3} + 4\frac{2}{5}$ c) $3\frac{3}{4} + 2\frac{1}{8}$

5.1 a) $2\frac{1}{2} - 1\frac{8}{11}$ b) $6\frac{2}{3} - 5\frac{4}{9}$ c) $8\frac{1}{5} - 1\frac{3}{10}$

6.1 a) $2\frac{1}{4} \cdot 4\frac{1}{2}$ b) $6\frac{2}{3} \cdot 3\frac{1}{2}$ c) $5\frac{1}{5} \cdot 2\frac{2}{3}$

7.1 a) $4\frac{1}{2} : 1\frac{1}{2}$ b) $3 : \frac{2}{5}$ c) $6\frac{2}{5} : 3\frac{1}{3}$

8 a) $3\frac{1}{4} \cdot 0{,}5$ b) $3{,}25 : \frac{1}{4}$ c) $0{,}4 : \frac{2}{5}$

9 Bilde die Summe, die Differenz, das Produkt und den Quotienten aus zwei Brüchen deiner Wahl. Das Ergebnis soll größer als 1 sein. Begründe, wie du vorgehst.

$\frac{1}{2}$	$\frac{4}{3}$	$\frac{8}{5}$
$\frac{1}{5}$	$\frac{2}{7}$	$\frac{5}{2}$

Zuordnungen, Dreisatz

1 Ein Gewinn wird an 8 Personen verteilt. Jede erhält 350 000 €. Wie viel Euro erhält jede bei einer Verteilung an 7 Personen?

Personen	Gewinn
8	

Jede Person erhält dann

Umgekehrt proportionale Zuordnung berechnen

Eine Teepackung enthält 25 Beutel zu je 2 g. Die gleiche Menge Tee soll in 10 Beutel gefüllt werden. Wie viel g wiegt jeder Beutel?

(1) Zuordnung in eine Tabelle eintragen
(2) Berechnen, evtl. Zwischenschritt über die „1"
(3) Antwort notieren

Anzahl	Gewicht
25	2 g
1	50 g
10	5 g

(Anzahl: : 25, · 10; Gewicht: · 25, : 10)

Jeder Beutel wiegt 5 g.

Berechnung mit dem Dreisatz
In 25 B. sind je 2 g.
In 1 B. sind 50 g.
In 10 B. sind je 5 g.

2 Vervollständige die Tabelle für die proportionale Zuordnung.

a)

Anzahl	Preis
5	12,50 €
1	
17	

(: 5; ___)

b)

Gewicht	Preis
9 kg	36,00 €
3 kg	
36 kg	

c)

Zeit	Füllmenge
10 min	750 l
45 min	

3 Berechne die proportionale Zuordnung mit dem Dreisatz.

a) Aus einem Wasserhahn fließen in 15 min 660 l Wasser. Wie viel Wasser fließt in 55 min?

in 15 min fließen 660 l
in ___ min fließen ___
in ___ min fließen ___

b) Für 8 m² Wand werden 400 Fliesen benötigt. Wie viele Fliesen werden für 20 m² benötigt?

für 8 m²
für
für

c) Aus 21 m Stoff können 5 Kleider genäht werden. Wie viel m Stoff benötigt man für 12 Kleider?

4 Berechne die antiproportionale Zuordnung mit dem Dreisatz.

a) Ein Lottogewinn wird auf 6 Personen verteilt, jede erhält 105 000 €. Wie viel Euro erhält jede, wenn es 8 Personen sind?

6 Personen je 105 000 €

b) Eine Busfahrt kostet bei 24 Schülern für jeden 28 €. Es fahren nur 20 Schüler mit. Wie viel Euro muss jeder bezahlen?

24 Schüler je

c) Zum Sandtransport sind 8 Lkws vorgesehen. Jeder Lkw muss 15 Fahrten machen. Wie oft müssten 12 Lkws fahren?

8 Lkws, jeder

proportional
Zum Doppelten gehört das Doppelte, zur Hälfte gehört die Hälfte.

antiproportional = umgekehrt proportional
Zum Doppelten gehört die Hälfte, zur Hälfte gehört das Doppelte.

zu 2
Proportionale Zuordnung berechnen
20 Bonbons wiegen 160 g. Wie viel Gramm wiegen 7 Bonbons?

Anzahl	Gewicht
20	160 g
1	8 g
7	56 g

(Anzahl: : 20, · 7; Gewicht: : 20, · 7)

7 Bonbons wiegen 56 g.

Berechnung mit dem Dreisatz
20 Bonbons wiegen 160 g
1 Bonbon wiegt 8 g
7 Bonbons wiegen 56 g

1.1 Vervollständige die Tabelle für die antiproportionale Zuordnung.

a)

Reihen	Stühle
15	12
30	
10	

b)

Lkws	Tage
6	10
1	
5	

2.1 Vervollständige die Tabelle für die proportionale Zuordnung.

a)

Anzahl	Preis
7	10,50 €
1	
10	

b)

Gewicht	Preis
3 kg	7,20 €
1 kg	
7 kg	

3.1 Berechne die proportionale Zuordnung mit dem Dreisatz.
a) Für 12 m² Fußboden werden 300 Fliesen benötigt. Wie viele Fliesen benötigt man für 19 m²?
b) 12 Schokoriegel wiegen 480 g. Wie viel wiegen fünf Riegel?

4.1 Berechne die antiproportionale Zuodnung mit dem Dreisatz.
a) Aus einem Fass können 200 Gläser zu je 0,2 l ausgeschenkt werden. Wie viele Gläser zu 0,25 l können gefüllt werden?
b) Tee wird in 120 Packungen zu je 125 g abgepackt. Wie viele Packungen ergibt die gleiche Menge bei 500 g je Packung?

Prozent- und Zinsrechnung

1 Berechne die Zinsen Z_t für t Tage. Runde auf Cent.
K = 3570 €; p% = 2,5%; t = 120 d

(1) $Z_t = K \cdot p\% \cdot$ ______

(2) ______

(3) ______

Grundaufgaben der Zinsrechnung berechnen $Z_t = K \cdot p\% \cdot \frac{t}{360}$

Kapital K	Zinssatz p%	Zinszeit t	Zinsen in t Tagen Z_t
K = 1500 €	p% = 3%	t = 110 d	Z_t = 13,75 €

Z_t berechnen
(1) $Z_t = K \cdot p\% \cdot \frac{t}{360}$
(2) $Z_t = 1500\,€ \cdot 0{,}03 \cdot \frac{110}{360}$
(3) $Z_t = 13{,}75\,€$

K berechnen
$K = \frac{Z_t}{p\%} \cdot \frac{360}{t}$
$K = \frac{13{,}75\,€ \cdot 360}{0{,}03 \cdot 110}$
$K = 1500\,€$

p% berechnen
$p\% = \frac{Z_t}{K} \cdot \frac{360}{t}$
$p\% = \frac{13{,}75\,€ \cdot 360}{1500\,€ \cdot 110}$
$p\% = 0{,}03 = 3\%$

2 Berechne das Kapital K. Runde auf volle Euro.
Z_t = 18,25 €; p% = 4,5%; t = 90 d

(1) K = ______

(2) ______

(3) ______

3 Berechne den Zinssatz p%. Runde auf eine Stelle nach dem Komma.
K = 5630,00 €; Z_t = 250,00 €; t = 210 d

(1) p% = ______

(2) ______

(3) ______

Schrittfolge
(1) Formel notieren
(2) Werte einsetzen
(3) Berechnen, runden

Prozentwert W berechnen
p% = 3,5%; G = 422,00 €

(1) **W = G · p%**
(2) W = 422,00 € · 3,5%
(3) W = 422,00 € · 0,035
W = 14,77 €

Prozentsatz p% berechnen
G = 422,00 €
W = 14,77 €

p% = W : G
p% = 14,77 € : 422 €
p% = 0,035
p% = 3,5

Grundwert G berechnen
W = 14,77 €
p% = 3,5%

G = W : p%
G = 14,77 € : 3,5%
G = 14,77 € : 0,035
G = 422,00 €

4 Berechne den Prozentwert W.
G = 470,00 kg; p% = 3%

(1) ______

(2) ______

(3) ______

5 Berechne den Prozentsatz p%.
G = 3080 m; W = 95 m

(1) ______

(2) ______

(3) ______

6 Berechne den Grundwert G.
W = 34,0 t; p% = 4%

(1) ______

(2) ______

(3) ______

7 Berechne die fehlenden Werte. Runde sinnvoll.

	a)	b)	c)	d)	e)
G	72,00 kg	65,5 cm²		1500,0 l	51853 Personen
p%	3,0%		2,5%		1,2%
W		13,1 cm²	2,0 mm	7,5 l	

	f)	g)	h)	i)	j)
K	1500,00 €	240 000,00 €	725,00 €		83,96 €
p%	2,25%	1,25%		2,0%	13,5%
t	30 d		14 d	220 d	
Z_t		500,00 €	4,37 €	11,17 €	0,09 €

zu 1 bis 5
3,1; 7,6; 14,1; 29,75; 850; 1622

1.1 Berechne die Zinsen Z_t für t Tage.
K = 6125 €; p% = 1,5%; t = 45 d

2.1 Berechne das Kapital. Runde auf volle Euro.
Z_t = 23,00 €; p% = 8,0%; t = 150 d

3.1 Berechne den Zinssatz p%. Runde sinnvoll.
K = 1225,00 €; Z_t = 26,90 €; t = 183 d

4.1 Berechne den Prozentwert W. Runde sinnvoll.
a) G = 470,0 kg; p% = 3% b) G = 595 m; p = 45%

5.1 Berechne den Prozentsatz p%. Runde sinnvoll.
a) G = 150,0 m; W = 4,5 m b) G = 59,5 l; W = 53,5 l

6.1 Berechne den Grundwert G. Runde sinnvoll.
a) W = 0,27 m; p% = 0,75% b) W = 26,775 t; p% = 4,5%

Lineare Gleichungen lösen und darstellen

1 Löse die Gleichung und notiere die Lösungsmenge.
$2(3x + 1) - 5x = 10 - 3x$

$6x + 2$ ______

______

______

______

Lineare Gleichungen lösen $2(4x - 1) - 3x = 3 + 2x + 4$

(1) Klammern auflösen	$8x - 2 - 3x = 3 + 2x + 4$
(2) Ordnen und zusammenfassen	$5x - 2 = 2x + 7 \quad \vert -2x$ $3x - 2 = 7 \quad \vert +2$
(3) Äquivalenzumformungen durchführen	$3x = 9 \quad \vert :3$ $x = 3$
(4) Lösungsmenge notieren	$L = \{3\}$

2 Löse die Gleichung und notiere die Lösungsmenge.

a) $5x + 10 = 2x + 1$ $\vert -2x$
$3x$ ______

b) $8x + 3 = 6x + 17$ ______

c) $4(8x - 5) = -6x - 1$ ______

Äquivalenzumformungen
- Klammern auflösen
- ordnen, zusammenfassen
- beidseitige Addition/Subtraktion einer Zahl
- beidseitige Multiplikation mit einer Zahl ungleich Null
- beidseitige Division durch eine Zahl ungleich Null

3 Bestimme den y-Achsenabschnitt b und die Steigung m. Zeichne die Gerade.

a) $y = -x + 5$
b = 5; m = ______

b) $y = -2x + 3$
b = ; m = ______

c) $y = 2x - 4$
b = ; m = ______

d) $y = \frac{1}{2}x + \frac{1}{2}$
b = ; ______

e) $y = -\frac{1}{4}x + 1$
; ______

f) $y = 4$
; ______

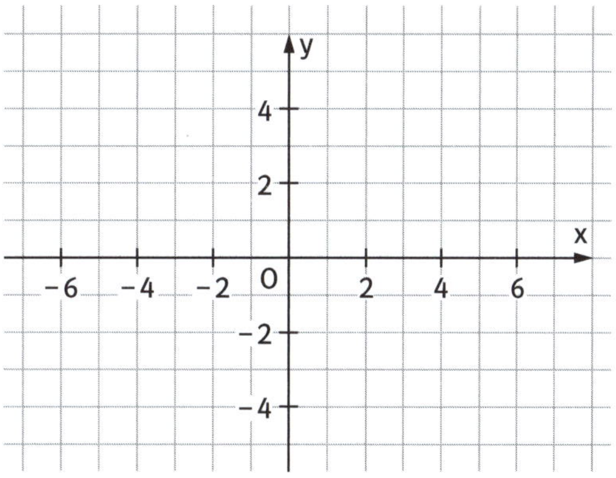

Lineare Gleichung y = mx + b im Koordinatensystem darstellen
(1) Punkt P(0 | b) auf der y-Achse markieren
(2) Steigung m bestimmen, Steigungsdreiecke einzeichnen
(3) Gerade zeichnen

4 Bestimme aus der Zeichnung den y-Achsenabschnitt b und die Steigung m. Notiere die Geradengleichung.

a) b = 0 ; m = ; y = ______

b) b = 2 ; m = ; y = ______

c) b = ______

d) ______

e) ______

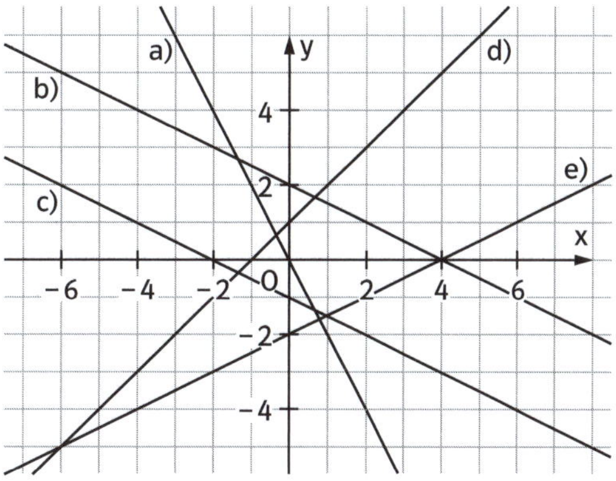

b y-Achsenabschnitt
m Steigung

Steigungsdreiecke

$m = 1$

$m = \frac{1}{2}$

$m = -\frac{3}{5}$

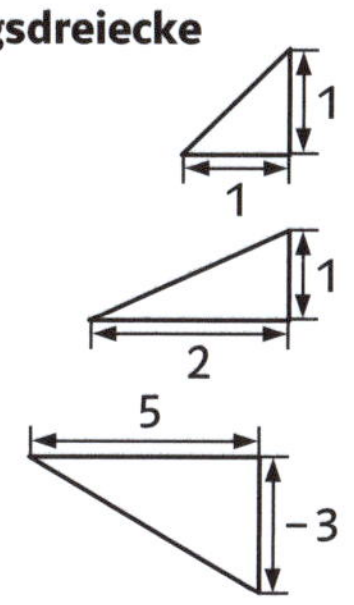

1.1 Löse die Gleichung.
a) $4(x - 2) = 2x - 2$
b) $3x + 10 = 5(2x - 5)$
c) $10 - 3x = 2(2x - 2)$
d) $2x = 5(x - 6)$

2.1 Löse die Gleichung.
a) $4x = 2(4x - 1)$
b) $3x = 5x + 4$
c) $2x + 9 = 8x$
d) $4(x + 3) = 2(x + 1)$

3.1 Bestimme b und m. Zeichne die Gerade.
a) $y = 2x + 5$
b) $y = -x - 4$
c) $y = -2x - 1$
d) $y = \frac{1}{2}x + 3$
e) $y = -0{,}5x + 2$
f) $y = 3x - 5$

5 Erkläre den Fehler bei der Äquivalenzumformung.
a) $2x + 8 + 5x = 22$
$7x = 22$
b) $3(x - 7) = 10$
$3x - 7 = 10$

Potenzen berechnen

1 Schreibe als eine Potenz und berechne.

a) $2^4 \cdot 2^3 =$ 2^{4+3} ______

b) $(-4)^3 \cdot (-4)^2 =$ ______

c) $3^2 \cdot 3^3 =$ ______

d) $5^0 \cdot 5^3 =$ ______

2 Schreibe als eine Potenz und berechne.

a) $3^4 \cdot 2^4 =$ ______

b) $4^2 \cdot 3^2 =$ ______

c) $2^{-2} \cdot 5^{-2} =$ ______

Potenzen multiplizieren

mit gleicher Basis	**mit gleichen Exponenten**
$\mathbf{a^m \cdot a^n = a^{m+n}}$	$\mathbf{a^n \cdot b^n = (a \cdot b)^n}$
(1) Gemeinsame Basis notieren	(1) Basiszahlen multiplizieren
(2) Exponenten addieren	(2) Gemeinsamen Exponenten setzen
Beispiele	Beispiele
$2^3 \cdot 2^2 = 2^{3+2} = 2^5$	$2^3 \cdot 3^3 = (2 \cdot 3)^3 = 6^3$
$x^3 \cdot x^4 = x^{3+4} = x^7$	$x^4 \cdot (-y)^4 = (x \cdot (-y))^4 = (-xy)^4$

3 Schreibe als eine Potenz und berechne.

a) $2^5 : 2^3 =$ 2^{5-3} ______

b) $(-3)^4 : (-3)^2 =$ ______

c) $5^5 : 5^5 =$ ______

d)) $6^2 : 6^0 =$ ______

4 Schreibe als eine Potenz und berechne.

a) $6^3 : 2^3 =$ $(6:2)^3$ ______

b) $(-8)^2 : (2)^2 =$ ______

c) $4^5 : 2^5 =$ ______

d) $10^4 : 5^4 =$ ______

5 Potenziere die Potenz und berechne.

a) $(2^5)^2 =$ $2^{5 \cdot 2}$ ______

b) $(3^2)^3 =$ ______

c) $(10^3)^3 =$ ______

d) $((-2)^5)^2 =$ ______

6 Schreibe als Quotient und berechne.

a) $6^{-2} =$ $\frac{1}{6^2}$ ______

b) $3^{-4} =$ ______

c) 2^{-5} ______

d) $(-5)^{-2}$ ______

7 Schreibe mit einer Zehnerpotenz $a \cdot 10^b$ wie in den Beispielaufgaben.

a) 3 200 000 = $32 \cdot 100\,000 = 32 \cdot 10^5$

680 000 = ______

8 700 000 = ______

25 000 000 = ______

b) 3 200 000 = $3{,}2 \cdot 1\,000\,000 = 3{,}2 \cdot 10^6$

940 000 = ______

1 500 000 = ______

71 000 000 = ______

c) 0,000 32 = $32 \cdot 0{,}000\,01 = 32 \cdot 10^{-5}$

0,000 057 ______

0,000 98 = ______

0,000 002 6 = ______

d) 0,000 32 = $3{,}2 \cdot 0{,}0001 = 3{,}2 \cdot 10^{-4}$

0,000 068 = ______

0,007 400 = ______

0,000 006 9 = ______

Potenz

$\underbrace{a \cdot a \cdot \ldots \cdot a}_{n\ \text{Faktoren}} = a^n$ Potenz

Potenz a^n – **Exponent** (n), **Basis** (a)

zu 3 und 4

Potenzen dividieren

mit gleicher Basis

$\mathbf{a^m : a^n = a^{m-n}}$; für $m \geqq n$

mit gleichen Exponenten

$\mathbf{a^n : b^n = (a : b)^n}$; für $b \neq 0$

zu 5

Potenzen potenzieren

$\mathbf{(a^m)^n = a^{m \cdot n}}$

zu 6

Potenzen mit negativen Exponenten

$\mathbf{a^{-n} = \frac{1}{a^n}}$

Schreibe als eine Potenz und berechne.

1.1 a) $3^1 \cdot 3^3$ b) $5^2 \cdot 5^3$ c) $10^0 \cdot 10^2$ d) $2^5 \cdot 2^5$

2.1 a) $3^3 \cdot 2^3$ b) $8^2 \cdot 5^2$ c) $10^5 \cdot 2^5$ d) $1^4 \cdot 3^4$

3.1 a) $3^5 : 3^3$ b) $10^3 : 10^3$ c) $0{,}5^3 : 0{,}5^2$ d) $7^5 : 7^0$

4.1 a) $9^3 : 3^3$ b) $10^2 : 5^2$ c) $2^5 : 0{,}5^5$ d) $8^4 : 4^4$

5.1 Potenziere die Potenz und berechne.

a) $(3^1)^3$ b) $((-2)^2)^5$ c) $(10^5)^0$ d) $(0{,}5^3)^2$

6.1 Schreibe als Quotient und berechne.

a) 3^{-3} b) 2^{-4} c) 8^{-1} d) $(0{,}1)^{-3}$

7.1 Schreibe mit einer Zehnerpotenz. a) 5 600 000

b) 89 000 000 c) 570 000 d) 89 000 000 000

e) 0,000 510 f) 0,000 000 24 g) 0,003 000

Satz des Pythagoras

1 Berechne die Hypotenuse c.

(1) Gegeben: Kathete a = 12 cm
Kathete b = 30 cm
Gesucht: Hypotenuse c

(2) ______

(3) ______

______

(4) ______

Satz des Pythagoras

$a^2 + b^2 = c^2$

Summe der Kathetenquadrate – gleich – Hypotenusenquadrat

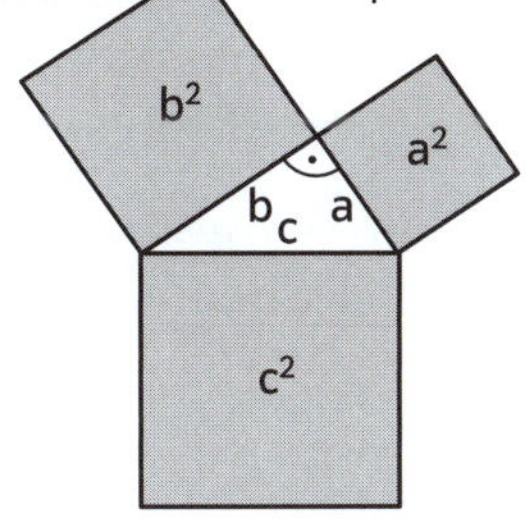

Hypotenuse c mit dem Satz des Pythagoras berechnen

(1) Gegeben:	Kathete a = 5 cm Kathete b = 8 cm
Gesucht:	Hypotenuse c
(2) Formel notieren, umformen	$a^2 + b^2 = c^2$ $c = \sqrt{a^2 + b^2}$
(3) Werte einsetzen, berechnen	$c = \sqrt{(5^2) + (8^2)}$ $c = \sqrt{25 + 64}$ $c = \sqrt{89} \approx 9{,}4$
(4) Ergebnis notieren	c = 9,4 cm

2 Berechne die fehlende Kathete.

a) Gegeben: Kathete a = 3,6 cm
Hypotenuse c = 10,5 cm
Gesucht: Kathete b

(2) ______

(3) ______

______

(4) ______

b) Gegeben: Kathete b = 12,4 cm
Hypotenuse c = 16,8 cm
Gesucht: Kathete a

(2) ______

(3) ______

______

(4) ______

Bezeichnungen im **rechtwinkligen** Dreieck

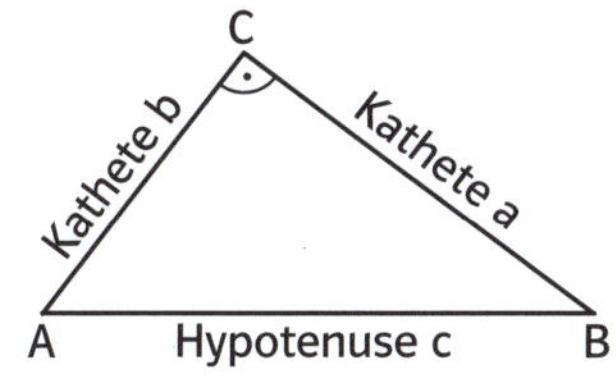

3 Bezeichne die Seiten des Dreiecks und berechne die Länge der fehlenden Seite.

a)

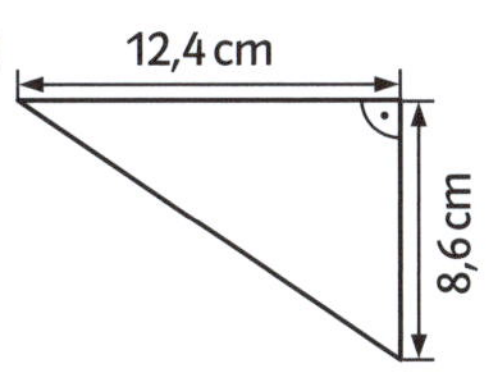

(1) ______

______

______

(2) ______

(3) ______

______

(4) ______

b)

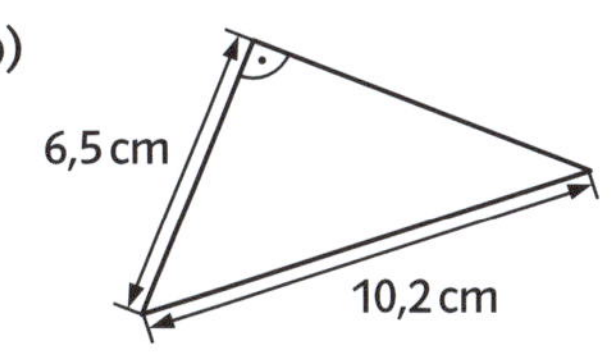

(1) ______

______

______

(2) ______

(3) ______

______

(4) ______

zu 2
Kathete berechnen
(1) Gegeben:
Kathete a = 5,0 cm
Hypotenuse c = 8,0 cm
Gesucht: Kathete b

(2) $a^2 + b^2 = c^2$
$b = \sqrt{c^2 - a^2}$

(3) $b = \sqrt{8^2 - 5^2}$
$= \sqrt{64 - 25} = \sqrt{39} \approx 6{,}2$

(4) b ≈ 6,2 cm

zu 1 bis 3
7,9; 9,9; 11,3; 15,1; 32,3

1.1 Zeichne eine Skizze. Berechne die Hypotenuse c.

a) Kathete a = 4,0 cm; Kathete b = 8,2 cm
b) Kathete a = 12,2 cm; Kathete b = 10,2 cm
c) Kathete a = 20,5 cm; Kathete b = 15,6 cm
d) Kathete a = 13,8 cm; Kathete b = 24,2 cm

1.2 Berechne die Hypotenuse c.

a) Kathete b = 2,50 m; Kathete a = 1,20 m
b) Kathete a = 4,85 m; Kathete b = 0,90 m
c) Kathete b = 0,56 m; Kathete a = 2,30 m
d) Kathete a = 1,240 km; Kathete b = 0,850 km

2.1 Berechne die fehlende Kathete.

a) Kathete b = 45,0 cm; Hypotenuse c = 65,5 cm
b) Kathete a = 4,85 m; Hypotenuse c = 6,25 m
c) Kathete b = 0,56 m; Hypotenuse c = 1,05 m
d) Hypotenuse c = 3,520 km; Kathete b = 0,850 km

3.1 Berechne die fehlenden Längen in der Figur. Alle Angaben in cm.

Figur 1

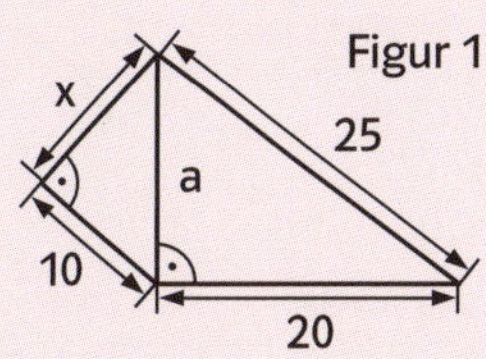

Figur 2

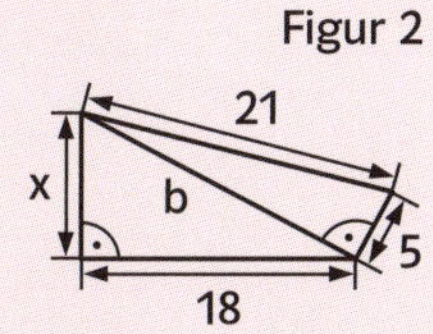

Flächeninhalt und Volumen berechnen

1 Berechne den Flächeninhalt A der Figur im Kasten. a = 10,2 cm; g = 6,8 cm; h_1 = 4,2 cm; h_2 = 3,2 cm

Trapez | Dreieck

(1)

(2)

(3)

(4)

Flächeninhalt A eines Vieleckes berechnen

$A = A_{Trapez} + A_{Dreieck}$

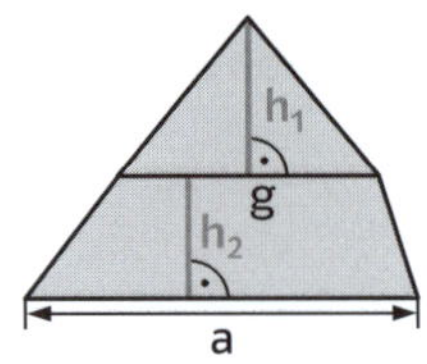

Für jede Teilfigur
(1) Gegebene Werte notieren
(2) Formel notieren
(3) Werte einsetzen, berechnen

Für die Gesamtfigur
(4) Teilflächen addieren

2 Berechne von einem Kreis (r = 3,5 cm) den Flächeninhalt A, den Umfang u.

(1) r = 3,5 cm

(2) A = | u =

(3)

3 Berechne von einem Kreisausschnitt den Flächeninhalt A, die Bogenlänge b.

(1) r = 3,5 cm; α = 120°

(2) A = | b =

(3)

4 Berechne das Volumen V einer Pyramide mit quadratischer Grundfläche.

(1) a = 5,6 cm; k = 10,2 cm

(2) V =

(3)

5 Berechne zuerst die Körperhöhe k und danach das Volumen V des Kegels.

(1) r = 6,2 cm; s = 12,5 cm

(2) k = | V =

(3)

zu 2
Kreis

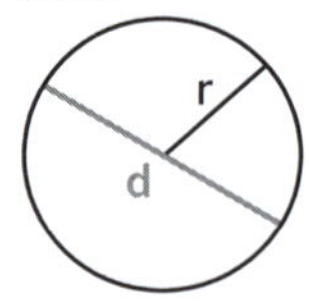

Durchmesser d; Radius r
d = 2 · r
$A = \pi \cdot r^2$; $u = 2\pi r$

zu 3
Kreisausschnitt

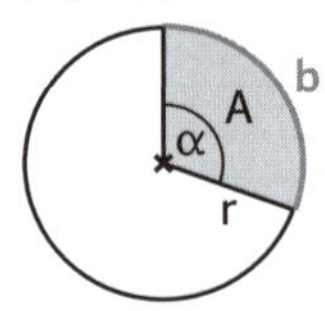

$A = \frac{\alpha}{360°} \cdot \pi \cdot r^2$

$b = \frac{\alpha}{180°} \cdot \pi \cdot r$

zu 5
Körperhöhe k berechnen

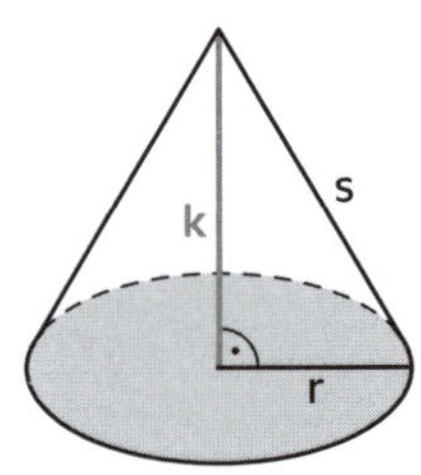

s Seitenlänge des Kegels
$k^2 = s^2 - r^2$
$k = \sqrt{s^2 - r^2}$

6 Berechne das Volumen V der abgebildeten Körper.

a)

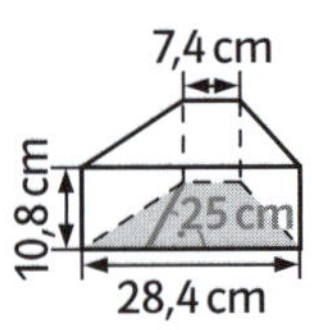

b)

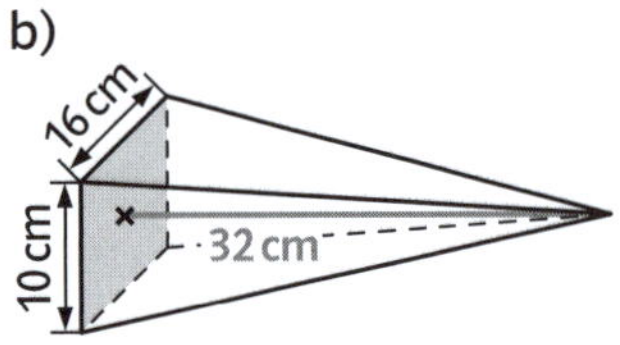

c)

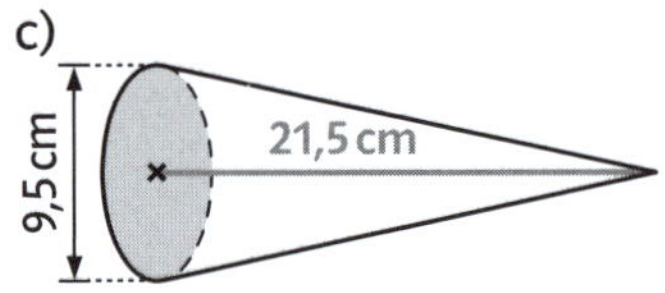

(1)

(2)

(3)

7 Berechne den Flächeninhalt A und den Umfang u der grauen Figuren.

a)

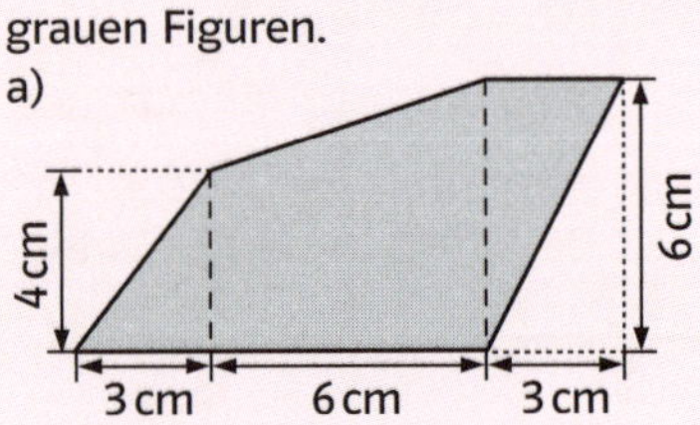

b)

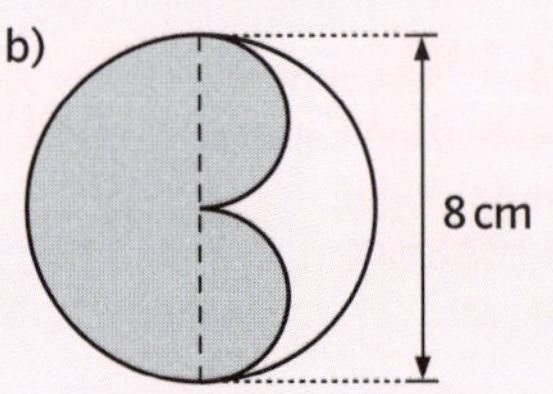

8 Berechne das Volumen V der abgebildeten Figuren.

a)

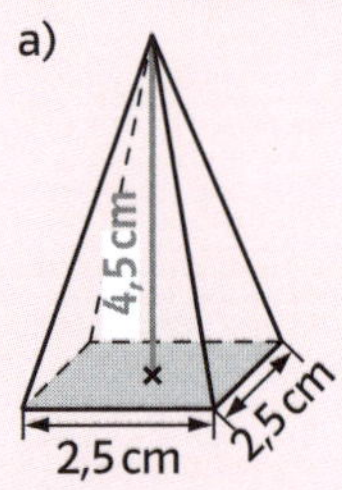

b)

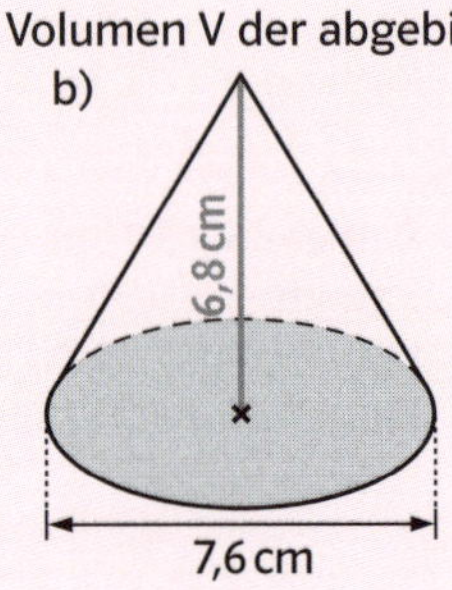

c)

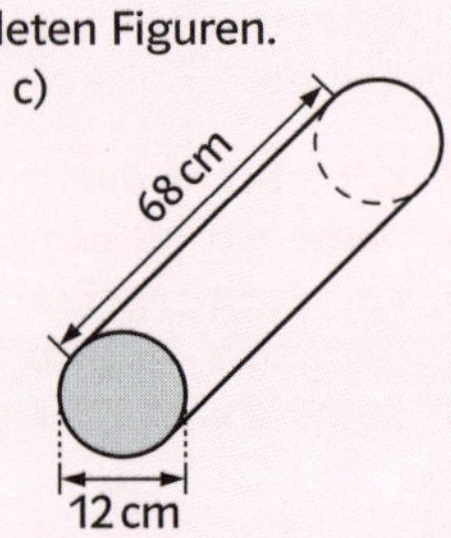

1 Mit Brüchen rechnen ☹ 😐 ☺

Berechne. $1\frac{1}{2} + \frac{3}{10}$

Berechne. $2\frac{3}{4} \cdot \frac{5}{8}$

Berechne. $3\frac{3}{4} : \frac{3}{5}$

2 Zuordnungen berechen ☹ 😐 ☺

Vervollständige die Tabelle für die proportionale Zuordnung.

Gewicht	Preis
9 kg	36,00 €
3 kg	
30 kg	

Aus einem Wasserhahn fließen in 12 min 28 l Wasser. Wie viel l Wasser fließt in 17 min?

Eine Busfahrt kostet bei 28 Schülern für jeden 30 €. Es fahren 24 Schüler mit. Wie viel € muss jeder bezahlen?

3 Prozent- und Zinsrechnungen durchführen ☹ 😐 ☺

Berechne den Prozentsatz p %.
Grundwert G = 12 500 m^2
Prozentwert W = 1875 m^2

Berechne das Kapital K.
Zinsen Z = 62,50 €
Zinssatz p % = 2,5 %

Berechne die Zinsen Z_t.
K = 12 000 €; p % = 3,0 %;
t = 135 d

4 Lineare Gleichungen lösen ☹ 😐 ☺

Löse die Gleichung.
$3x = 5(x - 2)$

Löse die Gleichung.
$2(3x - 1) = 2x + 1$

Löse die Gleichung.
$-4\left(5 - \frac{1}{2}x\right) + 1 = 5(2x + 3)$

5 Potenzen berechnen ☹ 😐 ☺

Schreibe als eine Potenz. Berechne.

a) $2^5 \cdot 2^3 =$

b) $3^4 \cdot 2^4 =$

Schreibe als eine Potenz. Berechne.

a) $4^5 : 4^3 =$

b) $2^{-2} \cdot 5^{-2} =$

Vereinfache und berechne.

a) $2^3 : 2^{-2} =$

b) $(2^4)^2 =$

6 Satz des Pythagoras verwenden ☹ 😐 ☺

Berechne die Hypotenuse c.
Kathete a = 9,0 cm
Kathete b = 12,0 cm

Berechne die fehlende Kathete.
Kathete a = 2,35 m
Hypotenuse c = 4,10 m

Berechne die Länge der Seite x. Maße in cm.

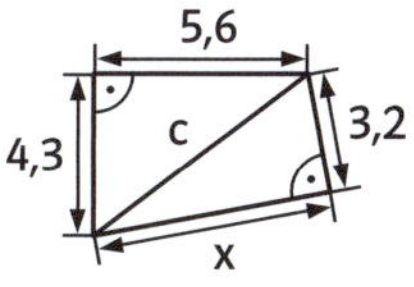

Lösungspaare linearer Gleichungen bestimmen

1 Bestimme Lösungspaare der Gleichung $2y + x = 2$.

(1) ______________________

____

____

(2) $x = -2$; $x = 0$; $x = 2$

(3)

x	−2	0	2
y			

Lösungspaare einer linearen Gleichung bestimmen

(1) In die Normalform $y = m \cdot x + c$ umformen

$$-x + 3y = -6 \quad | +x$$
$$3y = x - 6 \quad | :3$$
$$y = \tfrac{1}{3}x - 2$$

(2) Werte für x einsetzen, y berechnen

$x = 0$; $y = \frac{1}{3} \cdot 0 - 2$; $y = -2$

$x = 3$; $y = \frac{1}{3} \cdot 3 - 2$; $y = -1$

(3) Lösungspaare in Tabelle eintragen

x	0	3
y	−2	−1

2 a) Trage die Lösungspaare aus Aufgabe 1 als Punkte in das Koordinatensystem ein. Zeichne die Gerade.

b) Bestimme m und b. Gib die Geradengleichung an.

m = ______ ; b = ______

y = ______

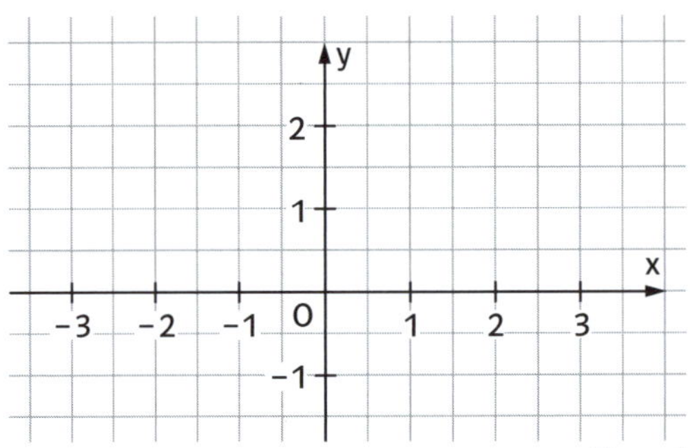

Figur 1

Normalform
$y = mx + b$

Steigung m

y-Achsenabschnitt b

$y = 2x - 1\frac{1}{2}$

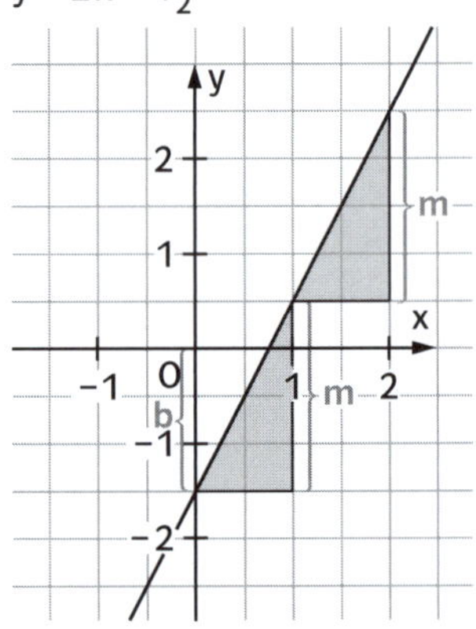

$m = 2$
$b = -1\frac{1}{2}$

3 a) Gib die Geradengleichung an.
$m = -\frac{2}{3}$; $b = 2$

y = ______

b) Berechne die y-Werte, trage sie ein.

x	−6	−3	0	3	6
y					

c) Übertrage die Punkte in das Koordinatensystem (Figur 1). Zeichne die Gerade.

4 Auf welcher der drei Geraden liegen die Punkte $A(-3|7)$; $B(-2|-1)$; $C(0|4)$; $D(2|7)$; $E(3|-3{,}5)$? Kreise die Lösungspaare ein.

x	−3	−2	0	2	3
$y = 2x + 3$					
$y = -x + 4$					
$y = -\frac{1}{2}x - 2$					

1.1 Bestimme die Lösungspaare.
a) $y + x = 3$ b) $2y - 4x = 4$ c) $18x - 6y = 12$
d) $2x + 4y = 16$ e) $3y - 6x = -2$ f) $4x - 2y = 6$
g) $6x + 3y + 9 = 0$ h) $-x - 2y = -2$ i) $2x + 2y - 4 = 0$
j) $4{,}5x - 1{,}5y = 6$ k) $-18 + 6y = -3x$ l) $5y - 2\frac{1}{2}x = 7\frac{1}{2}$
m) $4y + 2\frac{2}{3}x + \frac{2}{3} = 0$ n) $2y - 1{,}5x - 1\frac{3}{5} = 0$

2.1 a) Trage die Lösungspaare aus Aufgabe 1.1 als Punkte in ein Koordinatensystem ein. Zeichne die Gerade.
b) Bestimme die Steigung m und den Achsenabschnitt b der Geraden aus Aufgabe 1.1.
c) Gib die Geradengleichung an.

3.1 Gib die Geradengleichung an.
a) $m = 3$; $b = 2$ b) $m = -2$; $b = 4$ c) $m = \frac{1}{2}$; $b = -3$
d) $m = -1$; $b = 1{,}5$ e) $m = -\frac{1}{2}$; $b = -3$ f) $m = -2\frac{1}{2}$; $b = 3\frac{1}{2}$
g) $m = \frac{2}{3}$; $b = -2$ h) $m = 2{,}5$; $b = -\frac{1}{2}$ i) $m = -\frac{3}{4}$; $b = \frac{2}{3}$
j) $m = \frac{3}{5}$; $b = -1{,}5$ k) $m = -\frac{2}{3}$; $b = -\frac{1}{4}$

4.1 Auf welcher der Geraden liegen die Punkte A bis E?
a) $A(-2|2{,}5)$; $B(4|3{,}5)$; $C(3|1)$; $D(2|2)$; $E(-1|4)$
$y = x - 2$; $y = -x + 3$; $y = 1{,}5x - 2{,}5$; $y = -\frac{1}{2}x + 1\frac{1}{2}$
b) $A(0|2)$; $B\left(3\middle|-2\frac{1}{4}\right)$; $C(-3|-2{,}5)$; $D\left(-2\middle|\frac{1}{4}\right)$; $E\left(2\middle|-\frac{1}{2}\right)$
$y = x + 2$; $y = \frac{1}{2}x - 1$; $y = -\frac{2}{3}x + \frac{5}{6}$; $y = -\frac{1}{2}x - \frac{3}{4}$

Lineare Gleichungssysteme zeichnerisch lösen

1 Löse das lineare Gleichungssystem zeichnerisch. Mache die Probe.

$y = -\frac{1}{3}x + 2$

$y = x - 2$

(1)

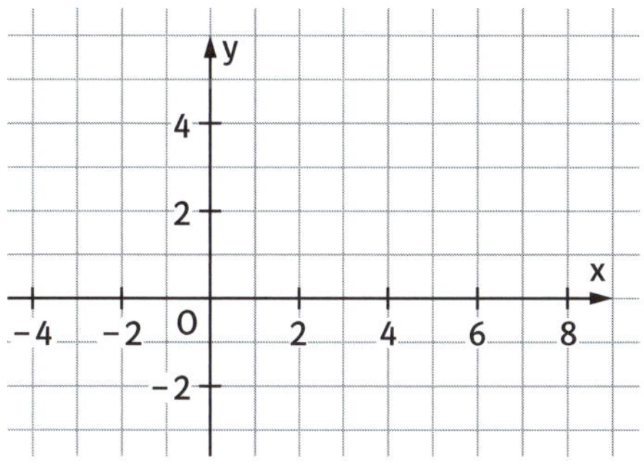

(2) P(______ | ______)

(3)

Gleichung	x = ____; y = ____ einsetzen	w/f
$y = -\frac{1}{3}x + 2$		
$y = x - 2$		

Lineare Gleichungssysteme zeichnerisch lösen

(1) Beide Geraden zeichnen: $y = 2x - 1$ und $y = -\frac{1}{2}x + 4$

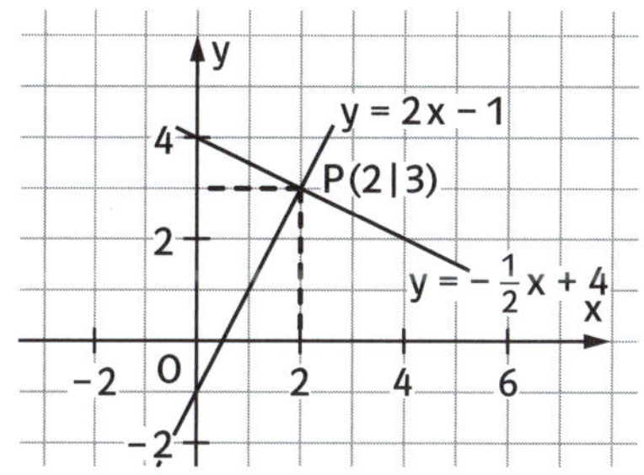

(2) Koordinaten des Schnittpunkts ablesen: P(2 | 3)

(3) Probe machen, dazu das Wertepaar in die Ausgangsgleichungen einsetzen

Gleichung	(2 | 3) einsetzen	w/f
$y = 2x - 1$	$3 = 2 \cdot 2 - 1$	wahr
$y = -\frac{1}{2}x + 4$	$3 = -\frac{1}{2} \cdot 2 + 4$	wahr

2 Forme die Gleichungen zuerst in die Normalform um. Löse dann das lineare Gleichungssystem zeichnerisch. Mache die Probe.

a) $2x + 2y = 6$
$-5x + 5y = -5$

(1)

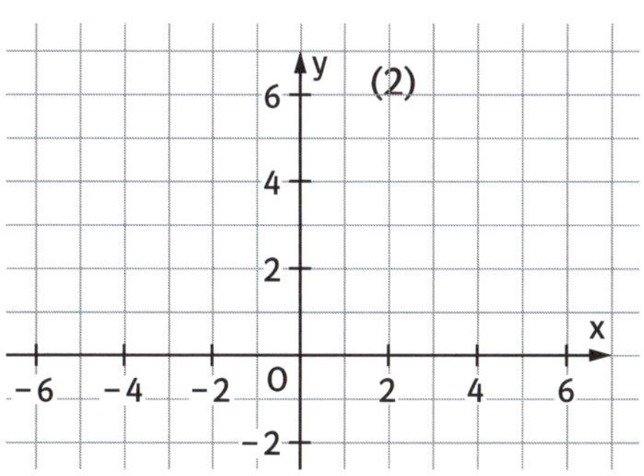

(2) P(______ | ______)

(3)

Gleichung	x = ____; y = ____ einsetzen	w/f

b) $2x + 4y = 6$
$-x + 3y + 3 = 0$

(1)

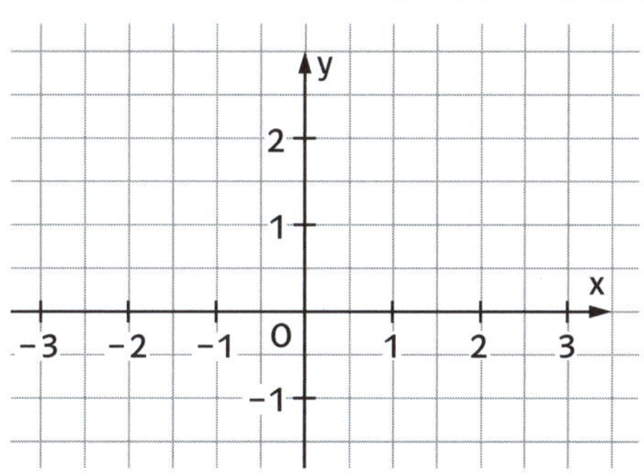

(2) P(______ | ______)

(3)

Gleichung	x = ____; y = ____ einsetzen	w/f

Wertepaar

(2 | 3): x-Wert, y-Wert

Gleichung vor dem Zeichnen in die **Normalform** umformen.

$3x + 6y = 18 \quad | -3x$

$6y = -3x + 18 \quad | :6$

$\mathbf{y = -\frac{1}{2}x + 3}$

1.1 Löse das lineare Gleichungssystem zeichnerisch. Mache die Probe.

a) $y = x - 4$; $y = -x + 2$ b) $y = 2x + 3$; $y = -3x + 8$ c) $y = \frac{1}{2}x - 2$; $y = -x + 1$

2.1 Forme die Gleichungen zuerst in die Normalform um. Löse dann das lineare Gleichungssystem zeichnerisch. Probe.

a) $2y - 4x = 6$; $y + x = 3$ b) $3y + 3x + 3 = 0$; $2y - 4x = 16$ c) $2y - 6x = -6$; $2y + x = 8$

Lineare Gleichungssysteme durch Einsetzen und Gleichsetzen lösen

1 Löse durch Einsetzen.

$3x + 2y = 7$
$y = x - 4$

(1) ____________

(2) ____________

(3) ____________

(4) ____________

(5)

Gleichung	(___ | ___) einsetzen	w/f

Lineare Gleichungssysteme durch Einsetzen lösen

$2y - 4x = -6$
$y = x + 2$

(1) Eine Gleichung in die andere einsetzen: $2(x + 2) - 4x = -6$

(2) Gleichung durch Umformen lösen:

$2x + 4 - 4x = -6$
$-2x + 4 = -6 \quad | -4$
$-2x = -10 \quad | : -2$
$x = 5$

(3) Fehlenden Wert (x oder y) berechnen:

$y = 5 + 2$
$y = 7$

(4) Lösung als Wertepaar notieren: (5 | 7)

(5) Probe machen, dazu Koordinaten in die Ausgangsgleichung einsetzen

Gleichung	(5 | 7) einsetzen	w/f
$2y - 4x = -6$	$2 \cdot 7 - 4 \cdot 5 = -6$	w
$y = x + 2$	$7 = 5 + 2$	w

2 Löse durch Einsetzen. Mache die Probe.

$x = 10 - y$
$4x + 8y = -24$

(1) ____________

(2) (3) ____________

(4) ____________

(5)

Gleichung	x = ___ ; y = ___ einsetzen	w/f

3 Löse durch Gleichsetzen. Mache die Probe.

$y = x - 6$
$y = \frac{1}{2}x - 2$

(1) ____________

(2) (3) ____________

(4) ____________

(5)

Gleichung	x = ___ ; y = ___ einsetzen	w/f

zu 3
Lineare Gleichungssysteme durch **Gleichsetzen** lösen
(1) Gleichsetzen
(2) Gleichung durch Umformen lösen
(3) Fehlenden Wert berechnen
(4) Lösung als Wertepaar notieren
(5) Probe machen

Lösung notieren
(5 | 7) oder L = {(5 | 7)}

Gleichsetzen ist vorteilhaft, wenn beide Gleichungen nach der gleichen Variablen umgeformt sind.

Einsetzen ist vorteilhaft, wenn bereits eine der Gleichungen nach einer Variablen umgeformt ist.

1.1 Löse durch Einsetzen. Mache die Probe.

a) $2x + y = 15$; $y = 3x$
b) $6x + y = -4$; $y = -3x + 2$
c) $x = 4 - 2y$; $3x + y = -3$
d) $25x + 12y = 2$; $y = -4x + 4$
e) $y = \frac{2}{3}x + 8$; $3y - 4x = 12$
f) $y = \frac{1}{2}x - 1$; $4y = 2x - 8$

2.1 Löse durch Einsetzen. Mache die Probe.

a) $x + y = 12$; $2x - 2y = 16$
b) $3x + 2y = 25$; $x + y = 5$
c) $3x + 2y = 4$; $2x + y = 1$

3.1 Löse die linearen Gleichungssysteme durch Gleichsetzen. Mache die Probe.

a) $y = 3x$; $y = 6x - 9$
b) $y = 3x - 5$; $y = -2x + 10$
c) $y = 3x - 2$; $y = -x + 3$
d) $y = x + 2$; $y = 3x - 4$
e) $6x - 5y = -11$; $2x + y = -1$
f) $2x - 9y = 11$; $7y = 2x + 5$
g) $y = x - 6$; $y = \frac{1}{2}x - 2$
h) $y = \frac{1}{3}x + \frac{1}{2}$; $y = \frac{1}{4}x + 1$
i) $y = \frac{1}{3}x + 4$; $y = x + 2$

Lineare Gleichungen durch Addieren lösen

1 Löse durch Addieren.

$$\begin{aligned} 3x - 2y &= 2 \\ -3x + 7y &= 3 \end{aligned} \quad \Big|\ \_\_\_\_$$

(1) ______

(2) ______

(3) ______

(4) ______

(5)

Gleichung	(___|___) einsetzen	w/f

Lineare Gleichungssysteme durch Addieren lösen

$$\begin{aligned} 2x - 3y &= 2 \\ -2x + 5y &= 6 \end{aligned}$$

(1) **Addieren**

$$\begin{aligned} 2x - 3y &= 2 \\ -2x + 5y &= 6 \end{aligned} \quad \Big|\ +$$

(2) Gleichung durch Umformen lösen

$$\begin{aligned} 2y &= 8 \quad &|\ :2 \\ y &= 4 \end{aligned}$$

(3) Fehlenden Wert (x oder y) berechnen

$$\begin{aligned} 2x - 3y &= 2 \quad &|\ y = 4 \\ 2x - 3 \cdot 4 &= 2 \\ 2x - 12 &= 2 \quad &|\ +12 \\ 2x &= 14 \quad &|\ :2 \\ x &= 7 \end{aligned}$$

(4) Lösung als Wertepaar notieren

(7 | 4)

(5) Probe machen, dazu das Wertepaar in die Ausgangsgleichung einsetzen

Gleichung	x = 7; y = 4 einsetzen	w/f
$2x - 3y = 2$	$2 \cdot 7 - 3 \cdot 4 = 2$	w
$-2x + 5y = 6$	$-2 \cdot 7 + 5 \cdot 4 = 6$	w

2 Löse durch Addieren. Mache die Probe.

a) $2x + 5y = 4$
$3x - 15y = -39$

(1) ______

(2) ______

(3) ______

(4) ______

(5)

Gleichung	x = ___; y = ___ einsetzen	w/f

b) $3x + 12y = 24$
$3x - 8y = -6$

(1) ______

(2) ______

(3) ______

(4) ______

(5)

Gleichung	x = ___; y = ___ einsetzen	w/f

Es ist oft erforderlich, eine Gleichung vor dem Addieren umzuformen!

1. Beispiel

$$\begin{aligned} 6x + 2y &= 6 \\ 2x - y &= 1 \quad &|\ \cdot 2 \end{aligned}$$

$$\begin{aligned} 6x + 2y &= 6 \\ 4x - 2y &= 2 \end{aligned} \quad \Big|\ +$$

2. Beispiel

$$\begin{aligned} 6x + 2y &= 6 \\ 2x - y &= 1 \quad &|\ \cdot(-3) \end{aligned}$$

$$\begin{aligned} 6x + 2y &= 6 \\ -6x + 3y &= -3 \end{aligned} \quad \Big|\ +$$

zu 2b

Gleichungen **subtrahieren**, wenn möglich.

$$\begin{aligned} 4x + 3y &= 9 \\ 4x - 2y &= -6 \end{aligned} \quad \Big|\ -$$

1.1 Löse durch Addieren. Mache die Probe.

a) $3x + 2y = 19$; $-x - 2y = -1$
b) $y = 2x + 1$; $y = -2x + 9$
c) $x - 7y = 6$; $2x - 11y = 18$
d) $9x - y = -34$; $8x + 2y = 16$
e) $x + y = 5$; $x = y + 6$
f) $6x - 3y = 3$; $-4x + 5y = 4$
g) $4x + 12y = 5$; $x - 2y = 0$
h) $5x + 7y = 1$; $-10x + 12y = -2$
i) $3x - y = -11$; $2x - 2y = 6$

2.1 Löse durch Addieren. Mache die Probe.

a) $3x - 5y = 1$; $x + y = 3$
b) $4x - 3y = 4$; $2x - y = 6$
c) $x - 7y = 6$; $2x - 11y = 18$
d) $9x - 16y = -3$; $3x + 13y = 24$
e) $3x - y = -8$; $10x + 3y = 5$
f) $4y = 2x + 10$; $y = 4x - 8$
g) $7x + y = 4$; $5x - 3y = 14$
h) $6x + 8y = 23$; $-2x + 3y = 6{,}5$
i) $-4x + 3y = -18$; $2x - 5y = 2$

Lineare Gleichungssysteme lösen

1 Löse das lineare Gleichungssystem, wähle ein vorteilhaftes Verfahren.

$y = -2x + 3$
$y = 4x - 9$

Verfahren: ____________________

Gleichungssysteme kann man mit drei Verfahren lösen.

Einsetzen	**Gleichsetzen**	**Addieren**
$2x + 4y = -4$ $x = 2y + 10$	$y = x - 6$ $y = 4 - x$	$-x - 2y = 1$ $3x + 2y = 19$ $\mid +$
(1) $2(2y + 10) + 4y = -4$	$x - 6 = 4 - x$	$2x = 18 \quad \mid :2$
(2) $4y + 20 + 4y = -4$ $8y + 20 = -4 \quad \mid -20$ $8y = -24 \mid :8$ $y = -3$	$2x - 6 = 4 \quad \mid +6$ $2x = 10 \mid :2$ $x = 5$	$x = 9$
(3) $x = 2y + 10 \quad \mid y = -3$ $x = 2(-3) + 10$ $x = -6 + 10$ $x = 4$	$y = x - 6 \quad \mid x = 5$ $y = 5 - 6$ $y = -1$	$-x - 2y = -1 \mid x = 9$ $-9 - 2y = -1$ $-2y = 8$ $y = -4$
(4) $(4 \mid -3)$	$(5 \mid -1)$	$(9 \mid -4)$

2 $4x + 12y = -4$
$6x - 12y = 54$

Verfahren: ____________________

3 $5x - 2y = 3$
$x = 4y + 1$

Verfahren: ____________________

Einsetzen ist vorteilhaft, wenn bereits eine der Gleichungen nach einer Variablen umgeformt ist.
$2x + 4y = -4$
$x = 2y + 10$

Gleichsetzen ist vorteilhaft, wenn beide Gleichungen bereits nach der gleichen Variablen umgeformt sind.
$y = x - 6$
$y = 4 - x$

Addieren ist vorteilhaft, wenn eine Variable in beiden Gleichungen als gleiches Vielfaches mit verschiedenen Vorzeichen steht.
$-x - 2y = -1$
$3x + 2y = 19$

Löse das lineare Gleichungssystem, wähle ein vorteilhaftes Verfahren.

1.1 a) $x = -y + 5$, $x = y + 6$ b) $y = 2x + 1$, $y = -2x + 9$ c) $y = 2x - 14$, $y = 16 - 4x$

2.1 a) $3x + 2y = 19$, $-x - 2y = -1$ b) $4x + 12y = 20$, $-4x + 8y = 0$ c) $18x - 2y = -68$, $8x + 2y = 16$

3.1 a) $x = 6 + 7y$, $2x - 11y = 18$ b) $16x + 4y = 32$, $y = 9x + 34$ c) $6x + 12y = -12$, $x = 2y + 10$

4 a) $y = \frac{2}{3}x + 8$, $\frac{1}{2}y = 2 + \frac{2}{3}x$ b) $5x - 2y = 3$, $x = 4y + 1$ c) $4x + 12y = -4$, $2x - 4y = 18$

Sachaufgaben mit linearen Gleichungssystemen berechnen

Herr und Frau Tolan verdienen zusammen 3700 €.
Frau Tolan verdient 370 € mehr als ihr Mann.
Wie viel Euro verdient Frau Tolan, wie viel Euro Herr Tolan?

(1) Variablen festlegen — Frau Tolan x — Herr Tolan y

(2) Gleichungssystem aufstellen

$x + y = 3700$
$y = x - 370$

(3) Lösungsverfahren wählen (Einsetzen, Gleichsetzen, Addieren?), Gleichungssystem lösen

$$\begin{aligned} x + (x - 370) &= 3700 && \mid \text{Einsetzen} \\ 2x - 370 &= 3700 && \mid +370 \\ 2x &= 4070 && \mid :2 \\ x &= 2035 \end{aligned}$$

$y = 2035 - 370$
$y = 1665$

(4) Antwort notieren — Frau Tolan verdient 2035 €, Herr Tolan verdient 1665 €.

1 Ulla kauft einen Fernseher und einen Videorecorder. Sie zahlt zusammen 1298 €.
Der Fernseher kostet 239 € mehr als der Videorecorder.

(1) Fernseher _____ Videorecorder _____

(2) ______________________

(3) ______________________

(4) ______________________

2 Ein Gemeinderat berät in seiner Sitzung zwei Finanzierungsvorschläge zum Bau einer Kläranlage.

Vorschlag	Abgabe je Ar in €	einmalige Zahlung in €
A	450	–
B	200	1500

a) Trage die Beträge in die Tabelle ein.

	2 Ar	4 Ar	6 Ar	8 Ar
A				
B				

b) Bei welcher Ar-Größe sind die beiden Vorschläge A und B preisgleich? Löse mit einem Gleichungssystem.

(1) Anzahl Ar _____ Gesamtpreis _____

(2) ______________________

(3) ______________________

(4) ______________________

3 a) Übertrage die Werte (Aufgabe 2) zu Vorschlag A und zu B in das Koordinatensystem. Verbinde zugehörige Punkte.

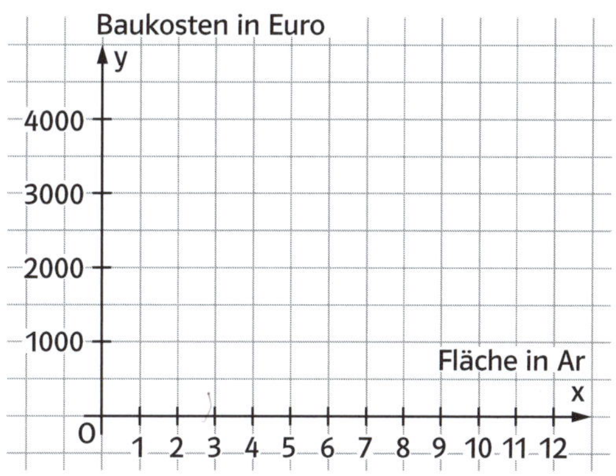

b) Gib den Schnittpunkt der Geraden an. P ______

c) Färbe den Abschnitt auf den Geraden grün, wo Vorschlag A günstiger ist und rot, wo Vorschlag B günstiger ist.

d) Vorschlag A ist ______ günstiger.

Vorschlag B ist ______ günstiger.

Vorschläge A und B sind ______

______ gleich günstig.

Lösungsverfahren
Einsetzen ist vorteilhaft, wenn bereits eine der Gleichungen nach einer Variablen umgeformt ist.

Gleichsetzen ist vorteilhaft, wenn beide Gleichungen bereits nach der gleichen Variablen umgeformt sind.

Addieren ist vorteilhaft, wenn eine Variable in beiden Gleichungen als gleiches Vielfaches mit verschiedenem Vorzeichen steht.

zu 2
Flächeneinheit Ar
1 Ar = 100 m^2

4 Maren kauft Briefmarken zu 0,55 € und 1,45 €. Sie bezahlt 17,25 € für insgesamt 15 Briefmarken. Wie viele Marken von jeder Sorte hat sie gekauft?

5 Der Umfang eines gleichschenkligen Dreiecks beträgt 22,0 cm. Jeder Schenkel ist 3,5 cm länger als die Grundseite. Berechne die Längen der Seiten.

1 Lösungspaare einer linearen Gleichung bestimmen

Bestimme Lösungspaare der linearen Gleichung $y = 2x - 4$.

x	−4	−2	0	2
y				

Bestimme Lösungspaare der linearen Gleichung $y + 3x = 6$.

x	−4	−2	0	2
y				

Bestimme Lösungspaare der linearen Gleichung $\frac{1}{2}y - 2x + 8 = 0$.

x	−4	−2	0	2
y				

2 Gleichungssystem zeichnerisch lösen

Löse zeichnerisch. $y = \frac{1}{2}x$
$y = -\frac{1}{2}x + 2$

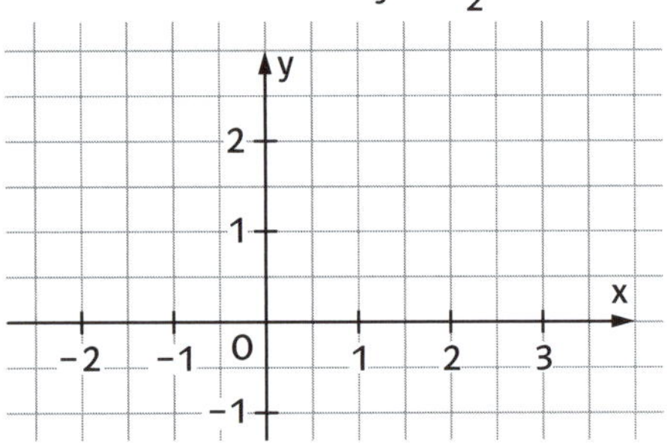

P(_____ | _____)

Löse zeichnerisch. $y = -x + 3$
$2x + 4y = 8$

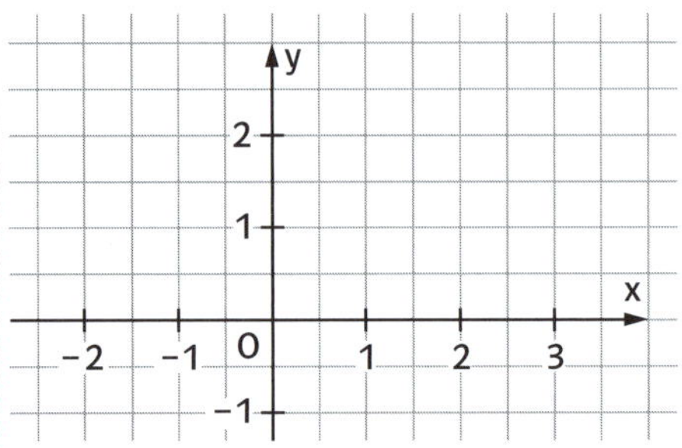

P(_____ | _____)

Löse zeichnerisch. $-6x + 3y = -3$
$x - y = 2$

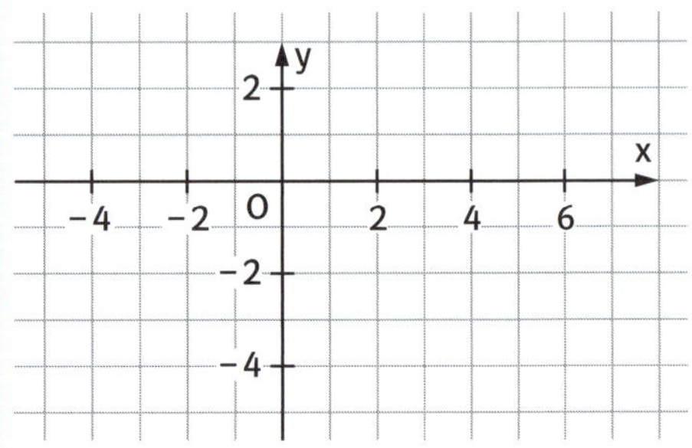

P(_____ | _____)

3 Lineares Gleichungssystem durch Einsetzen lösen

Löse durch Einsetzen.
$2y + x = 8$
$y = x - 1$

Löse durch Einsetzen.
$2y = x + 2$
$y + 2x = 6$

Löse durch Einsetzen.
$2y = -6x + 14$
$y - 3x + 11 = 0$

4 Lineares Gleichungssystem durch Gleichsetzen lösen

Löse durch Gleichsetzen.
$y = x + 2$
$y = 3x + 4$

Löse durch Gleichsetzen.
$y = -x + 2$
$4x + 2y = 8$

Löse durch Gleichsetzen.
$3x - 4y = 3$
$-x + 3y = 9$

5 Lineares Gleichungssystem durch Addieren lösen

Löse durch Addieren.
$3x - 2y = 5$
$4x + 2y = 9$

Löse durch Addieren.
$4x - 3y = 4$
$2x - y = 6$

Löse durch Addieren.
$3x - 5y = 4$
$5x - 8y = 5$

Quadratische Funktionen $y = a x^2$ darstellen

1 Bestimme die Koordinaten der markierten Punkte der Normalparabel $y = x^2$.

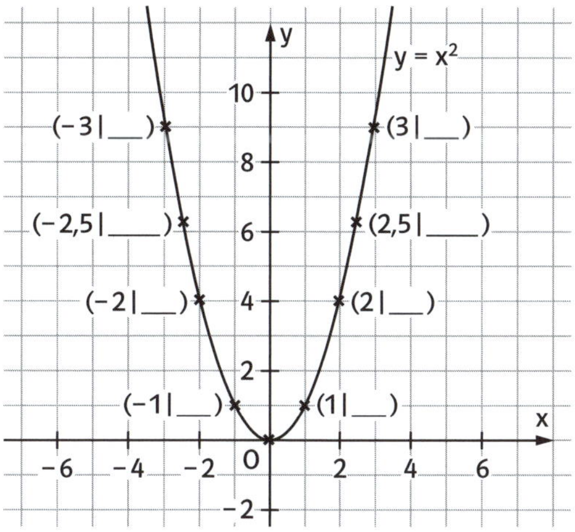

Quadratische Funktionen $y = a x^2$ darstellen
- Die Graphen der quadratischen Funktionen $y = a x^2$ sind **Parabeln**. Sie sind achsensymmetrisch zur y-Achse.
- Die Parabeln $y = a x^2$ können aus der **Normalparabel (NP)** entwickelt werden.

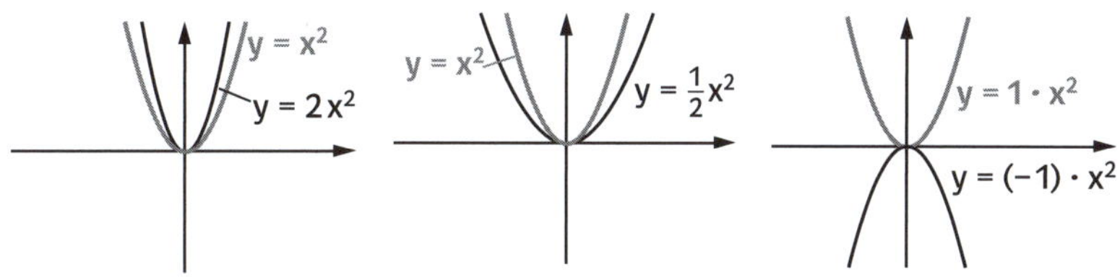

$a > 1$	$0 < a < 1$	$a = -1$
NP wird gestreckt	NP wird gestaucht	NP wird an x-Achse gespiegelt

2 a) Fülle die Tabelle vollständig aus. Rund auf eine Dezimale.

x	−2	−1,5	−1,0	−0,5	0
$y = x^2$					
$y = 1{,}5x^2$					
$y = 0{,}5x^2$					
$y = -0{,}5x^2$					

b) Zeichne die Parabeln aus Teilaufgabe 2a) in das Koordinatensystem.

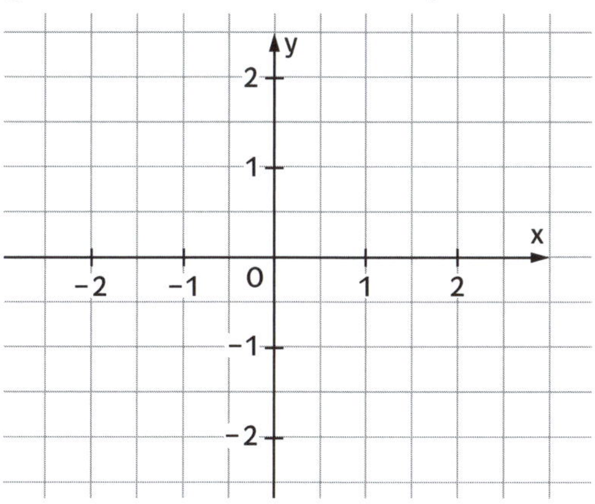

3 Zeichne die Parabeln mithilfe einer Achsenspiegelung in das Koordinatensystem von Aufgabe 2b).

a) $y = -x^2$ b) $y = -1{,}5x^2$

4 Vergleiche mit der Normalparabel.

a) $y = 0{,}5x^2$ ____________

b) $y = -1{,}5x^2$ ____________

c) $y = -x^2$ ____________

5 Eine Parabel $y = a x^2$ verläuft durch die Punkte P_1, P_2 und P_3. Bestimme die Gleichung.

	P_1	P_2	P_3	Gleichung
a)	(0 | 0)	(1 | 3)	(3 | 27)	
b)	(2 | −8)	(1 | −2)	(−1,5 | −4,5)	
c)	(1 | 2)	(−2 | 8)	(3 | 18)	
d)	$\left(1 \mid -\frac{1}{2}\right)$	(2 | −2)	(−3 | −4,5)	

Normalparabel NP
$y = x^2$

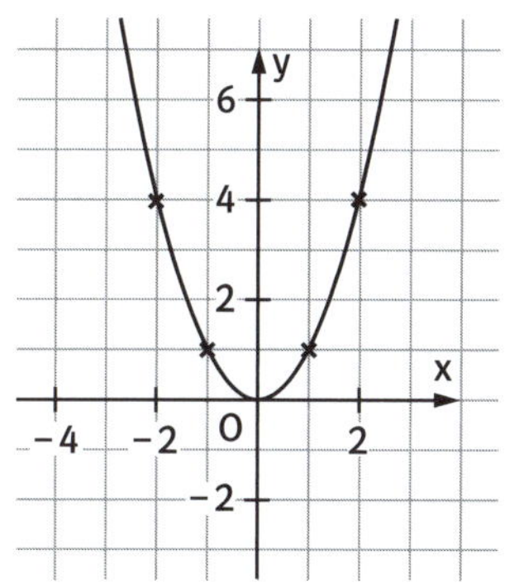

Parabeln der Form $y = a x^2$ gehen durch den Punkt P(1 | a)!

Zum schnellen Zeichnen der Normalparabel benutzt man häufig eine Schablone.

1.1 Zeichne die die Parabeln $y = x^2$ und $y = -x^2$.

2.1 Übertrage die Tabelle in dein Heft und fülle sie aus. Zeichne die zugehörigen Parabeln in ein Koordinatensystem.

x	0	0,5	1	1,5	2	2,5	3
$y = x^2$							
$y = 1{,}2x^2$							
$y = 0{,}8x^2$							
$y = -0{,}75x^2$							

3.1 Zeichne die Parabel $y = \frac{1}{4}x^2$. Spiegele sie an der x-Achse. Gib die Gleichung für die gespiegelte Parabel an.

4.1 Vergleich die Parabeln aus Aufgabe 2.1 mit der Normalparabel.

5.1 Eine Parabel $y = a x^2$ verläuft durch die Punkte P_1, P_2 und P_3. Bestimme die Gleichung.
a) P_1 (1 | 0,5); P_2 (2 | 2); P_3 (3 | 4,5)
b) P_1 (−3 | 18); P_2 (−2 | 8); P_3 (1 | 2)

6 Welche Aussagen für $y = a x^2$ sind wahr? Begründe.
a) Die Parabel ist achsensymmetrisch zur x-Achse.
b) Für $a = 0$ gibt es keine Lösung.

Quadratische Funktionen $y = ax^2 + c$ darstellen

1 Bestimme den Scheitelpunkt S.

a) $y = x^2 + 1{,}7$ S ______

b) $y = 0{,}6x^2 - 0{,}3$ ______

2 Bestimme Scheitelpunkt und Form der quadratischen Funktion.

	$y = 2x^2 + 0{,}8$	$y = -\frac{1}{4}x^2 - 3$
Scheitelpunkt		
Form		

3 Zeichne die Parabel $y = \frac{1}{2}x^2 - 1{,}5$.

(1) Scheitelpunkt markieren S ______

(2) Form bestimmen a = ______ c = ______

(3) Punkte bestimmen

A (1| ______ A′ ______

B (2| ______ B′ ______

C (3| ______ C′ ______

(4) Parabel zeichnen

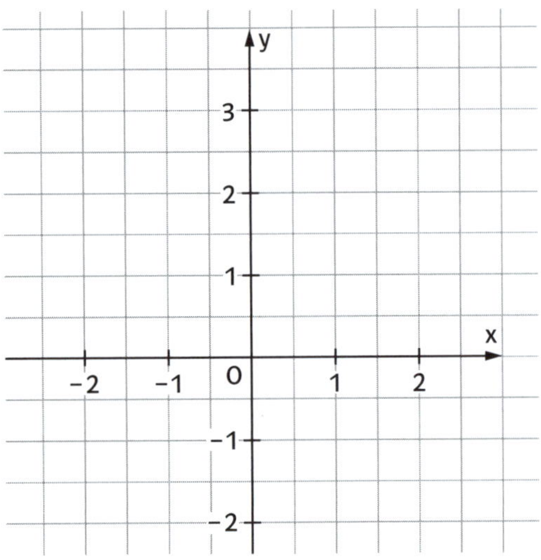

Quadratische Funktionen $y = ax^2 + c$ darstellen

Parabeln mit der Gleichung $y = ax^2 + c$ sind achsensymmetrisch zur y-Achse. Der Scheitelpunkt liegt in S(0|c).

Parabel zeichnen $y = \frac{1}{2}x^2 - 3$

(1) Scheitelpunkt S(0|c) markieren $S = (0|-3)$

(2) Form bestimmen $a = \frac{1}{2}$ NP gestaucht

(3) Punkte bestimmen A(1|−2,5); A′(−1|−2,5); B(2|−1); B′(−2|−1)

(4) Parabel zeichnen

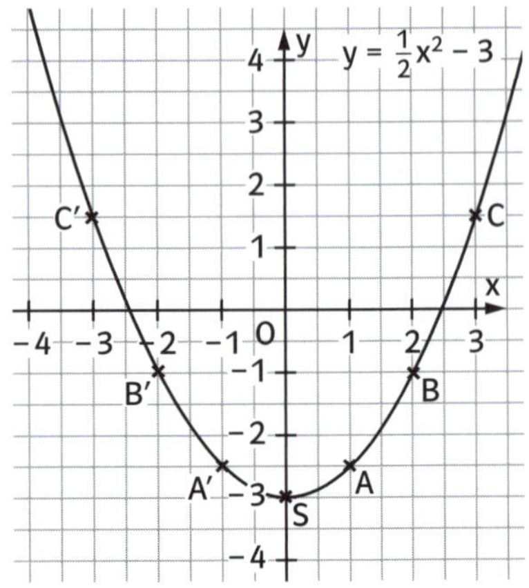

4 Bestimme die x-Koordinaten für die Punkte der Parabel $y = x^2 - 4$.

a) Q(▢|5) Q′(▢|5)

b) P(▢|−1) P′(▢|−1)

5 Gib die Gleichung der Parabel an.

a) ______ b) ______

c) ______ d) ______

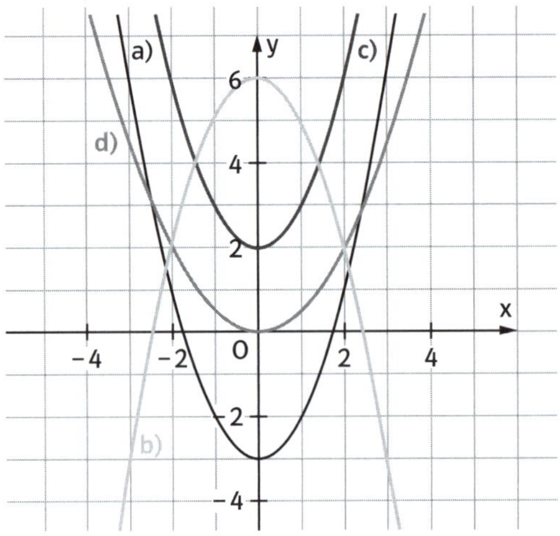

Parabeln mit der Gleichung
$\mathbf{y = ax^2 + c}$

a bestimmt die Form

a = 1 Normalparabel (NP)

a > 1 NP gestreckt

0 < a < 1 NP gestaucht

a = −1 NP gespiegelt

−1 < a < 0 NP gespiegelt und gestaucht

a < −1 NP gespiegelt und gestreckt

Achsenabschnitt c bestimmt die Lage

c = 0 S(0|0)

c > 0 Scheitelpunkt liegt über der x-Achse

c < 0 Scheitelpunkt liegt unter der x-Achse

zu 4
x-Koordinate bestimmen

Parabel $y = x^2 - 4$
für $y = 0$
$0 = x^2 - 4$
$x^2 = 4$
$x = 2$ oder $x = -2$

2.1 Bestimme für jede Parabel Scheitelpunkt und Form.

a) $y = \frac{2}{5}x^2 - 3$ b) $y = -0{,}2x^2$ c) $y = x^2$

d) $y = -128x^2 + 0{,}5$ e) $y = 1\frac{1}{4}x^2 + 2$ f) $y = -x^2 + \frac{11}{13}$

3.1 Zeichne die Parabel.

a) $y = 1\frac{1}{2}x^2 - 2$ b) $y = -0{,}4x^2 - 0{,}4$ c) $y = -1{,}7x^2 - 3$

d) $y = -x^2 + 1$ e) $y = 1{,}8x^2$ f) $y = 1\frac{3}{4}x^2 + \frac{5}{2}$

4.1 a) Bestimme die x-Koordinate für die Punkte der Parabel $y = x^2 - 1$.

a) D(▢|1) b) A(▢|0) c) B(▢|3)

6 Welche Aussagen für $y = ax^2 + c$ sind wahr? Begründe.

a) Die Parabel ist achsensymmetrisch zur y-Achse.

b) Für $c > 0$ liegt der Scheitelpunkt unter der x-Achse.

c) Für $a = -1$ ist die Parabel „nach unten" geöffnet.

Quadratische Funktionen $y = a(x + b)^2$ darstellen

1 Bestimme Scheitelpunkt S und Form.

	a) $y = 2(x - 1{,}4)^2$	b) $y = -0{,}25(x + 1{,}8)^2$
(1)		
(2)		

2 Zeichne die Parabel $y = \frac{1}{2}(x + 2)^2$ in Figur 2.

(1) ______

(2) ______

(3) ______

______

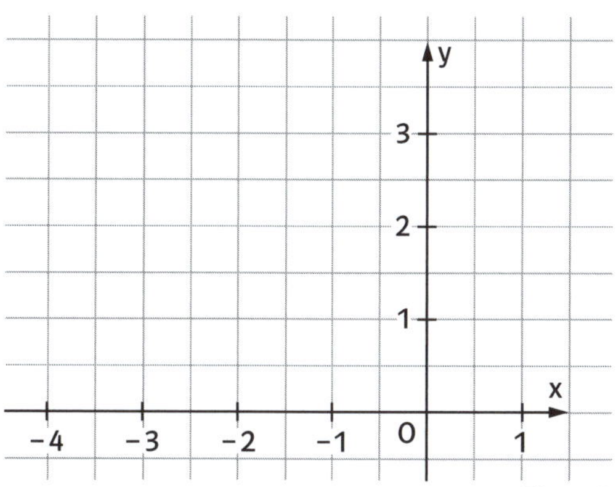

Figur 2

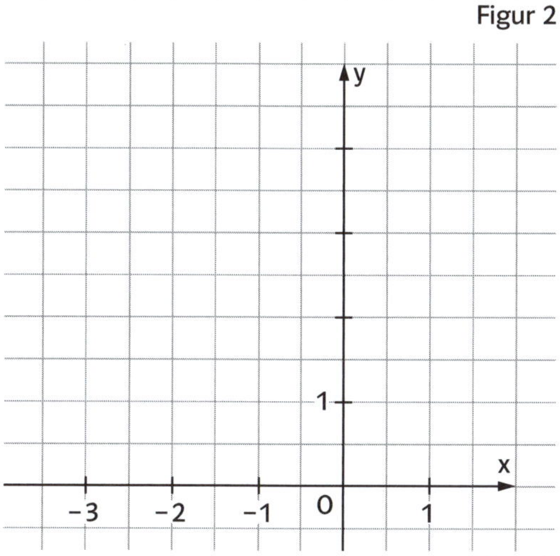

Figur 3

Quadratische Funktionen $y = a(x + b)^2$ darstellen
Parabeln mit der Gleichung $y = a(x + b)^2$ sind achsensymmetrisch zu $x = -b$. Der Scheitelpunkt liegt in $S(-b\,|\,0)$.

Funktion darstellen $y = \frac{1}{2}(x - 2)^2$

(1) Scheitelpunkt $S(-b\,|\,0)$ markieren — $S = (2\,|\,0)$

(2) Form bestimmen — $a = \frac{1}{2}$ gestaucht

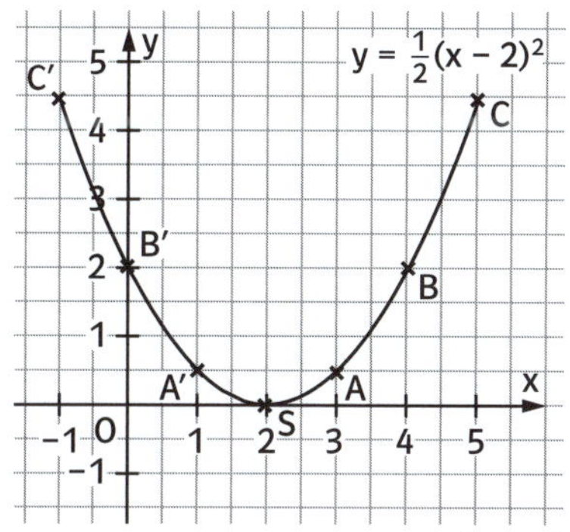

Figur 1

(3) Punkte bestimmen — $A(3\,|\,-0{,}5)$; $B(4\,|\,2)$; $C(5\,|\,4{,}5)$; $A'(-1\,|\,0{,}5)$; $B'(0\,|\,2)$; $C'(-1\,|\,4{,}5)$

(4) Parabel zeichnen — Figur 1

3 Zeichne die Parabel mithilfe einer Schablone in Figur 3 ein.

a) $y = (x - 1)^2$

b) $y = (x + 2{,}5)^2$

4 Zeichne die Parabel. Forme die rechte Seite der Gleichung in $(\quad)^2$ um. Zeichne dann mit der Parabelschablone in Figur 3 ein.

a) $y = x^2 + 4x + 4$

Rechte Seite in $(\quad)^2$ umformen. $y =$ ______

Scheitelpunkt ______

b) $y = x^2 + 2x + 1$

Rechte Seite in $(\quad)^2$ umformen. $y =$ ______

Scheitelpunkt ______

Parabeln mit der Gleichung $y = a(x + b)^2$ kann man aus der Parabel $y = ax^2$ durch Verschieben um b entlang der x-Achse darstellen.

Summe in $(\quad)^2$ umformen:
(Binomische Formeln)
$x^2 + 2xb + b^2 = (x + b)^2$
$x^2 - 2xb + b^2 = (x - b)^2$

zu 4.1
$y = 4x^2 + 24x + 36$
$= 4(x^2 + 6x + 9)$
$= 4(x + 3)^2$

1.1 Bestimme für jede Parabel Scheitelpunkt und Form.

a) $y = \frac{2}{5}(x - 7)^2$ b) $y = -\left(x + 1\frac{3}{4}\right)^2$ c) $y = \frac{1}{8}(x - 5)^2$
d) $y = 0{,}1(x + 0{,}5)^2$ e) $y = -7\left(x - \frac{2}{3}\right)^2$ f) $y = (x + 7{,}2)^2$

2.1 Zeichne die Parabel mit Schablone auf Karopapier.

a) $y = x^2$ b) $y = \left(x - \frac{1}{2}\right)^2$ c) $y = \left(x + 1\frac{1}{2}\right)^2$
d) $y = -x^2$ e) $y = -\left(x + \frac{1}{2}\right)^2$ f) $y = -(x - 2)^2$

2.2 Zeichne die Parabel.

a) $y = 2(x - 1)^2$
b) $y = -2(x + 1)^2$ c) $y = \frac{1}{2}\left(x + 1\frac{1}{2}\right)^2$ d) $y = -1\frac{1}{4}(x - 1)^2$
e) $y = -0{,}2(x - 3)^2$ f) $y = 0{,}8(x + 4)^2$ g) $y = -1{,}5(x - 0{,}5)^2$

4.1 Zeichne die Parabel.

a) $y = x^2 + 6x + 9$ b) $y = x^2 - 4x + 4$ c) $y = x^2 + 3x + 2\frac{1}{4}$
d) $y = 2x^2 + 12x + 18$ e) $y = 2x^2 - 8x + 8$ f) $y = 5x^2 - 10x + 5$

Quadratische Funktionen $y = a(x + b)^2 + c$ darstellen

1 Zeichne die Parabel $y = \frac{1}{2}(x - 1)^2 - 2$.

(1) ______________________

____

(2) ______________________

(3) ______________________

(4)

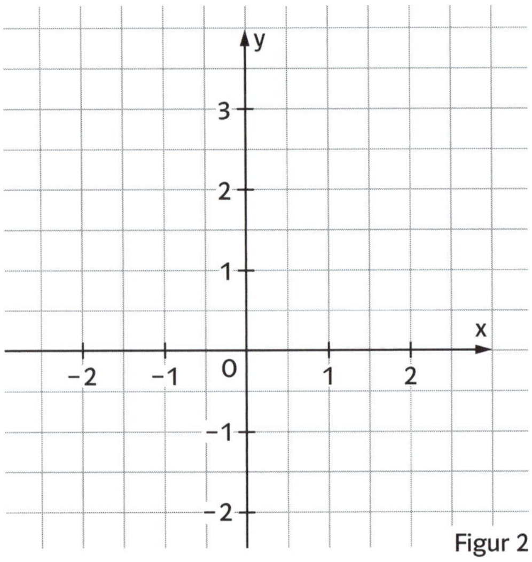

Figur 2

Quadratische Funktionen $y = a(x + b)^2 + c$ darstellen
Parabeln mit der Gleichung $y = a(x + b)^2 + c$ sind achsensymmetrisch zu $x = -b$. Der Scheitelpunkt liegt in $S(-b\,|\,c)$.

Funktion darstellen	$y = \frac{1}{2}(x + 1)^2 - 2$
(1) Scheitelpunkt $S(-b\,|\,c)$ markieren	$S = (-1\,|\,-2)$
(2) Form bestimmen	$a = \frac{1}{2}$ gestaucht
(3) Punkte bestimmen	$A(0\,|\,-1{,}5)$; $B(1\,|\,0)$; $C(2\,|\,2{,}5)$ $A'(-2\,|\,-1{,}5)$; $B'(-3\,|\,0)$; $C'(-4\,|\,2{,}5)$
(4) Parabel zeichnen	Figur 1

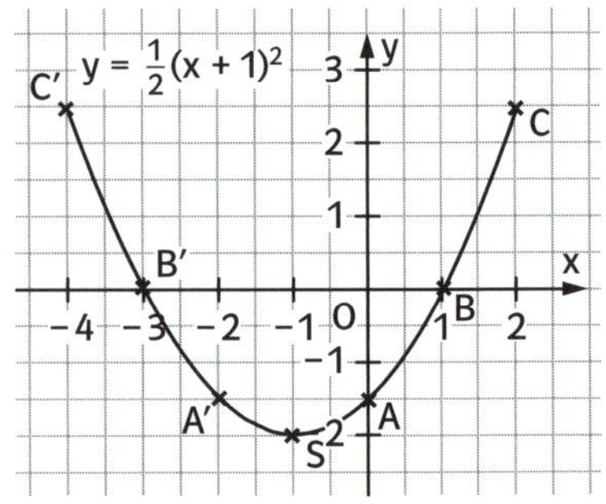

Figur 1

2 Zeichne die Parabel mit der Schablone in Figur 2.

a) $y = x^2$ b) $y = (x - 1{,}5)^2 - 1{,}5$
c) $y = (x + 1)^2 + 1$ d) $y = (x - 0{,}5)^2 + 0{,}8$

3 Gib die Parabelgleichung an. Es handelt sich um verschobene Normalparabeln.

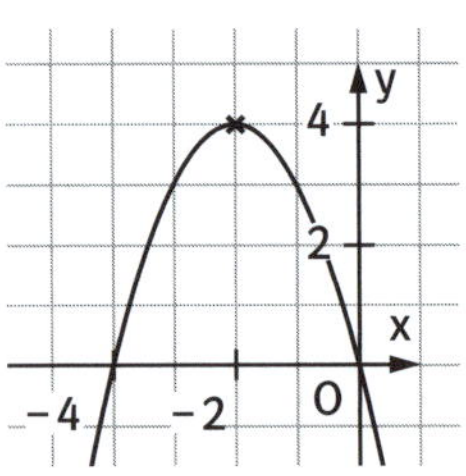

y = ______________

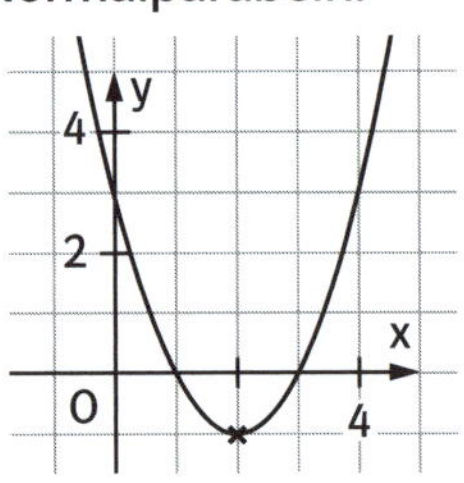

y = ______________

4 Forme die Parabel in die Scheitelpunktform um.

$y = 3x^2 + 9x + 3$ | : ______

(1) ______________________

(2) ______________________

(3) ______________________

(4) ______________________

(5) ______________________

zu 4
In die **Scheitelpunktform** umformen
(1) Durch a dividieren
(2) Quadratische Ergänzung addieren
(3) Quadrat bilden
(4) Nach y umformen
(5) Scheitelpunkt notieren

Beispiel
$y = 2x^2 + 6x - 2$
(1) $(a = 2)$
$\frac{1}{2}y = x^2 + 3x - 1$
(2) Quadr. Ergänzung $\left(\frac{3}{2}\right)^2$
$\left(\frac{3}{2}\right)^2 + \frac{1}{2}y = x^2 + 3x + \left(\frac{3}{2}\right)^2 - 1$
(3) $\left(\frac{3}{2}\right)^2 + \frac{1}{2}y = \left(x + \frac{3}{2}\right)^2 - 1$
(4) $y = 2\left(x + \frac{3}{2}\right)^2 - \frac{13}{2}$
(5) $S\left(-\frac{3}{2}\,\middle|\,-\frac{13}{2}\right)$

1.1 Zeichne die Parabel mit Schablone auf Karopapier.
a) $y = (x - 3)^2 + 1$ b) $y = (x + 1)^2 - 1{,}5$
c) $y = -(x - 1)^2 + 6$ d) $y = -(x + 2)^2 + 3{,}2$

1.2 Zeichne die Parabel.
a) $y = \frac{1}{2}(x + 2)^2 - 3$ b) $y = 2(x - 3)^2 - 4$
c) $y = -\frac{1}{4}\left(x - 1\frac{3}{4}\right)^2 + 4$ d) $y = \frac{2}{3}(x - 2)^2 + 6$

1.3 Bestimme Scheitelpunkt und Form der Parabel.
a) $y = 1{,}4(x + 3)^2 - 2{,}2$ b) $y = -\frac{1}{36}\left(x + \frac{4}{9}\right)^2 + \frac{7}{36}$

3.1 Gib die Gleichungen der verschobenen Normalparabeln in Figur 3 an.

4.1 Forme in die Scheitelpunktform um.
a) $y = x^2 + 4x + 5$
b) $y = x^2 - 6x - 3$
c) $y = 7x^2 - 21x + 35$
d) $y = 3x^2 + 4x + 7$
e) $y = \frac{4}{5}x^2 - 3x + \frac{1}{3}$

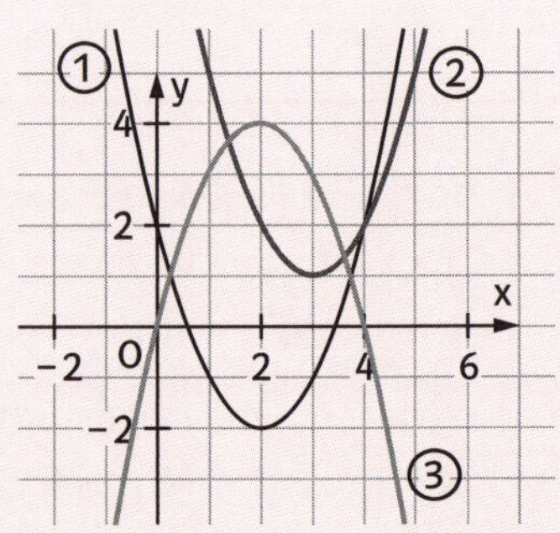

Figur 3

Nullstellen quadratischer Funktionen bestimmen

1 Bestimme die Anzahl der Nullstellen.

	a	c	Nullstellen
a) $y = x^2 - 0{,}5$	1	$-0{,}5$	zwei
b) $y = x^2 - 1$			
c) $y = (x + 2)^2$			
d) $y = 0{,}5x^2 + 1$			
e) $y = -4x^2 + 7$			
f) $y = -3(x - 2)^2 + 2$			
g) $y = 0{,}75(x + 2)^2 + 2$			

Anzahl der Nullstellen einer quadratischen Funktion bestimmen
Die Schnittpunkte der Parabel $\mathbf{y = a(x + b)^2 + c}$ mit der x-Achse heißen **Nullstellen.**

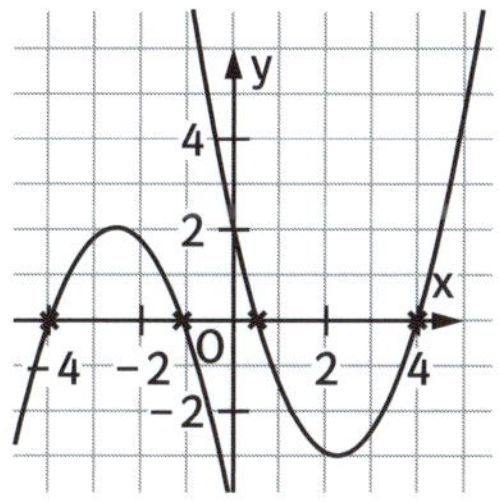

zwei Nullstellen
a > 0 und c < 0
a < 0 und c > 0

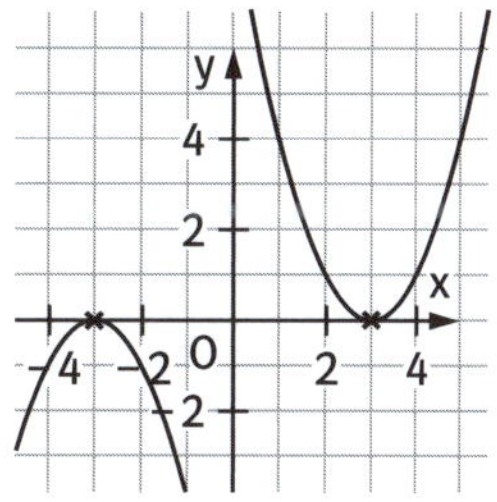

eine Nullstelle
c = 0

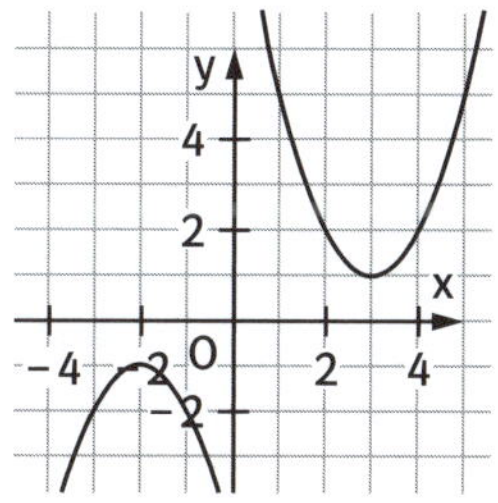

keine Nullstelle
a > 0 und c > 0
a < 0 und c < 0

2 a) Zeichne die Parabel $y = x^2 - 2$ mit der Parabelschablone in Figur 1 ein.

N_1 ______ N_2 ______

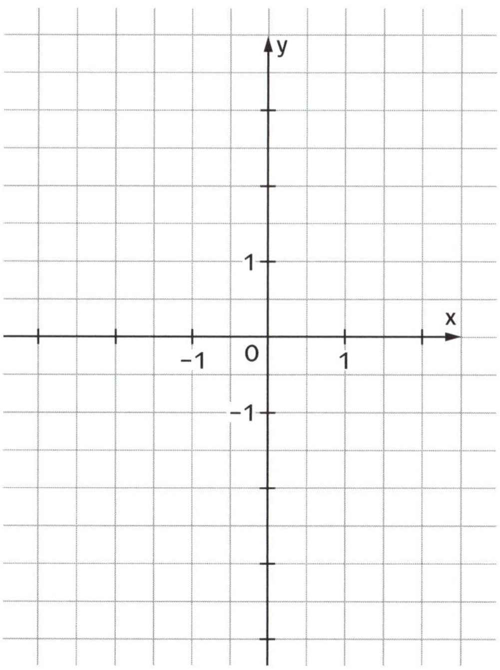

Figur 1

b) Lies die Nullstellen N_1 und N_2 der Parabel ab.

3 a) Bestimme die Nullstellen für $y = x^2 - 2$.

N_1 ______ N_2 ______

b) Bestimme die Lösungen der Gleichung $x^2 - 2 = 0$. Vergleiche mit den Nullstellen.
1. Lösung: ______ 2. Lösung: ______

4 a) Zeichne die Parabel $y = (x + 1{,}5)^2 - 1$ in das Koordinatensystem in Figur 1.

b) Lies die Nullstellen ab.

N_1 ______ N_2 ______

c) Setze die x-Werte der Nullstellen in die Gleichung $(x + 1{,}5)^2 - 1 = 0$ ein. Prüfe, ob sie Lösungen der Gleichung sind.
1. Lösung: ______ 2. Lösung: ______

Nullstelle N(x | 0)
ist Schnittpunkt der Parabel mit der x-Achse.

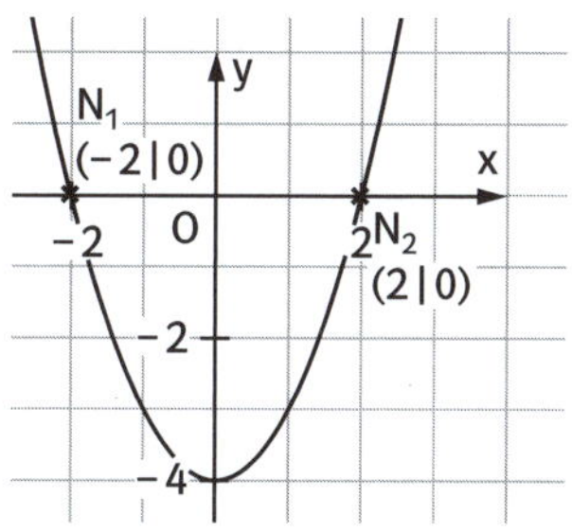

Quadratische Funktion
$x \to 2(x - 1)^2 - 8$
Zugehörige Parabelgleichung
$y = 2(x - 1)^2 - 8$
Zugehörige quadratische Gleichung
$2(x - 1)^2 - 8 = 0$ oder
$2x^2 - 4x - 6 = 0$
Nullstellen der Funktion
$N_1(-1 | 0)$; $N_2(3 | 0)$
Lösungen der zugehörigen Gleichung
$x_1 = -1$; $x_2 = 3$.

1.1 Bestimme die Anzahl der Nullstellen.
a) $y = x^2$ b) $y = 2x^2$ c) $y = 5x^2$
d) $y = 2(x - 3)^2$ e) $y = 0{,}3(x + 4)^2$ f) $y = -0{,}2(x - 1)^2$
g) $y = -4(x + 2)^2 - 1$ h) $y = 3(x + 1)^2 + 4$ i) $y = -3(x - 1)^2 + 5$
j) $y = 5(x - 3)^2 + 2$ k) $y = -2(x + 3)^2 - 5$ l) $y = -(x - 0{,}5)^2$

2.1 Zeichne die Parabeln. Bestimme die x-Werte der Nullstellen.
a) $y = x^2 - 4$ b) $y = x^2 - 1$ c) $y = -x^2 + 3$
d) $y = x^2$ e) $y = -(x + 1)^2$ f) $y = (x - 3)^2$
g) $y = x^2 + 1{,}5$ h) $y = -x^2 + 2{,}4$ i) $y = -x^2 - 0{,}5$

2.2 Bestimme die Nullstellen zeichnerisch.
a) $y = (x - 0{,}8)^2 - 1{,}2$ b) $y = \frac{1}{2}(x - 2)^2 - 2$ c) $y = \frac{1}{4}(x + 1)^2 - 1$

3.1 Bestimme die x-Werte der Nullstellen durch Rechnung. Kontrolliere. Zeichne dazu die Parabel mit der Schablone.
a) $y = -x^2 + \frac{9}{4}$ b) $y = x^2 - \frac{4}{25}$ c) $y = x^2 - 1{,}44$

5 Welche Aussagen für $y = a(x + b)^2$ sind wahr? Begründe.
a) Die Parabel hat zwei Nullstellen, wenn a > 0 und c > 0 ist.
b) Die Parabel hat keine Nullstellen, wenn a < 0 und c < 0 ist.

Quadratische Gleichungen zeichnerisch lösen

1 Löse zeichnerisch $x^2 - x - 2 = 0$.

(1) ______________________

(2) ______________________

____

(3)

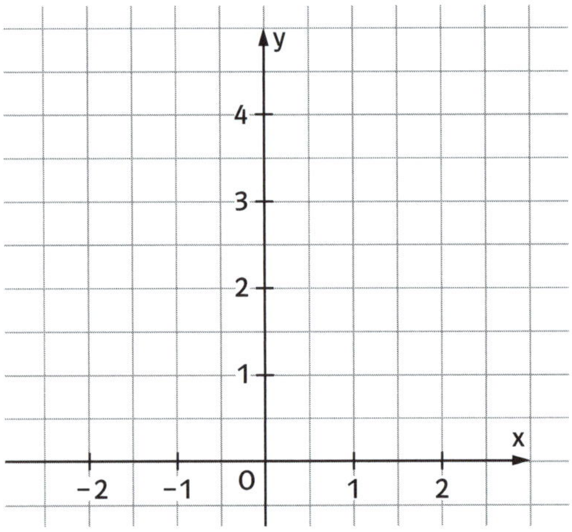

(4) ______________________

____

(5) ______________________

2 a) Forme die Parabelgleichung $y = x^2 - x - 2$ in die Scheitelpunktform um.

____

____

____

____

b) Scheitelpunkt bestimmen.

____

Quadratische Gleichungen zeichnerisch lösen

Löse die quadratische Gleichung über die Schnittpunkte der Normalparabel mit der zugehörigen Geraden. $x^2 + \frac{1}{2}x - 3 = 0$

(1) Umformen $x^2 = -\frac{1}{2}x + 3$

(2) Parabelgleichung, Geradengleichung notieren $y = x^2$; $y = -\frac{1}{2}x + 3$

(3) Graphen zeichnen

(4) x-Werte der Schnittpunkte bestimmen $x_1 = 1{,}5$; $x_2 = -2$

(5) Lösungsmenge notieren $L = \{1{,}5; -2\}$

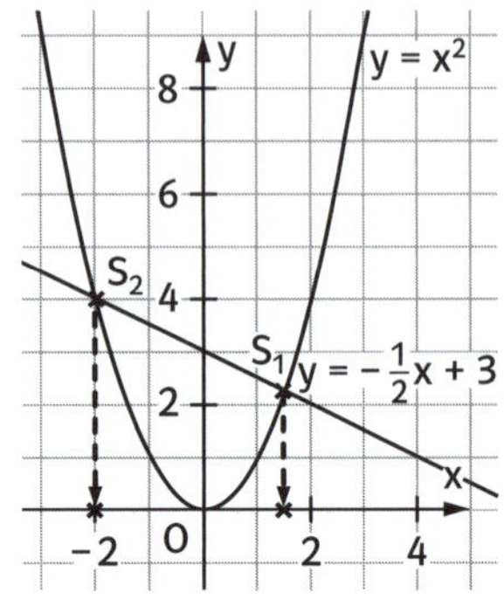

3 a) Zeichne die Parabel aus Aufgabe 2.

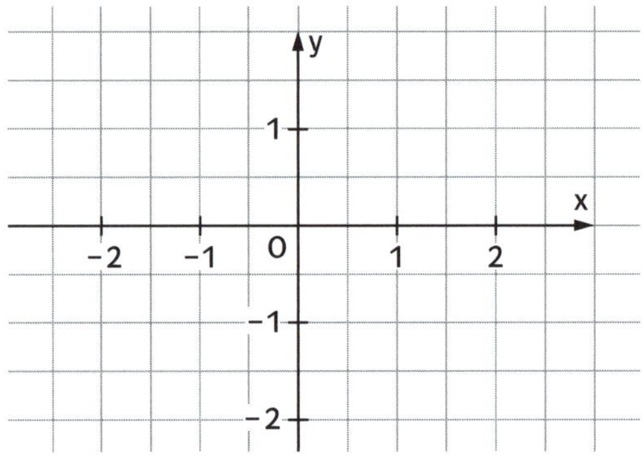

b) Lies die x-Werte der Schnittpunkte der Parabel mit der x-Achse ab.

$x_1 =$ __________ $x_2 =$ __________

c) Prüfe, ob x_1 und x_2 Lösungen der Gleichung $x^2 - x - 2 = 0$ sind.

__________ __________

__________ __________

__________ __________

Scheitelpunktform der Parabelgleichung
$y = 2(x + 3)^2 - 1$
Scheitelpunkt
$S(-3|-1)$
Normalform der quadratischen Gleichung
$x^2 + px + q = 0$

Nullstelle einer quadratischen Funktion liegt im Schnittpunkt der Parabel mit der x-Achse.

zu 1.2
Rechne mit Brüchen weiter.

1.1 Löse zeichnerisch, bestimme dazu die x-Werte der Nullstellen.

a) $x^2 - 1 = 0$ b) $x^2 - 4 = 0$ c) $x^2 - 3 = 0$
d) $x^2 = -1$ e) $x^2 = 1{,}5$ f) $x^2 = 2$
g) $(x - 2)^2 - 1 = 0$ h) $(x + 1)^2 = 4$ i) $(x - 3)^2 + 2 = 0$
j) $-x^2 = 2{,}5$ k) $-x^2 = -0{,}5$ l) $-x^2 = 0$

1.2 Löse zeichnerisch.

a) $x^2 - 2x - 3 = 0$ b) $x^2 - x + 4 = 0$ c) $x^2 - 1{,}5x - 1 = 0$
d) $x^2 - 0{,}5x - 3 = 0$ e) $x^2 - x - 0{,}75 = 0$ f) $x^2 - 2x - 2 = 0$
g) $x^2 + \frac{2}{3}x - 1 = 0$ h) $x^2 + \frac{1}{4}x - 2 = 0$ i) $x^2 + 2x - 1 = 0$

3.1 Löse zeichnerisch auf zwei verschiedene Arten. Schreibe die Gleichung in der Normalform und in der Scheitelpunktform.

a) $x^2 + 2x - 3 = 0$ b) $x^2 - 1{,}5x - 1 = 0$ c) $x^2 + 1{,}5x - 4{,}5 = 0$
d) $(x + 1)^2 - 4 = 0$ e) $(x - 2)^2 - 1 = 0$ f) $(x + 1)^2 + 1 = 0$
g) $x^2 - 4 = 0$ h) $x^2 - 1{,}5 = 0$ i) $-x^2 + 3 = 0$

4 Löse die beiden Gleichungen mithilfe der Schnittpunkte der Parabel mit der x-Achse.

a) $(x + 1)^2 - 2 = 0$; $2(x + 1)^2 - 4 = 0$
b) $(x - 1)^2 - 9 = 0$; $\frac{1}{3}(x - 1)^2 - 3 = 0$
c) $x^2 - 4 = 0$; $0{,}25x^2 - 1 = 0$

Quadratische Gleichungen mit der Lösungsformel lösen

1 Löse die quadratische Gleichung.
$x^2 - 4x - 12 = 0$

(1) ______
(2) ______
(3) ______
(4) ______
(5) ______
______
(6) ______

Quadratische Gleichung mit der Lösungsformel lösen

	$-2x^2 - 8x + 12 = 0 \quad | :(-2)$
(1) In die Normalform **$x^2 + px + q = 0$** umformen	$x^2 + 4x - 6 = 0$
(2) **p** und **q** bestimmen	$p = 4;\ q = -6$
(3) Anzahl der Lösungen mit der Diskriminanten D bestimmen	$D = \left(\frac{4}{2}\right)^2 - (-6) = 10$ $D > 0$; also zwei Lösungen
(4) Werte in die **Lösungsformel** einsetzen	$x_{1,2} = -2 \pm \sqrt{10}$
(5) x_1 und x_2 berechnen	$x_1 = -2 + \sqrt{10}$ $x_2 = -2 - \sqrt{10}$
(6) Lösungsmenge notieren	$L = \{-2 + \sqrt{10};\ -2 - \sqrt{10}\}$

2 Löse die quadratische Gleichung.
$-x^2 + 2x + 8 = 0 \quad | \cdot(-1)$

(1) ______
(2) ______
(3) ______
(4) ______
(5) ______
______
(6) ______

3 $x^2 - 30 = 8x \quad | -8x$

(1) ______
(2) ______
(3) ______
(4) ______
(5) ______
______
(6) ______

4 a) $\frac{1}{2}x^2 + \frac{1}{4}x - 1 = 0$

(1) ______
(2) ______
(3) ______
(4) ______
(5) ______
______
(6) ______

b) $-2x^2 - 20x - 50 = 0$

(1) ______
(2) ______
(3) ______
(4) ______
(5) ______
______
(6) ______

Lösungsformel für quadratische Gleichungen in der Normalform

$x_{1,2} = -\frac{p}{2} \pm \sqrt{D}$

Diskriminante D

$D = \left(\frac{p}{2}\right)^2 - q$

D	Anzahl der Lösungen
D > 0	zwei
D = 0	eine
D < 0	keine

☑ zu 1 bis 4
{10,8; −2,8}
{6; −2}
{4; −2}
{1,2; −1,7}

1.1 Berechne mithilfe der Lösungsformel und der Diskriminante.
a) $x^2 + 3x + 2 = 0$ b) $x^2 + 6x + 5 = 0$ c) $x^2 - x - 20 = 0$
d) $x^2 + 2x - 3 = 0$ e) $x^2 + 11x - 12 = 0$ f) $x^2 + 18x + 81 = 0$
g) $x^2 + 68x + 43 = 0$ h) $x^2 - 5x - 36 = 0$

1.2 Berechne. a) $x^2 + \frac{3}{4}x - \frac{7}{64} = 0$ b) $x^2 + \frac{1}{2}x - \frac{1}{2} = 0$
c) $x^2 + \frac{5}{6}x - \frac{1}{6} = 0$ d) $x^2 - \frac{1}{6}x + \frac{1}{3} = 0$ e) $x^2 + \frac{1}{3}x - \frac{2}{9} = 0$
f) $x^2 + \frac{7}{4}x - \frac{1}{2} = 0$ g) $x^2 + \frac{7}{3}x - 2 = 0$ h) $x^2 - \frac{2}{5}x + 2 = 0$

2.1 Berechne. a) $-x^2 + 14x + 15 = 0$ b) $-x^2 - 7x + 78 = 0$
c) $-x^2 - 21x + 72 = 0$ d) $-x^2 + 6x + 55 = 0$ e) $-x^2 + 16x + 80 = 0$
f) $-x^2 - 12x + 45 = 0$ g) $-x^2 + 13x + 30 = 0$ h) $-x^2 - 15x - 50 = 0$

3.1 Berechne. a) $x^2 + 72 = -15x$ b) $x^2 - 9x = 26$
c) $x^2 - 10 = -3x$ d) $x^2 + 124 = 18x$ e) $207 + x^2 = 32x$

4.1 Berechne. a) $-\frac{1}{5}x^2 + 3x - \frac{1}{5} = 0$ b) $x^2 - \frac{2}{3}x + 1 = 0$
c) $\frac{2}{3}x^2 + \frac{1}{5}x - 1 = 0$ d) $\frac{5}{6}x^2 = 10x$ e) $\frac{3}{2}x^2 = \frac{7}{10}$

5 Berechne. a) $x^2 - 4{,}5x + 14 = 12$ b) $2x^2 + 6 = -7x$
c) $-2{,}1x^2 = -75{,}6$ d) $x^2 - 2{,}1 = 0$ e) $-x^2 = x + 1{,}25$

6 Welche Aussage für quadr. Gleichungen ist wahr? Begründe.
a) Ist die Diskriminante $D > 0$ gibt es zwei Lösungen.
b) Ist die Diskriminante $D < 0$ gibt es keine Lösung.

Sachaufgaben mit quadratischen Gleichungen berechnen

1 Ein Quader hat die Kanten $a = 14\,cm$, $b = 9\,cm$ und $c = 5\,cm$. Die Kanten b und c sollen um die gleiche Länge so vergrößert werden, dass das Volumen $1078\,cm^3$ wird.
Um wie viel cm müssen die Kanten verlängert werden?

Skizze

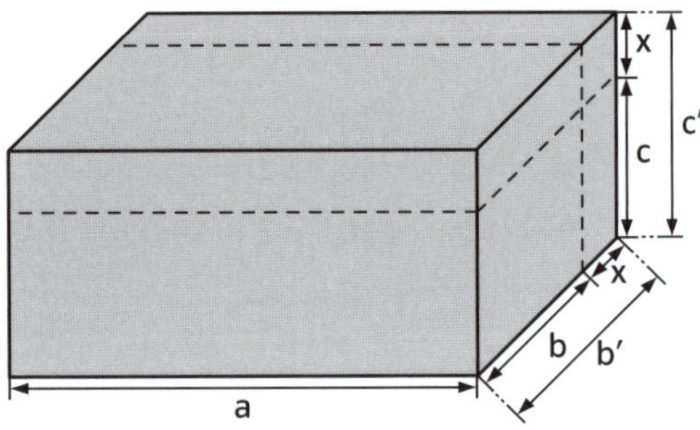

(1) Verlängerung ____________

Kanten   a = ____________

b' = ____________   c' = 5· ____________

(2) ____________

(3) ____________

(4) ____________

(5) ____________

(6) ____________

(7) ____________

Sachaufgaben mit quadratischen Gleichungen berechnen

Das Volumen eines Quaders beträgt $V = 84\,cm^3$, die Breite $a = 7\,cm$. Die Höhe c soll um 1 cm kürzer sein, als die Länge b.
Wie lang sind die Kanten?

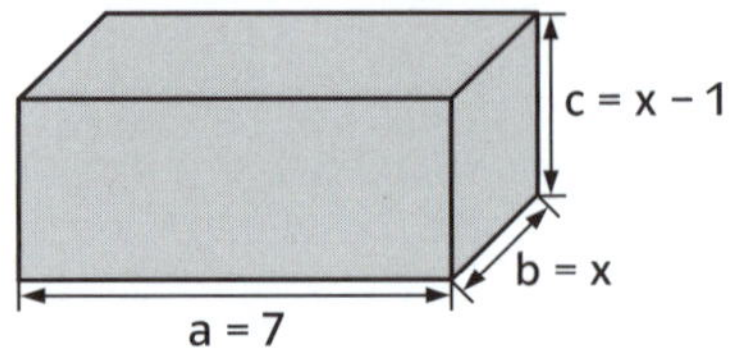

(1) Variable festlegen und Terme bestimmen	Länge b des Quaders: x Höhe c des Quaders: x − 1
(2) Gleichung aufstellen	$V = a \cdot b \cdot c$ $84 = 7 \cdot x \cdot (x - 1)$
(3) In die Normalform umformen	$84 = 7x^2 - 7x$ $x^2 - x - 12 = 0$
(4) Mit der Lösungsformel lösen	$x_{1,2} = \frac{1}{2} \pm \sqrt{\frac{1}{4} + 12}$ $x_1 = 4;\ x_2 = -3$
(5) Gesuchte Größen bestimmen	Länge b: 4 cm Höhe c: 3 cm
(6) Antwort notieren	Die Kanten sind 7 cm, 4 cm und 3 cm lang.
(7) Probe machen	$7 \cdot 3 \cdot 4 = 84$

2 Die Differenz zweier ganzer Zahlen beträgt 1, die Summe ihrer Quadrate 221. Bestimme die Zahlen.

(1) ____________

(2) ____________

(3) ____________

(4) ____________

(5) ____________

(6) ____________

(7) ____________

Normalform
$x^2 + px + q = 0$

Lösungsformel
$x_{1,2} = -\frac{p}{2} \pm \sqrt{\left(\frac{p}{2}\right)^2 - q}$

zu 4
Lotrechter Wurf
aufwärts:
$h = v_0 \cdot t - \frac{g}{2} \cdot t^2$
abwärts:
$h = v_0 \cdot t + \frac{g}{2} \cdot t^2$
v_0 Anfangsgeschwindigkeit in $\frac{m}{s}$
t Zeit in Sekunden
g Erdbeschleunigung $g \approx 10\,\frac{m}{s^2}$

1.1 Die Diagonale eines Rechtecks ist 20 cm lang. Die Seitenlängen unterscheiden sich um 8 cm. Bestimme die Seitenlängen.

1.2 In einem rechtwinkligen Dreieck unterscheiden sich die Hypotenusenabschnitte p und q um 5 cm. Die zugehörige Höhe ist $h = 6\,cm$. Berechne p und q.

1.3 Wenn man den Radius eines Kreises um 3 cm verlängert, verdoppelt sich sein Flächeninhalt. Berechne den Radius.

2.1 Das Produkt zweier aufeinander folgender ganzer Zahlen ist 240. Bestimme die Zahlen.

3 Multipliziert man das Alter von Frauke und Maren, so erhält man 208. Maren ist 3 Jahre jünger als Frauke. Wie alt sind sie?

4 ☆ Eine Kugel wird mit einer Anfangsgeschwindigkeit $v_0 = 200\,m/s$ senkrecht in die Höhe geschossen. Nach wie viel Sekunden erreicht sie eine Höhe von 320 m?

1 Quadratische Funktion darstellen

a) Zeichne die Parabel $y = x^2 - 1$ mithilfe einer Schablone.

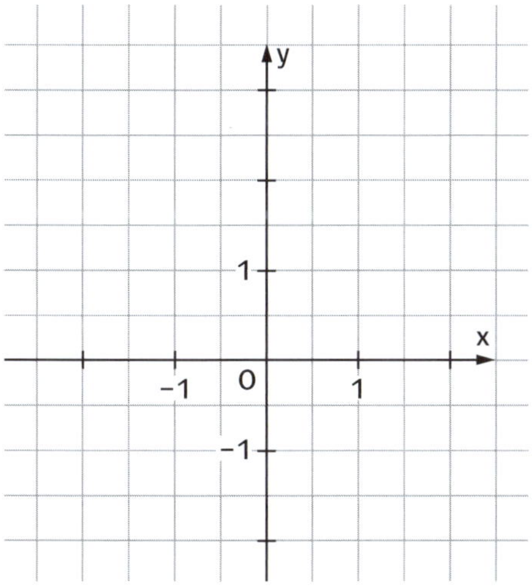

b) Zeichne die Parabel $y = (x - 1)^2$ mithilfe einer Schablone.

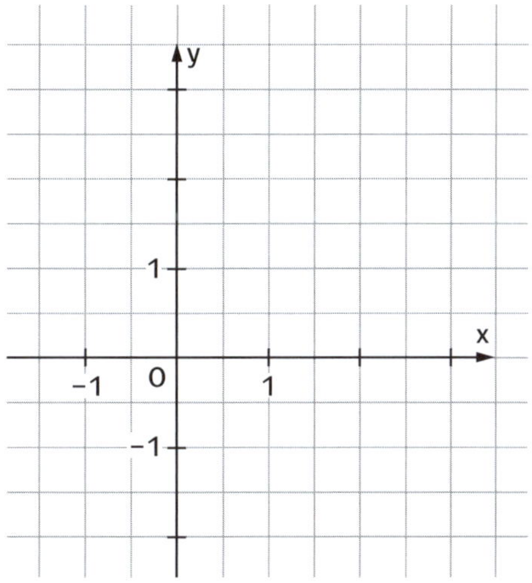

c) Zeichne die Parabel $y = (x - 1)^2 - 1$ mithilfe einer Schablone.

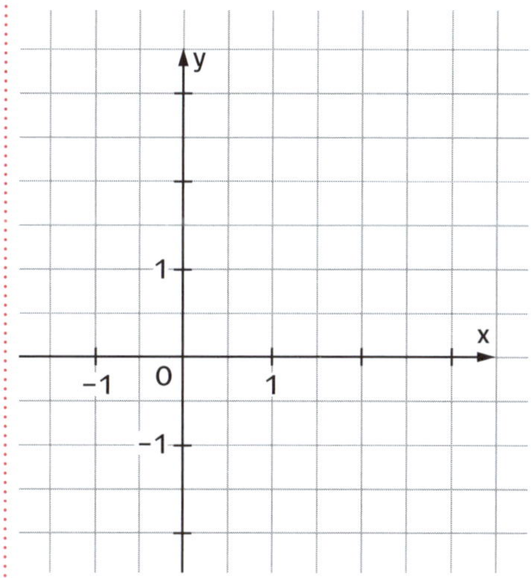

2 Scheitelpunkt einer Parabel bestimmen

Gib den Scheitelpunkt S der Parabel $y = -0{,}5x^2 + 1$ an.

Gib den Scheitelpunkt S der Parabel $y = -(x + 1)^2 + 1$ an.

Gib den Scheitelpunkt S der Parabel $y = x^2 + 2x + 1$ an.

3 Form einer Parabel bestimmen

Unterstreiche die für die Parabel $y = 0{,}75\,x^2$ zutreffenden Eigenschaften.
NP gestreckt
NP gestaucht
NP gespiegelt
NP verschoben

Unterstreiche die für die Parabel $y = -1{,}2x^2$ zutreffenden Eigenschaften.
NP gestreckt
NP gestaucht
NP gespiegelt
NP verschoben

Unterstreiche die für die Parabel $y = 0{,}2(x + 1)^2$ zutreffenden Eigenschaften.
NP gestreckt
NP gestaucht
NP gespiegelt
NP verschoben

4 Nullstellen einer Parabel bestimmen

Bestimme die x-Werte der Nullstellen der Parabel $y = x^2 - 4$.

Bestimme die x-Werte der Nullstellen der Parabel $y = 0{,}5x^2 - 2$.

Bestimme die x-Werte der Nullstellen der Parabel $y = (x - 2)^2 - 4$.

5 Anzahl der Lösungen mit der Diskriminante bestimmen

Bestimme die Diskriminante D. Wie viele Lösungen hat die Gleichung?
$x^2 + 2x - 3 = 0$

Bestimme die Diskriminante D. Wie viele Lösungen hat die Gleichung?
$x^2 + \frac{3}{4}x + \frac{9}{64} = 0$

Bestimme die Diskriminante D. Wie viele Lösungen hat die Gleichung?
$2x^2 + \frac{3}{2}x + \frac{9}{32} = 0$

6 Lösungsmenge einer quadratischen Gleichung bestimmen

Gib die Lösungsmenge an.
$x^2 - 5x + 6 = 0$

Gib die Lösungsmenge an.
$10x^2 - 11x + 2{,}8 = 0$

Gib die Lösungsmenge an.
$\frac{4}{5}x^2 - \frac{4}{5}x + 4 = 0$

Potenzen mit ganzzahligem Exponenten berechnen

1 Berechne die Potenzen.

a) $4^3 = 4 \cdot$ ______

b) $(-4)^3 = (-4) \cdot$ ______

c) $3^4 =$ ______

d) $(-3)^4 =$ ______

e) $(-10)^5 =$ ______

Potenzen berechnen

Potenzen mit **natürlichem** Exponent $a^n = \underbrace{a \cdot a \cdot \ldots \cdot a}_{n \text{ Faktoren}}$	$2^3 = 2 \cdot 2 \cdot 2 = 8$ $(-2)^3 = (-2) \cdot (-2) \cdot (-2) = -8$
Potenzen mit **negativem** Exponent $a^{-n} = \frac{1}{a^n}$ für $a \neq 0$	$2^{-3} = \frac{1}{2^3} = \frac{1}{8}$ $(-2)^{-3} = \frac{1}{(-2)^3} = -\frac{1}{8}$

2 a) $5^{-2} =$ ______ b) $4^{-3} =$ ______ c) $(-4)^{-3} =$ ______

d) $10^{-3} =$ ______ e) $1^{-4} =$ ______ f) $0{,}5^{-2} =$ ______

3 a) $-5^3 =$ ______ b) $5^{-3} =$ ______ c) $(-2)^4 =$ ______

d) $(-2)^{-4} =$ ______ e) $10^3 =$ ______ f) $10^{-3} =$ ______

g) $10^1 =$ ______ h) $10^{-1} =$ ______ i) $(-10)^0 =$ ______

4 Schreibe als Zweierpotenz (Basis 2).

a) $32 =$ ______ b) $\frac{1}{32} =$ ______

c) $1 =$ ______ d) $0{,}125 =$ ______

e) $\frac{1}{2} =$ ______ f) $\frac{1}{256} =$ ______

5 Schreibe als Zehnerpotenz (Basis 10).

a) $10\,000 =$ ______ b) $\frac{1}{100} =$ ______

c) $10 =$ ______ d) $0{,}001 =$ ______

e) $1 =$ ______ f) $\frac{1}{10} =$ ______

6 Vergleiche die Potenzen. Setze <, > oder =.

a) $10^2 \square 10^3$ b) $10^{-2} \square 10^{-3}$ c) $(-10)^2 \square (-10)^3$ d) $(-10)^{-2} \square (-10)^{-3}$

e) $10^0 \square 10$ f) $10^1 \square 10$ g) $(-10)^4 \square 10^4$ h) $(-10)^3 \square 10^3$

7 Vereinfache. Schreibe als **eine** Potenz.

a) $10^3 \cdot 10^{-5} =$ ______ b) $10^{-3} : 10^{-5} =$ ______

c) $10^{-2} \cdot 0{,}4^{-2} =$ ______ d) $6^{-3} : 10^{-3} =$ ______

e) $(10^{-2})^3 =$ ______ f) $(10^{-2})^{-3} =$ ______

Potenz a^n – **Exponent** (n), **Basis** (a)

$a^1 = a$
$a^0 = 1$ für $a \neq 0$
$a^{-1} = \frac{1}{a}$ für $a \neq 0$

zu 3
0,001; 0,008; 0,0625; 0,1; 1; 10; 16; 125; 1000

zu 4
$0{,}25 = \frac{1}{4} = 2^{-2}$
$0{,}125 = \frac{1}{8} = 2^{-3}$

zu 7
Rechenregeln
① $a^r \cdot a^s = a^{r+s}$
② $a^r : a^s = a^{r-s}$
③ $a^r \cdot b^r = (a \cdot b)^r$
④ $a^r : b^r = \left(\frac{a}{b}\right)^r$
⑤ $(a^r)^s = a^{r \cdot s}$

1.1 a) 5^3; $(-5)^3$; 3^5; $(-3)^5$ b) 2^1; $(-2)^1$; 1^2; $(-1)^2$
c) $(-3)^3$; 3^3; $(-3)^2$; 3^2 d) 4^1; $(-4)^2$; $(-4)^3$; 4^4

2.1 a) 3^{-2}; $(-3)^{-2}$; 2^{-3}; $(-2)^{-3}$
b) 4^{-1}; $(-4)^{-1}$; 1^{-4}; $(-1)^{-4}$

3.1 a) 4^2; $(-4)^2$; 4^{-2}; $(-4)^{-2}$ b) 2^5; $(-2)^5$; 2^{-5}; $(-2)^{-5}$
c) $0{,}5^2$; $0{,}5^{-2}$; $(-0{,}5)^2$ d) 3^1; 3^{-1}; 3^0; $(-3)^{-1}$

3.2 a) 10^2; $(-10)^2$; 10^{-2} b) 10^{-3}; $(-10)^3$; $(-10)^{-3}$
c) 10^1; 10^0; 10^{-1}; $(-10)^1$ d) $0{,}1^2$; $0{,}1^{-2}$; $(-0{,}1)^{-2}$

4.1 a) 4; $\frac{1}{4}$; 8; $\frac{1}{8}$ b) 8; -8; $0{,}125$; $-0{,}125$

5.1 a) 1000; 100; 1 b) $\frac{1}{1000}$; $0{,}01$; $0{,}1$

6.1 a) $2^2 \square 2^3$ b) $2^{-2} \square 2^{-3}$
c) $(-2)^2 \square (-2)^3$ d) $(-2)^{-2} \square (-2)^{-3}$

7.1 a) $10^{-3} \cdot 10^5$ b) $10^{-3} \cdot 10^{-5}$ c) $10^{-3} : 10^{-5}$
d) $10^{-3} : 10^5$ e) $10^5 : 10^{-3}$ f) $10^{-5} : 10^3$
g) $0{,}8^{-2} \cdot 10^{-2}$ h) $4^3 \cdot 0{,}5^3$ i) $5^{-2} : 10^{-2}$
j) $10^{-2} : 5^{-2}$ k) $(10^2)^3$ l) $(10^2)^{-3}$

Zehnerpotenzen bestimmen

Zehnerpotenzen bestimmen
Jede Zahl kann man als Produkt mit einer Zehnerpotenz **$a \cdot 10^b$** notieren.

	483 647	0,007 38
(1) Runden (zwei gültige Ziffern)	≈ 480 000	≈ 0,0074
(2) Als Produkt notieren	= 4,8 · 100 000	= 7,4 · 0,001
(3) Als Produkt mit Zehnerpotenz notieren	$= 4{,}8 \cdot 10^5$	$= 7{,}4 \cdot 10^{-3}$

1 Schreibe wie in den Beispielen im Kasten als Produkt mit einer Zehnerpotenz.

a) 73 900

(1) ____________

(2) ____________

(3) ____________

b) 86 400 c) 0,0283 d) 0,6483

(1) ____________

(2) ____________

(3) ____________

2 Schreibe als **eine** Potenz.

a) $10^{-2} \cdot 10^5 =$ ______ b) $10^{-2} \cdot 10^{-3} =$ ______ c) $10^2 \cdot 10^{-5} =$ ______

d) $10^0 \cdot 10^{-4} =$ ______ e) $\frac{10^5}{10^3} =$ ______ f) $\frac{10^3}{10^5} =$ ______

g) $\frac{10^{-3}}{10^5} =$ ______ h) $\frac{10^{-5}}{10^{-3}} =$ ______ i) $\frac{10^2}{10^2} =$ ______

3 Führe eine Überschlagsrechnung durch.

a) 29 400 · 0,083
$\approx 3 \cdot 10^4 \cdot 8 \cdot 10^{-2}$
$= 3 \cdot 8 \cdot$
= ______ = ______

b) 0,06 · 0,008 54

4 ☆ Führe eine Überschlagsrechnung durch.

a) 814 : 0,003 87
$= \frac{814}{0{,}00387}$ $\approx \frac{8 \cdot 10^2}{4 \cdot}$

b) 0,893 : 290

Zehnerpotenzen
$1000 = 10^3$
$100 = 10^2$
$10 = 10^1$
$1 = 10^0$
$0{,}1 = 10^{-1}$
$0{,}01 = 10^{-2}$
$0{,}001 = 10^{-3}$

zu 2
$10^r \cdot 10^s = 10^{r+s}$
$\frac{10^r}{10^s} = 10^{r-s}$

zu 3
Überschlag für
357 488 · 0,083
≈ 400 000 · 0,08
$\approx 4 \cdot 10^5 \cdot 8 \cdot 10^{-2}$
$= 4 \cdot 8 \cdot 10^5 \cdot 10^{-2}$
$= 32 \cdot 10^3$
$\approx 3 \cdot 10^4$

1.1 Notiere als Produkt mit einer Zehnerpotenz.
a) 800 000 b) 0,004 c) 30 000
d) 5000 e) 0,000 009 f) 0,000 000 4
g) 2 000 000 h) 0,3 i) 10 000
j) 60 k) 0,008 l) 0,002

1.2 Notiere als Produkt mit einer Zehnerpotenz. Runde auf eine Stelle nach dem Komma.
a) 256 000 b) 0,0342 c) 4810
d) 7820 e) 0,449 f) 0,073 89
g) 1 006 937 h) 0,000 076 8 i) 0,020 350
j) 80,9 k) 0,341 l) 59 370
m) 375,04 n) 0,003 967 o) 0,999 999

2.1 Notiere als **eine** Potenz.
a) $10^3 \cdot 10^{-4}$ b) $10^2 : 10^5$ c) $10^4 : 10^{-2}$ d) $(10^2)^3 \cdot 10^{-4}$
e) $10^{-3} \cdot 10^4$ f) $10^2 : 10^{-5}$ g) $10^6 \cdot 10^{-2}$ h) $(10^2)^{-3} \cdot (10^3)^{-4}$
i) $10^{-3} \cdot 10^{-4}$ j) $10^{-2} : 10^5$ k) $10^{-3} : 10^{-5}$ l) $(10^{-2})^3 : 10^2$

3.1 Führe eine Überschlagsrechnung durch.
a) 7320 · 86 900 b) 52 400 · 0,089
c) 0,043 · 0,87 d) 989 000 · 0,000 898
e) 0,06 · 0,0025 f) 4580 · 0,075

4.1 ☆ Führe eine Überschlagsrechnung durch.
a) 78 000 : 2300 b) 589 000 : 0,003 450
c) 0,008 : 230 999 d) 0,006 980 : 74 352

Potenzfunktionen $y = x^n$ darstellen

1 Fülle die Wertetabelle aus.

x	0	1	−1	1,5	−1,5
$y = x^2$					
$y = x^3$					

a) Trage in Figur 1 die Punkte für $y = x^2$ in rot, für $y = x^3$ in grün ein.

b) Bestimme für $y = x^2$ weitere Punkte. Trage ein. Zeichne die Parabel in rot.

c) Bestimme weitere Punkte für $y = x^3$. Trage ein. Zeichne die Parabel in grün.

2

A(0 | 0); B(1 | 1); C(−1 | 1); D(−1 | −1);

E(2 | 4); F(−2 | 4); G(−2 | −4); H(−2 | −8)

a) Welche Punkte liegen auf der Parabel $y = x^2$? Umrahme den Punkt mit einem Rechteck ☐.

b) Welche Punkte liegen auf der Parabel $y = x^3$? Umrahme den Punkt mit einem Kreis ◯.

3 a) Bestimme die y-Koordinaten für die Punkte der Parabel $y = x^2$.

A(3 | y) B(−3 | y) C(−0,8 | y)

$y = 3^2$

$y =$

b) Bestimme die y-Koordinaten für die Punkte der Parabel $y = x^3$.

D(2 | y) E(−2 | y) F(−0,4 | y)

$y = 2^3$

Potenzfunktionen $y = x^n$ darstellen
Funktionen der Form $y = x^n$ für $n > 1$ heißen **Potenzfunktionen.**
Die Graphen nennt man **Parabeln** n-ter Ordnung.

n gerade

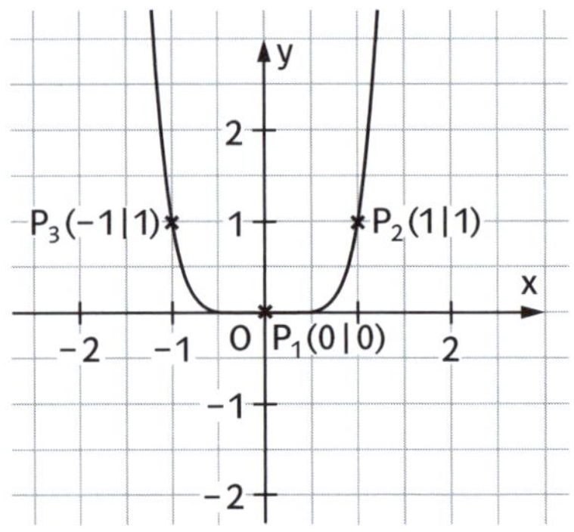

achsensymmetrisch zur y-Achse

n ungerade

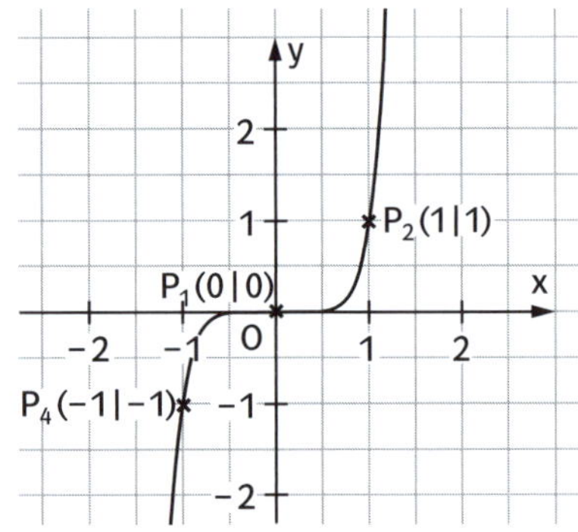

punktsymmetrisch zum Nullpunkt

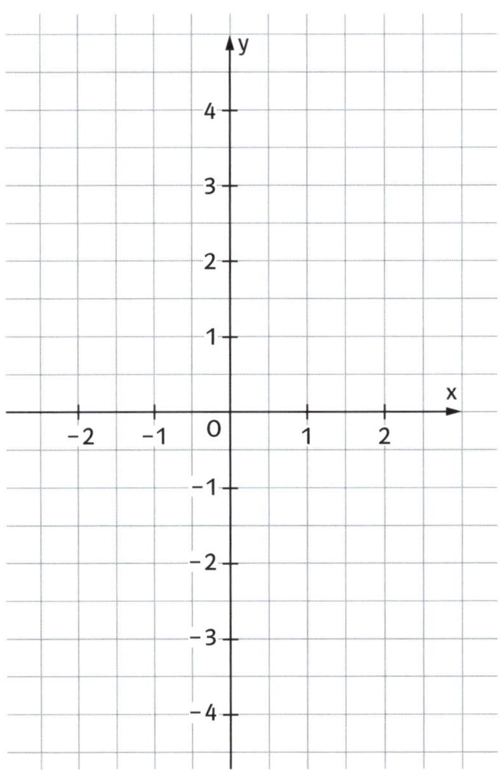

Figur 1

$(-1)^2 = (-1) \cdot (-1) = 1$
$(-1)^3 = (-1) \cdot (-1) \cdot (-1) = -1$

Potenzfunktion $y = x^n$
n gerade

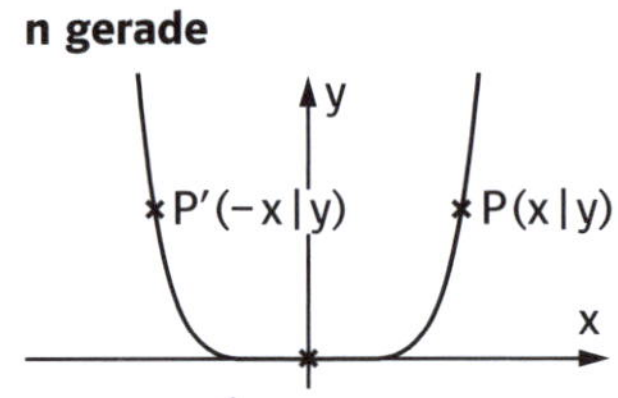

n ungerade

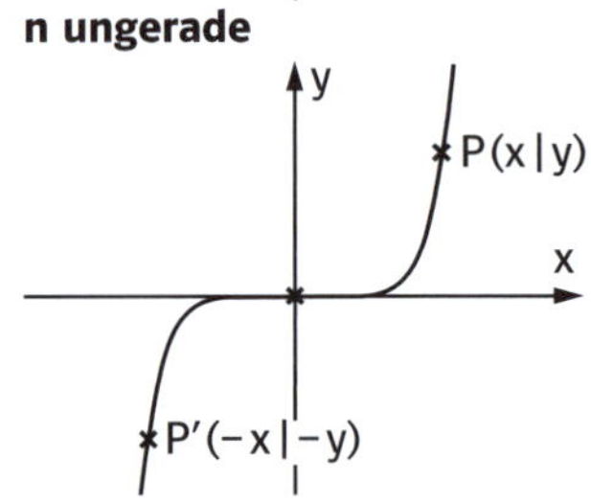

Schreibweise für Funktionen
$x \rightarrow x^n$; $f(x) = x^n$; $y = x^n$

1.1 a) Lege eine Wertetabelle im Heft an. Setze die x-Werte bis −1,5 fort. Fülle die Tabelle aus.

x	0	0,1	−0,1	0,2	−0,2	0,3	…
$y = x^2$							
$y = x^3$							

b) Zeichne in rot die Parabel $y = x^2$ im Bereich −1,5 bis 1,5 auf Millimeterpapier.
c) Zeichne in grün die Parabel $y = x^3$ dazu.

2.1 A(1 | 1) B(1 | −1) C(−1 | 1) D(−1 | −1) E(0,5 | 0,25) F(0,5 | −0,25) G(−0,5 | −0,125)
Notiere die Punkte, die auf der Parabel a) $y = x^2$ b) $y = x^3$ liegen.

3.1 Bestimme die y-Koordinaten für die Punkte der Parabel.
a) $y = x^2$. A(4 | y); B(−4 | y); C(1,2 | y); D(−2,5 | y)
b) $y = x^3$. A(4 | y); B(−4 | y); C(0,2 | y); D(−0,2 | y)

4 ☆ Welche der Parabel $y = x^2$; $y = x^3$; $y = x^4$; $y = x^5$; $y = x^6$; $y = x^7$ sind achsensymmetrisch zur y-Achse, welche punktsymmetrisch zum Nullpunkt? Begründe.

Potenzfunktionen $y = x^{-n}$ darstellen

1 a) Fülle die Wertetabelle aus.

x	0	1	−1	1,5	−1,5
$y = x^{-1}$					

b) Trage in Figur 1 die Punkte für die Hyperbel $y = x^{-1}$ mit grün ein.

c) Bestimme weitere Punkte für $y = x^{-1}$.

x	0,2	−0,2	0,8	−0,8	1,2	−1,2
y						

x	1,4	−1,4	1,8	−1,8	2,5	−2,5
y						

d) Trage die Punkte ein und zeichne die Hyperbel.

Potenzfunktionen $y = x^{-n}$ darstellen
Die Graphen der Potenzfunktion $x = x^{-n}$ für $n > 0$ nennt man **Hyperbeln.**

n gerade

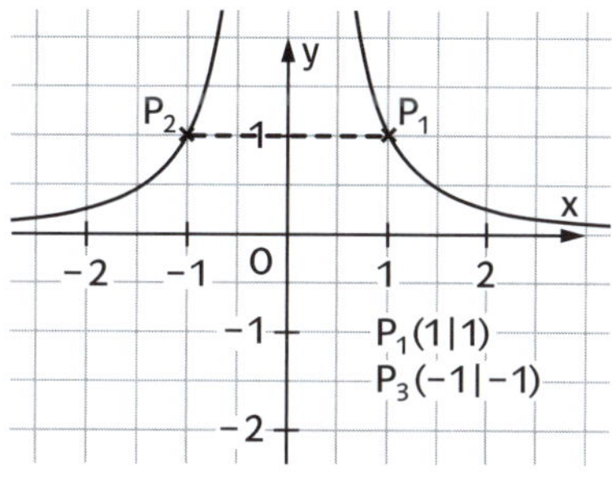

achsensymmetrisch zur y-Achse

n ungerade

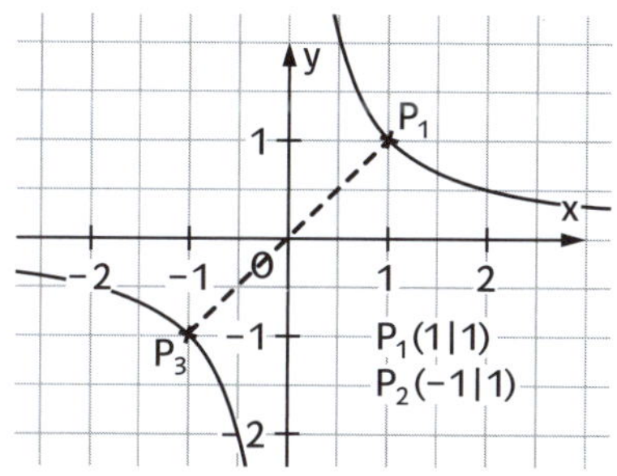

punktsymmetrisch zum Nullpunkt

2 a) Fülle die Wertetabelle aus.

x	1	−1	2	−2	3	−3
$y = x^{-2}$						

b) Trage in Figur 1 die Punkte für die Hyperbel $y = x^{-2}$ mit rot ein.

c) Bestimme weitere Punkte für $y = x^{-2}$.

x	0,2	−0,2	0,5	−0,5	0,8	−0,8
y						

x	1,4	−1,4	1,8	−1,8	2,5	−2,5
y						

d) Zeichne die Hyperbel.

3 ☆ Bestimme die y-Koordinaten für die Punkte der Hyperbel $y = x^{-2}$.

A(3 | y) B(−3 | y) C(−1,5 | y)

$y = 3^{-2}$

y =

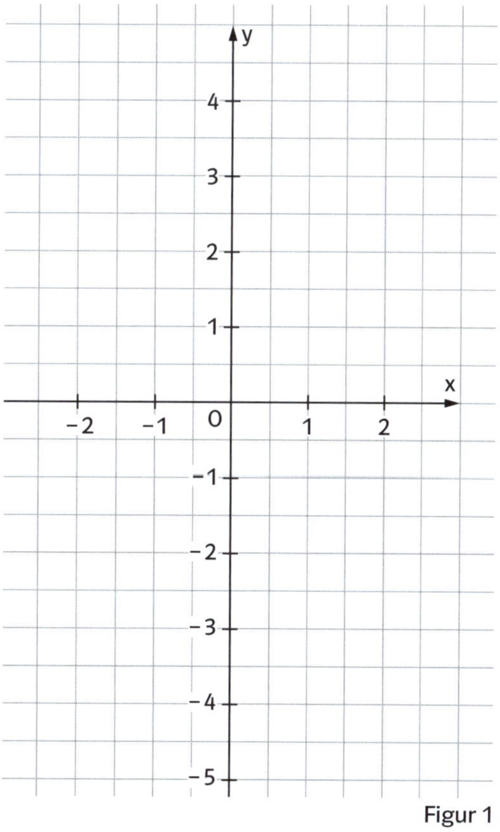

Figur 1

$a^{-n} = \frac{1}{a^n}$ für $a \neq 0$

$2^{-2} = \frac{1}{2^2} = \frac{1}{4}$

$(-2)^{-2} = \frac{1}{(-2)^2} = \frac{1}{4}$

$(-2)^{-3} = \frac{1}{(-2)^3} = -\frac{1}{8}$

Potenzfunktion $y = x^{-n}$
n gerade

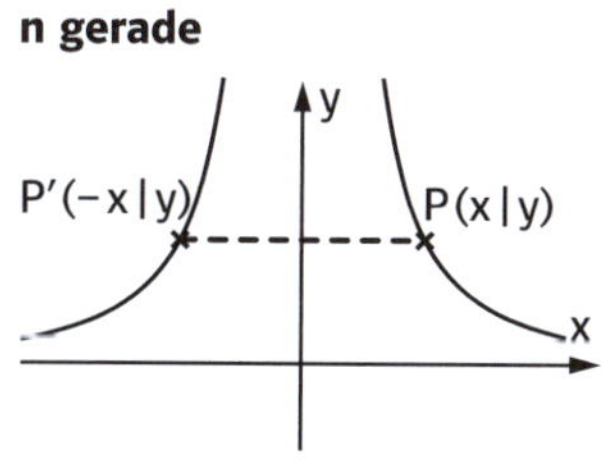

n ungerade

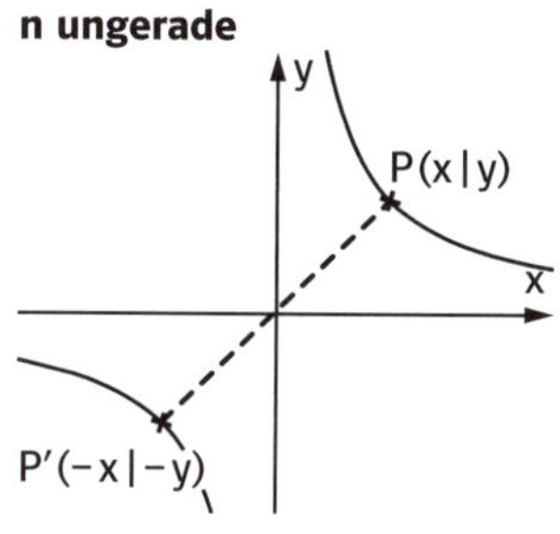

2.1 a) Lege eine Wertetabelle an. Setze die x-Werte bis −1,5 fort. Fülle die Tabelle aus.

x	0	0,1	−0,1	0,2	−0,2	0,3	…
$y = x^{-1}$							
$y = x^{-2}$							

b) Zeichne in grün die Hyperbel $y = x^{-1}$ im Bereich −1,5 bis 1,5 auf Millimeterpapier.
c) Zeichne in rot die Hyperbel $y = x^{-2}$ dazu.

3.1 ☆ Bestimme die y-Koordinaten für die Punkte der Hyperbel $y = x^{-1}$.
a) A(2 | y) b) B(−2 | y) c) C(−1 | y) d) D(0,5 | y) e) E(−0,5 | y) f) F(0,1 | y) g) G(−0,1 | y)

3.2 ☆ Bestimme die y-Koordinaten für die Punkte der Hyperbel $y = x^{-2}$.
a) A(2 | y) b) B(−2 | y) c) C(1 | y) d) D(−1 | y) e) E(0,5 | y) f) F(−0,5 | y) g) G(−0,1 | y)

4 Welche der Hyperbeln $y = x^{-1}$; $y = x^{-2}$; $y = x^{-3}$; $y = x^{-4}$; $y = x^{-5}$; $y = x^{-6}$ sind achsensymmetrisch zur y-Achse, welche punktsymmetrisch zum Nullpunkt? Begründe.

Wurzeln bestimmen, Wurzelfunktionen darstellen

Wurzeln bestimmen
$\sqrt[n]{a}$ bedeutet: bestimme eine Zahl, die mit n potenziert a ergibt.
$\sqrt[n]{a} = b$ ist gleichbedeutend mit $b^n = a$ für $a \neq 0$.

Beispiele

$\sqrt[3]{64} = 4$; denn $4^3 = 64$ | $\sqrt[4]{\frac{1}{16}} = \frac{1}{2}$; denn $\left(\frac{1}{2}\right)^4 = \frac{1}{16}$
$\sqrt{64} = 8$; denn $8^2 = 64$ | $\sqrt{0{,}01} = 0{,}1$; denn $0{,}1^2 = 0{,}01$
$\sqrt[4]{625} = 5$; denn $5^4 = 625$ | $\sqrt[3]{0{,}008} = 0{,}2$; denn $0{,}2^3 = 0{,}008$

1 Bestimme die Wurzeln.

a) $\sqrt[3]{8}$ = 2; denn ______
b) $\sqrt[4]{81}$ = ______
c) $\sqrt[6]{64}$ = ______
d) $\sqrt{36}$ = ______
e) $\sqrt[3]{125}$ = ______

2 Berechne.

a) $\sqrt[3]{27}$ = ______ b) $\sqrt[5]{32}$ = ______
c) $\sqrt[3]{216}$ = ______ d) $\sqrt[4]{10\,000}$ = ______
e) $\sqrt[7]{1}$ = ______ f) $\sqrt[6]{0}$ = ______
g) $\sqrt[3]{0{,}001}$ = ______ h) $\sqrt[4]{0{,}0016}$ = ______
i) $\sqrt{0{,}0016}$ = ______ j) $\sqrt[3]{\frac{1}{27}}$ = ______
k) $\sqrt[3]{\frac{8}{125}}$ = ______ l) $\sqrt[4]{\frac{16}{625}}$ = ______

3 ☆ a) Figur 1 zeigt den Graphen der Potenzfunktion $x \rightarrow x^3$ für $x \geqq 0$, spiegele ihn an der Winkelhalbierenden.

b) Du erhältst den Graphen der Wurzelfunktion $x \rightarrow \sqrt[3]{x}$ für $x \geqq 0$.
Lies Näherungswerte ab.

$\sqrt[3]{2} \approx$ ______ $\sqrt[3]{3} \approx$ ______
$\sqrt[3]{4} \approx$ ______ $\sqrt[3]{5} \approx$ ______
$\sqrt[3]{2{,}5} \approx$ ______ $\sqrt[3]{3{,}8} \approx$ ______

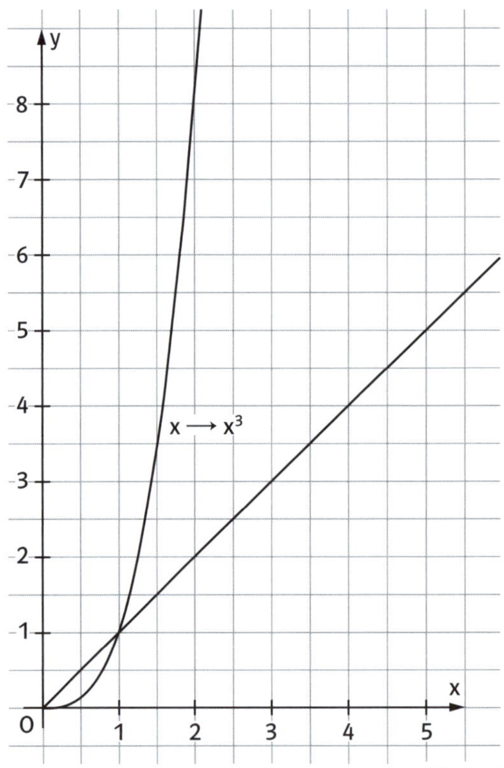

Figur 1

4 ☆ Vereinfache; zerlege dazu die Wurzel.

a) $\sqrt[3]{375}$ =
$= \sqrt[3]{125 \cdot 3}$
$= \sqrt[3]{} \cdot \sqrt[3]{}$
$= \cdot \sqrt[3]{}$

b) $\sqrt[4]{80}$
$= \sqrt[4]{}$
______
______

5 ☆ Löse die Gleichung.

$2x^3 - 54 = 0$ | + 54
$2x^3$ = ______ |
x^3 = ______ | $\sqrt[3]{}$
x = ______

Kurzform für n = 2
$\sqrt[2]{64} = \sqrt{64}$

☑ zu 2
0; 0,04; 0,1; 0,2; $\frac{1}{3}$; $\frac{2}{3}$; 1; 2; 3; 6; 10

zu 4
$\sqrt[n]{a \cdot b} = \sqrt[n]{a} \cdot \sqrt[n]{b}$
$\sqrt[3]{24} = \sqrt[3]{8 \cdot 3}$
$= \sqrt[3]{8} \cdot \sqrt[3]{3}$
$= 2 \cdot \sqrt[3]{3}$

zu 5
Gleichungen lösen
$2x^3 - 6 = 244$ | + 6
$2x^3 = 250$ | : 2
$x^3 = 125$ | $\sqrt[3]{}$
$x = \sqrt[3]{125}$
$x = 5$

Berechne.

1.1 a) $\sqrt[3]{64}$ b) $\sqrt{49}$ c) $\sqrt[5]{32}$ d) $\sqrt[4]{10\,000}$
e) $\sqrt[6]{1}$ f) $\sqrt[7]{128}$ g) $\sqrt[4]{625}$ h) $\sqrt[10]{1}$

2.1 a) $\sqrt[6]{64}$ b) $\sqrt[3]{216}$ c) $\sqrt[5]{243}$ d) $\sqrt{256}$
e) $\sqrt[8]{0}$ f) $\sqrt[4]{2401}$ g) $\sqrt[3]{1\,000\,000}$ h) $\sqrt[3]{1331}$

2.2 a) $\sqrt[3]{\frac{1}{8}}$ b) $\sqrt[4]{\frac{1}{81}}$ c) $\sqrt[3]{\frac{8}{27}}$ d) $\sqrt{\frac{9}{4}}$
e) $\sqrt[4]{\frac{16}{81}}$ f) $\sqrt[3]{\frac{125}{27}}$ g) $\sqrt[5]{\frac{32}{243}}$ h) $\sqrt{\frac{196}{225}}$

2.3 Berechne. a) $\sqrt[3]{0{,}008}$ b) $\sqrt{0{,}09}$ c) $\sqrt[4]{0{,}0081}$
d) $\sqrt[5]{0{,}000\,01}$ e) $\sqrt{0{,}0169}$ f) $\sqrt[5]{0{,}000\,32}$ g) $\sqrt[3]{0{,}000\,008}$

4.1 ☆ Vereinfache. Zerlege dazu die Wurzel.
a) $\sqrt[3]{40}$ b) $\sqrt[4]{320}$ c) $\sqrt[5]{486}$ d) $\sqrt{200}$
e) $\sqrt[3]{500}$ f) $\sqrt[3]{1080}$ g) $\sqrt[4]{6400}$ h) $\sqrt[3]{32\,000}$

5.1 ☆ Löse die Gleichung.
a) $x^3 = 343$ b) $x^3 - 8 = 0$ c) $5x^3 = 40$
d) $2x^3 + 2048 = 0$ e) $0{,}5x^3 + 530 = 30$ f) $0{,}25x^3 - 128 = 0$

Potenzen mit rationalem Exponenten bestimmen

Potenzen mit rationalem Exponenten bestimmen

Potenz mit Exponent $\frac{1}{n}$ (Stammbrüche) $9^{\frac{1}{2}} = \sqrt{9} = 3$

$a^{\frac{1}{n}} = \sqrt[n]{a}$ für $n > 1$ $2^{\frac{1}{3}} = \sqrt[3]{2}$

Potenz mit Exponent $\frac{m}{n}$ $64^{\frac{2}{3}} = \sqrt[3]{64^2} = 16$

$a^{\frac{m}{n}} = \sqrt[n]{a^m}$ für $n > 1$ und $m \in \mathbb{Z}$ $64^{-\frac{2}{3}} = \frac{1}{64^{\frac{2}{3}}} = \frac{1}{\sqrt[3]{64^2}} = \frac{1}{16}$

1 Schreibe als Wurzel.

a) $8^{\frac{1}{3}} =$ ______ b) $81^{\frac{1}{4}} =$ ______

c) $0{,}04^{\frac{1}{2}} =$ ______ d) $x^{\frac{1}{6}} =$ ______

2 Schreibe als Potenz.

a) $\sqrt[3]{27} =$ ______ b) $\sqrt{25} =$ ______

c) $\sqrt[4]{16} =$ ______ d) $\sqrt[5]{y} =$ ______

3 Schreibe zunächst als Wurzel. Berechne.

a) $27^{\frac{1}{3}} = \sqrt[3]{27} =$ ______ b) $10\,000^{\frac{1}{4}} =$ ______

c) $625^{\frac{1}{4}} =$ ______ d) $0{,}0004^{\frac{1}{2}} =$ ______

e) $32^{\frac{1}{5}} =$ ______ f) $0{,}0081^{\frac{1}{4}} =$ ______

g) $1000^{\frac{1}{3}} =$ ______ h) $10\,000^{0{,}25} =$ ______

4 ☆ Schreibe zunächst als Wurzel. Berechne.

a) $8^{\frac{2}{3}} =$ ______ b) $81^{\frac{3}{4}} =$ ______

c) $243^{\frac{1}{5}} =$ ______ d) $36^{0{,}5} =$ ______

e) $27^{\frac{4}{3}} =$ ______ f) $10\,000^{0{,}25} =$ ______

5 ☆ Schreibe zunächst als Quotient. Berechne.

a) $8^{-\frac{2}{3}} = \frac{1}{8^{\frac{2}{3}}} =$ ______ b) $81^{-\frac{3}{4}} =$ ______

c) $625^{-\frac{1}{4}} =$ ______ d) $243^{-0{,}6} =$ ______

6 Bestimme mit dem Taschenrechner Näherungswerte. Runde auf eine Stelle nach dem Komma.

a) $\sqrt[4]{2} \approx 1{,}189\,207 \approx$ ______ b) $\sqrt[100]{5} \approx$ ______

c) $\sqrt[6]{24} \approx$ ______ d) $\sqrt[10]{10} \approx$ ______

e) $15^{\frac{2}{5}} \approx$ ______ f) $7^{-\frac{1}{2}} \approx$ ______

g) $100^{\frac{1}{3}} \approx$ ______ h) $100^{\frac{1}{4}} \approx$ ______

i) $\sqrt[3]{2} \approx$ ______ j) $20^{\frac{1}{5}} \approx$ ______

zum Kasten
$\mathbb{Z}$ ist die Menge der ganzen Zahlen

zu 3
0,02; 0,3; 2; 3; 5; 10

zu 4 b
$81^{\frac{3}{4}} = \sqrt[4]{81^3}$
$= \sqrt[4]{(3^4)^3}$
$= \sqrt[4]{(3^3)^4}$
$= 27$

Tastenfolge
für $\sqrt[3]{2} = 2^{\frac{1}{3}}$
[2] [^] [(] [1] [÷] [3] [)] [=]
oder
[3] [2nd] [^] [2] =

1.1 Schreibe als Wurzel. a) $36^{\frac{1}{2}}$ b) $243^{\frac{1}{5}}$ c) $64^{\frac{1}{3}}$ d) $625^{\frac{1}{4}}$ e) $5^{\frac{1}{3}}$ f) $a^{\frac{1}{2}}$

2.1 Schreibe als Potenz. a) $\sqrt{49}$ b) $\sqrt[3]{8}$ c) $\sqrt[4]{16}$ d) $\sqrt{196}$ e) $\sqrt[3]{10}$ f) $\sqrt[5]{b}$

3.1 Schreibe zunächst als Wurzel. Berechne.
a) $9^{\frac{1}{2}}$ b) $25^{\frac{1}{2}}$ c) $8^{\frac{1}{3}}$ d) $16^{\frac{1}{2}}$ e) $16^{\frac{1}{4}}$ f) $1000^{\frac{1}{3}}$ g) $125^{\frac{1}{3}}$ h) $81^{\frac{1}{2}}$

4.1 ☆ Schreibe zunächst als Wurzel. Berechne.
a) $16^{\frac{3}{4}}$ b) $125^{\frac{2}{3}}$ c) $64^{\frac{2}{3}}$ d) $243^{\frac{3}{5}}$ e) $64^{\frac{3}{2}}$ f) $0{,}04^{\frac{3}{2}}$ g) $0{,}0016^{\frac{3}{4}}$ h) $0{,}008^{\frac{2}{3}}$

5.1 ☆ Schreibe zunächst als Quotient. Berechne.
a) $36^{-\frac{1}{2}}$ b) $125^{-\frac{1}{3}}$ c) $81^{-0{,}25}$ d) $64^{-\frac{2}{3}}$

6.1 Bestimme Näherungswerte.
a) $\sqrt[3]{100}$ b) $80^{\frac{1}{4}}$ c) $20^{\frac{2}{3}}$ d) $10^{-\frac{2}{5}}$

1 Potenzen berechnen

Berechne.
$(-4)^2 =$ ____________

Berechne.
$5^{-3} =$ ____________

Berechne.
$(-2)^{-4} =$ ____________

2 Zahlen als Potenz schreiben

Schreibe als Potenz mit der Basis 10.
$1000 =$ ____________

Schreibe als Potenz mit der Basis 2.
$256 =$ ____________

Schreibe als Potenz mit der Basis 2.
$0{,}125 =$ ____________

3 Wurzeln berechnen

Berechne.
$\sqrt[3]{27} =$ ____________

Berechne.
$\sqrt[4]{625} =$ ____________

Berechne.
$81^{-\frac{1}{4}} =$ ____________

4 Potenzen mit rationalem Exponenten berechnen

Berechne.
$16^{\frac{1}{2}} =$ ____________

Berechne.
$8^{\frac{2}{3}} =$ ____________

Berechne.
$8^{-\frac{2}{3}} =$ ____________

5 Zahlen als Produkt mit einer Zehnerpotenz schreiben

Schreibe als Produkt mit einer Zehnerpotenz.
$180\,000 =$ ____________

Schreibe als Produkt mit einer Zehnerpotenz.
$267\,436 =$ ____________

Schreibe als Produkt mit einer Zehnerpotenz.
$0{,}050\,961 =$ ____________

6 Potenzen zusammenfassen

Schreibe als **eine** Potenz.
$10^2 \cdot 10^{-5} =$ ____________

Schreibe als **eine** Potenz.
$10^{-2} \cdot 0{,}4^{-2} =$ ____________

Schreibe als **eine** Potenz.
$(2^{-2})^{-3} =$ ____________

7 Überschlagsrechnungen mit Zehnerpotenzen durchführen

Führe eine Überschlagsrechnung durch.
$7600 \cdot 52\,700$

____

____

Führe eine Überschlagsrechnung durch.
$0{,}0842 \cdot 389\,000$

____

____

Führe eine Überschlagsrechnung durch.
$0{,}8109 \cdot 0{,}000\,476$

____

____

8 Funktionsgleichung zu einer Potenzfunktion bestimmen

Gib die Funktionsgleichung an.

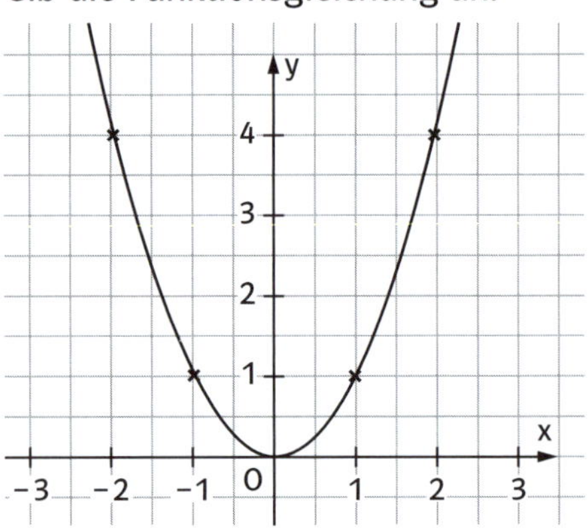

y = ____________

Gib die Funktionsgleichung an.

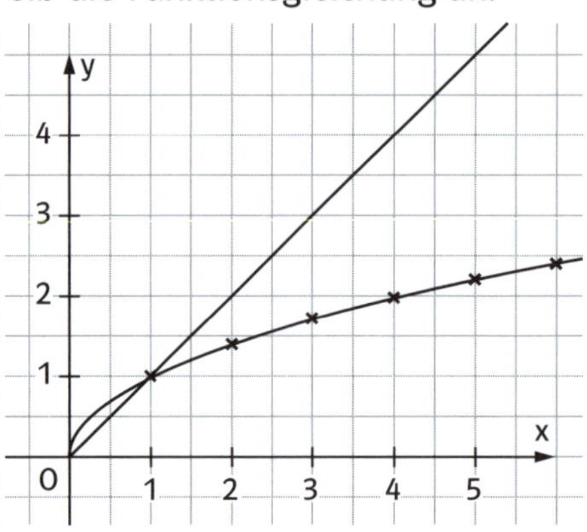

y = ____________

Gib die Funktionsgleichung an.

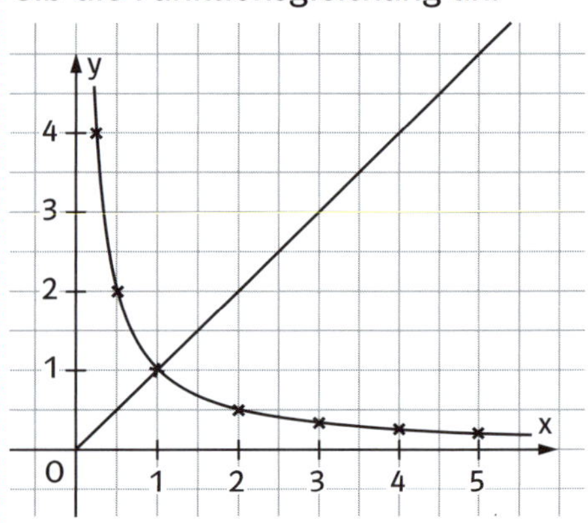

y = ____________

Rechtwinklige Dreiecke konstruieren und berechnen

1 Bezeichne das Dreieck.

a)

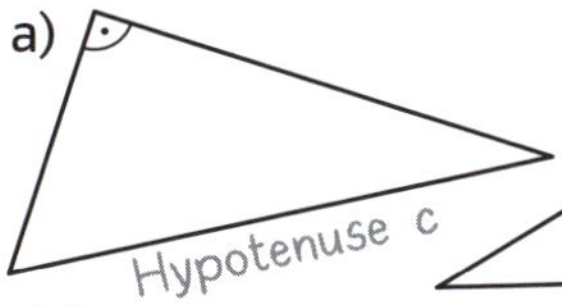

b)

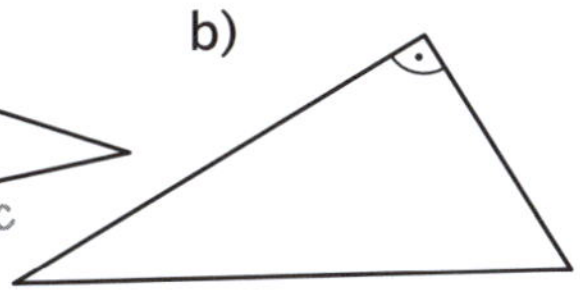

c)

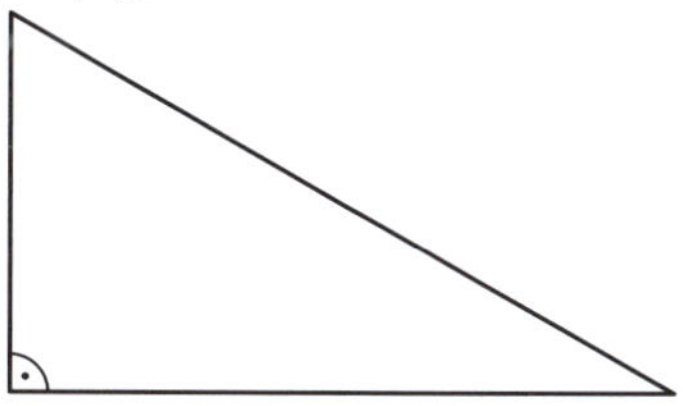

Rechtwinklige Dreiecke konstruieren

Zwei Katheten gegeben	Kathete und Hypotenuse gegeben
(1) 1. Kathete zeichnen	(1) Hypotenuse c zeichnen und halbieren
(2) 2. Kathete vom Punkt C im rechten Winkel zeichnen	(2) Thaleskreis zeichnen
(3) Hypotenuse zeichnen	(3) Fehlenden Punkt C konstruieren
	(4) Katheten zeichnen

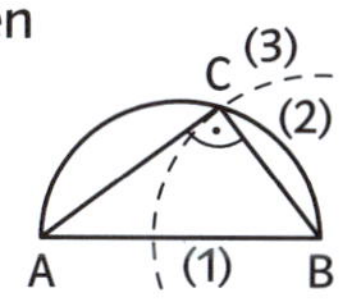

2 Konstruiere das rechtwinklige Dreieck.
Gegeben: Kathete a = 4,5 cm
Kathete b = 3,2 cm

3 Konstruiere das rechtwinklige Dreieck mit dem Thaleskreis. Gegeben:
Hypotenuse c = 5,8 cm; Kathete b = 2,0 cm

4 Berechne die Hypotenuse c im rechtwinkligen Dreieck.

a) (1) Kathete a = 8 cm;
Kathete b = 12 cm.

(2) ____________________

____

(3) ____________________

(4) ____________________

b) (1) Kathete a = 4,5 cm;
Kathete b = 8,2 cm

(2) ____________________

____

(3) ____________________

(4) ____________________

5 Berechne die andere Kathete im rechtwinkligen Dreieck.

a) (1) Kathete b = 9 cm;
Hypotenuse c = 14 cm

(2) ____________________

____

(3) ____________________

(4) ____________________

b) (1) Kathete a = 3,8 cm;
Hypotenuse c = 8,4 cm

(2 ____________________

____

(3) ____________________

(4) ____________________

Bezeichnungen im **rechtwinkligen** Dreieck

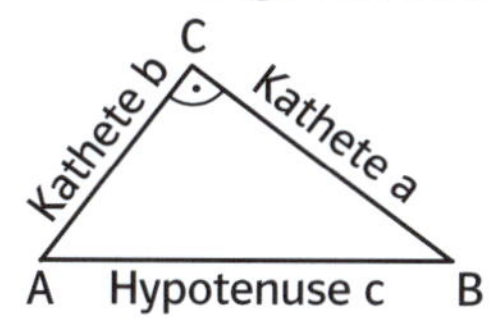

Satz des Thales

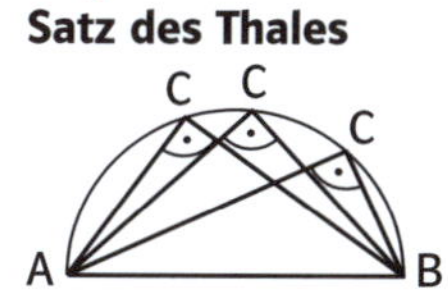

Alle Winkel am Halbkreisbogen sind rechte Winkel. Konstruiert man ein Dreieck aus A und B und einem Punkt C des Halbkreises, erhält man immer ein rechtwinkliges Dreieck.

zu 4 und 5
Satz des Pythagoras

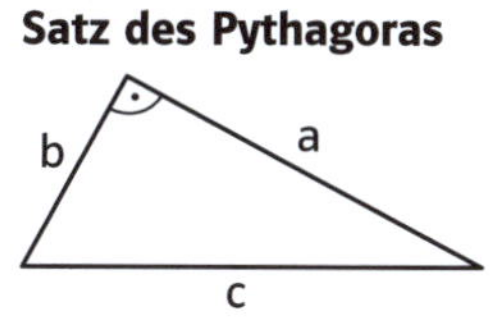

$\mathbf{a^2 + b^2 = c^2}$; siehe Seite 11.

2.1 Konstruiere das rechtwinklige Dreieck. Gegeben sind:
a) Kathete a = 8,0 cm
Kathete b = 10,0 cm
b) Kathete a = 7,5 cm
Hypotenuse c = 12,0 cm

3.1 Konstruiere das rechtwinklige Dreieck mit dem Thaleskreis.
a) Hypotenuse c = 11,0 cm
Kathete b = 8,5 cm
b) Kathete a = 6,5 cm
Hypotenuse c = 10,0 cm

4.1 Berechne die Hypotenuse c im rechtwinkligen Dreieck.
a) Kathete a = 7,8 cm
Kathete b = 9,2 cm
b) Kathete a = 6,30 m
Kathete b = 2,70 m

5.1 Berechne die andere Kathete im rechtwinkligen Dreieck.
a) Kathete a = 3,2 cm
Hypotenuse c = 8,0 cm
b) Kathete b = 6,3 cm
Hypotenuse c = 8,8 cm
c) Hypotenuse c = 9,5 cm
Kathete a = 7,1 cm
d) Kathete a = 2,80 m
Hypotenuse c = 4,20 m
e) Hypotenuse c = 3,40 m
Kathete a = 1,75 m
f) Kathete b = 325 m
Hypotenuse c = 530 m

6 Kann man ein Dreieck mit zwei rechten Winkeln konstruieren? Begründe.

Sinus

1 Färbe die Gegenkathete zu α rot, die Hypotenuse blau. Bestimme sin α.

a)

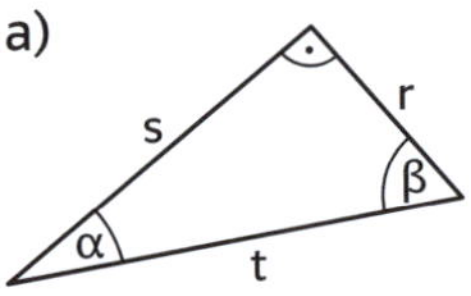

b)

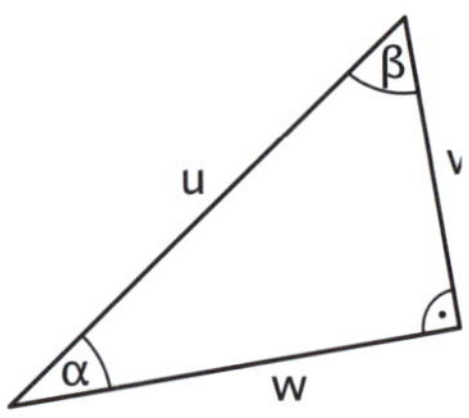

sin α = ______ sin α = ______

Sinus eines Winkels $\alpha = \frac{\text{Gegenkathete zu } \alpha}{\text{Hypotenuse}}$

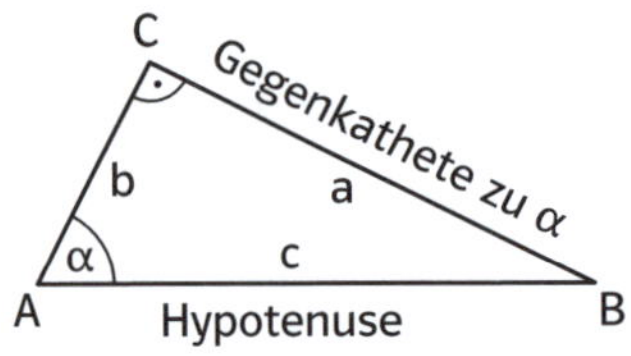

$\sin\alpha = \frac{a}{c}$

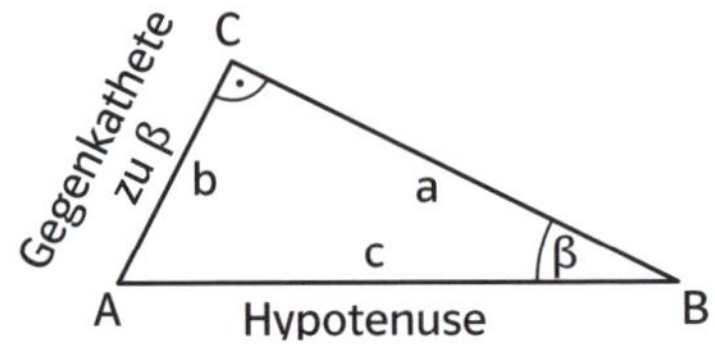

$\sin\beta = \frac{b}{c}$

2 Bestimme sin α und sin β.

a)

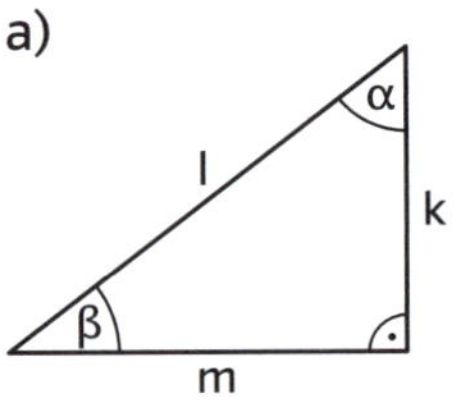

b)

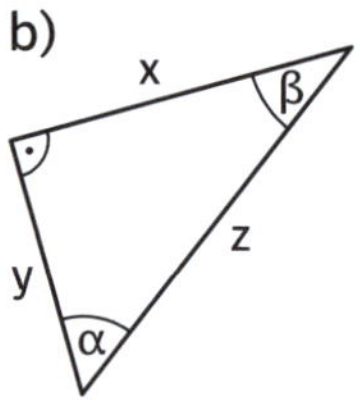

c)

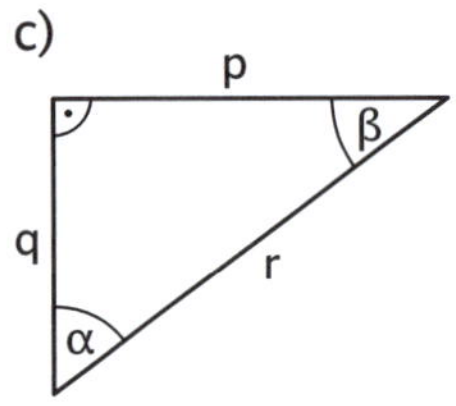

d)

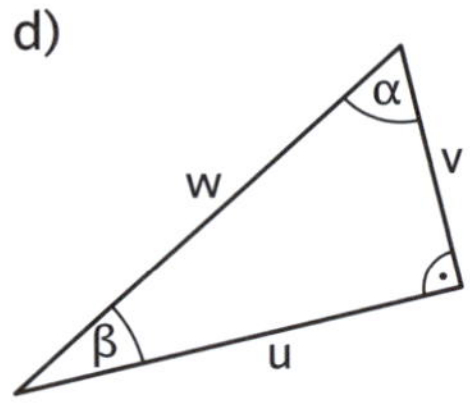

sin α = ______ sin α = ______ sin α = ______ sin α = ______

sin β = ______ sin β = ______ sin β = ______ sin β = ______

3 Bestimme mit dem Taschenrechner sin α. Runde auf vier Dezimalstellen.

α	20°	40°	70°
sin α			

4 Bestimme mit dem Taschenrechner die Winkelgröße α.

sin α	0,8660	0,5736	0,9659
α			

5 Berechne den Winkel α.

(1) Winkelfunktion notieren
(2) Werte in die Winkelfunktion einsetzen
(3) Winkel berechnen

a)

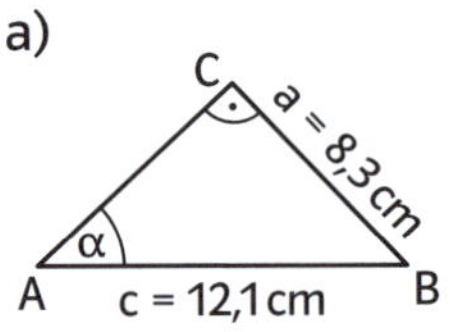

$\sin\alpha = \frac{a}{c}$

sin α = ______

α ≈ ______

b)

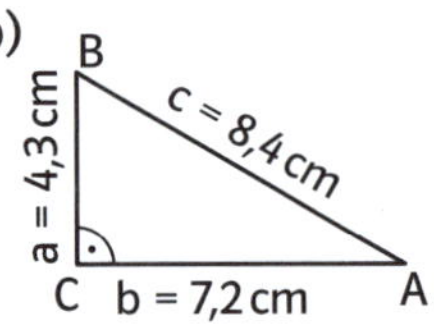

c)

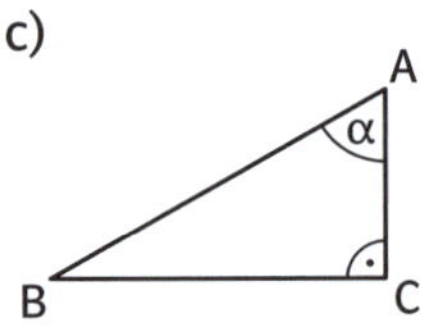

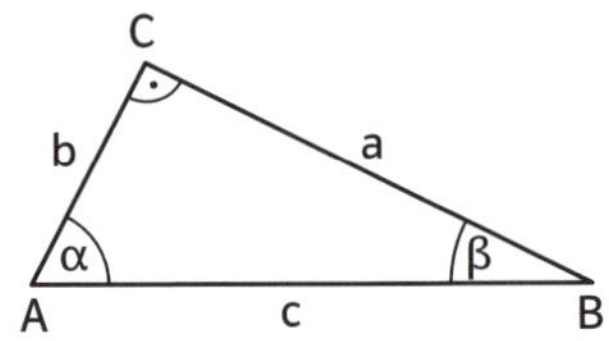

a ist **Gegenkathete** zu α
b ist **Gegenkathete** zu β

Tastenfolge
für sin 35°
[sin] [3] [5] [=]
für sin α = 0,4261
[2nd] [sin] [0] [,] [4] [2] [6] [1] [=]
Taschenrechner auf Winkelmaß **DEG** einstellen!

Merke
sin 0° = 0
$\sin 30° = \frac{1}{2} = 0{,}5$
sin 90° = 1

zu 5
Winkel berechnen
(1) Winkelfunktion notieren
(2) Werte in die Winkelfunktion einsetzen
(3) Winkel berechnen

i Sinus
ist die lateinische Bezeichnung für „Bogen".

2.1 Bestimme zu Figur 1 sin α und sin β.

3.1 Bestimme mit dem Taschenrechner sin α für
a) α = 30° b) α = 35° c) α = 65° d) α = 88°
e) α = 120° f) α = 150° g) α = 36,5° h) α = 19,5°

4.1 Bestimme mit dem Taschenrechner die Winkelgröße α für
a) sin α = 0,4226 b) sin α = 0,8192
c) sin α = 0,9205 d) sin α = 0,2588
e) sin α = 0,9962 f) sin α = 0,9994

5.1 Berechne den Winkel α. a) in Figur 2 b) in Figur 3

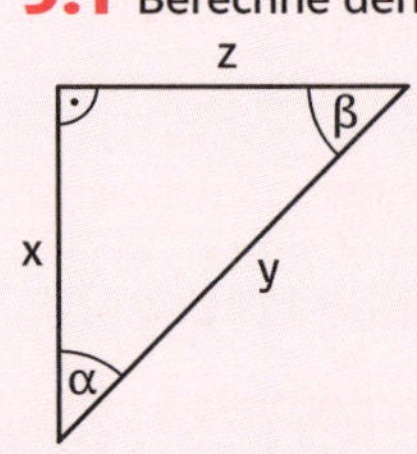

Figur 1

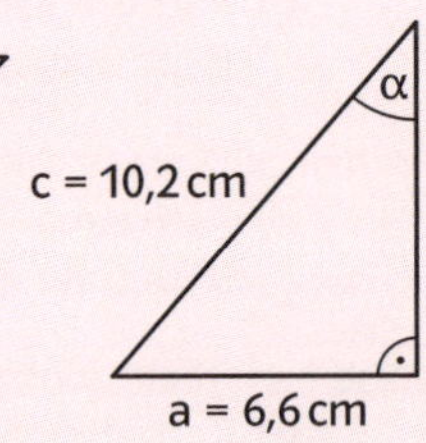

Figur 2

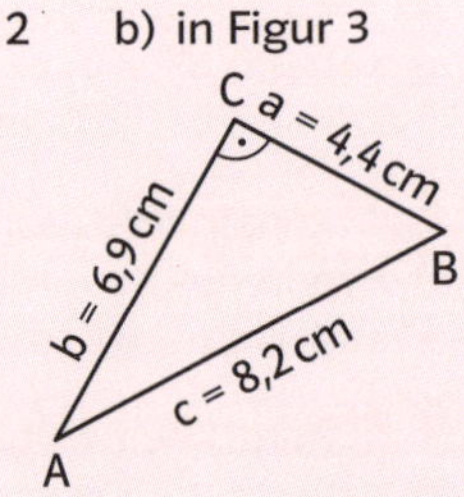

Figur 3

Kosinus

1 Färbe die Ankathete zu α rot, die Hypotenuse blau. Bestimme cos α.

a)

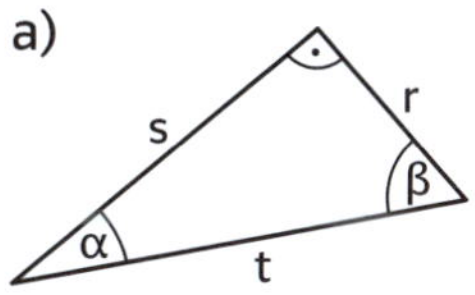

b)

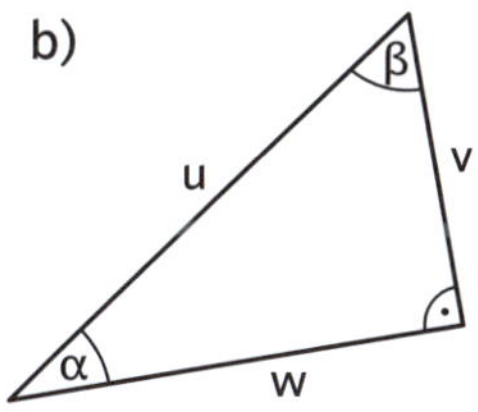

cos α = ________ cos α = ________

Kosinus eines Winkels $\alpha = \frac{\text{Ankathete zu } \alpha}{\text{Hypotenuse}}$

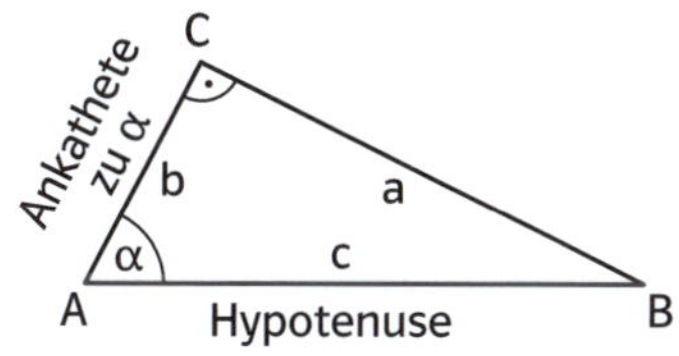

$\cos\alpha = \frac{b}{c}$

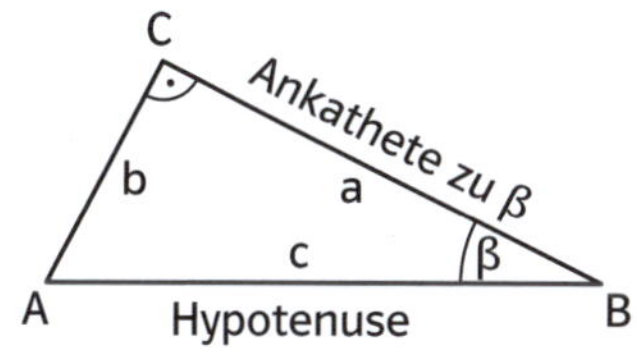

$\cos\beta = \frac{a}{c}$

2 Bestimme cos α und cos β.

a)

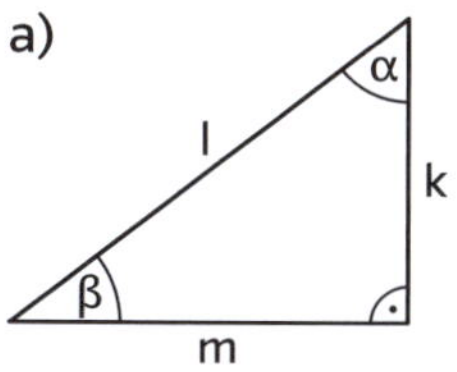

b)

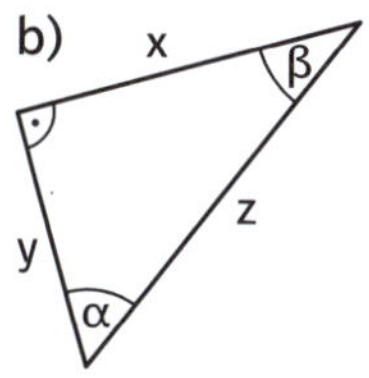

c)

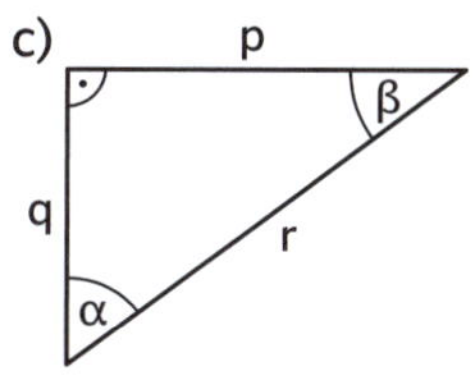

d)

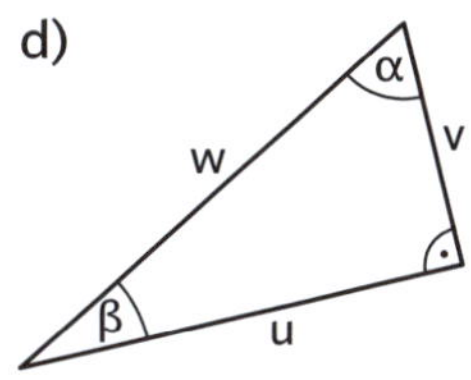

cos α = ________ cos α = ________ cos α = ________ cos α = ________

cos β = ________ cos β = ________ cos β = ________ cos β = ________

3 Bestimme mit dem Taschenrechner cos α. Runde auf vier Dezimalstellen.

α	20°	35°	40°	70°	85°	120°
cos α						

4 Bestimme mit dem Taschenrechner die Winkelgröße α.

cos α	0,5736	0,6428	0,8192	0,8660	0,9511	0,9659
α						

5 Berechne den Winkel α.

a)

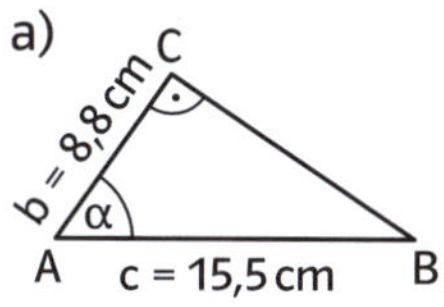

b)

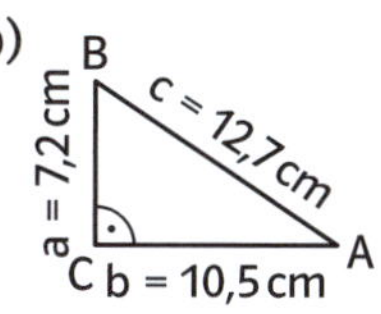

c)

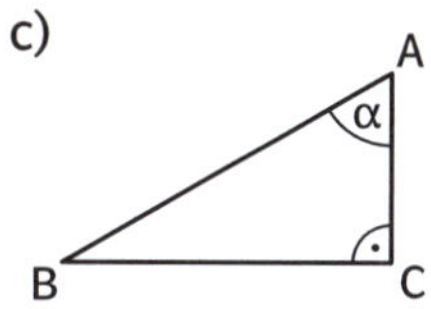

(1) Winkelfunktion notieren — $\cos\alpha = \frac{b}{c}$

(2) Werte in die Winkelfunktion einsetzen — cos α =

(3) Winkel berechnen — α ≈

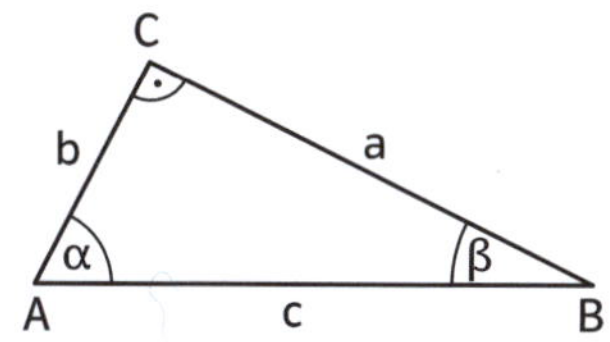

a ist **Ankathete** zu β
b ist **Ankathete** zu α

Tastenfolge
für cos 50°
cos 5 0 =
für cos α = 0,5763
2nd cos 0 , 5 7 6 3 =
Taschenrechner auf Winkelmaß **DEG** einstellen!

Merke
cos 90° = 0
$\cos 60° = \frac{1}{2} = 0{,}5$
cos 0° = 1

zu 5
Winkel berechnen
(1) Winkelfunktion notieren
(2) Werte einsetzen
(3) Winkel berechnen

i **Kosinus** kommt aus dem Lateinischen: Komplementärwinkel, der Ergänzungswinkel zum Sinus.

2.1 Bestimme zu Figur 1 cos α und cos β.

3.1 Bestimme mit dem Taschenrechner cos α für
a) α = 30° b) α = 35° c) α = 65° d) α = 88°
e) α = 120° f) α = 150° g) α = 36,5° h) α = 19,5°

4.1 Bestimme mit dem Taschenrechner die Winkelgröße α für
a) cos α = 0,4226 b) cos α = 0,8192 c) cos α = 0,9205
d) cos α = 0,2588 e) cos α = 0,9962 f) cos α = 0,9994

5.1 Berechne den Winkel α. a) zu Figur 2 b) zu Figur 3

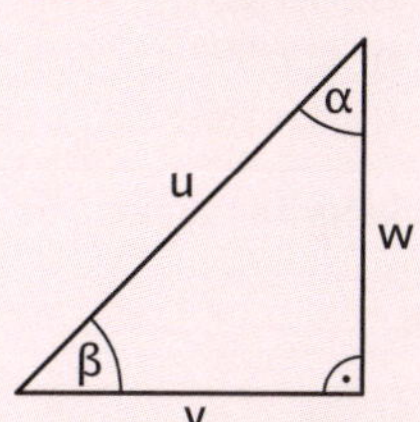

Figur 1

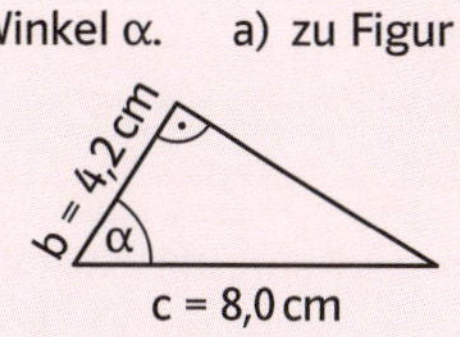

Figur 2

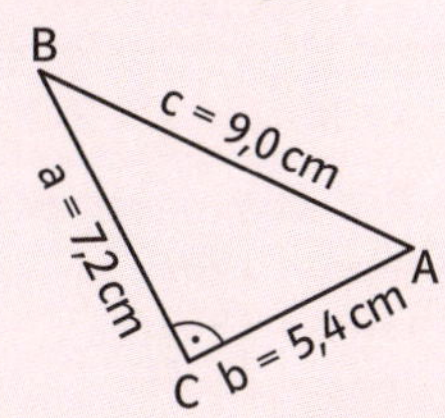

Figur 3

Tangens

Tangens eines Winkels $\alpha = \frac{\text{Gegenkathete zu } \alpha}{\text{Ankathete zu } \alpha}$

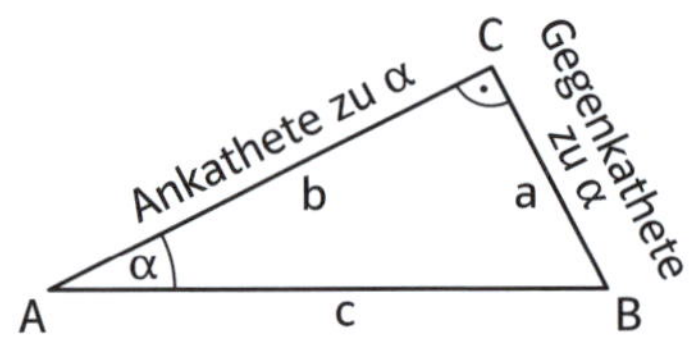

$\tan\alpha = \frac{a}{b}$

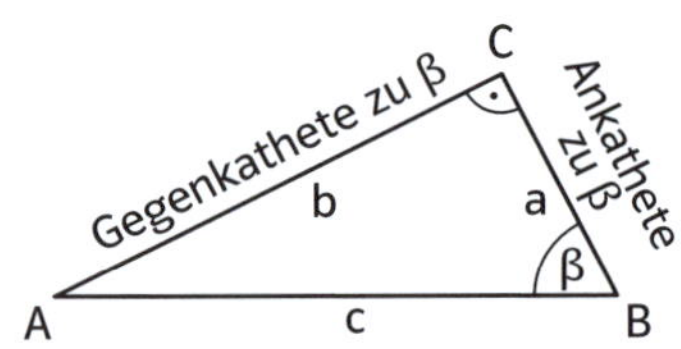

$\tan\beta = \frac{b}{a}$

1 Färbe die Gegenkathete zu α rot, die Ankathete blau. Bestimme $\tan\alpha$.

a) $\tan\alpha$ = ______ b) $\tan\alpha$ = ______

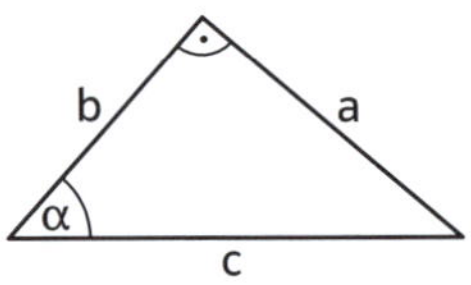

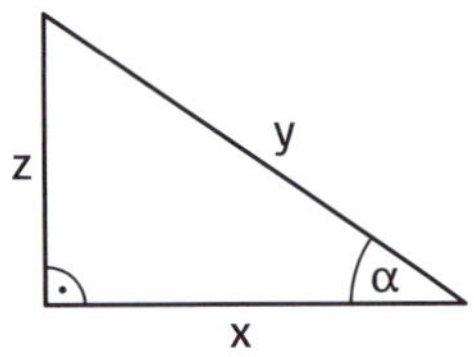

2 Bestimme $\tan\alpha$ und $\tan\beta$.

a)

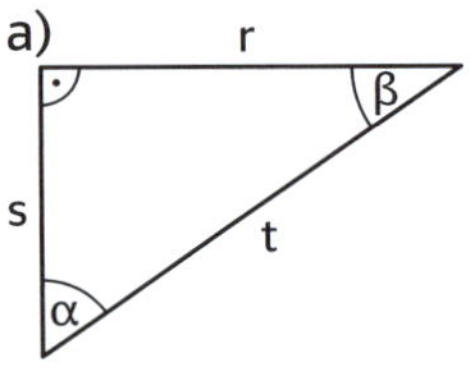

b)

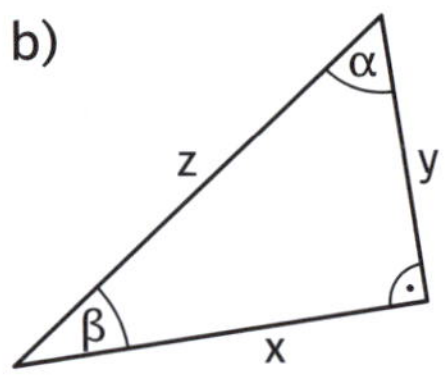

c)

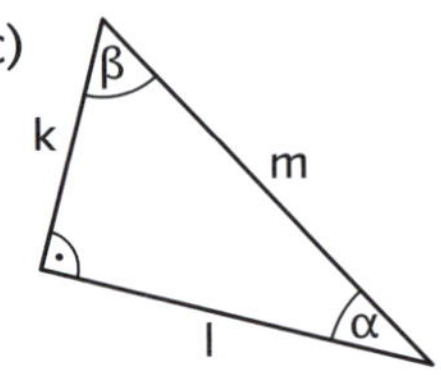

d)

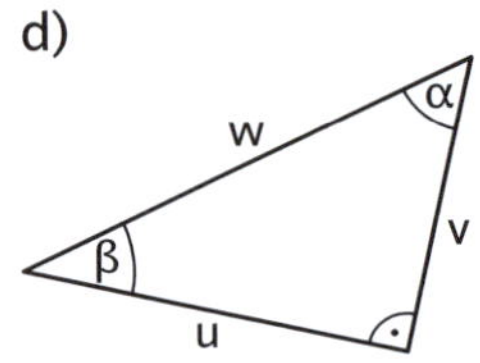

$\tan\alpha$ = ______ $\tan\alpha$ = ______ $\tan\alpha$ = ______ $\tan\alpha$ = ______

$\tan\beta$ = ______ $\tan\beta$ = ______ $\tan\beta$ = ______ $\tan\beta$ = ______

3 Bestimme mit dem Taschenrechner $\tan\alpha$. Runde auf vier Dezimalstellen.

α	10°	20°	30°	50°	60°	75°	80°
tan α							

4 Bestimme mit dem Taschenrechner die Winkelgröße α.

tan α	0,2217	0,2680	0,4663	0,8391	1,0000	2,1445	5,6713
α							

5 Bestimme die Winkelbeziehung und berechne den Winkel α.

	a)	b)	c)
(1)	tan α =	sin α =	cos α =
(2)	tan α =		
(3)	α ≈		

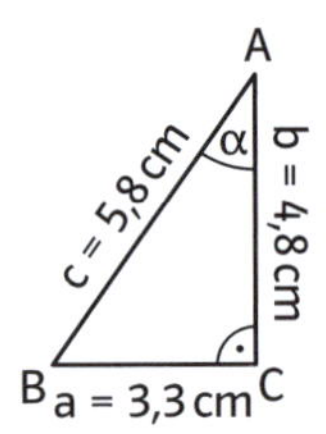

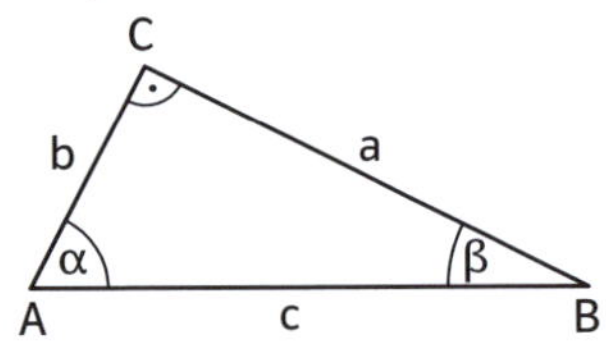

a ist **Gegenkathete** zu α
b ist **Ankathete** zu α

b ist **Gegenkathete** zu β
a ist **Ankathete** zu β

für tan 35° = ▢

[tan] [3] [5] [=] 0,7002

für tan α = 0,5745

[2nd] [tan] [0] [,] [5] [7] [4] [5] [=]

Taschenrechner auf Winkelmaß **DEG** einstellen!

zu 5

Winkel berechnen
(1) Winkelfunktion notieren
(2) Werte einsetzen
(3) Winkel berechnen

Merke
tan 0° = 0
tan 45° = 1
α = 45°

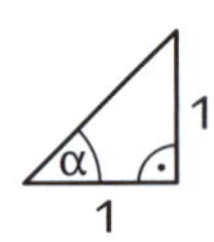

2.1 Bestimme zu Figur 1 $\tan\alpha$ und $\tan\beta$.

3.1 Bestimme mit dem Taschenrechner $\tan\alpha$ für

a) α = 30° b) α = 35° c) α = 65° d) α = 12°
e) α = 15° f) α = 22° g) α = 90° h) α = 89°
i) α = 5° j) α = 25° k) α = 1° l) α = 18°

4.1 Bestimme mit dem Taschenrechner die Winkelgröße α für

a) tan α = 0,2679 b) tan α = 0,3640
c) tan α = 0,9657 d) tan α = 1,1918
e) tan α = 2,1445 f) tan α = 5,6729

5.1 Berechne den Winkel α. a) zu Figur 2 b) zu Figur 3

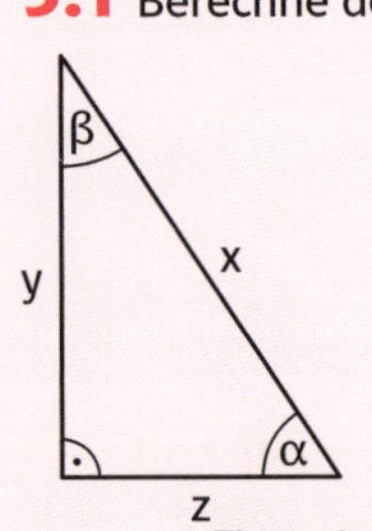

Figur 1

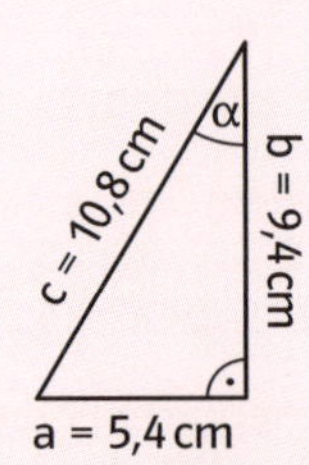

Figur 2

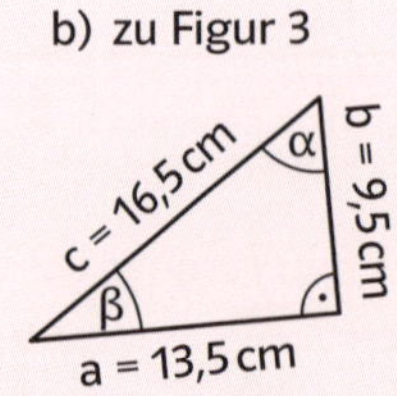

Figur 3

Berechnungen an rechtwinkligen Dreiecken

1 Löse wie im Beispiel ① im Kasten.

(1) gegeben: Kathete a = 13,2 cm
Hypotenuse c = 18,5 cm

gesucht: ______

(2) $\sin\alpha =$ ______ = ______

$\alpha \approx$ ______

(3) ______

(4) ______

Seiten und Winkel eines Dreiecks berechnen

2 Seiten gegeben ①

Berechne die andere Seite und die Winkel des rechtwinkligen Dreiecks.

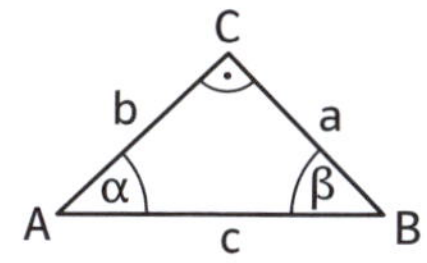

(1) Gegeben/gesucht notieren	gegeben: Kathete a = 5,8 cm Hypotenuse c = 8,4 cm gesucht: Kathete b; Winkel α; Winkel β
(2) Einen Winkel berechnen	$\sin\alpha = \frac{a}{c} = \frac{5{,}8}{8{,}4}$ $\alpha \approx 43{,}7°$
(3) Anderen Winkel berechnen	$\beta = 90° - \alpha = 90° - 43{,}7°$ $\beta = 46{,}3°$
(4) Dritte Seite berechnen	$a^2 + b^2 = c^2$ $b = \sqrt{c^2 - a^2} = \sqrt{8{,}4^2 - 5{,}8^2}$ $b \approx 6{,}1\,\text{cm}$

2 Löse wie im Beispiel ① im Kasten.

(1) gegeben: Kathete a = 9,5 cm
Kathete b = 12,0 cm

gesucht: ______

(2) ______

(3) ______

(4) ______

3 Löse wie im Beispiel ② auf dem Rand.

(1) gegeben: Kathete b = 8,0 cm
Winkel β = 50°

gesucht: ______

(2) ______

(3) ______

(4) ______

4 Löse wie im Beispiel ② auf dem Rand.

(1) gegeben: Hypotenuse c = 15,0 cm
Winkel α = 60°

gesucht: ______

(2) ______

(3) ______

(4) ______

zu 3 und 4

1 Seite, 1 Winkel gegeben ②

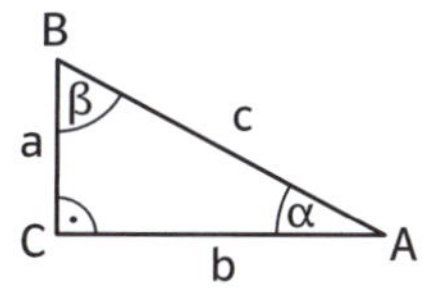

(1) Gegeben/gesucht notieren

(2) Anderen Winkel berechnen

(3) Andere Seite berechnen, Winkelbeziehung notieren und umformen z. B. $\sin\alpha = \frac{a}{c}$; $c = \frac{a}{\sin\alpha}$

(4) Dritte Seite berechnen
z. B. $\sin\beta = \frac{b}{c}$
$b = c \cdot \sin\beta$ oder
$a^2 + b^2 = c^2$
$b = \sqrt{c^2 - a^2}$

zu 1 bis 4

6,6; 7,5; 10,4; 13,0; 13,0; 15,3; 30,0; 38,4; 40,0; 44,5; 45,5; 51,6

1.1 Löse wie im Beispiel ①.

a) Kathete a = 5,0 cm
Hypotenuse c = 7,2 cm

b) Kathete b = 7,5 cm
Hypotenuse c = 9,8 cm

c) Kathete a = 5,5 cm
Kathete b = 9,0 cm

d) Kathete a = 3,50 m
Kathete b = 4,20 m

3.1 Löse wie im Beispiel ② auf dem Rand.

a) Kathete a = 7,2 cm
Winkel α = 55,0°

b) Kathete b = 1,60 m
Winkel β = 47,5°

4.1 Löse wie im Beispiel ② auf dem Rand.

a) Hypotenuse c = 6,8 cm
Winkel α = 34,0°

b) Hypotenuse c = 3,10 m
Winkel β = 78,0°

5 ☆ Berechne die anderen Seiten und Winkel des rechtwinkligen Dreiecks.

a) Kathete a = 8,2 cm
Hypotenuse c = 9,8 cm

b) Hypotenuse c = 10,5 cm
Winkel β = 75,0°

c) Kathete a = 2,75 m
Kathete b = 1,80 m

d) Winkel α = 42,0°
Kathete b = 235 m

Winkelfunktionen in der Geometrie anwenden

Winkelfunktion in der Geometrie anwenden
Berechne die Höhe h des Parallelogramms.
$\alpha = 40°$; $a = 8{,}0\,cm$; $b = 5{,}0\,cm$

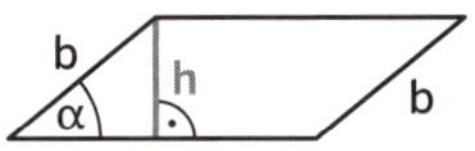

Lösungsschritte bei Anwendungsaufgaben:
(1) In der Zeichnung die gesuchte Größe rot, die gegebenen Größe grün färben.
(2) Das rechtwinklige Dreieck, in dem die gesuchte Größe enthalten ist, zeichnen.
(3) Das rechtwinklige Dreieck bezeichnen.
(4) Die gesuchte Größe berechnen.

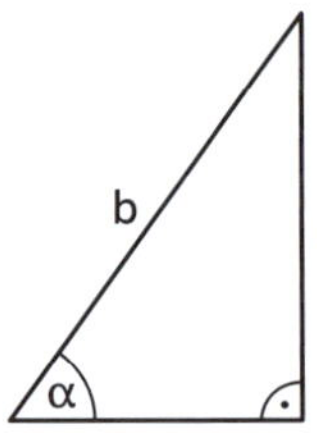

1 Löse die Schritte (1) bis (3) im Kasten.

(4)

2 Von einer Raute sind $a = 10{,}0\,cm$ und $\alpha = 60°$ bekannt. Berechne die Länge der Diagonalen d und e.

(1)

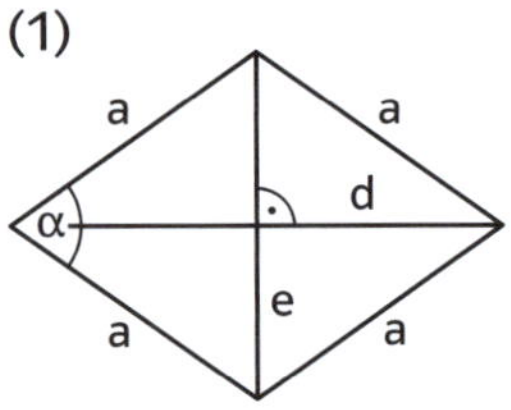

(2) (3)

(4) Gesuchte Größe berechnen.

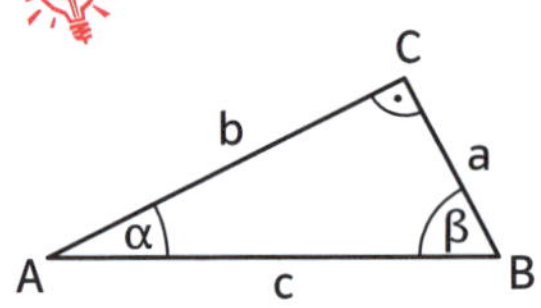

Winkelfunktionen
$\sin\alpha = \frac{a}{c}$; $\sin\beta = \frac{b}{c}$
$\cos\alpha = \frac{b}{c}$; $\cos\beta = \frac{a}{c}$
$\tan\alpha = \frac{a}{b}$; $\tan\beta = \frac{b}{a}$

Satz des Pythagoras
$a^2 + b^2 = c^2$

3 ☆ Ein Würfel hat die Kantenlänge $a = 12{,}0\,cm$. Berechne den Winkel α zwischen der Raumdiagonalen d und der Grundfläche.

(1)

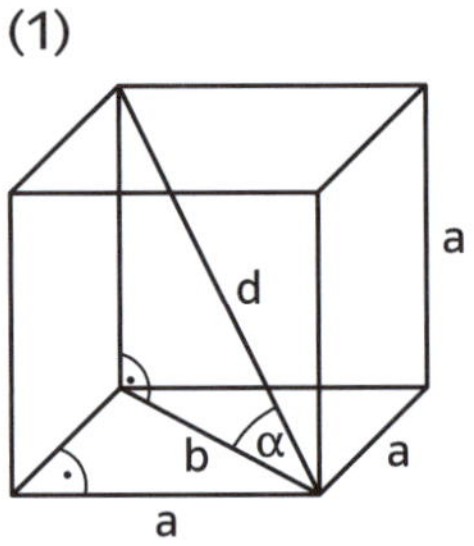

(2) (3)

(4) Gesuchte Größe berechnen.

(4) Gesuchte Größe (Winkel/Seite) berechnen
- Winkelfunktion notieren
- Eventuell nach der gesuchten Größe umformen
- Werte einsetzen
- Größe (Winkel/Seite) berechnen

4 Von einem gleichschenkligen Dreieck (Figur 1) sind bekannt: Basis $c = 8{,}0\,cm$ und die Schenkel $a = 12{,}0\,cm$. Berechne die Länge der Höhe h.

5 Von einem Parallelogramm (Figur 2) sind die Seiten $a = 4{,}0\,cm$, $b = 8{,}5\,cm$ und die Höhe $h = 7{,}0\,cm$ bekannt. Berechne den Winkel α.

6 ☆ Eine Pyramide (Figur 3) hat die Grundseite $a = 15{,}0\,cm$ und die Körperhöhe $k = 20{,}0\,cm$. Berechne den Neigungswinkel α der Seitenkanten zur Grundfläche.

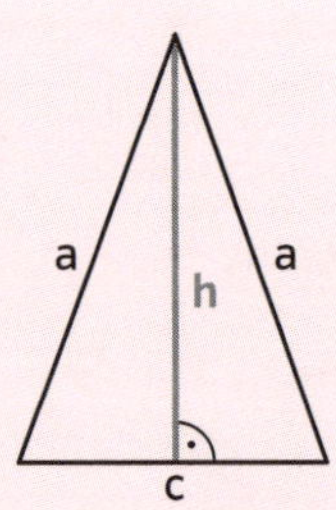

Figur 1

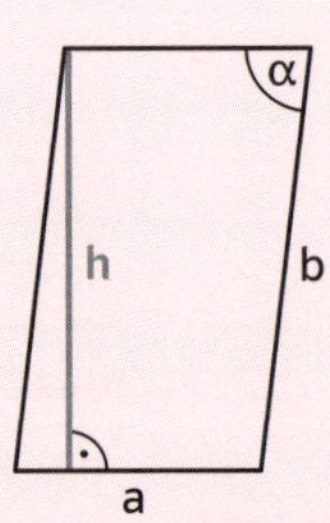

Figur 2

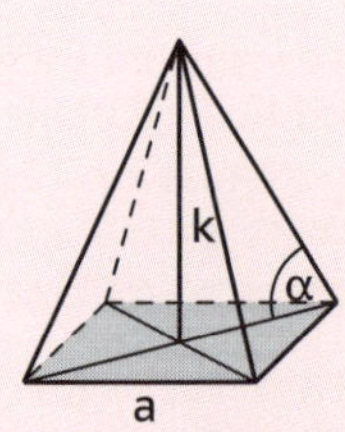

Figur 3

Sachaufgaben mit Sinus, Kosinus und Tangens berechnen

1 Löse die Aufgabe im Kasten.

(2) (3) gegeben:

(4)

Eine Leiter soll zur Reparatur der Dachrinne (6,00 m hoch) an einer Hauswand angestellt werden. Der Anstellwinkel α sollte höchstens 75° betragen. Wie lang muss die Leiter mindestens sein, damit sie bis zur Dachrinne reicht?

Lösungsschritte bei Anwendungsaufgaben

(1) In der Zeichnung die gesuchte Größe rot, die gegebenen Größen grün färben.
(2) Das rechtwinklige Dreieck, in dem die gesuchte Größe enthalten ist, zeichnen.
(3) Das rechtwinklige Dreieck bezeichnen.
(4) Die gesuchte Größe berechnen.

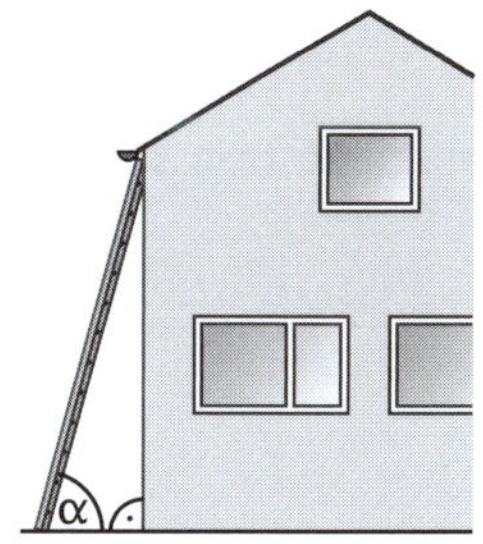

2 Ein Baum wirft einen Schatten von $s = 15{,}30\,m$, wenn die Sonnenstrahlen unter dem Winkel $\alpha = 42°$ einfallen. Berechne die Höhe des Baumes.

(1)

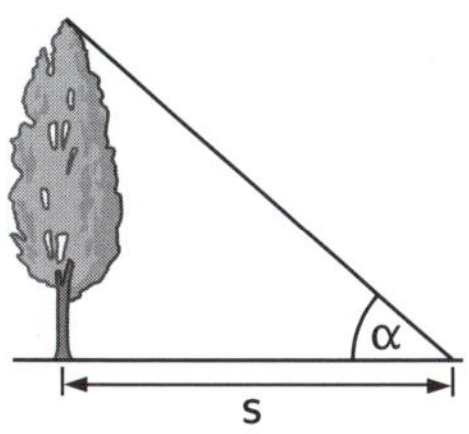

(2) (3)

(4)

3 Welche Steigung in Prozent hat eine Straße mit dem Steigungswinkel $\alpha = 8°$?

(1)

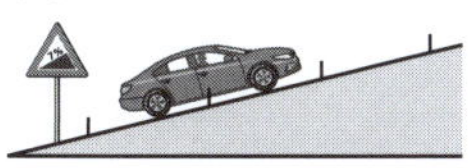

(2) (3)

(4)

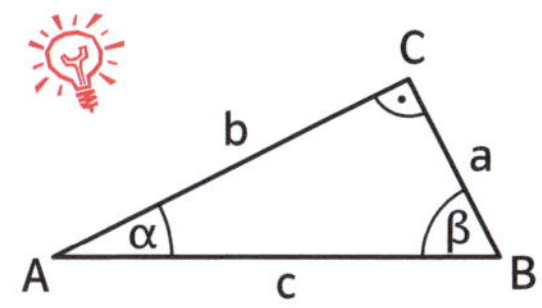

Winkelfunktionen

$\sin\alpha = \frac{a}{c}$; $\sin\beta = \frac{b}{c}$
$\cos\alpha = \frac{b}{c}$; $\cos\beta = \frac{a}{c}$
$\tan\alpha = \frac{a}{b}$; $\tan\beta = \frac{b}{a}$

Satz des Pythagoras

$a^2 + b^2 = c^2$

Steigung 7 %

7 Prozent = 7% = $\frac{7}{100}$
Auf 100 m steigt die Straße um 7 m an.

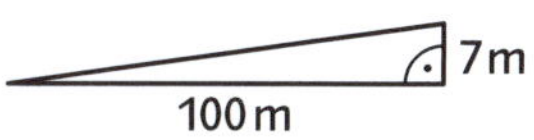

4 Zur Befestigung eines 10,50 m hohen Maibaums (Figur 1) werden Seile (s = 15,00 m) seitwärts zum Erdboden gespannt. Unter welchem Winkel α werden die Seile am Boden befestigt?

5 Die Holme einer Stehleiter (Figur 2) sind 2,50 m lang. Beim Aufstellen bilden die Holme einen Winkel α von 45°. Wie hoch reicht die Leiter?

6 Die Schienen einer Zahnradbahn (Figur 3) haben eine Steigung von 35 %.
a) Berechne den Steigungswinkel α.
b) Die Schienenlänge zwischen zwei Stationen beträgt 1230 m. Berechne den Höhenunterschied zwischen den Stationen.

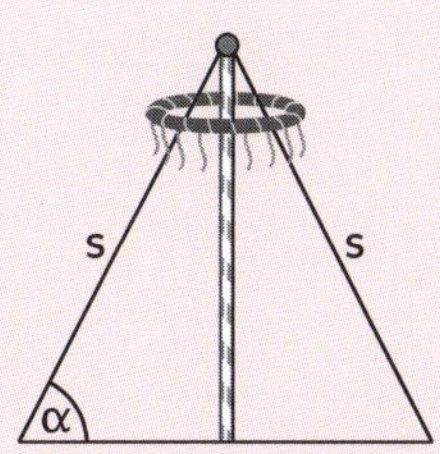

Figur 1

Figur 2

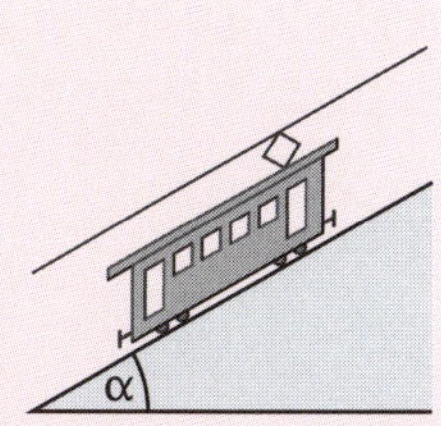

Figur 3

1 Winkelbeziehung bestimmen

Bestimme die Winkelbeziehung.

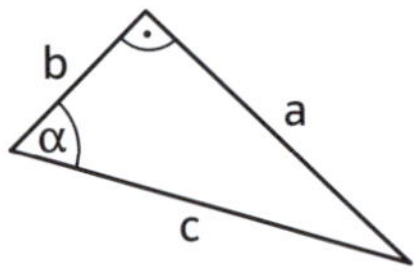

sin α = ______

Bestimme die Winkelbeziehung.

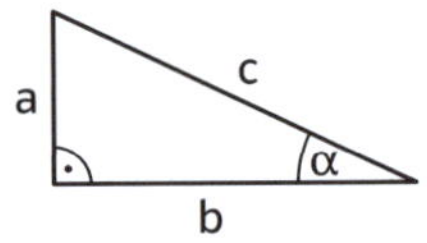

cos α = ______

Bestimme die Winkelbeziehung.

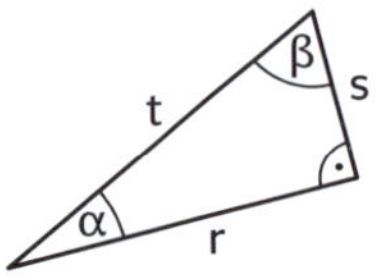

tan α = ______

2 Winkel berechnen

Berechne den Winkel α.

a = 12,0 cm
c = 15,0 cm

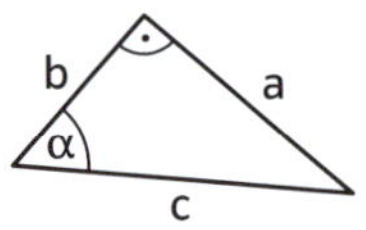

Berechne den Winkel α.

a = 9,5 cm
c = 11,5 cm

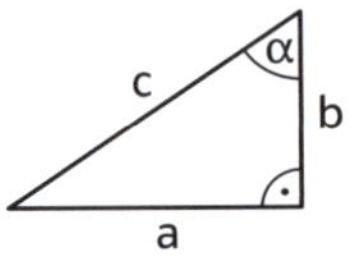

Berechne den Winkel β.

a = 12,0 cm
b = 10,9 cm

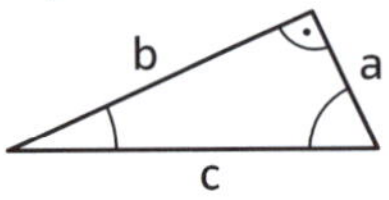

3 Winkel berechnen

Berechne den Winkel α.

b = 5,0 cm
c = 8,0 cm

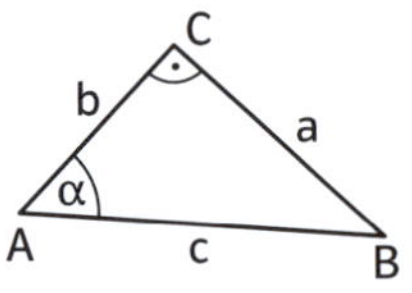

Berechne den Winkel α.

c = 10,0 cm
b = 6,0 cm

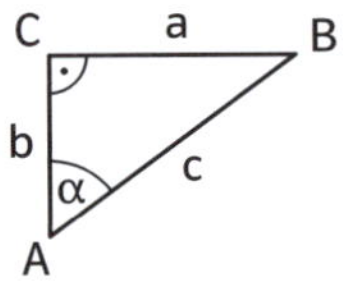

Berechne den Winkel β.

c = 9,2 cm
a = 7,3 cm

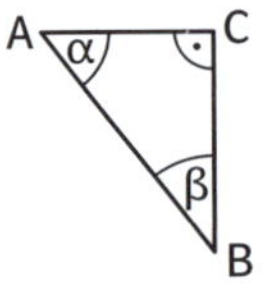

4 Winkel berechnen

Berechne den Winkel α.

a = 10,0 cm
b = 7,5 cm

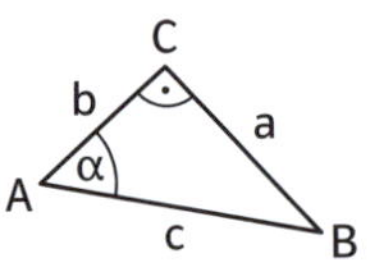

Berechne den Winkel α.

b = 8,0 cm
a = 6,2 cm

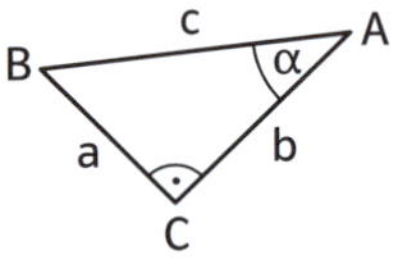

Berechne den Winkel β.

a = 10,7 cm
b = 9,1 cm

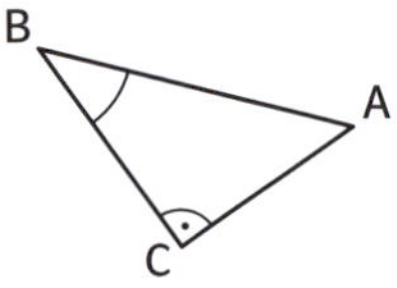

5 Winkel und Seiten bei rechtwinkligen Dreiecken berechnen

Berechne die anderen Seiten und Winkel.

(1) a = 8,0 cm
c = 12,0 cm

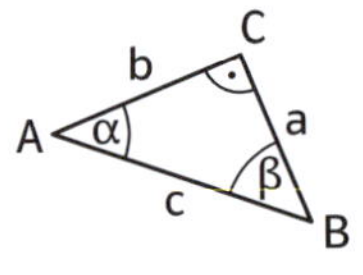

gesucht: ______

(2) ______

(3) ______

(4) ______

Berechne die anderen Seiten und Winkel.

(1) a = 5,0 cm
b = 6,0 cm

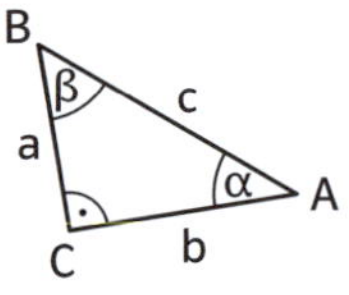

gesucht: ______

(2) ______

(3) ______

(4) ______

Berechne die anderen Seiten und Winkel.

(1) α = 50,5°
b = 8,4 cm

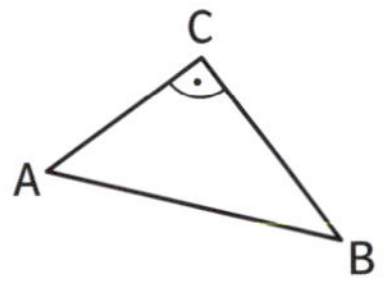

gesucht: ______

(2) ______

(3) ______

(4) ______

Periodische Vorgänge darstellen

1 a) Die Spitze des Minutenzeigers zeigt auf 5, 10, 15, 20, …, 55 Minuten. Zeichne jeweils die Abstände dieser Punkte zur waagerechten Diagonalen d.

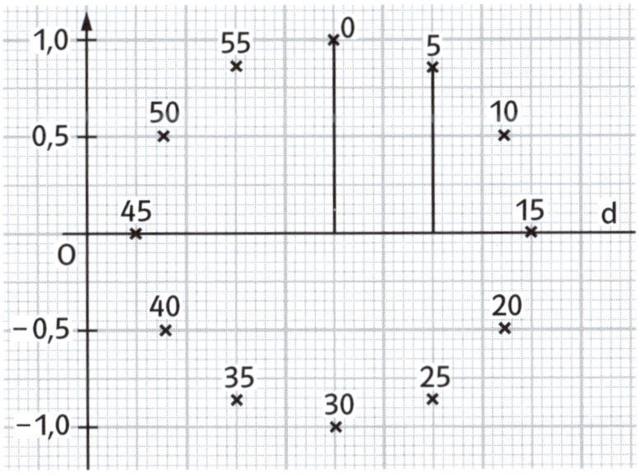

Periodische Vorgänge darstellen

Die Spitze des Minutenzeigers einer Uhr bewegt sich auf einer Kreislinie. Bestimmt man die Abstände der Spitze von der waagerechten Diagonalen d, so erhält man die Zuordnung *Minutenangabe ⟶ Abstand der Zeigerspitze von d.*

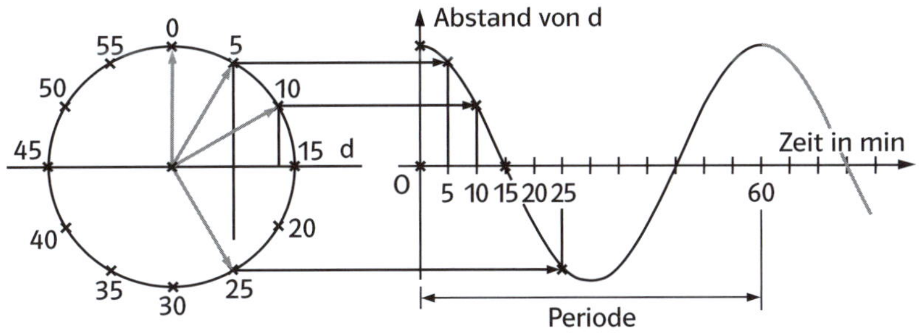

b) Trage die Punkte in das Koordinatensystem ein. Der x-Wert ist die Minutenangabe, der y-Wert ist der Abstand von d.

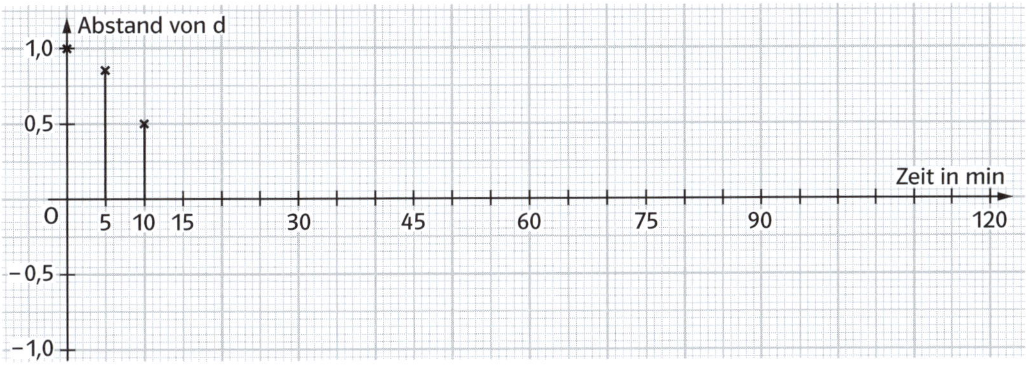

Vorgänge, die sich wiederholen, nennt man **periodische Vorgänge**.

Funktionen, deren Graphen verschiebungssymmetrisch sind, heißen **periodische Funktionen.**

c) Bestimme die Abstände bei 70, 80, …, 130 Minuten. Trage auch diese Werte als Punkte in das Koordinatensystem ein.

Zeit in Minuten	70	80	90	100	110	120	130
Abstand von d							

d) Nach wie viel Minuten wiederholt sich der gesamte Vorgang? ______

2 Welche Vorgänge sind periodisch? Wie lang ist die Periode?

Vorgang	periodisch (ja/nein)	Dauer der Periode
Der Wasserstand an einem Pegel an der Nordseeküste.		
Die Bewegung eines Pendels einer Standuhr.		
Das Springen eines Balles, der aus 4 m Höhe herunterfällt.		

3 Welche der dargestellten Funktionen sind periodisch? Kennzeichne die Periode. Begründe.

a)

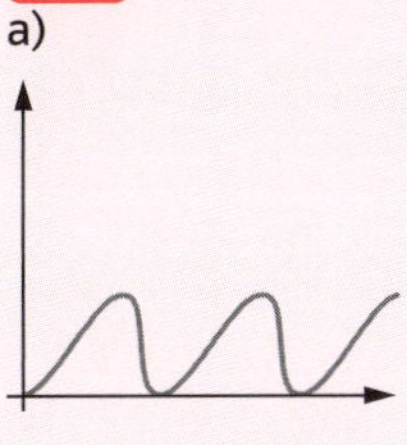

b)

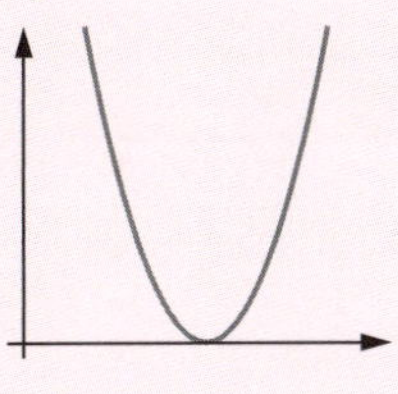

c)

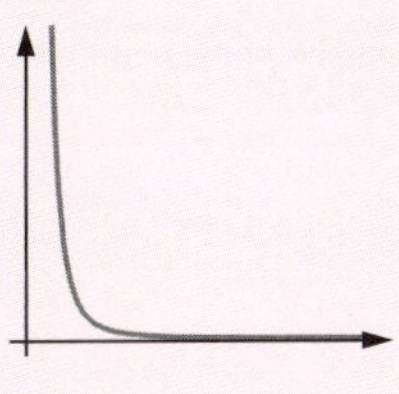

d)

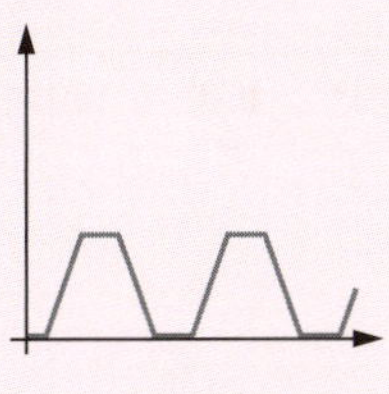

Sinusfunktion darstellen

1 a) Färbe im rechtwinkligen Dreieck OQP die Hypotenuse rot und die Gegenkathete zu α blau.

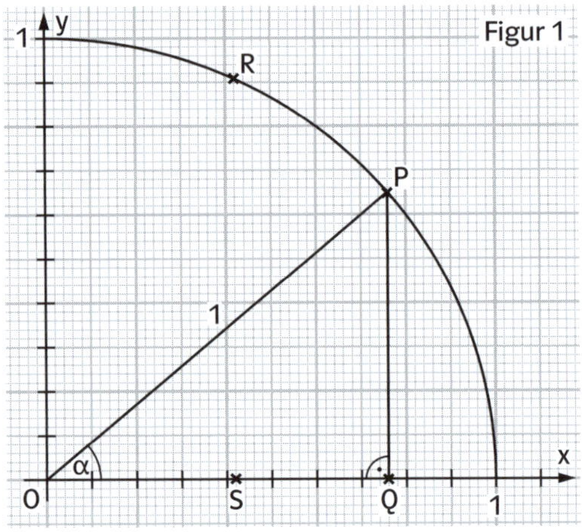

Figur 1

> **Sinusfunktion darstellen**
>
> Der Punkt P bewegt sich auf der Kreislinie des Einheitskreises (r = 1). Ordnet man der Winkelgröße α den **y-Wert** des Punktes P zu, so erhält man eine periodische Funktion.
> Diese Funktion nennt man **Sinusfunktion.**
>
> 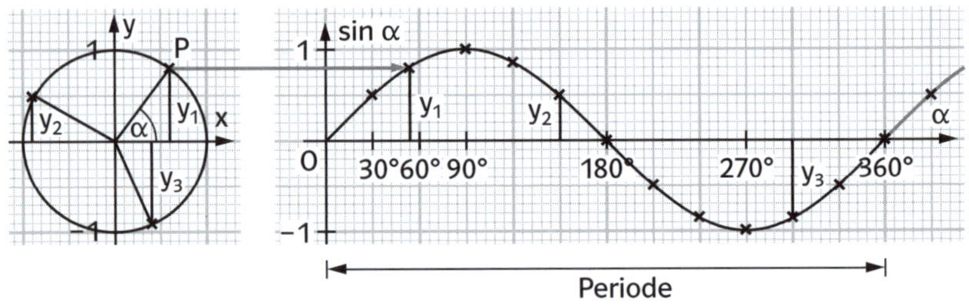
>
>
> Den Graph der Sinusfunktion nennt man **Sinuskurve.**
> Die Sinusfunktion $\alpha \rightarrow \sin\alpha$ hat die **Periode 360°.**

b) (1) Winkelbeziehung notieren $\sin\alpha = \frac{\text{Gegenkathete}}{\text{Hypotenuse}}$

(2) Seitenlängen messen, einsetzen $\sin 40° = \frac{\quad}{1}$

(3) Näherungswert für $\sin\alpha$ berechnen $\sin 40° =$ ______

c) Zeichne in Figur 1 ein rechtwinkliges Dreieck mit $\alpha = 65°$. Berechne wie in 1b).

(1) $\sin\alpha = \frac{\text{Gegenkathete}}{\text{Hypotenuse}}$

(2) $\sin 65° =$ ______

(3) ______

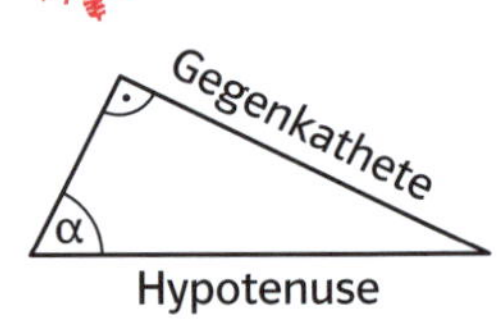

$\sin\alpha = \frac{\text{Gegenkathete}}{\text{Hypotenuse}}$

2 Bestimme wie in Aufgabe 1 die Näherungswerte für $\sin\alpha$.

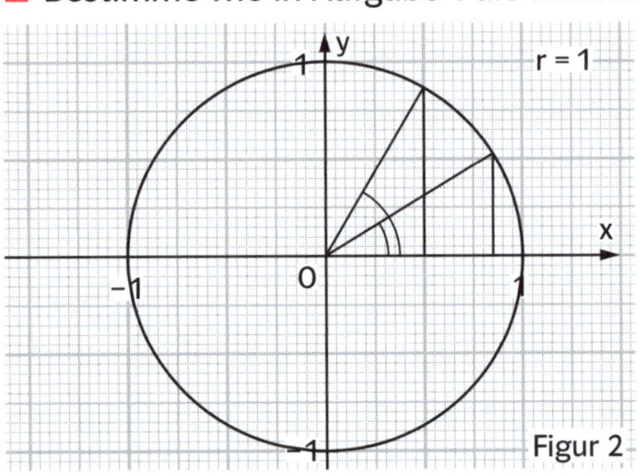

Figur 2

α	0°	30°	60°	90°	120°
$\sin\alpha$					

α	150°	180°	210°	240°	270°
$\sin\alpha$					

α	300°	330°	360°	390°	420°
$\sin\alpha$					

Einheitskreis

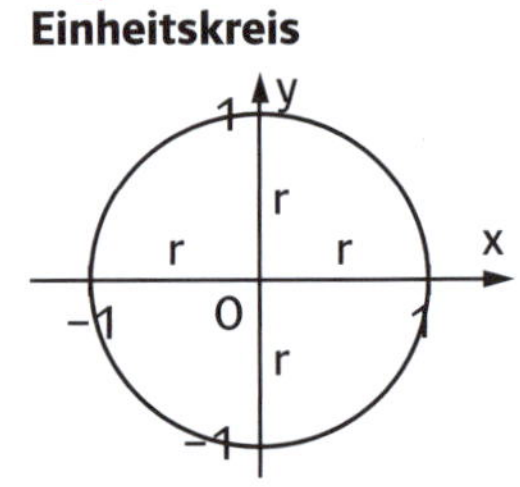

Kreis mit dem Radius r = 1 Einheit. (Achtung: Einheit muss nicht cm sein!)

3 a) Übertrage die Werte aus Aufg. 2 in das Koordinatensystem. Verbinde zu einer Kurve.

b) Bestimme mit dem Taschenrechner sin 45° und sin 15°. Trage die Werte ein.
Welche weiteren Winkel haben den gleichen Sinuswert? Zeichne sie in Figur 3 ein.

sin 45° = sin ______ = sin ______ ; sin 15° = sin ______ = sin ______

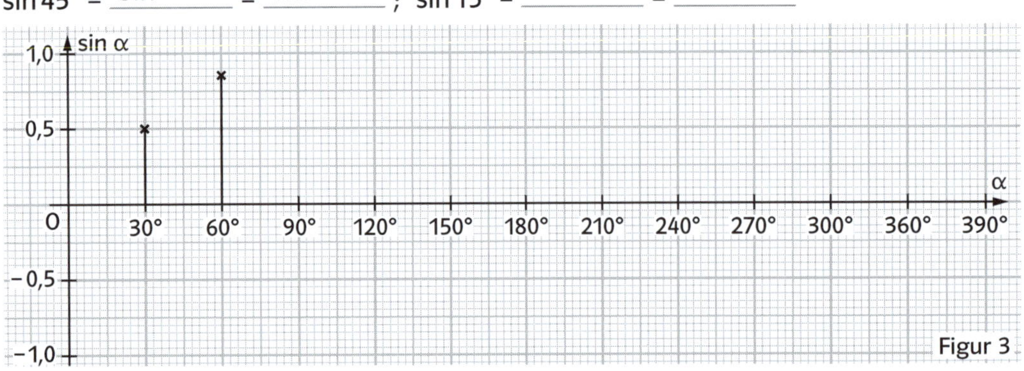

Figur 3

Tastenfolge für sin 45°

sin 4 5 =

Taschenrechner muss auf das Winkelmaß **DEG** eingestellt sein!

Kosinusfunktion darstellen

1 a) Färbe im rechtwinkligen Dreieck OQP die Hypotenuse rot und die Ankathete zu α grün.

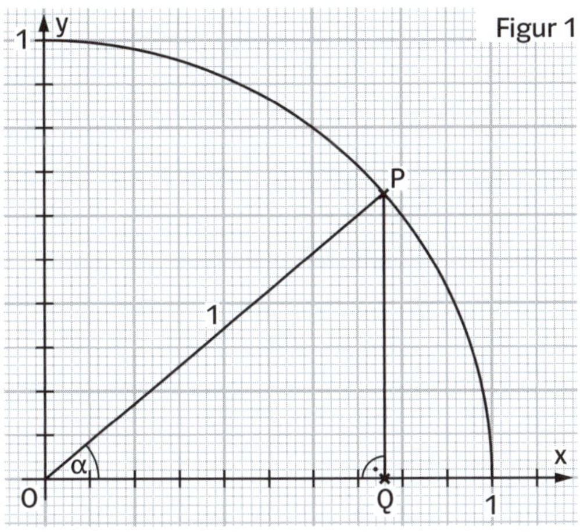

Figur 1

> **Kosinusfunktion darstellen**
>
> Der Punkt P bewegt sich auf der Kreislinie des Einheitskreises (r = 1). Ordnet man der Winkelgröße α den **x-Wert** des Punktes P zu, so erhält man eine periodische Funktion.
> Diese Funktion nennt man **Kosinusfunktion.**
>
> 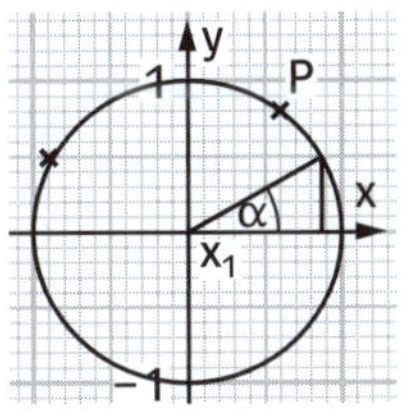
>
>
> 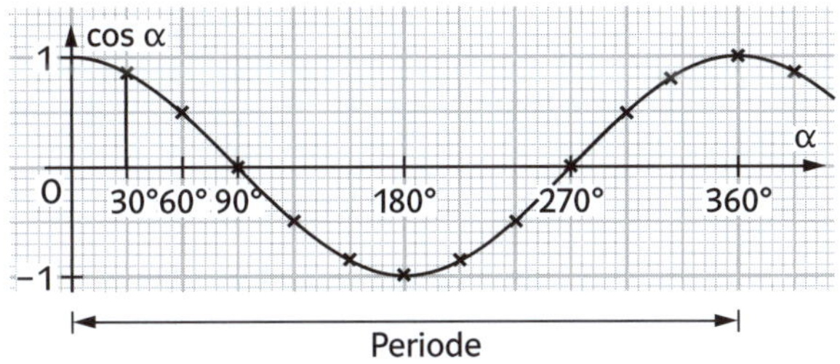
>
>
> Den Graph der Kosinusfunktion nennt man **Kosinuskurve.**
> Die Kosinusfunktion $\alpha \rightarrow \cos\alpha$ hat die **Periode 360°.**

b) (1) Winkelbezeichnung notieren $\cos\alpha = \frac{\text{Ankathete}}{\text{Hypotenuse}}$

(2) Seitenlängen messen, einsetzen $\cos 40° = \frac{\quad}{1}$ ______

(3) Näherungswert für cos α berechnen $\cos 40° =$ ______

c) Zeichne in Figur 1 ein rechtwinkliges Dreieck mit α = 65°. Berechne wie in 1b).

(1) $\cos\alpha = \frac{\text{Ankathete}}{\text{Hypotenuse}}$

(2) $\cos 65° =$ ______

(3) $\cos 65° =$ ______

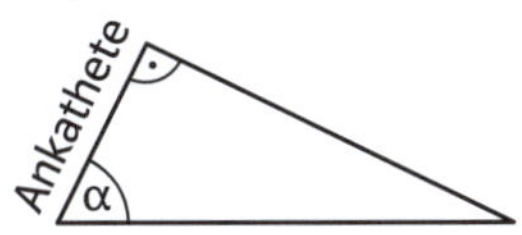

$\cos\alpha = \frac{\text{Ankathete}}{\text{Hypotenuse}}$

2 Bestimme wie in Aufgabe 1 die Näherungswerte für cos α.

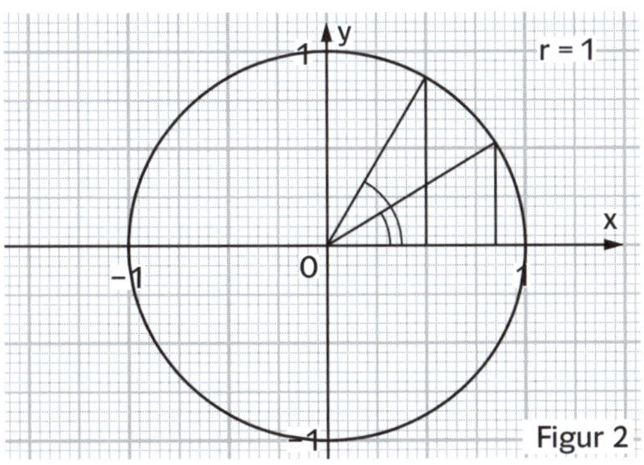

Figur 2

α	0°	30°	60°	90°	120°
cos α					

α	150°	180°	210°	240°	270°
cos α					

α	300°	330°	360°	390°	420°
cos α					

Einheitskreis

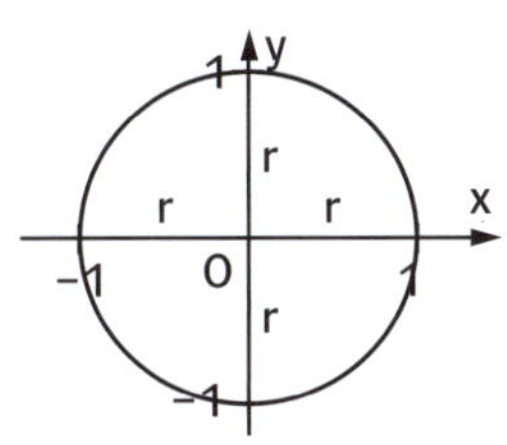

Kreis mit dem Radius r = 1 Einheit. (Achtung: Einheit muss nicht cm sein!)

3 a) Übertrage die Werte aus Aufg. 2 in das Koordinatensystem. Verbinde zu einer Kurve.

b) Bestimme mit dem Taschenrechner cos 45° und cos 15°. Trage die Werte ein. Welche weiteren Winkel haben den gleichen Kosinuswert? Zeichne sie in Figur 3 ein.

cos 45° = cos ______ = cos ______ ; cos 15° = cos ______ = cos ______

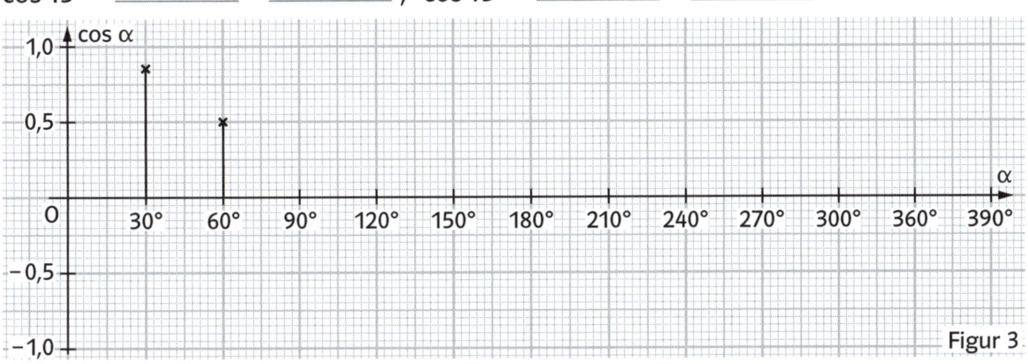

Figur 3

Tastenfolge für cos 45°

cos 4 5 =

Taschenrechner muss auf das Winkelmaß **DEG** eingestellt sein!

Tangensfunktion darstellen

1 a) Zeichne zum Einheitskreis in Figur 1 die Tangente t im Punkt A.

b) Verbinde die Punkte P_1, P_2, … mit dem Mittelpunkt 0 und verlängere die Linie bis zum Schnittpunkt P_1', P_2', … mit der Tangente t.

c) Färbe im rechtwinkligen Dreieck OAP_1' die Gegenkathete zu α blau und die Ankathete zu α grün. Notiere die Winkelbeziehung tan α. Miss die Seitenlängen und bestimme somit den Näherungswert für tan 35°.

$\tan\alpha = \frac{\text{Gegenkathete}}{\text{Ankathete}}$

$\tan 35° =$ ______ = ______

Tangensfunktion darstellen

Der Punkt P bewegt sich auf der Kreislinie des Einheitskreises (r = 1). Ordnet man der Winkelgröße α den **y-Wert** des Punktes P′ zu, so erhält man eine periodische Funktion.
Diese Funktion nennt man **Tangensfunktion.**

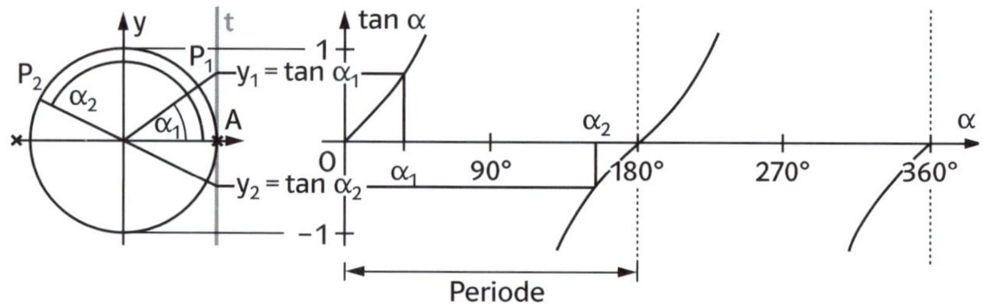

Die Tangensfunktion $\alpha \to \tan\alpha$ hat die **Periode 180°.**

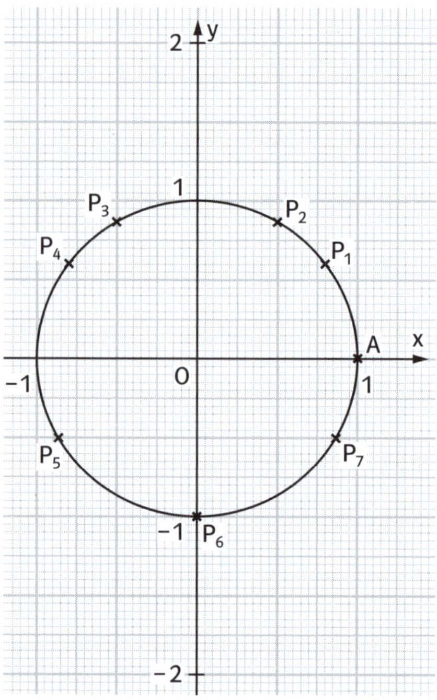

Figur 1

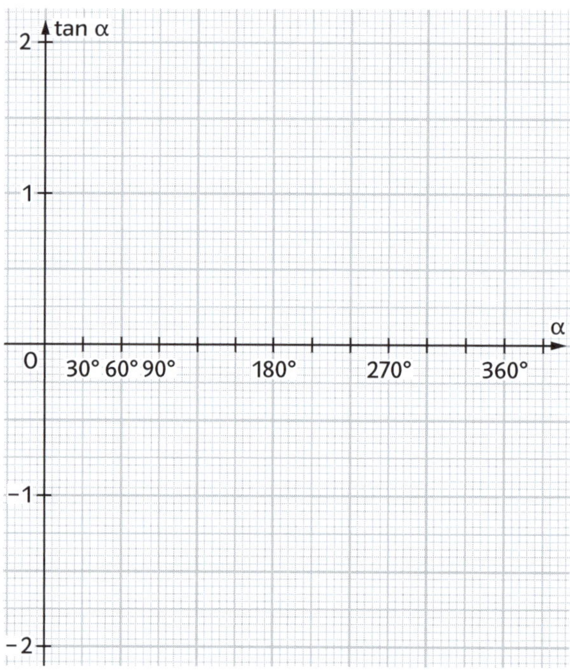

Figur 2

2 Trage die Winkel zu den gegebenen Werten ein und zeichne die zugehörigen rechtwinkligen Dreiecke OAP′ in Figur 2. Färbe die Gegenkatheten zu α blau.

b) Lies aus der Zeichnung die Werte für tan α ab, trage sie in die Tabelle ein.

α	0°	30°	45°	60°	120°	135°	150°	180°
tan α								

α	210°	225°	240°	300°	315°	330°	360°
tan α							

c) Übertrage die Werte der Tabelle in das Koordinatensystem.

d) Bestimme mit dem Taschenrechner weitere Werte für tan α. Verbinde die Punkte.

P′ ist Bildpunkt zu **P**

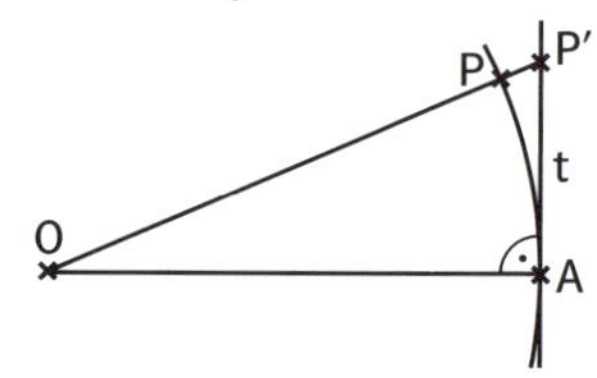

P′ liegt auf der Tangente t des Einheitskreises durch A(1 | 0).

Tangente
Gerade, die den Kreis in einem Punkt berührt.

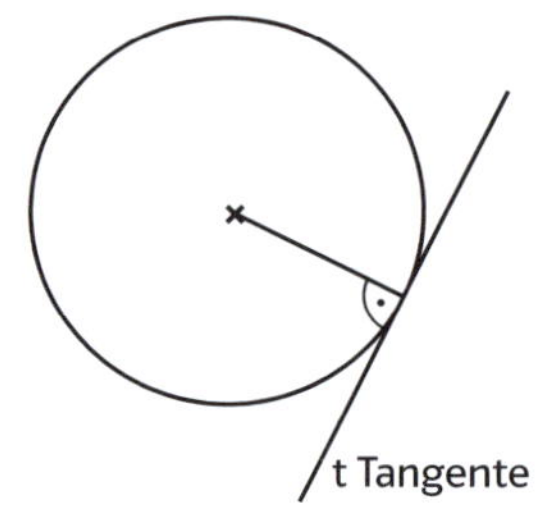

Tastenfolge für tan 30°

tan 3 0 =

Taschenrechner muss auf das Winkelmaß **DEG** eingestellt sein!

Der Sinussatz

1 In einem Dreieck sind Seite-Seite-Winkel **SsW** gegeben. Berechne die andere Seite und die anderen Winkel.

(1) gegeben: $a = 4{,}8\,cm$; $b = 7{,}5\,cm$; $\alpha = 28°$

gesucht:

(2)

(3)

(4)

Seiten und Winkel mit dem Sinussatz berechnen

In einem Dreieck sind Seite-Seite-Winkel **SsW** gegeben. Berechne die andere Seite und die anderen Winkel.

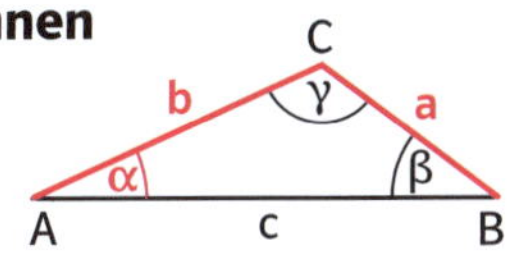

(1) **Gegeben/gesucht** notieren — gegeben: $a = 3{,}6\,cm$; $b = 5{,}2\,cm$; $\alpha = 35°$; gesucht: c; β; γ

(2) **2. Winkel berechnen**
- Sinussatz auswählen, $\frac{b}{a} = \frac{\sin\beta}{\sin\alpha}$
- evtl. umformen, $\sin\beta = \frac{b}{a}\cdot\sin\alpha = \frac{5{,}2}{3{,}6}\cdot\sin 35°$
- Werte einsetzen,
- berechnen $\beta \approx 55{,}9°$

(3) **3. Winkel berechnen**
- mit der Winkelsumme $\gamma = 180° - \alpha - \beta = 180° - 35° - 55{,}9°$; $\gamma = 89{,}1°$

(4) **3. Seite berechnen**
- Sinussatz auswählen, $\frac{c}{a} = \frac{\sin\gamma}{\sin\alpha}$
- evtl. umformen,
- Werte einsetzen, $c = a\cdot\frac{\sin\gamma}{\sin\alpha} = 3{,}6\cdot\frac{\sin 89{,}1°}{\sin 35°}$
- berechnen $c \approx 6{,}3\,cm$

2 In einem Dreieck sind Winkel-Winkel-Seite **WWS** gegeben. Berechne den anderen Winkel und die anderen Seiten.

	a)	b)
(1) **Gegeben/gesucht** notieren	gegeben: $a = 5{,}8\,cm$; $\beta = 51°$; $\gamma = 29°$ gesucht:	gegeben: $b = 6{,}5\,cm$; $\alpha = 55°$; $\gamma = 62°$ gesucht:
(2) **3. Winkel berechnen**		
(3) **2. Seite berechnen**		
– Sinussatz auswählen,		
– umformen,		
– Werte einsetzen,		
– berechnen		
(4) **3. Seite berechnen**		
– Sinussatz auswählen,		
– umformen,		
– Werte einsetzen,		
– berechnen		

Sinussatz
In jedem Dreieck gilt:

$\frac{a}{b} = \frac{\sin\alpha}{\sin\beta}$; $\frac{b}{a} = \frac{\sin\beta}{\sin\alpha}$

$\frac{a}{c} = \frac{\sin\alpha}{\sin\gamma}$; $\frac{c}{a} = \frac{\sin\gamma}{\sin\alpha}$

$\frac{b}{c} = \frac{\sin\beta}{\sin\gamma}$; $\frac{c}{b} = \frac{\sin\gamma}{\sin\beta}$

Sinussatz
anwenden bei **SsW** (Seite-Seite-Winkel)
Die 2. Seite ist die kleinere Seite.

WWS (Winkel-Winkel-Seite)

Winkelsumme
Die Winkelsumme im Dreieck beträgt 180°.
$\alpha + \beta + \gamma = 180°$

1.1 Berechne die andere Seite und die anderen Winkel.

a) $a = 7{,}8\,cm$; $b = 9{,}2\,cm$; $\alpha = 48{,}0°$
b) $a = 12{,}0\,cm$; $b = 8{,}7\,cm$; $\beta = 35{,}0°$
c) $b = 3{,}40\,m$; $c = 4{,}20\,m$; $\gamma = 55{,}0°$
d) $a = 425\,m$; $c = 630\,m$; $\alpha = 32{,}0°$

2.1 Berechne den anderen Winkel und die anderen Seiten.

a) $a = 8{,}2\,cm$; $\beta = 72{,}0°$; $\gamma = 35{,}0°$
b) $a = 17{,}5\,cm$; $\alpha = 58{,}0°$; $\gamma = 49{,}5°$
c) $b = 2{,}75\,m$; $\alpha = 62{,}0°$; $\beta = 50{,}0°$
d) $a = 742\,m$; $\beta = 29{,}5°$; $\gamma = 75{,}2°$

Der Kosinussatz

1 In einem Dreieck sind Seite-Winkel-Seite **SWS** gegeben. Berechne die andere Seite und die anderen Winkel.

(1) gegeben: $a = 4{,}8\,cm$; $b = 7{,}5\,cm$;

$\gamma = 78°$

gesucht:

(2)

(3)

(4)

Seiten und Winkel mit dem Kosinussatz berechnen
In einem Dreieck sind Seite-Winkel-Seite **SWS** gegeben. Berechne die andere Seite und die anderen Winkel.

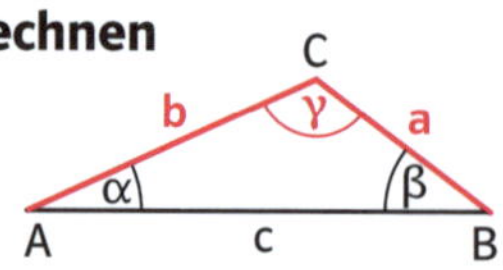

(1) **Gegeben/gesucht** notieren	gegeben: $a = 3{,}6\,cm$; $b = 5{,}2\,cm$; $\gamma = 65°$; gesucht: c; α; β
(2) **3. Seite berechnen** – Kosinussatz auswählen, – Werte einsetzen, – berechnen	$c^2 = a^2 + b^2 - 2ab \cdot \cos 65°$ $= \sqrt{3{,}6^2 + 5{,}2^2 - 2 \cdot 3{,}6 \cdot 5{,}2 \cdot \cos 65°}$ $c \approx 4{,}9\,cm$
(3) **2. Winkel berechnen** – Sinussatz auswählen, – evtl. umformen, – Werte einsetzen, – berechnen	$\frac{c}{a} = \frac{\sin\alpha}{\sin\gamma}$ $\sin\alpha = \frac{a}{c} \cdot \sin\gamma = \frac{3{,}6}{4{,}9} \cdot \sin 65°$ $\alpha \approx 41{,}7°$
(4) **3. Winkel berechnen** – mit der Winkelsumme	$\beta = 180° - \alpha - \gamma = 180 - 41{,}7 - 65$ $\beta \approx 73{,}3°$

2 In einem Dreieck sind Seite-Seite-Seite **SSS** gegeben. Berechne die Winkel.

	a)	b)
(1) **Gegeben/gesucht** notieren	gegeben: $a = 5{,}8\,cm$; $b = 6{,}2\,cm$; $c = 3{,}5\,cm$ gesucht:	gegeben: $a = 12\,m$; $b = 5\,m$; $c = 13\,m$ gesucht:
(2) **1. Winkel berechnen**		
– Kosinussatz auswählen,		
– umformen,		
– Werte einsetzen,		
– berechnen		
(3) **2. Winkel berechnen**		
– Sinussatz auswählen,		
– umformen,		
– Werte einsetzen,		
– berechnen		
(4) **3. Winkel berechnen**		
– mit der Winkelsumme		

Kosinussatz
In jedem Dreieck gilt:
$a^2 = b^2 + c^2 - 2bc \cdot \cos\alpha$
$b^2 = a^2 + c^2 - 2ac \cdot \cos\beta$
$c^2 = a^2 + b^2 - 2ab \cdot \cos\gamma$

Kosinussatz
anwenden bei
SWS (Seite-Winkel-Seite)
SSS (Seite-Seite-Seite)

Beachte
Wenn $0° < \alpha < 90°$, dann $\cos\alpha > 0$.

Wenn $\alpha = 90°$, dann $\cos\alpha = 0$.

Wenn $90° < \alpha < 270°$, dann $\cos\alpha < 0$.

1.1 Berechne die anderen Seiten und Winkel.

a) $a = 12{,}4\,cm$; $b = 16{,}5\,cm$; $\gamma = 45{,}0°$
b) $a = 10{,}5\,cm$; $c = 9{,}1\,cm$; $\beta = 62{,}5°$
c) $b = 2{,}35\,m$; $c = 3{,}60\,m$; $\alpha = 33{,}0°$
d) $a = 542\,m$; $b = 485\,m$; $\gamma = 75{,}0°$

2.1 Berechne in einem Dreieck ABC die Winkel.

a) $a = 8{,}4\,cm$; $b = 15{,}2\,cm$; $c = 20{,}5\,cm$
b) $a = 9{,}3\,cm$; $b = 10{,}7\,cm$; $c = 9{,}8\,cm$
c) $a = 4{,}55\,m$; $b = 7{,}25\,m$; $c = 2{,}80\,m$
d) $a = 1275\,m$; $b = 755\,m$; $c = 943\,m$

Dreiecke mit Winkelsätzen berechnen

Berechne die anderen Winkel und anderen Seiten des Dreiecks ABC.

1 gegeben: a = 6,3 cm; b = 8,2 cm; c = 10,5 cm

(1)

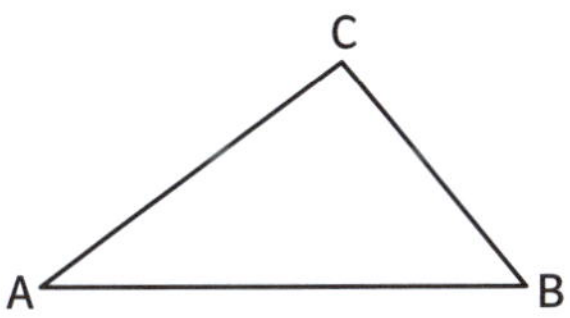

(2) ______

(3) ______

(4) ______

______

______

(5) ______

______

(6) ______

______

Dreiecke mit Winkelsätzen berechnen

(1) Skizze anlegen
(2) Gegeben/gesucht notieren
(3) Aufgabentyp bestimmen

SsW

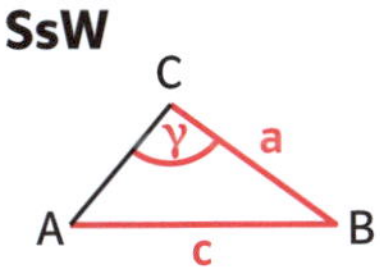

(4) **2. Winkel** berechnen mit dem **Sinussatz**
(5) **3. Winkel** berechnen mit der **Winkelsumme**
(6) **3. Seite** berechnen mit dem **Sinussatz**

WSW

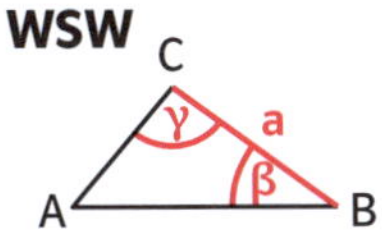

(4) **3. Winkel** berechnen mit der **Winkelsumme**
(5) **2. Seite** berechnen mit dem **Sinussatz**
(6) **3. Seite** berechnen mit dem **Sinussatz**

SWS

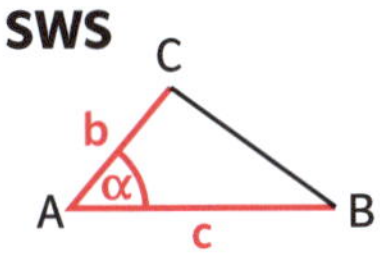

(4) **3. Seite** berechnen mit dem **Kosinussatz**
(5) **2. Winkel** berechnen mit dem **Sinussatz**
(6) **3. Winkel** berechnen mit der **Winkelsumme**

SSS

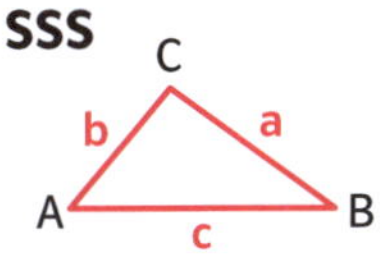

(4) **1. Winkel** berechnen mit dem **Kosinussatz**
(5) **2. Winkel** berechnen mit dem **Sinussatz**
(6) **3. Winkel** berechnen mit der **Winkelsumme**

2 gegeben: a = 9,5 cm; β = 85,4°; γ = 45,2°

(1)

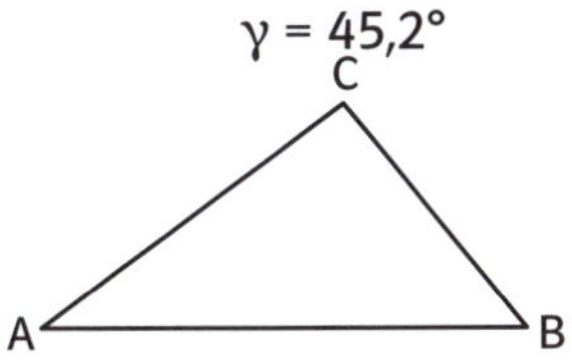

(2) ______

(3) ______

(4) ______

______

(5) ______

______

(6) ______

______

3 gegeben: a = 3,7 cm; c = 6,2 cm; γ = 107,0°

(1)

(2) ______

(3) ______

(4) ______

______

______

(5) ______

(6) ______

______

Schrittfolge
(1) **Skizze** anlegen
(2) Gesucht/gegeben
(3) **Aufgabentyp** (SsW, WSW, SWS, SSS) bestimmen
Danach die Schritte (4), (5) und (6)

Sinussatz, Kosinussatz
siehe Formelsammlung auf Seite 88

Winkelsumme
α + β + γ = 180°

☑ zu 1 bis 3
4,0; 8,9; 12,5; 34,8; 36,8; 38,2; 49,4; 51,2; 92,0

1.1 a) a = 7,2 cm; b = 8,5 cm; c = 6,8 cm
b) a = 5,1 cm; b = 10,2 cm; c = 6,6 cm
c) a = 3,20 m; b = 5,55 m; c = 2,95 m

2.1 a) a = 12,2 cm; β = 40,0°; γ = 72,0°
b) b = 85 cm; γ = 82,0°; α = 37,0°
c) c = 340 m; α = 62,0°; β = 45,0°

3.1 a) a = 8,9 cm; c = 9,1 cm; γ = 67,0°
b) a = 76 cm; b = 92 cm; α = 38,5°
c) b = 471 m; c = 288 m; β = 123,0°

4 a) b = 8,1 cm; c = 5,2 cm; α = 62,0°
b) a = 12,3 cm; b = 18,5 cm°; γ = 78,6°
c) a = 2,15 m; c = 3,52 m; β = 11,2°

Winkelsätze in der Geometrie anwenden

1 Die Diagonalen d und e eines Parallelogramms schneiden sich im Winkel α.
$\alpha = 120{,}0°$, $d = 12{,}0\,cm$, $e = 10{,}0\,cm$
Berechne die Länge der Seite a.

(1)

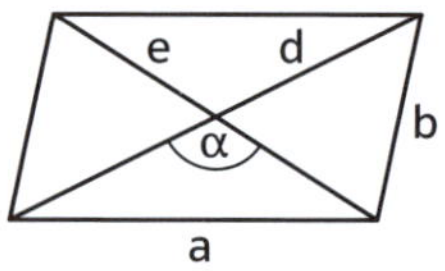

(2)

(3)

(4)

(5)

Winkelsätze in der Geometrie anwenden
In einem Parallelogramm sind die Seiten a und b und der Winkel α bekannt.
$a = 19\,cm$, $b = 12\,cm$, $\alpha = 50°$
Berechne die Länge der Diagonalen d.

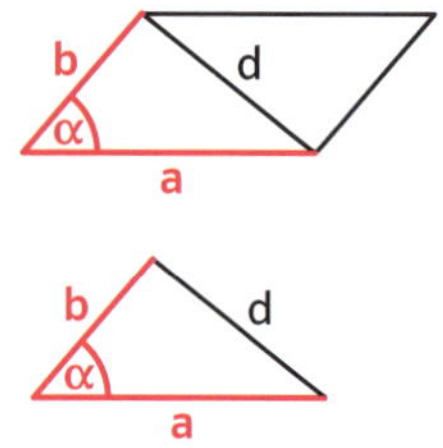

(1) **Skizze** des Dreiecks anlegen
(2) Gegeben/gesucht notieren
(3) Aufgabentyp bestimmen — SWS
(4) Lösungsweg festlegen, berechnen — 3. Seite mit Kosinussatz berechnen
$d = \sqrt{a^2 + b^2 - 2ab \cdot \cos\alpha}$
$= \sqrt{19^2 + 12^2 - 2 \cdot 19 \cdot 12 \cdot \cos 50°}$
$d \approx 14{,}6\,cm$
(5) Antwort notieren — Die Länge der Diagonalen d beträgt 14,6 cm.

2 Berechne die Längen der Diagonalen d und e einer Raute ($a = 8{,}0\,cm$, $\alpha = 70{,}0°$).

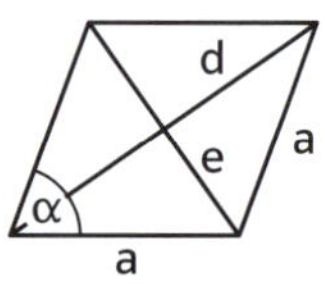

(1)

(2)

(3)

(4)

(5)

3 ☆ Ein Würfel hat die Kantenlänge $a = 10{,}0\,cm$. Wie groß ist der Winkel δ zwischen einer Raumdiagonalen und der Grundfläche?

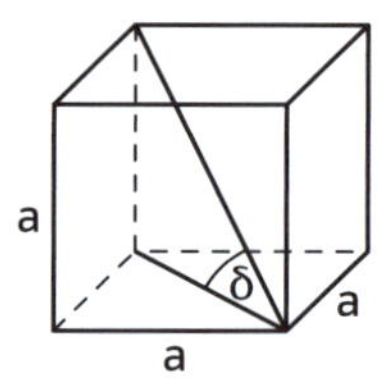

(1)

(2)

(3)

(4)

(5)

Sinussatz, Kosinussatz
siehe Formelsammlung auf Seite 88

Winkelsumme
$\alpha + \beta + \gamma = 180°$

4 Berechne den Umfang u des Dreiecks ABC mit
a) $c = 8{,}5\,cm$; $\alpha = 63{,}0°$; $\beta = 37{,}0°$
b) $a = 10{,}2\,cm$; $c = 8{,}8\,cm$; $\beta = 71{,}0°$

5 ☆ Berechne die Diagonalen e und f im Trapez ABCD (Figur 1) mit $a = 12{,}4\,cm$, $b = 10{,}0\,cm$, $d = 8{,}5\,cm$, $\alpha = 68{,}0°$, $\beta = 51{,}0°$.

6 ☆ Berechne die Winkel α, β, γ zwischen den Flächendiagonalen e, f und g des Quaders (Figur 2) mit $a = 20{,}0\,cm$, $b = 12{,}0\,cm$ und $c = 10{,}0\,cm$.

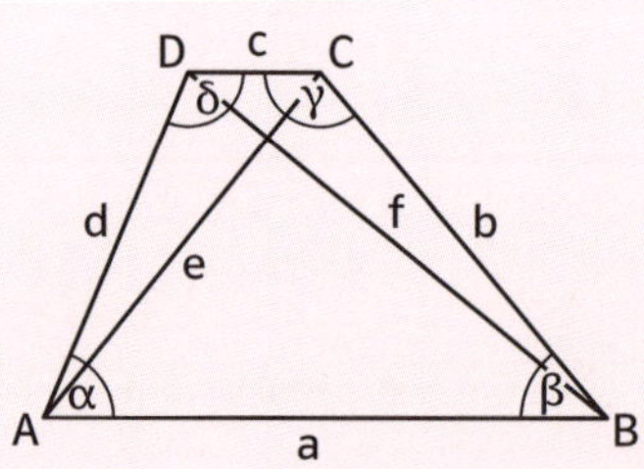

Figur 1

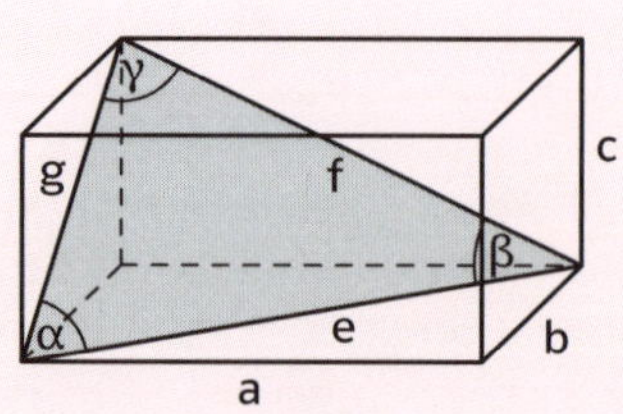

Figur 2

Winkelsätze zur Vermessung anwenden

1 Zwei Seenotrettungskreuzer (S_1 und S_2) sind 28 Seemeilen (sm) voneinander entfernt. Sie empfangen ein Notsignal und peilen den Standort des Schiffes (P) an. Wie viele Seemeilen sind sie entfernt?

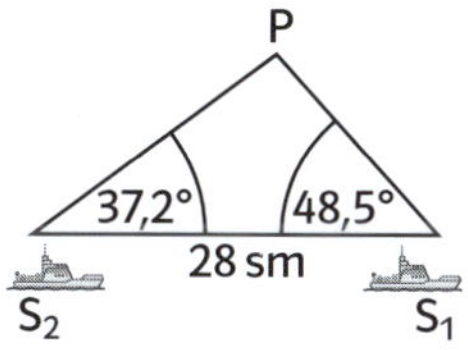

(1)

(2) ______

(3) ______

______

______

______

______

(4) ______

Winkelsätze zur Vermessung anwenden

Bestimme die Höhe h des Berges.
Die Länge der horizontalen Standlinie $\overline{AB}$ beträgt 200 m, von den Punkten A und B aus wird der Gipfel mit $\alpha = 18{,}3°$ und $\beta = 20{,}2°$ angepeilt.

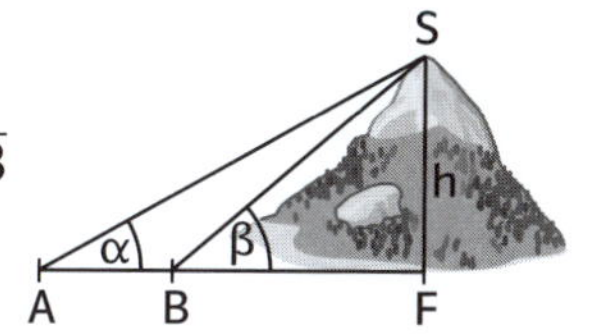

(1) Skizze

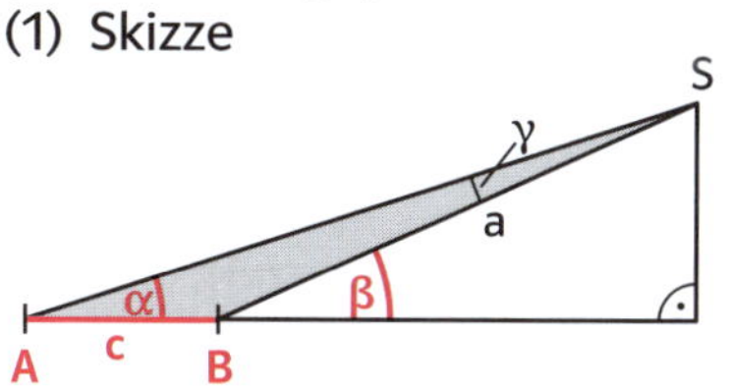

(2) WWS

(3) 2. Seite mit Sinussatz

$\gamma = 180° - \alpha - (180° - \beta)$

$\gamma = 1{,}9°$

$\frac{a}{c} = \frac{\sin\alpha}{\sin\gamma} \quad | \cdot c$

$a = c \cdot \frac{\sin\alpha}{\sin\gamma} = 200 \cdot \frac{\sin 18{,}3°}{\sin 1{,}9°}$

$a \approx 1894{,}1\,\text{m}$

(4) Antwort notieren

(1) Skizze

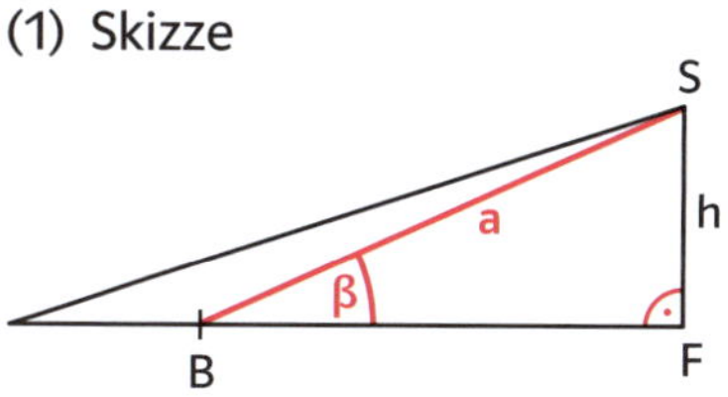

(2) rechtwinkliges Dreieck

(3) 2. Seite mit Sinus

$\frac{h}{a} = \sin\beta \quad | \cdot a$

$h = a \cdot \sin\beta$

$= 1894{,}1 \cdot \sin 20{,}2°$

$h \approx 654{,}0\,\text{m}$

(4) Die Höhe h des Berges beträgt 654,0 m.

---

2 Ein Heißluftballon (d = 20 m) wird unter einem Sehwinkel von $\alpha = 6{,}5°$ beobachet. Berechne die Entfernung e des Ballons vom Beobachter.

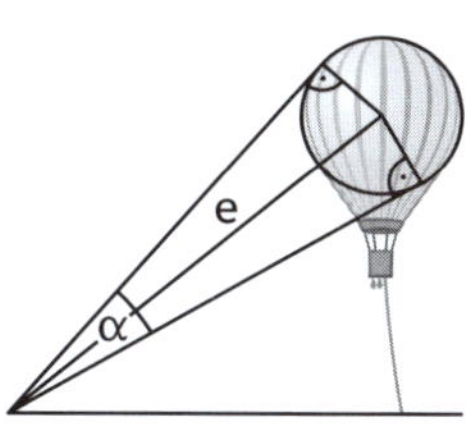

(1)

(2) ______

(3) ______

______

______

______

(4) ______

3 Zwischen den Punkten B und C eines Seeufers soll eine Fährverbindung eingerichtet werden. Wie lang ist die Stecke?

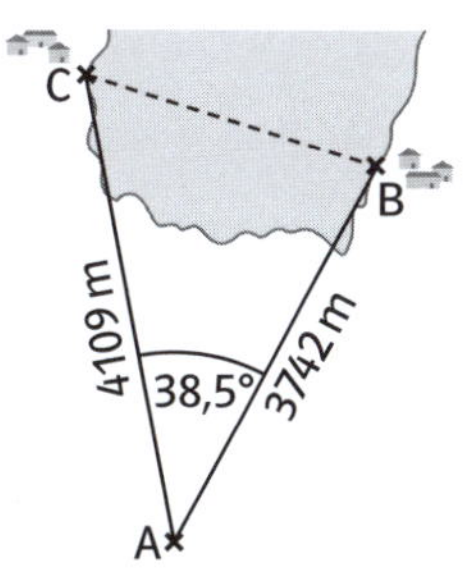

(1)

(2) ______

(3) ______

______

______

______

(4) ______

Schrittfolge
(1) Skizze des Dreiecks anlegen, gegebene Größen kennzeichnen
(2) Aufgabentyp bestimmen
(3) Lösungsweg festlegen, berechnen
(4) Antwort notieren

Sinussatz, Kosinussatz
siehe Formelsammlung auf Seite 88.

i **Seemeile**
Entfernungen auf See werden in Seemeilen (sm) angegeben.
1 sm = 1,852 km

---

4 ☆ Der Abstand der Kirchturmspitzen von St. Paul P und St. Quirinius Q soll berechnet werden. Um die Entfernung zu bestimmen, misst man von einer Basislinie $\overline{AB}$ (Länge 250,00 m) aus die Winkel $\alpha = 76{,}3°$, $\beta = 40{,}8°$, $\gamma = 34{,}2°$, $\delta = 110{,}5°$. Berechne den Abstand von P nach Q.

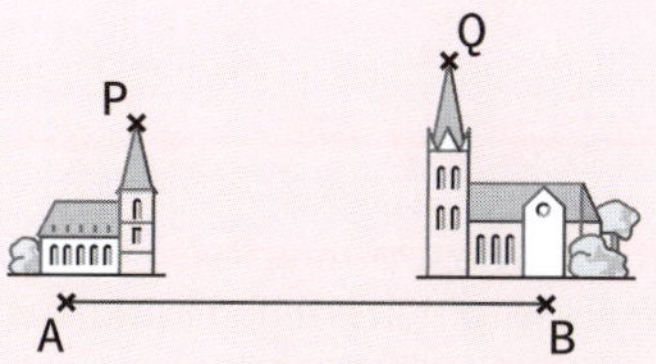

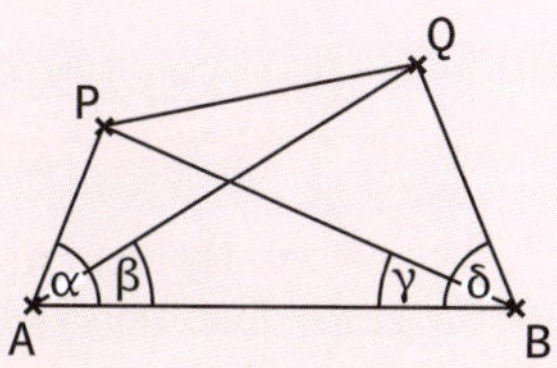

Winkelsätze in der Physik und Technik anwenden

1 Ein Flugzeug fliegt mit einer Eigengeschwindigkeit $v = 680\,km/h$ Kurs Nordwest (NW). Es wird durch einen Wind aus Osten (O) um 5° abgetrieben. Berechne die Windgeschwindigkeit w.

(1)

(2) ______

(3) ______

______

______

______

______

(4) ______

Winkelsätze in der Physik und Technik anwenden

Ein Flugzeug fliegt mit einer Eigengeschwindigkeit $v = 580\,km/h$ Kurs NO. Es wird durch einen Wind aus N um 3° abgetrieben. Berechne die Windgeschwindigkeit w.

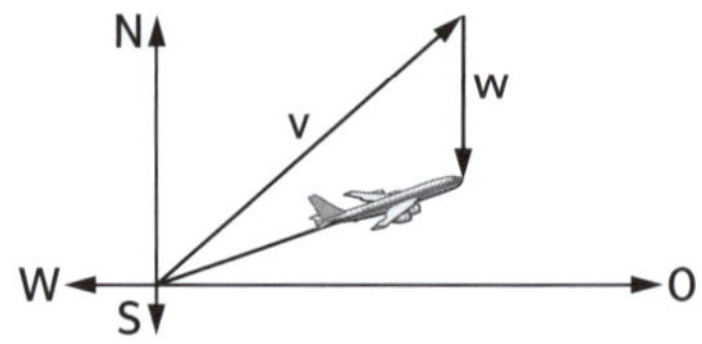

(1) Skizze des Dreiecks anlegen, gegebene Größen kennzeichnen

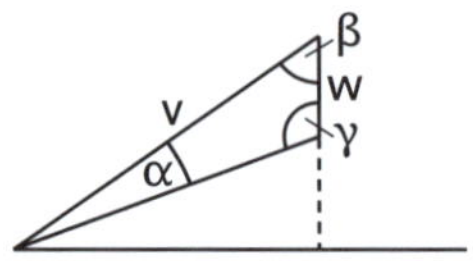

(2) Aufgabentyp bestimmen — WSW

(3) Lösungsweg festlegen, berechnen — Zunächst 3. Winkel, danach 2. Seite berechnen.

$\gamma = 180° - \alpha - \beta = 180° - 3° - 45°$

$\gamma = 132°$

$\frac{w}{v} = \frac{\sin\alpha}{\sin\gamma}$

$w = v \cdot \frac{\sin\alpha}{\sin\gamma} = 580\,\frac{km}{h} \cdot \frac{\sin 3°}{\sin 132°}$

$w \approx 40{,}8\,\frac{km}{h}$

(4) Antwort notieren — Die Windgeschwindigkeit w beträgt 40,8 km/h.

2 Bei einem Beamer wird der Lichtstrahl in einem Winkel von 38° ausgestrahlt. Wie weit von der Leinwand wird der Beamer entfernt aufgestellt werden, wenn die Leinwand 244 cm breit ist?

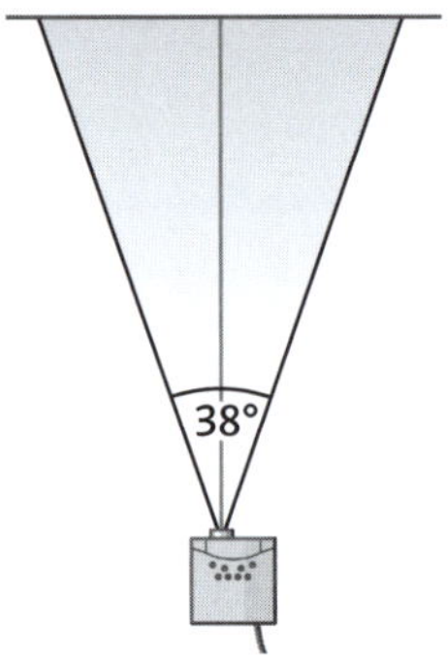

(1)

(2) ______

(3) ______

______

______

______

______

(4) ______

3 Ein Fass wird eine Rampe (Neigungwinkel α) hinaufgerollt. Die Gewichtskraft G wird in die Rollkraft R (parallel zur Rampe) und in die Druckkraft D (senkrecht zur Rampe) zerlegt. $\alpha = 20°$, $G = 600\,N$. Berechne die Rollkraft R.

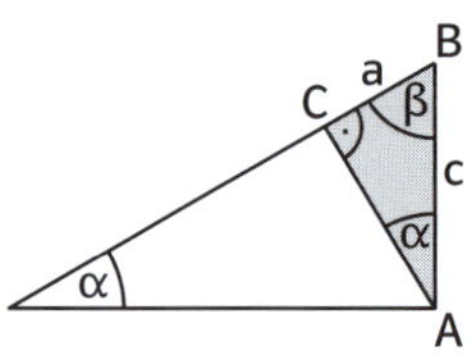

(1)

(2) ______

______

(3) ______

______

______

(4) ______

i Windrose

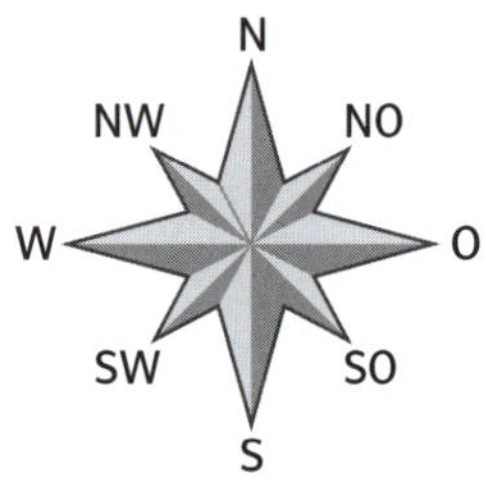

zu 3

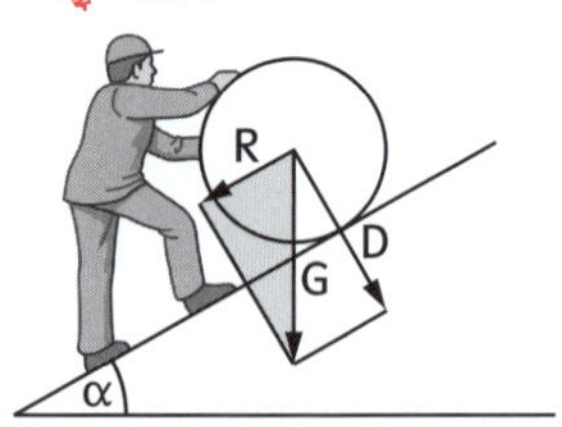

i

1 N (Newton)
Einheit der Gewichtskraft

1.1 Ein Flugzeug fliegt mit einer Eigengeschwindigkeit $v = 670\,km/h$ Kurs Nordwest (NW). Es wird durch einen Wind aus West (W) um 2° abgetrieben. Berechne die Windgeschwindigkeit.

3.1 ☆ Ein Fass ($G = 600\,N$) soll eine Rampe hochgerollt werden. Die Rollkraft R soll höchstens 100 N betragen. Welchen Neigungswinkel darf die Rampe höchstens haben?

1 Beziehungen beim Sinussatz notieren ☹ 😐 ☺

Ergänze den Sinussatz.

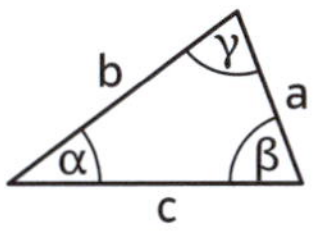

$\frac{a}{c} =$ ____________

Ergänze den Sinussatz.

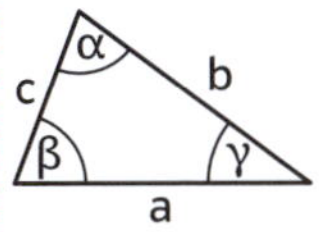

$\frac{c}{b} =$ ____________

Ergänze den Sinussatz.

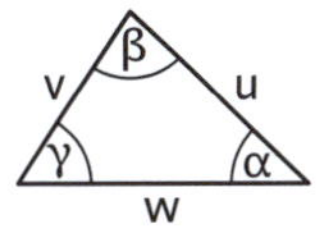

$\frac{w}{u} =$ ____________

2 Beziehungen beim Kosinussatz notieren ☹ 😐 ☺

Ergänze den Kosinussatz.

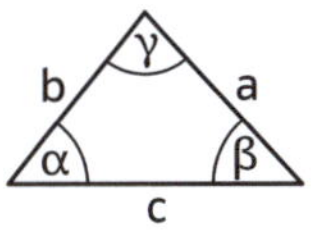

$a^2 =$ ____________

Ergänze den Kosinussatz.

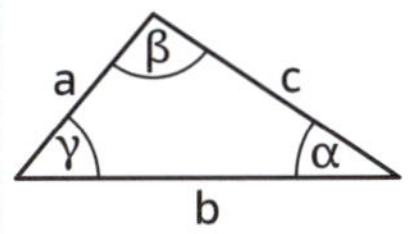

$c^2 =$ ____________

Ergänze den Kosinussatz.

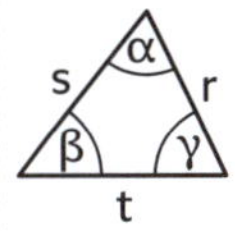

$t^2 =$ ____________

3 Berechnungen bei Dreiecken (SsW) durchführen ☹ 😐 ☺

Im Dreieck ABC sind SsW gegeben.
$a = 8\,cm$; $b = 6\,cm$; $\alpha = 50°$
Berechne β mit dem Sinussatz.

$\frac{b}{a} =$

Im Dreieck ABC sind SsW gegeben.
$b = 12{,}2\,cm$; $c = 15{,}5\,cm$; $\beta = 37{,}5°$
Berechne γ mit dem Sinussatz.

Berechne den Winkel γ.

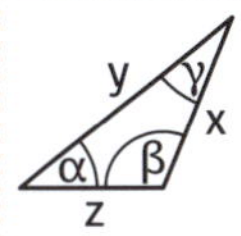

$x = 825\,m$
$z = 636\,m$
$\alpha = 39°$

4 Berechnungen bei Dreiecken (WSW) durchführen ☹ 😐 ☺

Im Dreieck ABC sind WSW gegeben.
$a = 12\,cm$; $\beta = 34°$; $\gamma = 69°$
Berechne b mit dem Sinussatz.
(Zunächst α berechnen!)

Im Dreieck ABC sind WSW gegeben.
$b = 9{,}4\,cm$; $\alpha = 47{,}5°$; $\gamma = 58{,}0°$
Berechne c mit dem Sinussatz.

Berechne die Seite f.

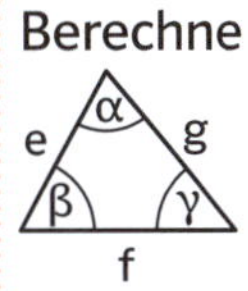

$e = 942\,m$
$\alpha = 67°$
$\beta = 62°$

5 Berechnungen bei Dreiecken (SWS) durchführen ☹ 😐 ☺

Im Dreieck ABC sind SWS gegeben.
$b = 7\,cm$; $c = 10\,cm$; $\alpha = 35°$
Berechne a mit dem Kosinussatz.

Im Dreieck ABC sind SWS gegeben.
$a = 8{,}6\,cm$; $c = 6{,}8\,cm$; $\beta = 75°$
Berechne b mit dem Kosinussatz.

Berechne die Seite t.

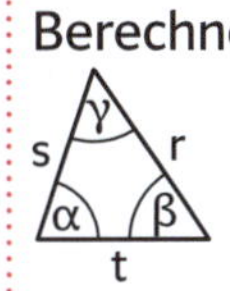

$r = 8{,}30\,m$
$s = 7{,}25\,m$
$\gamma = 52°$

6 Berechnungen bei Dreiecken (SSS) durchführen ☹ 😐 ☺

Im Dreieck ABC sind SSS gegeben.
$a = 10\,cm$; $b = 8\,cm$; $c = 6\,cm$
Berechne α mit dem Kosinussatz.

Im Dreieck ABC sind alle drei Seiten gegeben.
$a = 17{,}2\,cm$; $b = 9{,}8\,cm$; $c = 15{,}6\,cm$
Berechne den Winkel γ.

Berechne den Winkel α.

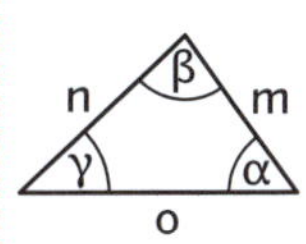

$m = 3{,}66\,m$
$n = 4{,}29\,m$
$o = 5{,}23\,m$

Formeln aufstellen

1 Das Flussdiagramm stellt die Berechnung des Fahrpreises P im Taxi dar.
G Grundpreis in €
n Anzahl der km
S Preis in € pro km

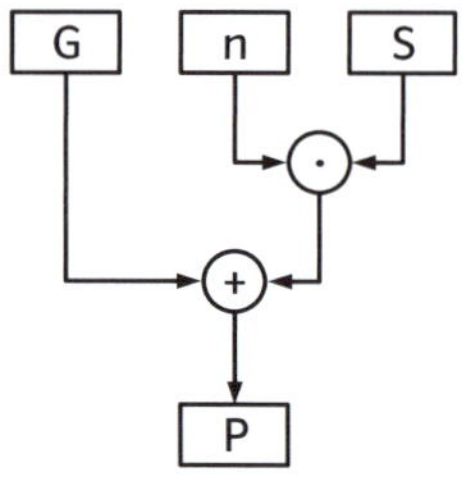

Stelle die Formel für den Fahrpreis P auf.

Formeln aufstellen
Das **Flussdiagramm** stellt dar, wie in der Stromabrechnung der Verbrauchspreis V berechnet wird.

Stelle zur Berechnung die **Formel** für den Verkaufspreis V auf.

V = n · P + G

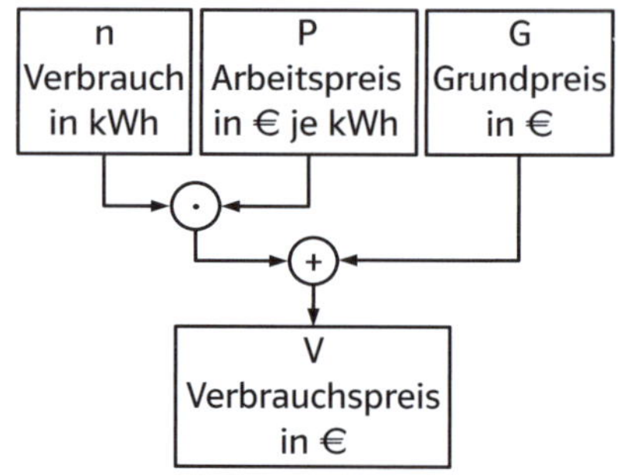

2 Das Flussdiagramm stellt dar, wie der Flächeninhalt A eines Trapezes berechnet wird.

Trapez

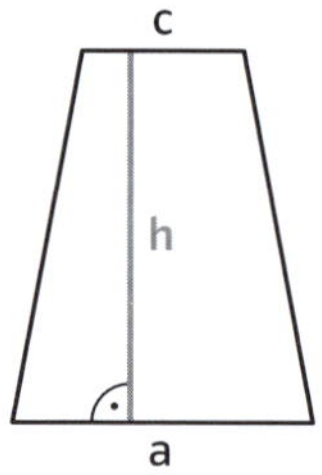

Flussdiagramm

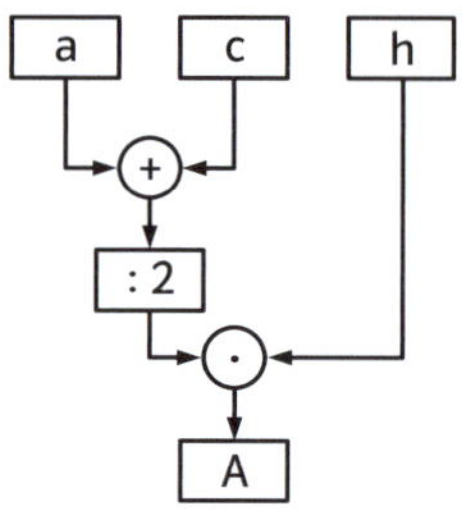

a) Stelle die Formel auf.

b) Setze die Werte ein und berechne.
a = 6,5 cm; c = 3,5 cm; h = 8,2 cm

3 a) Stelle eine Formel für die Berechnung der Länge l der Mauer auf.

b) Verändere die Formel so, dass sie für eine beliebige Anzahl Steine (n) gilt.

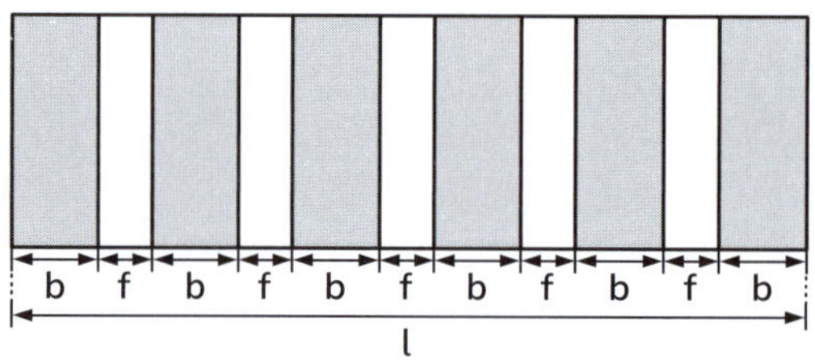

b Breite
f Breite der Fuge
l Länge der Mauer

Flussdiagramm oder Ablaufdiagramm ist die grafische Darstellung einer Rechenvorschrift.

4 a) Stelle eine Formel zur Berechnung des Flächeninhaltes A der grauen Fläche auf.
Formel:

b) Setze die Werte ein und berechne den Flächeninhalt A.
a = 12,0 cm; b = 8,0 cm; c = 4,2 cm;
d = 2,8 cm

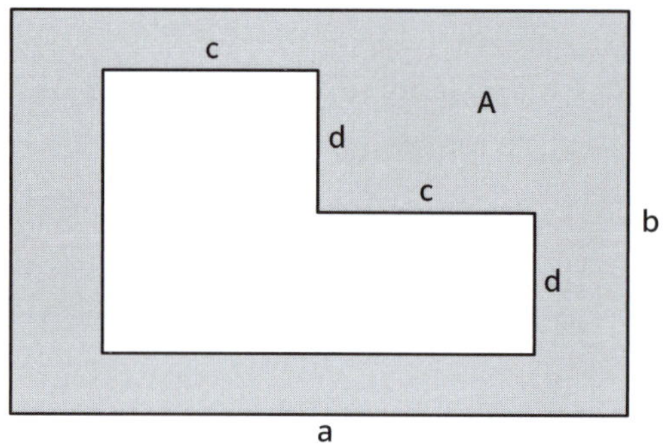

2.1 Stelle zum Flussdiagramm eine Formel auf.
Mantelfläche M eines Prismas

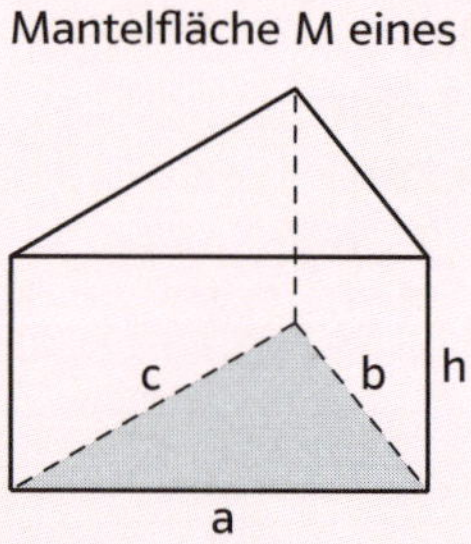

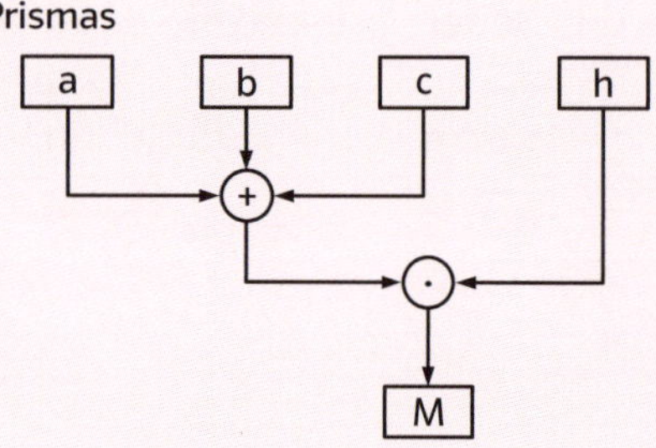

4.1 Stelle zur Berechnung des Flächeninhaltes A eine Formel auf.

a)

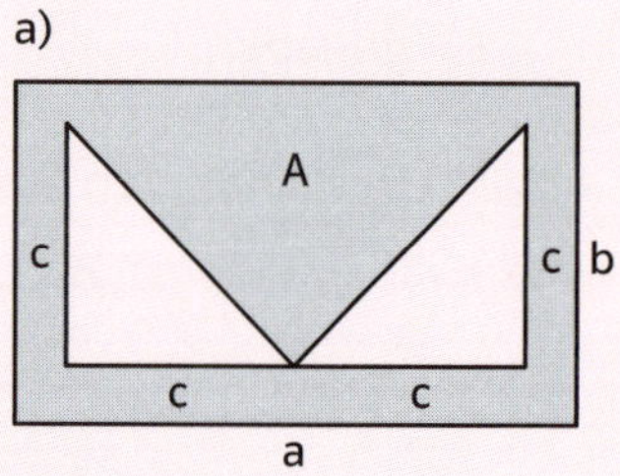

b)

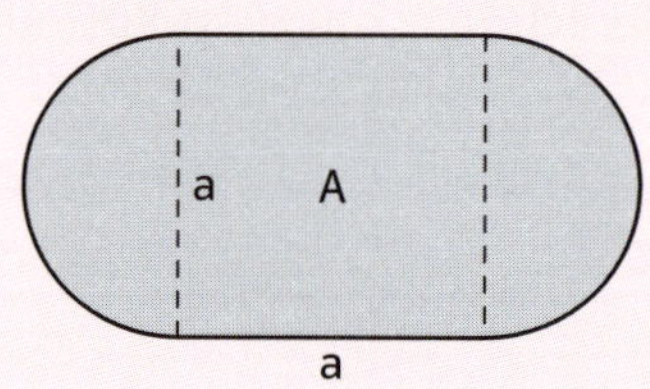

Formeln umformen

1 Forme die Flächeninhaltsformel für das Trapez nach a um.

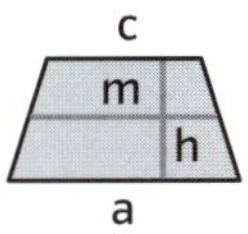

(1) ______________________

(2) ______________________

____

____

____

Formeln umformen

Forme die Flächeninhaltsformel für das Trapez nach c um.

(1) Grundformel notieren

$A = \frac{a+c}{2} \cdot h \quad | : h$

(2) Formel nach der zu berechnenden Größe umformen

$\frac{A}{h} = \frac{a+c}{2} \quad | \cdot 2$

$\frac{2 \cdot A}{h} = a + c \quad | - a$

$\frac{2 \cdot A}{h} - a = c \quad | \leftrightarrow$

$c = \frac{2 \cdot A}{h} - a$

2 Suche die Umfangsformel für das Rechteck in der Formelsammlung. Forme die Formel nach b um.

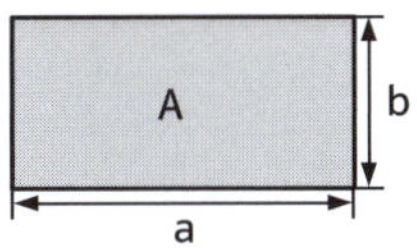

(1) ______________________

(2) ______________________

____

____

____

3 Suche die Flächeninhaltsformel für das Dreieck in der Formelsammlung. Forme die Formel nach der Grundseite g um.

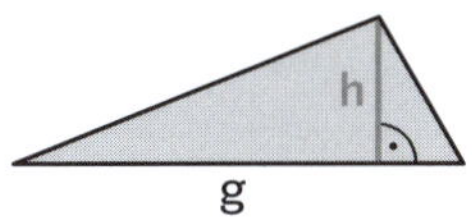

(1) ______________________

(2) ______________________

____

____

____

4 Beim freien Fall gilt für den zurückgelegten Weg s die Beziehung $s = \frac{1}{2} \cdot g \cdot t^2$. Dabei steht g für die Erdbeschleunigung. Forme nach der Zeit t um.

(1) ______________________

(2) ______________________

____

____

____

5 Beim freien Fall gilt für die Geschwindigkeit v die Beziehung $v = \sqrt{2 \cdot g \cdot h}$. Dabei steht g für die Erdbeschleunigung. Forme die Formel nach der Höhe h um.

(1) ______________________

(2) ______________________

____

____

____

$\leftrightarrow$ bedeutet Seiten tauschen. Nach dem Umformen sollte die zu berechnende Größe links stehen.

Das **Umformen** von **Formeln** ist wichtig, wenn z.B. eine Reihe gleichartiger Aufgaben gelöst werden muss.

zu 4

$\frac{2 \cdot s}{g} = t^2 \quad | \sqrt{\;}$

g Erdbeschleunigung

$g \approx 9{,}81\ m/s^2$

zu 5

$v = \sqrt{2 \cdot g \cdot h} \quad | (\,)^2$

$v^2 = 2 \cdot g \cdot h$

Die Formelsammlung ist auf den Seiten 87 und 88.

1.1 Forme die Flächeninhaltsformel für das Trapez nach h um.

1.2 Die Formel für den Rauminhalt V eines Prismas, dessen Grundfläche ein Trapez ist, ist $V = \frac{a+c}{2} \cdot h \cdot k$. Forme die Formel nach allen auftretenden Variablen um.

2.1 Die Gesamtlänge l der Kanten eines Quaders mit den Kantenlängen a, b und c kann mit der Formel $l = 4a + 4b + 4c$ berechnet werden. Forme die Formel nach allen auftretenden Variablen um.

2.2 Die vier Seitenflächen M eines Prismas lassen sich mit der Formel $M = 2 \cdot c \cdot (a + b)$ berechnen. Forme die Formel nach allen auftretenden Variablen um.

3.1 Forme die Flächeninhaltsformel für das Dreieck nach der Höhe h um.

3.2 Für den Oberflächeninhalt O eines Prismas, dessen Grundfläche ein rechtwinkliges Dreieck ist, gilt $O = a \cdot b + k \cdot (a + b + c)$. Forme nach der Körperhöhe k um.

3.3 Forme die Rauminhaltsformel der Pyramide nach allen auftretenden Variablen um.

4.1 a) Forme die Formel des Oberflächeninhaltes des Würfels nach allen auftretenden Variablen um.
b) Forme die Formel des Flächeninhaltes für den Kreis nach allen auftretenden Variablen um.

Formeln in der Zinsrechnung anwenden

Formeln in der Zinsrechnung anwenden

Berechne das Kapital K.

Gegeben: $Z_t = 425\,€$; $t = 68\,d$; $p\,\% = 9\,\%$

(1) **Grundformel** notieren $\quad \mathbf{Z_t = \frac{K \cdot p \cdot t}{100 \cdot 360}} \quad | \cdot 100$

(2) Formel nach der zu berechnenden Größe umformen

$Z_t \cdot 100 = K \cdot p \frac{t}{360} \quad | \cdot 360$

$Z_t \cdot 100 \cdot 360 = K \cdot p \cdot t \quad | : (p \cdot t)$

$\frac{Z_t \cdot 100 \cdot 360}{p \cdot t} = K \quad | \leftrightarrows$

$K = \frac{Z_t \cdot 100 \cdot 360}{p \cdot t}$

(3) Werte einsetzen und berechnen $\quad K = \frac{425 \cdot 100 \cdot 360}{9 \cdot 68}$

(4) Ergebnis notieren $\quad K = 25\,000\,€$

1 Forme die Grundformel der Zinsrechnung $Z_t = \frac{K \cdot p \cdot t}{100 \cdot 360}$ nach p um. Berechne p % für $K = 1800\,€$, $t = 150\,d$ und $Z_t = 37{,}50\,€$ (d steht für Tage).

(1) ______

(2) ______

______

______

______

______

(3) (4) ______

2 Forme die Grundformel der Zinsrechnung $Z_t = \frac{K \cdot p \cdot t}{100 \cdot 360}$ nach t um.

(1) ______

(2) ______

______

______

______

3 Mit der Formel $K_n = K_0 \cdot \left(1 + \frac{p}{100}\right)^n$ kann man berechnen, auf welches Kapital K_n ein Anfangskapital K_0 bei einem Zinssatz von p % in n Jahren wächst. Berechne K_n für $K_0 = 20\,000\,€$, $p\,\% = 7\,\%$ und $n = 10$ Jahre.

(1) ______

(2) ______

(3) ______

(4) ______

Zinsrechnung

K Kapital (in Euro)

p % Zinssatz

t Zeit (in Zinstagen)

Z_t Zinsen nach t Zinstagen

Zinseszinsrechnung

K_0 Anfangskapital

n Anzahl der Zinsjahre

K_n Kapital nach n Jahren

$\left(1 + \frac{p}{100}\right)$ Zinsfaktor

4 Berechne mit der passenden Formel.

	a)	b)	c)	d)	e)	f)	g)	h)	i)
K (€)	1500	2100			270	1700	1400	1350	1260
p%	6 %	7 %	8 %	12 %			9 %	7,5 %	3,5 %
t (d)	68	210	240	200	320	146			
Z_t (€)			2560	10	26,40	62,05	77	87,75	17,64

Zinssatz

$p\,\% = 3\,\%$

$p = 3$

1.1 Berechne den Zinssatz p %.

	a)	b)	c)	d)	e)	f)
K (€)	50 000	25 000	2500	3000	6300	150
Z_t (€)	850,00	425,00	26	50,00	472,50	0,05
t (d)	68	136	30	120	300	1

1.2 Berechne die Zinsen Z_t nach t Tagen.

	a)	b)	c)	d)	e)	f)
K (€)	2500	12 000	7000	12 500	850	1500
p%	8 %	6 %	3 %	14 %	18 %	2 %
t (d)	168	250	120	210	7	3

2.1 Berechne die Zeit t.

	a)	b)	c)	d)	e)	f)
K (€)	25 000	3000	1000	2400	1700	2900
Z_t (€)	212,50	50,00	25,00	70,00	68,00	17,40
p%	9 %	5 %	15 %	3,5 %	6 %	3 %

2.2 Berechne das Kapital K.

	a)	b)	c)	d)	e)	f)
Z_t (€)	850,00	1700,00	230,00	212,50	28,00	112,00
p%	9 %	4,5 %	5 %	9 %	4 %	16 %
t (d)	68	136	310	272	168	84

3.1 Berechne K_n für $K_0 = 35\,000\,€$, $p\,\% = 9\,\%$ und $n = 5$ Jahre.

Formeln bei Flächeninhalten anwenden

1 Berechne die Grundseite g eines Dreiecks mit dem Flächeninhalt $A = 16{,}77\,cm^2$ und der Höhe $h = 4{,}3\,cm$.

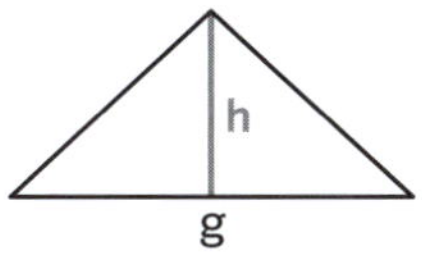

(1) ______

(2) ______

______

______

(3) ______

(4) ______

Formeln bei Flächeninhalten anwenden

Berechne die Höhe h des Dreiecks.
Gegeben: $A = 13{,}44\,cm^2$; $g = 8{,}4\,cm$

(1) Grundformel notieren	$A = \frac{g \cdot h}{2}$	$\mid \cdot 2$
(2) Formel nach der zu berechnenden Größe umformen	$2 \cdot A = g \cdot h$	$\mid : g$
	$\frac{2 \cdot A}{g} = h$	$\mid \leftrightarrow$
	$h = \frac{2 \cdot A}{g}$	
(3) Werte einsetzen und berechnen	$h = \frac{2 \cdot 13{,}44}{8{,}4}$	
(4) Ergebnis notieren	$h = 3{,}2\,cm$	

2 Berechne die Seite a des Trapezes mit Flächeninhalt $A = 21{,}00\,cm^2$, Höhe $h_a = 3{,}5\,cm$ und Seite $c = 3{,}2\,cm$.

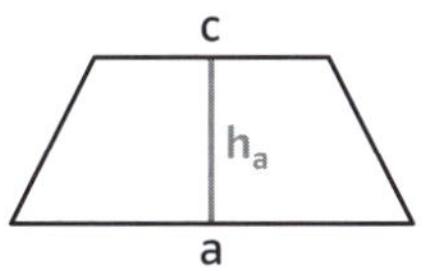

(1) ______

(2) ______

______

______

______

(3) ______

______

(4) ______

3 Berechne den Winkel α des Kreisausschnitts mit dem Flächeninhalt $A = 13{,}08\,cm^2$ und dem Radius $r = 5\,cm$.

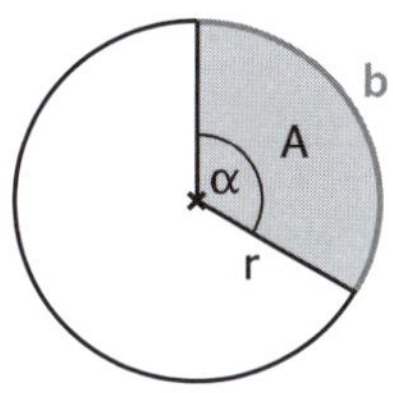

(1) ______

(2) ______

______

______

______

(3) ______

______

(4) ______

zu 2
Trapez

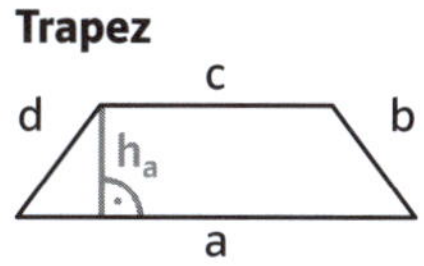

$A = \frac{a + c}{2} \cdot h_a$

zu 3
Kreisausschnitt

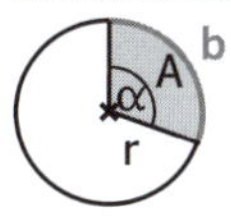

$A = \frac{\alpha}{360°} \cdot \pi \cdot r^2$

zu 4
siehe Formelsammlung auf Seite 87/88

zu 1 bis 3
7,8; 8,8; 60

1.1 Berechne den Flächeninhalt A des Dreiecks.

	a)	b)	c)	d)	e)	f)
g (cm)	10	5	2	8,3	8,3	8,3
h (cm)	8	8	8	3	6	12

1.2 Berechne die übrige Größe des Dreiecks.

	a)	b)	c)	d)	e)	f)
A (cm^2)			11,73	7,56	7,56	7,56
g (cm)	2,5	2,3			10,8	2,7
h (cm)	3,4	6,8	10,2	2,8		

2.1 Berechne die übrige Größe des Trapezes.

	a)	b)	c)	d)	e)	f)
A (cm^2)	21,0	25,6			35,9	8,25
a (cm)			4,2	14,2	1,08	1,8
c (cm)	3,2	4,0	3,6	18,6		
h (cm)	3,5	3,2	4,5	1,6	5,0	2,0

3.1 Berechne die übrige Größe des Kreises.

	a)	b)	c)	d)	e)	f)
A (cm^2)				1256	1962,5	2826
r (cm)	5,0	10,0	15,0			

4 Berechne die übrige Größe des Parallelogramms.

	a)	b)	c)	d)	e)	f)
A (cm^2)			34,56	17,28	8,64	6,56
g (cm)	2,4	12,0			1,8	0,8
h (cm)	6,8	1,36	4,8	4,8		

5 Der Flächeninhalt einer zusammengesetzten Fläche errechnet sich nach $A = 1{,}5 \cdot a \cdot b$. Berechne.

	a)	b)	c)	d)	e)	f)
A			$53{,}07\,m^2$	$93{,}75\,m^2$	$82{,}65\,cm^2$	$22{,}08\,km^2$
a	3,9 dm	2,5 m			5,8 cm	6,4 km
b	2,8 dm	3,2 m	5,8 m	12,5 m		

Formeln bei Flächensätzen anwenden

1 Forme die Grundformel für den Kathetensatz nach c um.

(1) ______

(2) ______

2 Forme die Grundformel für den Höhensatz nach p um.

(1) ______

(2) ______

Formeln bei Flächensätzen anwenden

Berechne den Hypotenusenabschnitt q des rechtwinkligen Dreiecks.
Gegeben: Hypotenuse c = 12 cm;
Kathete b = 6 cm

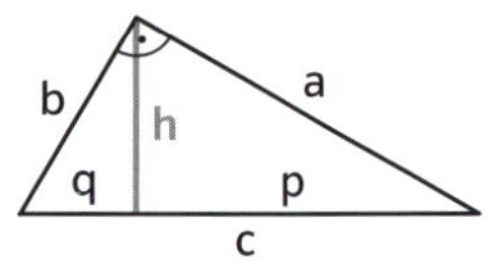

(1) Grundformel notieren $\mathbf{b^2 = c \cdot q}$ | : c

(2) Formel nach der zu berechnenden Größe umformen $\frac{b^2}{c} = q$ | ⇄
$q = \frac{b^2}{c}$

(3) Werte einsetzen und berechnen $q = \frac{6^2}{12}$

(4) Ergebnis notieren $q = 3\,cm$

3 Berechne die übrige Größe des rechtwinkligen Dreiecks mithilfe der Formeln für den Kathetensatz. Runde auf eine Stelle nach dem Komma.

	a)	b)	c)	d)	e)	f)	g)	h)	i)
a	24,0 cm	15,0 cm	28,0 m	72,0 mm	162,0 m	96,0 km			
p	8,0 cm	9,0 cm	14,0 m				108,0 m	350,0 km	1,2 m
c				108,0 mm	324,0 m	128,0 km	9755,0 m	504,0 km	24,3 m

4 Berechne die übrige Größe des rechtwinkligen Dreiecks mithilfe der Formeln für den Höhensatz. Runde auf eine Stelle nach dem Komma.

	a)	b)	c)	d)	e)	f)	g)	h)	i)
h	12,0 cm	18,0 cm	28,0 m	36,0 mm	54,0 m	96,0 km			
p	4,0 cm	12,0 cm	7,0 m				108,0 m	84,0 km	8,1 m
q				27,0 mm	36,0 m	144,0 km	60,0 m	2100,0 km	3,6 m

5 a) Forme die Grundformel für den Satz des Pythagoras nach a um.

(1) ______

(2) ______

b) Berechne die Kathete a.
Gegeben: c = 7,8 cm; b = 4,8 cm

(3) ______

(4) ______

Kathetensatz

$a^2 = c \cdot p$

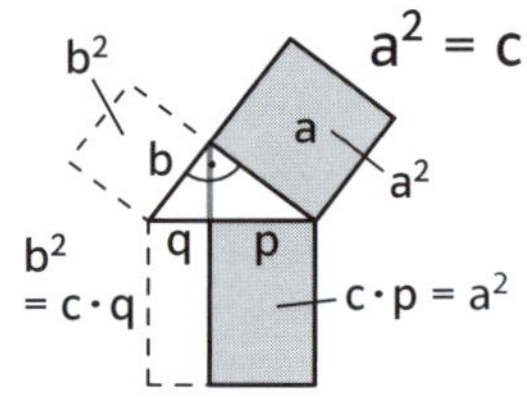

Höhensatz

$h^2 = p \cdot q$

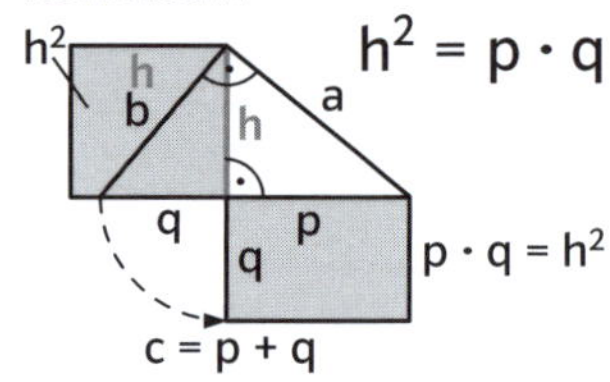

Satz des Pythagoras

$a^2 + b^2 = c^2$

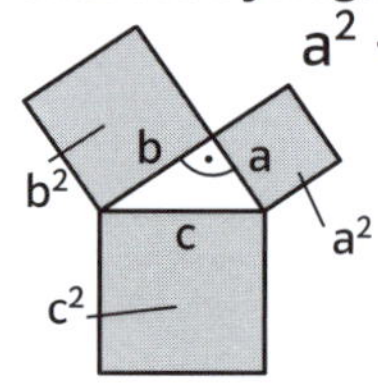

zu 3 bis 5
5,4; 5,4; 6,1; 25,0; 27,0; 36,0; 48,0; 48,0; 56,0; 64,0; 72,0; 72,0; 80,5; 81,0; 81,0; 112,0; 420,0; 420,0; 1026,4

3.1 Berechne mithilfe der Formel für den Kathetensatz.

	a)	b)	c)	d)	e)	f)
a (cm)	6,2	6,4	6,0	23,0		
p (cm)	1,0	4,0			2,0	4,0
c (cm)			8,0	28,0	10,0	9,0

4.1 Berechne mithilfe der Formel für den Höhensatz.

	a)	b)	c)	d)	e)	f)
h (cm)	3,2	8,4	9,2	36,0		
p (cm)	4,0	3,0			3,2	6,4
q (cm)			6,0	23,0	9,0	3,8

5.1 a) Forme die Formel für den Satz des Pythagoras nach b um.
b) Forme die Formel für den Satz des Pythagoras nach c um.

5.2 Berechne die übrige Seite des rechtwinkligen Dreiecks mithilfe des Satzes von Pythagoras.

	a)	b)	c)	d)	e)	f)
a (cm)	3,5	9,2	4,0	9,0		
b (cm)	6,3	6,8			4,0	5,2
c (cm)			9,5	65,0	5,0	13,4

Formeln zusammensetzen und vereinfachen

1 Bestimme die Formel zur Berechnung des Volumens (Figur 1).

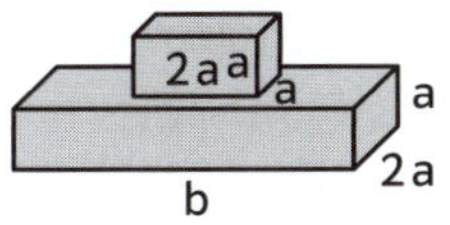

Figur 1

(1) $V_1 =$ ______ $V_2 =$ ______

(2) ______

(3) ______

Formeln zusammensetzen und vereinfachen
Bestimme die Formel zur Berechnung der grauen Fläche A.

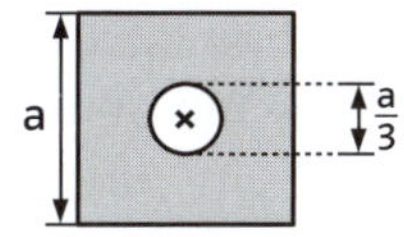

(1) Einzelformeln notieren $A_{Qu} = a^2$ $A_{Kr} = \left(\frac{a}{6}\right)^2 \cdot \pi$

(2) Einzelformeln zusammensetzen $A = A_{Qu} - A_{Kr}$

$A = a^2 - \left(\frac{a}{6}\right)^2 \cdot \pi$

(3) Vereinfachen $A = a^2 - \frac{a^2}{36} \cdot \pi$

$A = a^2\left(1 - \frac{1}{36}\pi\right)$

2 a) Bestimme jeweils die Formel für die graue Fläche in Figur 2 und in Figur 3.

(1) ______

(2) ______

(3) ______

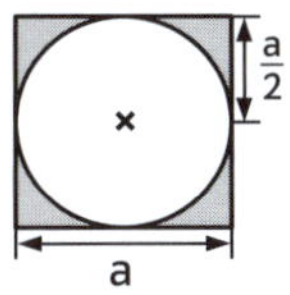

Figur 2

(1) ______

(2) ______

(3) ______

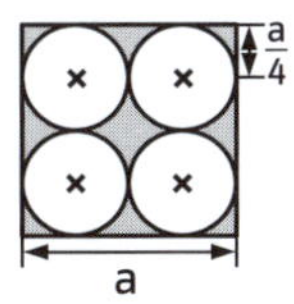

Figur 3

b) Die grauen Flächen der Figur 2 und der Figur 3 bleiben beim Ausstanzen der Kreise als Verschnitt übrig. In welchem Fall ist der Verschnitt größer?

______

3 a) Forme die Formel für die Dichte ρ eines Körpers nach m um.

______

b) Bestimme eine Formel zur Berechnung der Masse m einer Glasscheibe, setze dazu die Volumenformel des Quaders in die Formel aus a) ein.

______

c) Die Dichte ρ von Glas beträgt $2{,}5\,g/cm^3$. Die Glasscheibe ist 80 cm lang, 40 cm breit und 0,2 cm dick. Wie schwer ist die Glasscheibe?

______

Kreis

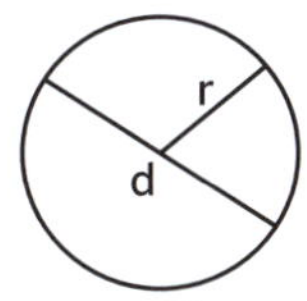

$A = \pi \cdot r^2$
$u = 2 \cdot \pi \cdot r$

Vereinfachen heißt
- ordnen
- zusammenfassen
- faktorisieren (ausklammern)

Formeln
siehe Formelsammlung auf Seite 87 und 88.

zu 3
Dichte ρ eines Körpers
$\rho = \frac{m}{V}$
m = Masse
V = Volumen

1.1 Bestimme eine Formel für den Oberflächeninhalt O der Pyramide in Figur 4.

1.2 Bestimme eine Formel für das Volumen V des Körpers in Figur 5.

2.1 Bestimme jeweils eine Formel für die graue Fläche in Figur 6 und Figur 7. Welche der beiden Flächen ist größer?

3.1 a) Bestimme eine Formel zur Berechnung der Masse m einer Bleikugel mit dem Radius r.
b) Bestimme m für r = 2 cm (r = 4 cm, r = 8 cm), $\rho = 11{,}3\,g/cm^3$.

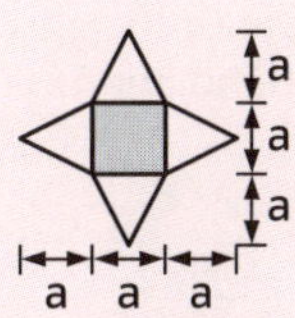

Figur 4

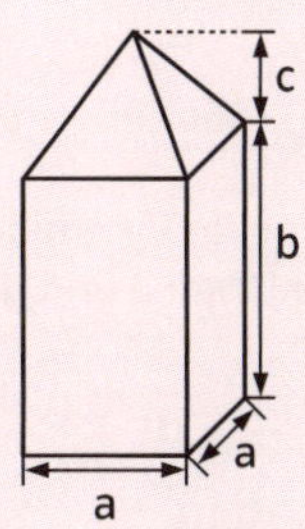

Figur 5

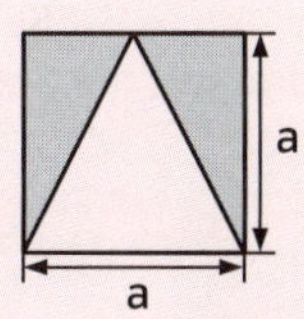

Figur 6

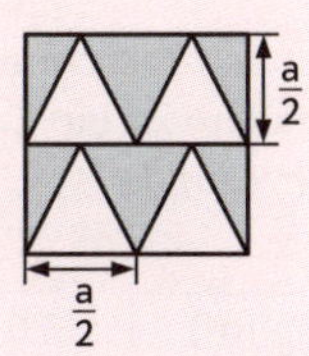

Figur 7

Formeln bei Volumenberechnungen anwenden

1 Berechne die Grundfläche G einer Pyramide mit dem Rauminhalt $V = 246{,}5\,cm^3$ und der Körperhöhe $k = 8{,}5\,cm$.

(1) ______

(2) ______

______

______

(3) ______

(4) ______

Formeln bei Volumenberechnungen anwenden

Berechne die Körperhöhe k der Pyramide.
Gegeben: Grundfläche $G = 125\,cm^2$;
Volumen $V = 250\,cm^3$

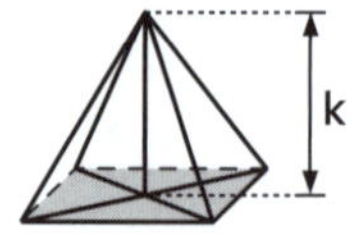

(1) Grundformel notieren $V = \frac{1}{3} \cdot G \cdot k \quad | \cdot 3$

(2) Formel nach der zu berechnenden Größe umformen $3 \cdot V = G \cdot k \quad | : G$

$\frac{3 \cdot V}{G} = k \quad | \leftrightarrows$

$k = \frac{3 \cdot V}{G}$

(3) Werte einsetzen und berechnen $k = \frac{3 \cdot 250}{125}$

(4) Ergebnis notieren $k = 6\,cm$

2 Berechne die Körperhöhe k eines Kegels mit $V = 9{,}425\,cm^3$ und $r = 4{,}0\,cm$.

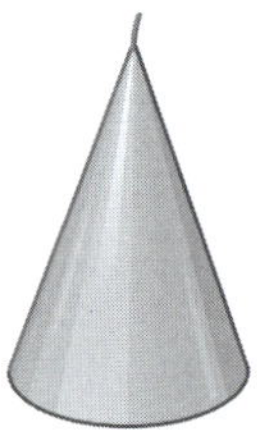

(1) ______

______

(2) ______

______

______

______

(3) ______

(4) ______

3 Berechne das Volumen des Mülleimers für $r = 4\,dm$ und $k_Z = 5\,dm$. Stelle zuerst eine Formel auf.

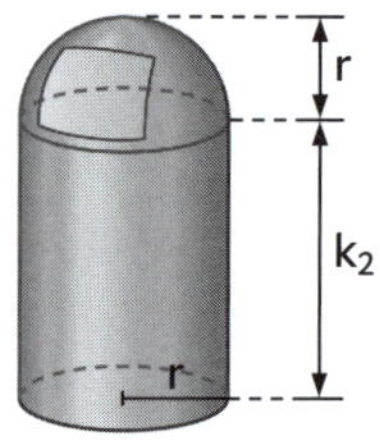

(1) $V_Z =$ ______

$V_K =$ ______

(2) $V_{ges} =$ ______

______

______

______

(3) ______

(4) ______

Volumen gleich **Rauminhalt**

Formeln kombinieren
$G = a \cdot b$
eingesetzt in
$V = \frac{1}{3} \cdot G \cdot k$ ergibt
$V = \frac{1}{3} \cdot a \cdot b \cdot k$

Faktorisieren
$\pi \cdot r^2 \cdot k_Z + \frac{2}{3} \cdot \pi \cdot r^3$
$= \pi \cdot r^2 \left(k_Z + \frac{2}{3} \cdot r\right)$

Formeln
siehe Formelsammlung auf Seite 87 und 88

1.1 Berechne die übrige Größe für ein Prisma mit rechteckiger Grundfläche (Kanten a und b) und der Höhe k.

	a)	b)	c)	d)	e)	f)
a (m)	3,2	3,6	6,0	7,3		
b (m)	5,0	9,2			3,0	6,0
k (m)			3,0	15,0	5,1	0,5
V (m^3)	67,20	347,76	75,60	667,95	189,72	15,00

1.2 Berechne die übrige Größe für eine Pyramide. Die Grundfläche ist ein Quadrat mit der Seitenlänge a und die Höhe der Pyramide ist k.

	a)	b)	c)	d)	e)	f)
a (m)	5,0	3,0	3,2	7,3		
k (m)	6,0	4,0			18,2	5,0
V (m^3)			2,7	6,3	10,91	20,09

2.1 Berechne die übrige Größe für einen Kegel. Die Grundfläche hat den Radius r und die Höhe ist k.

	a)	b)	c)	d)	e)	f)
r (m)	3,0	3,4	0,8	5,3		
k (m)	4,0	2,9			13,2	9,2
V (m^3)			1,74	447,12	481,18	65,13

3.1 Berechne das Volumen eines Mülleimers wie in Aufgabe 3.

	a)	b)	c)	d)	e)	f)
r (cm)	5,1	3,1	6,2	2,1	8,6	9,4
k_Z (cm)	15,1	9,5	12,7	5,3	16,5	19,5

4 Ein Körper ist aus einem Zylinder und einem Kegel zusammengesetzt. Der Radius ist für beide r, der Zylinder hat die Höhe k_Z, der Kegel die Höhe k_K.
Bestimme V für $r = 4\,m$; $k_Z = 9\,m$; $k_K = 5{,}2\,m$.

1 Formeln aufstellen ☹ 😐 ☺

Stelle die Formel aus dem Diagramm auf.

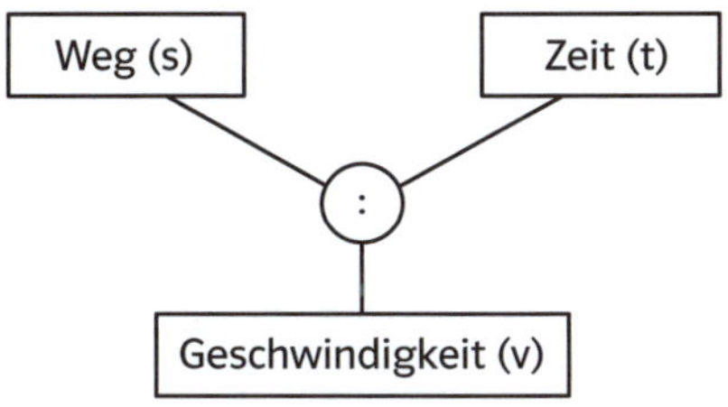

Stelle die Formel aus dem Diagramm auf.

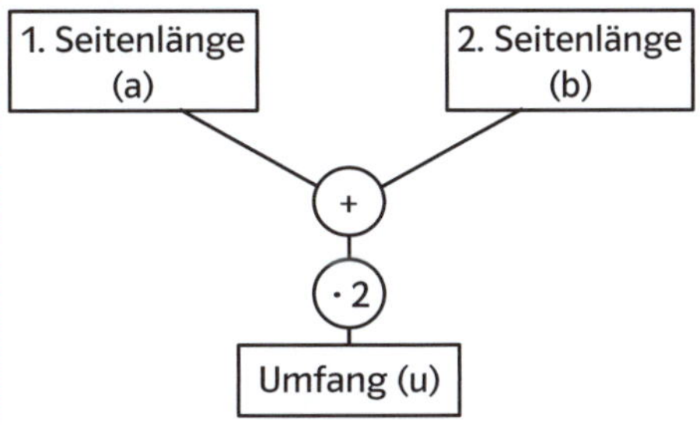

Stelle die Formel aus dem Diagramm auf.

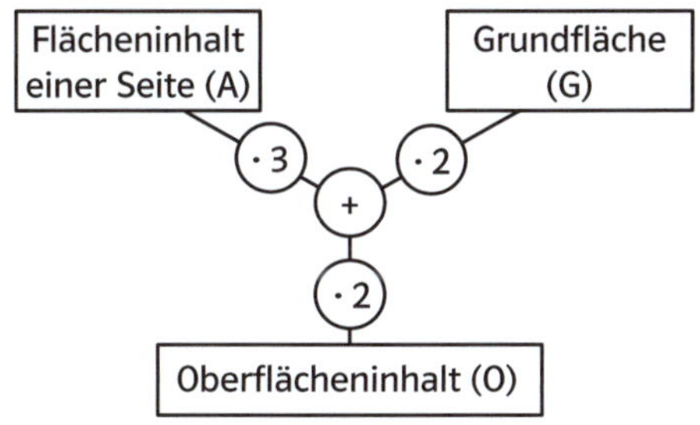

2 Formeln umformen ☹ 😐 ☺

Die Formel zur Berechnung des Umfangs eines Kreises ist $u = 2 \cdot \pi \cdot r$. Forme die Formel nach r um.

Beim lotrechten Wurf gilt die Beziehung $h = \frac{v_0 + v_t}{2} \cdot t$. Forme die Formel nach t um.

Beim lotrechten Wurf gilt die Beziehung $h = \frac{v_0 + v_t}{2} \cdot t$. Forme die Formel nach v_t um.

3 Formeln in der Zinsrechnung anwenden ☹ 😐 ☺

$Z_t = \frac{K \cdot p \cdot t}{100 \cdot 360}$

Berechne die Zinsen Z_t für $K = 1250\,€$, $p\,\% = 7{,}75\,\%$ und $t = 180\,d$.

Forme die Zinsformel nach K um.

Forme die Zinsformel nach t um.

4 Formeln bei Flächen- und Rauminhalten anwenden ☹ 😐 ☺

Berechne den Flächeninhalt A eines Dreiecks mit der Grundseite $g = 5\,cm$ und der Höhe $h = 7\,cm$.

Berechne den Flächeninhalt A eines Trapezes mit den Seiten $a = 8\,cm$, $c = 13{,}2\,cm$ und $h = 7{,}4\,cm$.

Berechne den Rauminhalt V einer Pyramide mit der Grundfläche $G = 28{,}5\,cm^2$ und der Körperhöhe $k = 9{,}3\,cm$.

5 Formeln zusammensetzen und vereinfachen ☹ 😐 ☺

Kombiniere die Formeln $V = G \cdot k$ und $G = \frac{g \cdot h}{2}$ zu einer Formel.

Die Formel zur Berechnung des Rauminhalts des Prismas ist $V = G \cdot k$. Gib eine kombinierte Formel zur Berechnung von V an.

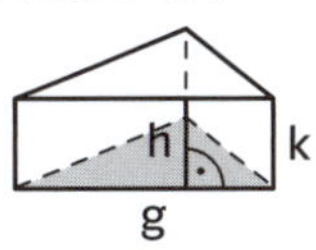

Gib eine kombinierte Formel für die Berechnung des Volumens V des zusammengesetzten Körpers an.

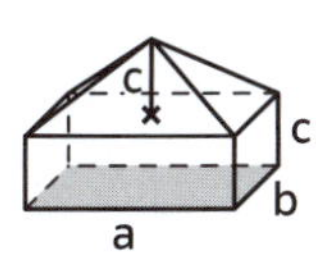

Schrägbilder von Körpern zeichnen

1 Zeichne das Schrägbild des Quaders jeweils zu Ende.

a)

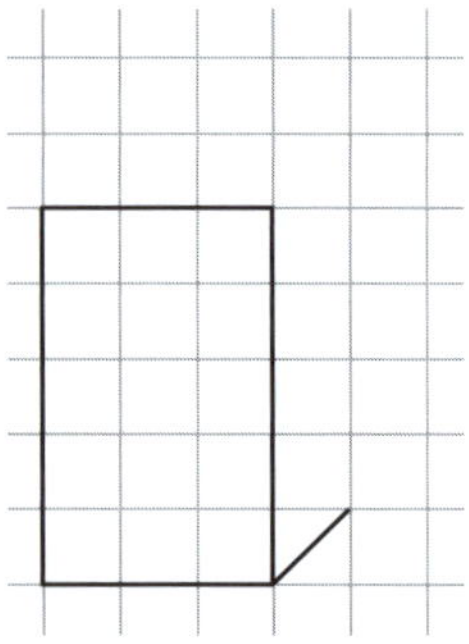

b)

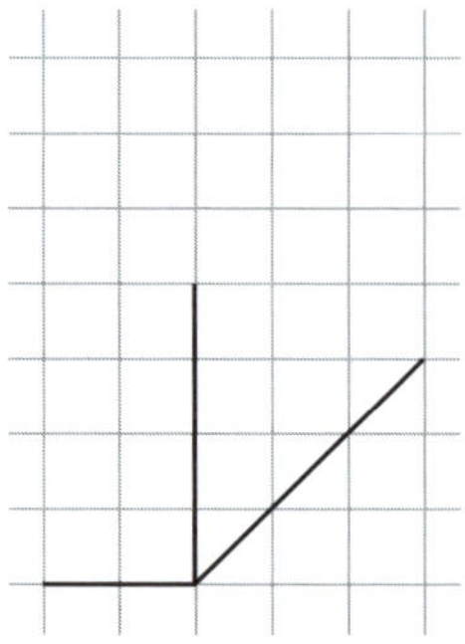

Schrägbild eines Quaders zeichnen

(1)

Vordere Fläche zeichnen

(2)

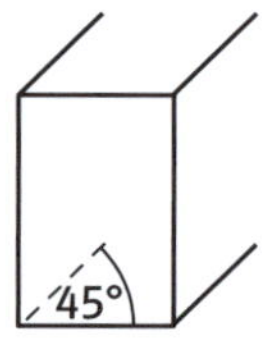

Nach hinten verlaufende Kanten um die Hälfte verkürzen und im Winkel 45° zeichnen

(3)

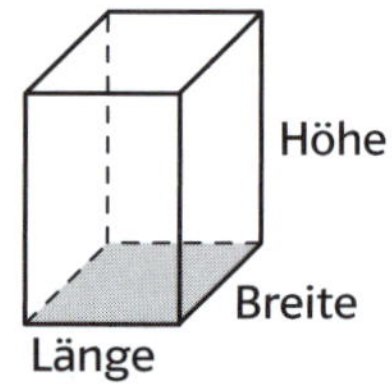

Hintere Fläche zeichnen

2 Zeichne das Schrägbild eines Quaders.
Länge 4,5 cm, Breite 2 cm, Höhe 3 cm.

3 Zeichne das Schrägbild der Pyramide mit der Körperhöhe k = 4 cm zu Ende.

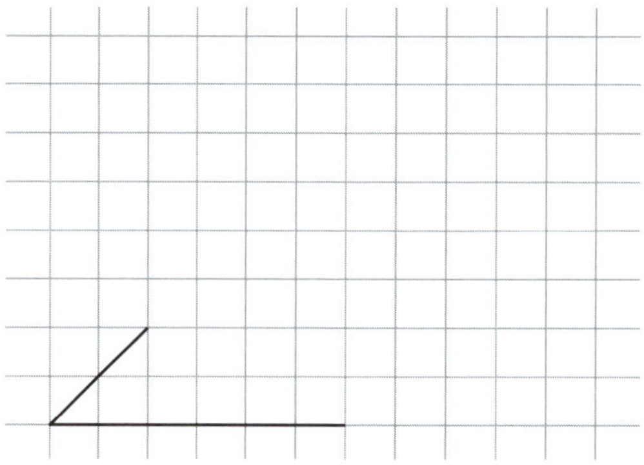

4 Zeichne das Schrägbild einer Pyramide mit quadratischer Grundfläche mit a = 4 cm und k = 3,2 cm.

5 ☆ Zeichne das Schrägbild des Kegels mit der Körperhöhe k = 3 cm zu Ende.

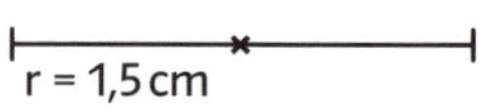

zu 3
Schrägbild einer **Pyramide** zeichnen

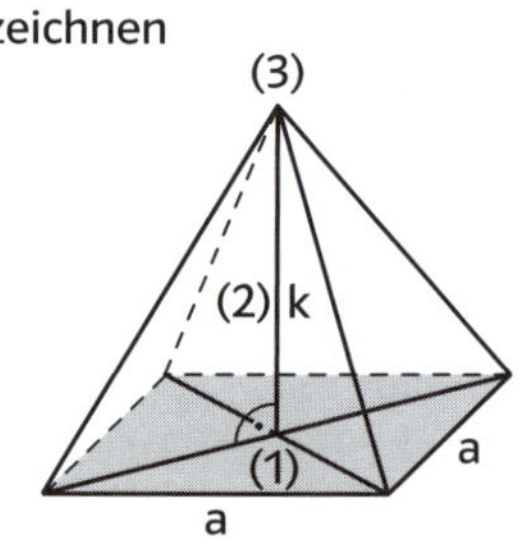

(1) Grundfläche zeichnen, Mittelpunkt markieren
(2) Körperhöhe vom Mittelpunkt aus zeichnen und die Spitze des Körpers kennzeichnen
(3) Spitze mit den vier Ecken der Grundfläche verbinden

Schrägbild eines **Kegels** zeichnen

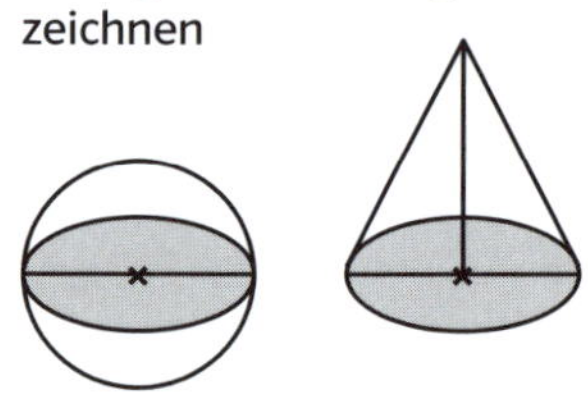

2.1 Zeichne das Schrägbild eines Quaders.

a) Länge = 5,0 cm, Breite = 6,0 cm, Höhe = 4,0 cm
b) Länge = 5,0 cm, Breite = 8,0 cm, Höhe = 3,0 cm
c) Länge = 4,0 cm, Breite = 4,0 cm, Höhe = 4,0 cm
d) Länge = 4,0 cm, Breite = 4,0 cm, Höhe = 3,5 cm
e) Länge = 6,0 cm, Breite = 3,0 cm, Höhe = 4,5 cm
f) Länge = 6,0 cm, Breite = 6,0 cm, Höhe = 6,0 cm

4.1 Zeichne das Schrägbild einer Pyramide mit quadratischer Grundfläche.

a) a = 3,0 cm, k = 5,0 cm
b) a = 4,0 cm, k = 6,0 cm
c) a = 6,0 cm, k = 6,5 cm

5.1 ☆ Zeichne das Schrägbild eines Kegels.

a) r = 2,0 cm, k = 6,0 cm
b) r = 3,0 cm, k = 7,0 cm
c) r = 2,5 cm, k = 6,5 cm

Pyramiden berechnen

1 Berechne die Körperhöhe k einer Pyramide mit quadratischer Grundfläche.

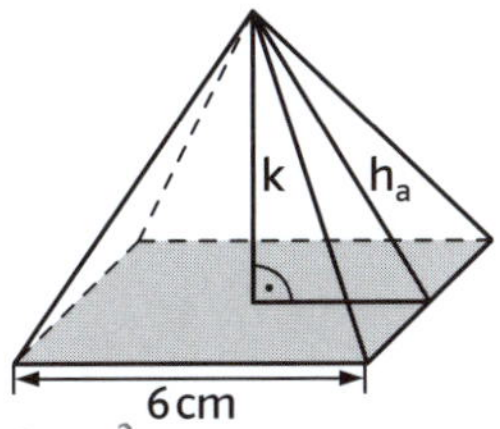

(1) $a = 6\,cm;\ V = 198\,cm^3$

(2)

(3)

(4)

Körperhöhe k einer Pyramide mit quadratischer Grundfläche berechnen

Pyramide

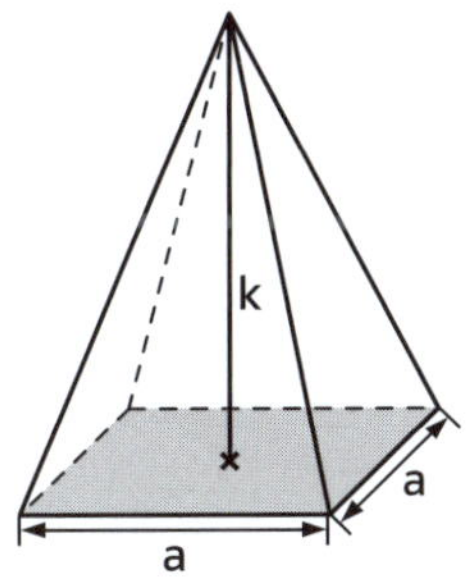

a = 4 cm
$V = 38\,cm^3$

(1) Gegebene Werte notieren — $a = 4\,cm;\ V = 38\,cm^3$

(2) Formel notieren, evtl. umformen

$V = \frac{1}{3} \cdot G \cdot k \quad | \; G = a^2$

$\mathbf{V = \frac{1}{3} \cdot a^2 \cdot k} \quad | \cdot 3$

$3 \cdot V = a^2 \cdot k \quad | : a^2$

$\frac{3 \cdot V}{a^2} = k \quad | \leftrightarrow$

$k = \frac{3 \cdot V}{a^2}$

(3) Werte einsetzen, berechnen — $k = \frac{3 \cdot 38}{16}$

(4) Ergebnis notieren — $k \approx 7{,}1\,cm$

2 a) Berechne von einer Pyramide mit quadratischer Grundfläche die Körperhöhe k.

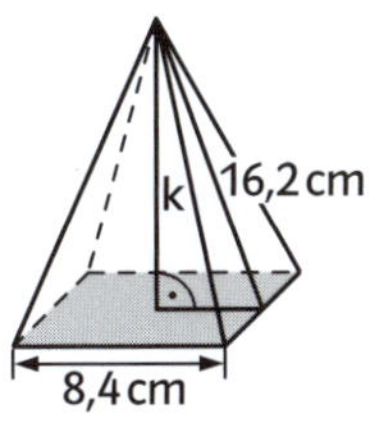

(1) $a = 8{,}4\,cm;\ h_a = 16{,}2\,cm$

(2) $k^2 =$

(3)

(4)

b) Berechne das Volumen V der Pyramide.

(1) $a = 8{,}4\,cm;\ h_a = 16{,}2\,cm$

(2) $V =$

(3)

(4)

3 a) Berechne die Höhe h_a einer Dachfläche.

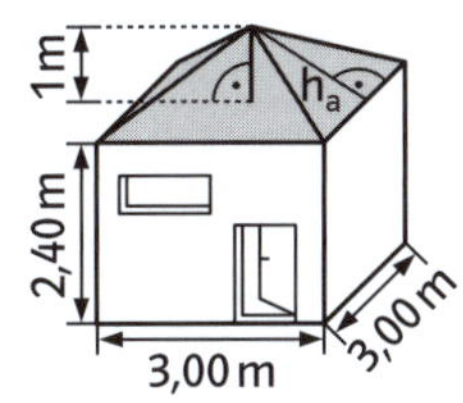

(1)

(2) $h_a^2 =$

(3)

(4)

b) Berechne den Flächeninhalt M des Daches.

(1)

(2) $M =$

(3)

(4)

Die Dachfläche beträgt

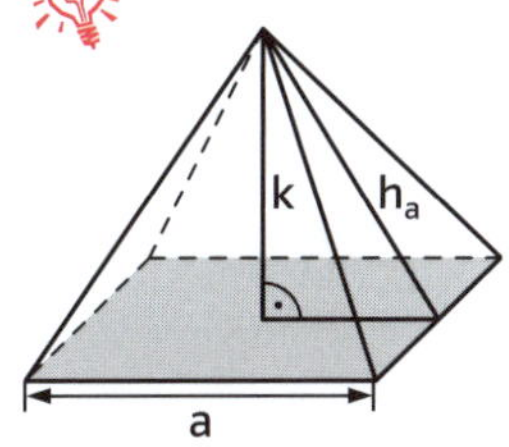

Körperhöhe k
$k^2 = h_a^2 - \left(\frac{a}{2}\right)^2$

Höhe h_a
$h_a^2 = k^2 + \left(\frac{a}{2}\right)^2$

Netz einer Pyramide

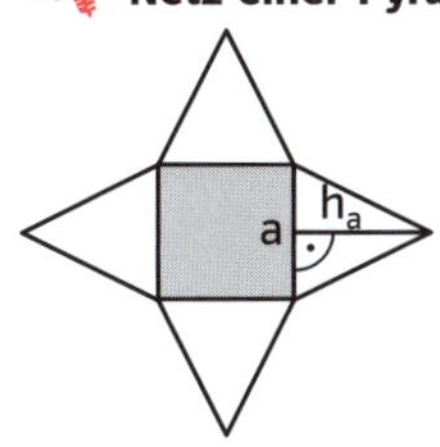

$M = 4 \cdot \frac{a \cdot h_a}{2}$
$M = 2 \cdot a \cdot h_a$

zu 1 bis 3
1,8; 10,8; 15,6; 16,5; 366,9

1.1 Berechne die Körperhöhe k der Pyramide.

a) a = 18 cm, $V = 3024\,cm^3$
b) a = 24 cm, $V = 8640\,cm^3$
c) a = 7,3 cm, $V = 293{,}1\,cm^3$

2.1 Berechne die Körperhöhe k und das Volumen V der Pyramide.

a) a = 28 cm, $h_a = 26\,cm$
b) a = 91 cm, $h_a = 68\,cm$
c) a = 9,6 cm, $h_a = 21{,}8\,cm$
d) a = 1,20 m, $h_a = 0{,}90\,m$
e) a = 3,50 m, $h_a = 1{,}85\,m$
f) a = 20,5 cm, $h_a = 15{,}3\,cm$

3.1 Berechne von Figur 1 und Figur 2
a) die Höhe h_a der Seitenfläche,
b) die Mantelfläche M.

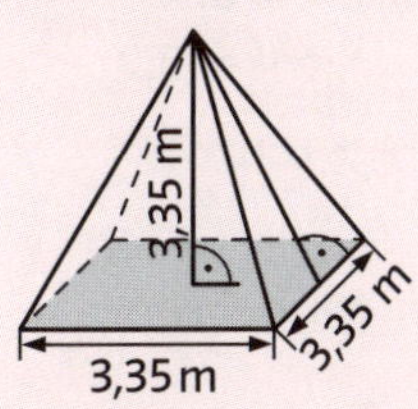

Figur 1

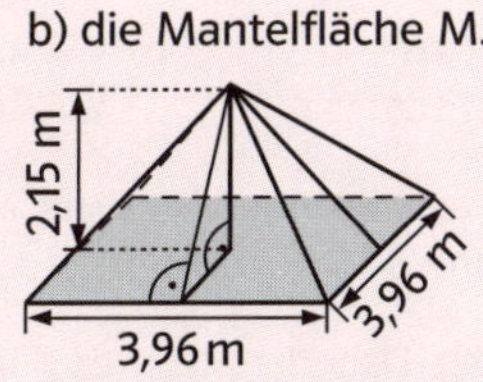

Figur 2

Kegel berechnen

1 Berechne die Körperhöhe k eines Kegels.

(1) $r = 4{,}5\,cm;\ V = 468\,cm^3$

(2) ______________________

____

____

____

____

(3) ______________________

(4) ______________________

Körperhöhe k eines Kegels berechnen

Kegel

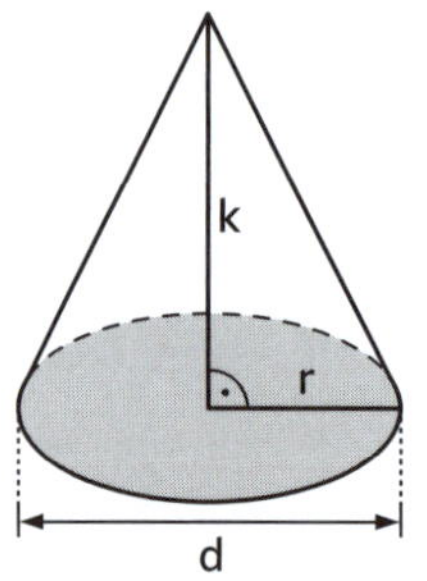

r = 5 cm
$V = 404\,cm^3$

(1) Gegebene Werte notieren $r = 5\,cm;\ V = 404\,cm^3$

(2) Formel notieren, evtl. umformen

$V = \frac{1}{3} \cdot G \cdot k \quad | \; G = \pi \cdot r^2$

$\mathbf{V = \frac{1}{3} \cdot \pi \cdot r^2 \cdot k} \quad | \cdot 3$

$3 \cdot V = \pi \cdot r^2 \cdot k \quad | : (\pi \cdot r^2)$

$\frac{3 \cdot V}{\pi \cdot r^2} = k \quad | \; \leftrightarrows$

$k = \frac{3 \cdot V}{\pi \cdot r^2}$

(3) Werte einsetzen, berechnen $k = \frac{3 \cdot 404}{\pi \cdot 5^2}$

(4) Ergebnis notieren $k \approx 15{,}4\,cm$

2 a) Berechne die Mantellinie s des Kegels,

(1) $r = 7\,cm;\ k = 12{,}5\,cm.$

(2) $s^2 =$ ______________________

____

(3) ______________________

(4) ______________________

b) Berechne den Oberflächeninhalt O des Kegels mit

(1) $r = 7\,cm;\ k = 12{,}5\,cm.$

(2) $O =$ ______________________

____

(3) ______________________

(4) ______________________

3 Das Volumen V des Sektglases beträgt $112\,cm^3$. Berechne den Durchmesser d des Glases.

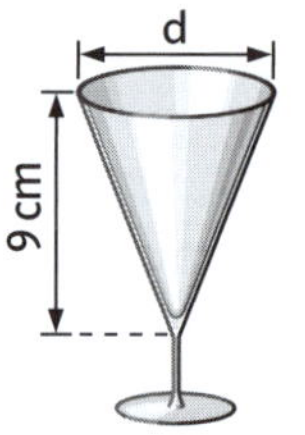

(1) ______________________

(2) ______________________

____

____

____

____

(3) ______________________

____

(4) ______________________

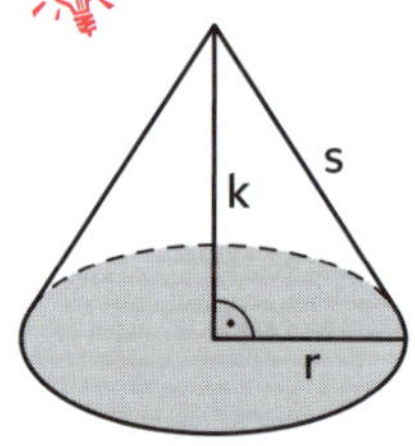

Mantellinie s

$s^2 = r^2 + k^2$

$s = \sqrt{r^2 + k^2}$

Netz des Kegels

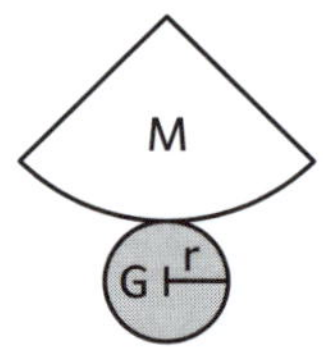

$M = \pi \cdot r \cdot s$

$G = \pi \cdot r^2$

$O = G + M$

$O = \pi \cdot r^2 + (\pi \cdot r \cdot s)$

$O = \pi \cdot r(r + s)$

zu 1 bis 3
6,8; 14,3; 22,1; 468,4

1.1 Berechne die Körperhöhe k des Kegels.

a) $V = 754\,cm^3$, $r = 8\,cm$ b) $V = 809\,cm^3$, $r = 4{,}3\,cm$ c) $V = 1673\,cm^3$, $r = 21{,}6\,cm$

2.1 Berechne zuerst die Mantellinie s, dann den Oberflächeninhalt O des Kegels.

a) r = 6 cm, k = 13 cm b) r = 4,3 cm, k = 30 cm c) r = 21,6 cm, k = 46,4 cm

3.1 Das Volumen V des Glases (Figur 1) beträgt $122\,cm^3$. Berechne den Durchmesser d.

4 Das Dach des Turmes (Figur 2) muss neu mit Ziegeln gedeckt werden. Berechne die Dachfläche.

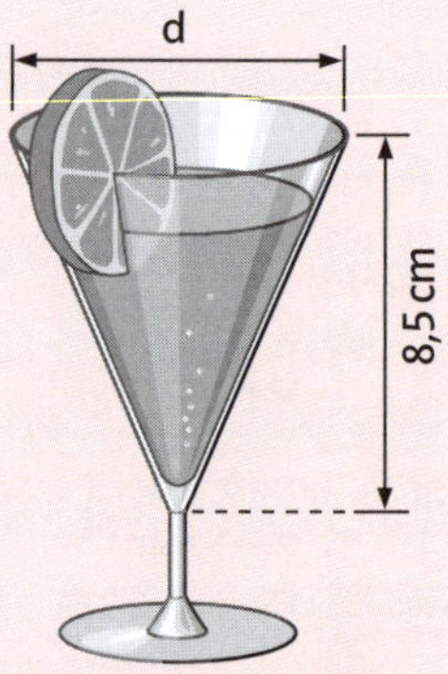

Figur 1

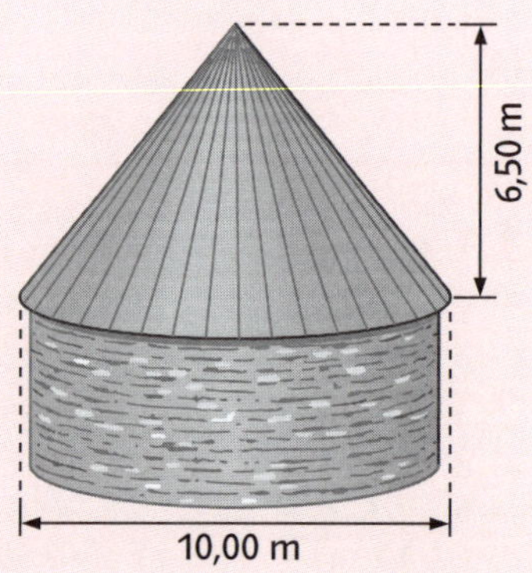

Figur 2

Pyramidenstümpfe berechnen

1 Berechne das Volumen V des Pyramidenstumpfs.

(1) $G_1 = 36\,cm^2$; $G_2 = 9\,cm^2$; $k = 8\,cm$

(2) ______

(3) ______

(4) ______

Volumen V eines Pyramidenstumpfs berechnen

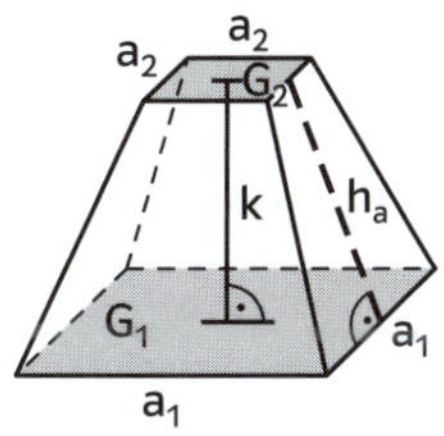

$a_1 = 5\,cm$
$a_2 = 2\,cm$
$k = 4\,cm$

(1) Gegebene Werte notieren	$a_1 = 5\,cm$; $a_2 = 2\,cm$; $k = 4\,cm$
(2) Formel notieren, evtl. umformen	$V = \frac{1}{3} \cdot k\left(G_1 + \sqrt{G_1 \cdot G_2} + G_2\right)$ $\mathbf{V = \frac{1}{3} \cdot k\left(a_1^2 + \sqrt{a_1^2 \cdot a_2^2} + a_2^2\right)}$
(3) Werte einsetzen, berechnen	$V = \frac{1}{3} \cdot 4 \cdot \left(5^2 + \sqrt{5^2 \cdot 2^2} + 2^2\right)$
(4) Ergebnis notieren	$V = 52\,cm^3$

2 Berechne das Volumen V des Pyramidenstumpfs.

(1) $a_1 = 8\,cm$; $a_2 = 2\,cm$; $k = 20\,cm$

(2) ______

(3) ______

(4) ______

3 ☆ Berechne den Oberflächeninhalt O des Pyramidenstumpfs.

(1) $a_1 = 6\,cm$; $a_2 = 2\,cm$; $h_a = 8{,}5\,cm$

(2) ______

(3) ______

(4) ______

4 ☆ a) Berechne vom Pyramidenstumpf die Körperhöhe k.

(1) $a_1 = 12\,cm$; $a_2 = 4\,cm$; $h_a = 15\,cm$

(2) $k^2 =$

(3) ______

(4) ______

b) Berechne das Volumen V des Pyramidenstumpfs.

(1) ______

(2) $V =$

(3) ______

(4) ______

Netz des Pyramidenstumpfs

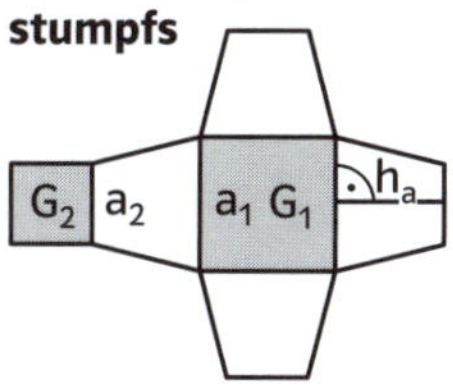

$G_1 = a_1^2 \quad G_2 = a_2^2$
$M = 2 \cdot (a_1 + a_2) \cdot h_a$
Oberflächeninhalt O
$O = G_1 + G_2 + M$
$O = a_1^2 + a_2^2 + 2 \cdot (a_1 + a_2) \cdot h_a$

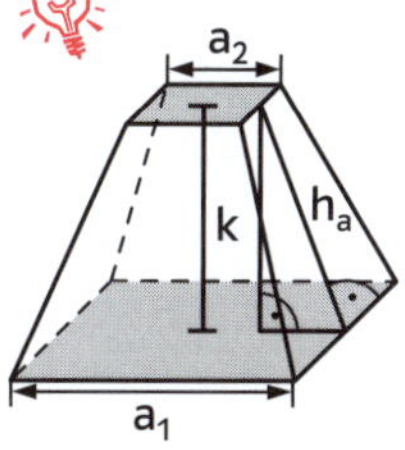

Körperhöhe k
$k^2 = h_a^2 - \left(\frac{a_1}{2} - \frac{a_2}{2}\right)^2$

☑ zu 1 bis 4
14,5; 168; 176; 560; 1005,3

1.1 Berechne das Volumen V des Pyramidenstumpfs.
a) $G_1 = 25\,cm^2$, $G_2 = 16\,cm^2$, $k = 11\,cm$
b) $G_1 = 44{,}6\,cm^2$, $G_2 = 20{,}4\,cm^2$, $k = 7{,}5\,cm$

2.1 Berechne das Volumen V des Pyramidenstumpfs.
a) $a_1 = 6\,cm$, $a_2 = 3\,cm$, $k = 14\,cm$
b) $a_1 = 44\,cm$, $a_2 = 27\,cm$, $k = 24\,cm$

3.1 ☆ Berechne die Oberflächen O des Pyramidenstumpfs.
a) $a_1 = 7\,cm$, $a_2 = 4\,cm$, $h_a = 16\,cm$
b) $a_1 = 36\,cm$, $a_2 = 29\,cm$, $h_a = 13\,cm$

4.1 ☆ Berechne zuerst die Körperhöhe k, dann das Volumen V.
a) $a_1 = 10\,cm$, $a_2 = 2\,cm$, $h_a = 14\,cm$
b) $a_1 = 24\,cm$, $a_2 = 8\,cm$, $h_a = 12{,}5\,cm$

5 ☆ Berechne
a) das Volumen V,
b) die Höhe h_a,
c) den Oberflächeninhalt O der Körper in Figur 1 und 2.

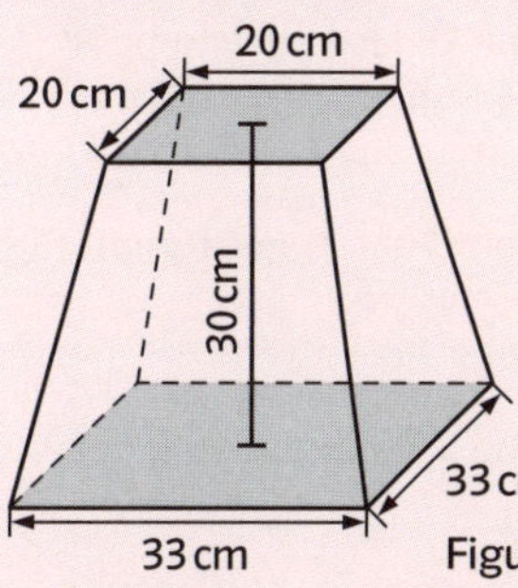

Figur 1

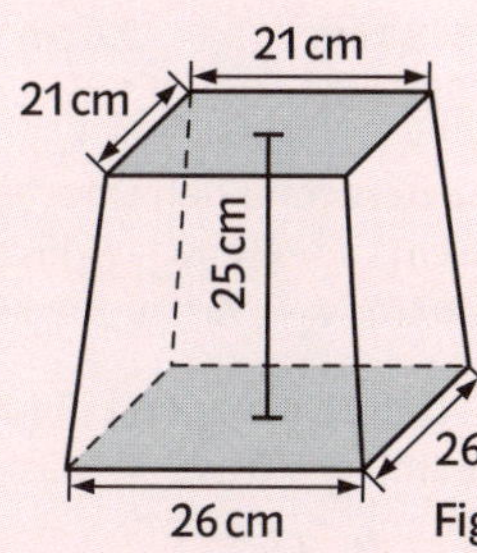

Figur 2

Kegelstümpfe berechnen

1 Berechne das Volumen V des Kegelstumpfs.

(1) $r_1 = 6\,cm$; $r_2 = 3\,cm$; $k = 10\,cm$

(2) ____

(3) ____

(4) ____

Volumen V eines Kegelstumpfs berechnen

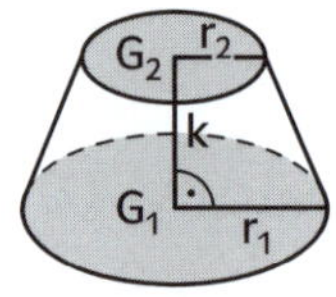

$r_1 = 3\,cm$
$r_2 = 1{,}5\,cm$
$k = 4\,cm$

(1) Gegebene Werte notieren: $r_1 = 3\,cm$; $r_2 = 1{,}5\,cm$; $k = 4\,cm$

(2) Formel notieren, evtl. umformen: $\mathbf{V = \frac{1}{3} \cdot k \cdot \pi \cdot (r_1^2 + r_1 \cdot r_2 + r_2^2)}$

(3) Werte einsetzen, berechnen: $V = \frac{1}{3} \cdot 4 \cdot \pi \cdot (3^2 + 3 \cdot 1{,}5 + 1{,}5^2)$

(4) Ergebnis notieren: $V \approx 65{,}973\,cm^3$

2 ☆ Berechne den Oberflächeninhalt O des Kegelstumpfs.

(1) $G_1 = 35{,}4\,cm^2$; $G_2 = 11{,}2\,cm^2$; $M = 45{,}6\,cm^2$

(2) ____

(3) ____

(4) ____

3 ☆ Berechne den Oberflächeninhalt O des Pyramidenstumpfs.

(1) $r_1 = 6\,cm$; $r_2 = 2\,cm$; $s = 8\,cm$

(2) ____

(3) ____

(4) ____

4 ☆ a) Berechne die Körperhöhe k des Kegelstumpfs.

(1) $r_1 = 9\,cm$; $r_2 = 4\,cm$; $s = 9{,}6\,cm$

(2) $k^2 =$ ____

(3) ____

(4) ____

b) Berechne das Volumen V des Kegelstumpfs aus Teilaufgabe a).

(1) ____

(2) $V =$ ____

(3) ____

(4) ____

Netz des Kegelstumpfs

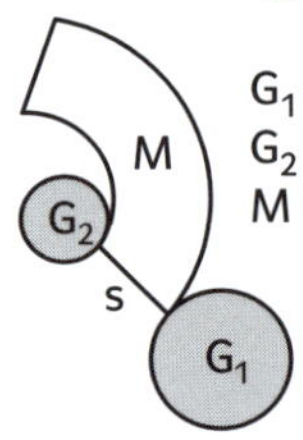

$G_1 = \pi \cdot r_1^2$
$G_2 = \pi \cdot r_2^2$
$M = \pi \cdot s \cdot (r_1 + r_2)$

Oberflächeninhalt O

$O = G_1 + G_2 + M$
$O = \pi \cdot r_1^2 + \pi \cdot r_2^2 + \pi \cdot s \cdot (r_1 + r_2)$
$O = \pi(r_1^2 + r_2^2 + s(r_1 + r_2))$

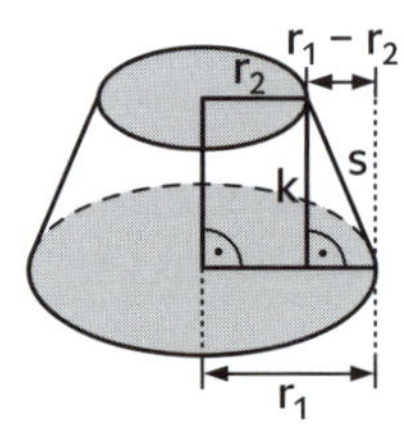

Körperhöhe k

$k^2 = s^2 - (r_1 - r_2)^2$

☑ zu 1 bis 4
8,2; 92,2; 326,7; 659,7; 1142,1

1.1 Berechne das Volumen V des Kegelstumpfs.
a) $r_1 = 7\,cm$, $r_2 = 2\,cm$, $k = 10\,cm$
b) $r_1 = 18\,cm$, $r_2 = 4\,cm$, $k = 24\,cm$

2.1 ☆ Berechne den Oberflächeninhalt O des Kegelstumpfs.
a) $G_1 = 113{,}1\,cm^2$, $G_2 = 12{,}6\,cm^2$, $M = 201{,}1\,cm^2$
b) $G_1 = 28{,}3\,cm^2$, $G_2 = 3{,}1\,cm^2$, $M = 31{,}4\,cm^2$

3.1 ☆ Berechne den Oberflächeninhalt O des Kegelstumpfs.
a) $r_1 = 8\,cm$, $r_2 = 3\,cm$, $s = 15\,cm$
b) $r_1 = 20\,cm$, $r_2 = 15\,cm$, $s = 30\,cm$

4.1 ☆ Berechne zuerst die Körperhöhe k, dann das Volumen V.
a) $r_1 = 9\,cm$, $r_2 = 6\,cm$, $s = 12\,cm$
b) $r_1 = 66\,cm$, $r_2 = 32\,cm$, $s = 44\,cm$

5 ☆ Berechne a) das Volumen V, b) die Seitenlinie s, c) den Oberflächeninhalt O der Körper in Figur 1 und 2.

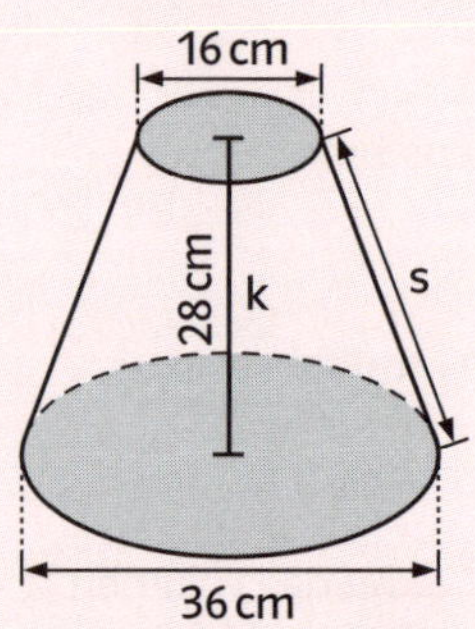

Figur 1

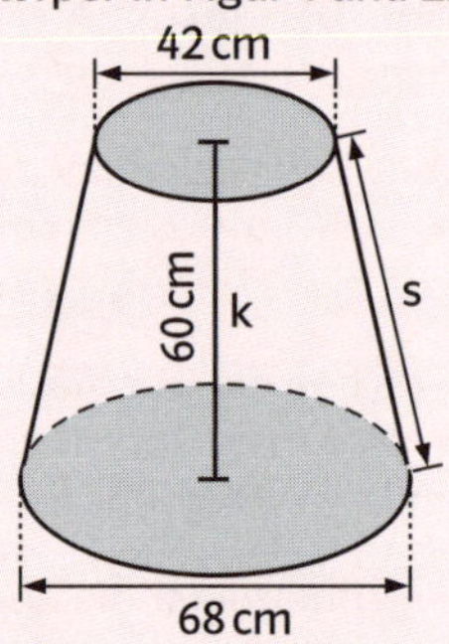

Figur 2

Kugeln berechnen

1 Berechne das Volumen V der Kerze.

(1) ____________

(2) ____________

____

(3) ____________

____

(4) ____________

d = 8 cm

Volumen V einer Kugel berechnen

(1) Gegebene Werte notieren $r = 5\,cm$

(2) Formel notieren, evtl. umformen $\mathbf{V = \frac{4}{3} \cdot \pi \cdot r^3}$

(3) Werte einsetzen, berechnen $V = \frac{4 \cdot \pi \cdot 5^3}{3}$

(4) Ergebnis notieren $V \approx 523{,}6\,cm^3$

r = 5 cm

2 Berechne das Volumen V einer Kugel mit dem Radius $r = 16\,cm$.

(1) ____________

(2) ____________

(3) ____________

____

(4) ____________

3 Berechne den Oberflächeninhalt O der Kugel.

(1) ____________

(2) ____________

(3) ____________

____

(4) ____________

d = 8 cm

Oberflächeninhalt O einer Kugel
$O = 4 \cdot \pi \cdot r^2$

4 Berechne den Radius r einer Kugel mit dem Volumen $V = 500\,cm^3$.

(1) ____________

(2) ____________

____

____

____

(3) ____________

____

(4) ____________

5 Berechne den Durchmesser d einer Kugel mit dem Oberflächeninhalt $O = 245\,cm^2$.

(1) ____________

(2) ____________

____

____

____

(3) ____________

____

(4) ____________

zu 4
$\sqrt[3]{125} = 5$,
denn $5^3 = 125$.
[3] [2nd] [^] [1] [2] [5] [=]

zu 1 bis 5
4,9; 8,8; 201,1; 268,1; 17157,3

1.1 Berechne das Volumen V der Kugel.
a) d = 9 cm b) d = 12 cm c) d = 17 cm
d) d = 19,6 cm e) d = 36,2 cm f) d = 55 cm

2.1 Berechne das Volumen V der Kugel.
a) r = 25 mm b) r = 80 mm c) r = 43,2 mm
d) r = 1,22 m e) r = 3,5 m f) r = 2,83 m

3.1 a) Berechne den Oberflächeninhalt O der Kugel.
a) d = 11 cm b) d = 47 cm c) d = 89 cm
d) d = 66 mm e) d = 4,55 m f) d = 18,20 m

3.2 Berechne den Oberflächeninhalt O der Kugel.
a) r = 76 cm b) r = 45 cm c) r = 96 cm
d) r = 82 mm e) r = 23,52 m f) r = 0,88 m

4.1 Berechne den Radius r der Kugel.
a) $V = 400\,cm^3$ b) $V = 655{,}2\,cm^3$ c) $V = 1000\,cm^3$
d) $V = 568\,cm^3$ e) $V = 782{,}6\,cm^3$ f) $V = 304{,}8\,cm^3$

4.2 Berechne den Durchmesser d der Kugel.
a) $V = 1984\,mm^3$ b) $V = 8410\,m^3$ c) $V = 4673\,cm^3$
d) $V = 620\,mm^3$ e) $V = 255\,m^3$ f) $V = 3017\,cm^3$

5.1 Berechne den Durchmesser d der Kugel.
a) $O = 198{,}1\,cm^2$ b) $O = 456{,}2\,m^2$ c) $O = 2045\,cm^2$
d) $O = 521{,}5\,mm^2$ e) $O = 552{,}6\,m^2$ f) $O = 4782\,cm^2$

5.2 Berechne den Radius r der Kugel.
a) $O = 330{,}8\,cm^2$ b) $O = 468{,}9\,m^2$ c) $O = 4500\,cm^2$
d) $O = 125{,}8\,mm^2$ e) $O = 289{,}7\,m^2$ f) $O = 3471\,cm^2$

Volumen zusammengesetzter Körper berechnen

1 Berechne das Volumen V des Körpers im Kasten.

Teilkörper A	Teilkörper B
(1) Pyramide	(1) ____
(2) a = b =	(2) ____
k =	____
(3) ____	(3) ____
____	____
(4) ____	(4) ____
____	____

(5) ____

Volumen zusammengesetzter Körper berechnen

(1) Zuerst den Körper in Teilkörper zerlegen, die Teilkörper benennen

(2) Gegebene Werte notieren

(3) Formeln notieren, evtl. kombinieren

(4) Werte einsetzen, berechnen

(5) Gesamtkörper berechnen

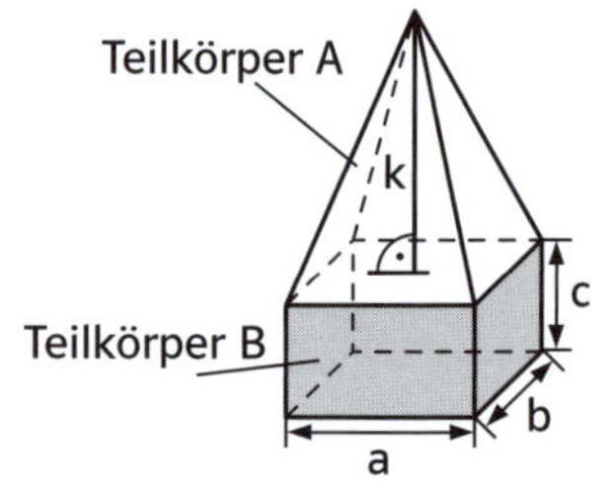

a = 5 cm; b = 5 cm
c = 3 cm; k = 7 cm

2 Berechne das Volumen V des Körpers.

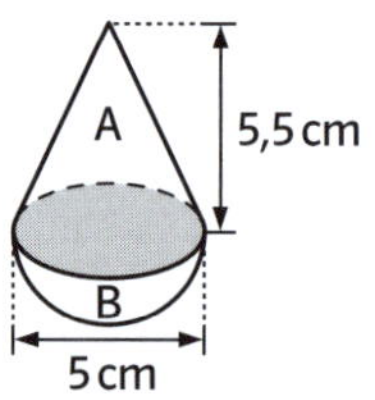

Teilkörper A	Teilkörper B
(1) ____	(1) ____
(2) ____	(2) ____
____	____
(3) ____	(3) ____
____	____
(4) ____	(4) ____
____	____

(5) ____

3 Berechne das Volumen V durch Subtrahieren der Einzelformeln.

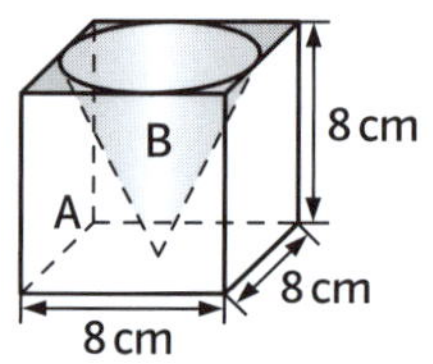

Teilkörper A	Teilkörper B
(1) ____	(1) ____
(2) ____	(2) ____
____	____
(3) ____	(3) ____
____	____
(4) ____	(4) ____
____	____

(5) ____

Formeln
siehe Formelsammlung auf Seite 87 und 88

zu 1 bis 3
32,7; 36; 58,3; 68,7; 75; 133,3; 134,0; 378,0; 512,0

Berechne das Volumen des Körpers (der gefärbte Teil ist ein Hohlraum).

4

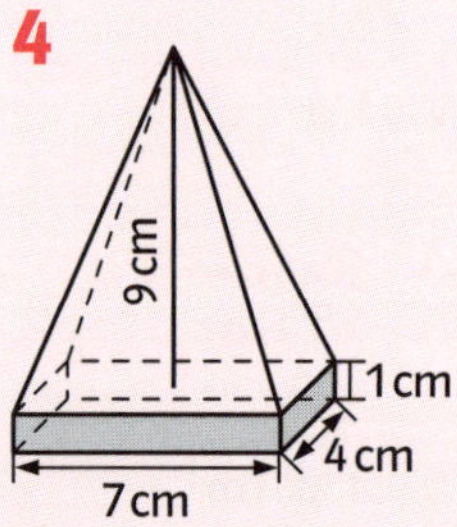

5

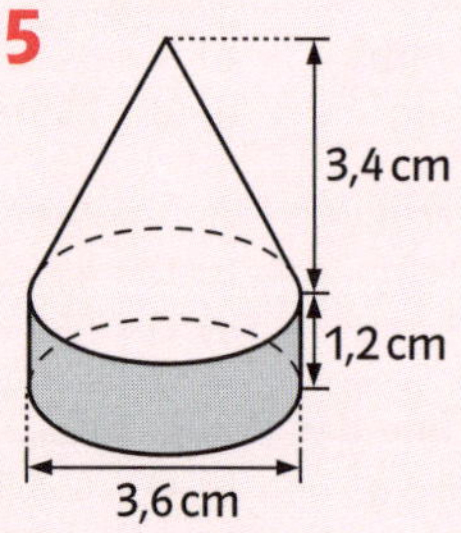

6

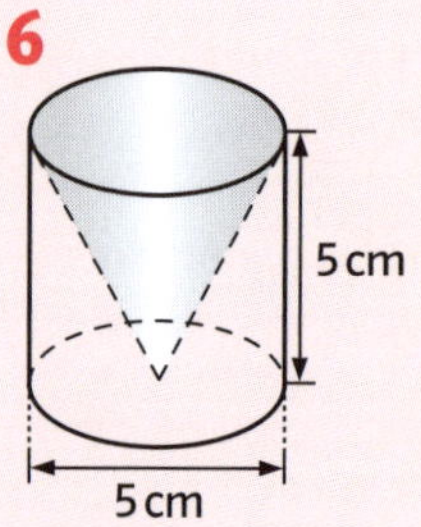

7

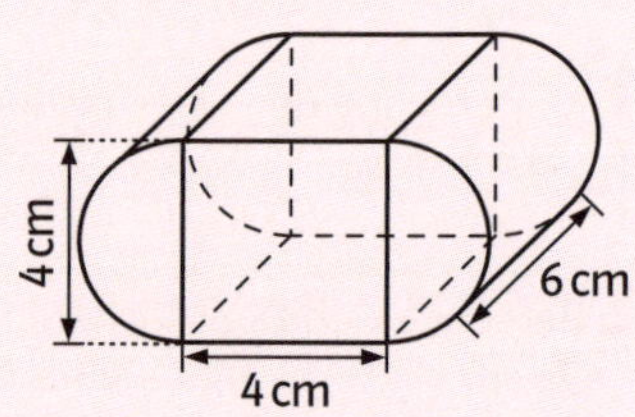

Sachaufgaben zu Körpern berechnen

Schrittfolge bei Sachaufgaben zur Körperberechnung

(1) Überlegen
- Welche Körperform liegt vor?
- Was soll berechnet werden (V, O, …)?

Skizze anlegen, gegebene Größen kennzeichnen

(2) Gegebene Werte notieren

(3) Formel notieren, evtl. umformen

(4) Werte einsetzen, berechnen

(5) Antwort notieren

1 Berechne, wie viel Flüssigkeit der Trichter (ohne Rohr) fasst.

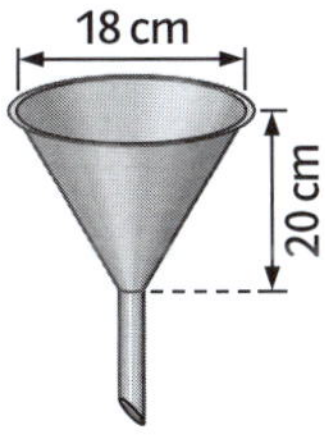

(1) ______

(2) ______

(3) ______

(4) ______

(5) ______

2 Berechne, wie viel m^2 Stoff man für den Lampenschirm (Figur 1) braucht.

(1) ______

(2) ______

(3) ______

(4) ______

(5) ______

3 Berechne, wie viel Liter Erde der Blumenkübel (Figur 2) fasst.

(1) ______

(2) ______

(3) ______

(4) ______

(5) ______

Figur 1

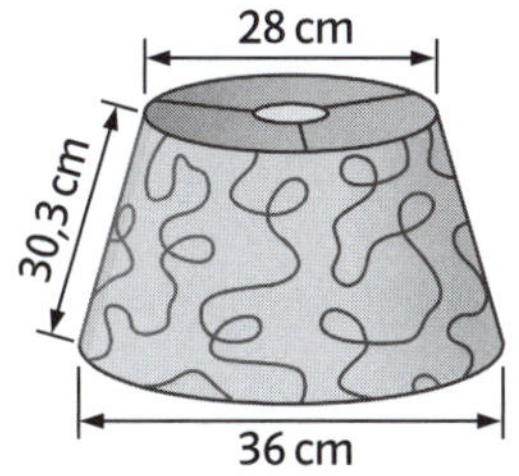

Figur 2

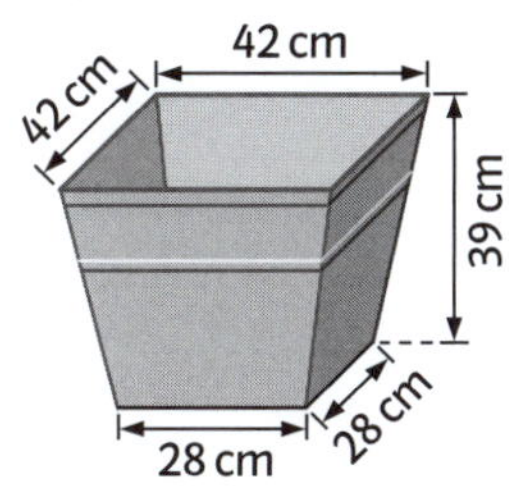

$1\,dm^3 = 1\,l$

4 Berechne die Oberfläche der Erde. Der Erddurchmesser beträgt ungefähr 12 740 km.

(1) ______

(2) ______

(3) ______

(4) ______

(5) ______

5 Berechne das Volumen eines Regentropfens mit 8 mm Durchmesser.

(1) ______

(2) ______

(3) ______

(4) ______

(5) ______

zu 1 bis 5
0,3; 48,4; 268,1; 1696,5; $5{,}099 \cdot 10^8$

6 Ein 2,40 m hoher Sandhaufen (Figur 3) hat einen Durchmesser von 7 m. Wie viel m^3 Sand sind aufgeschüttet?

7 Wie viel Liter Wasser fasst der Eimer (Figur 4)?

8 Wie viel m^2 Leder braucht man für einen Fußball mit dem Durchmesser 23 cm (zuzüglich 10 % Verschnitt)?

9 Eine Kugel liegt in einem mit Wasser gefüllten Zylinder (Figur 5). Wie viel l Wasser sind noch im Zylinder?

Figur 3

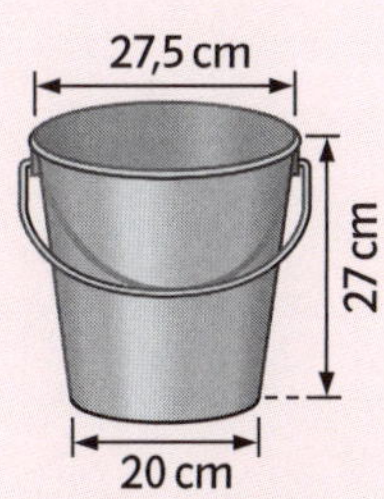

Figur 4

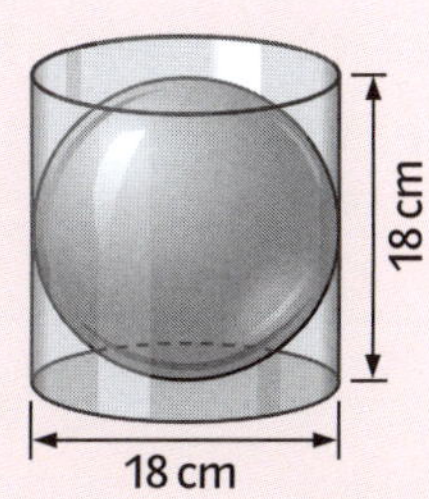

Figur 5

1 Berechnungen an einer Pyramide durchführen

Berechne das Volumen V der Pyramide mit quadratischer Grundfläche mit
$a = 7{,}2\,cm$ und $k = 9\,cm$.

Berechne die Körperhöhe k der Pyramide mit quadratischer Grundfläche mit
$G = 51{,}84\,cm^2$ und $V = 138{,}24\,cm^3$.

Berechne die Körperhöhe k, dann das Volumen V der Pyramide mit $a = 9\,cm$ und $h_a = 16\,cm$.
Skizze anfertigen.

2 Berechnungen an einem Kegel durchführen

Berechne das Volumen V des Kegels mit $r = 3{,}5\,cm$ und $k = 11\,cm$.

Berechne die Körperhöhe k des Kegels mit $G = 30{,}19\,cm^2$ und $V = 150{,}95\,cm^3$.

Berechne den Durchmesser d eines Kegels mit $V = 195\,cm^3$ und $k = 19\,cm$.

3 Oberflächeninhalt O eines Kegels berechnen

Berechne den Oberflächeninhalt O des Kegels mit $G = 19{,}63\,cm^2$ und $M = 88{,}75\,cm^2$.

Berechne den Oberflächeninhalt O des Kegels mit $r = 4{,}8\,cm$ und $s = 11{,}1\,cm$.

Berechne den Oberflächeninhalt O des Kegels mit $r = 6\,cm$ und $k = 9\,cm$.
Skizze anfertigen.

4 Berechnungen an einer Kugel durchführen

Berechne das Volumen V der Kugel mit dem Radius $r = 4\,cm$.

Berechne den Oberflächeninhalt O der Kugel mit $d = 5\,cm$.

Berechne den Radius r einer Kugel mit dem Oberflächeninhalt $O = 880\,cm^2$.

5 Volumen V eines zusammengesetzten Körpers berechnen

Berechne das Volumen V des Trichters (ohne Rohr).

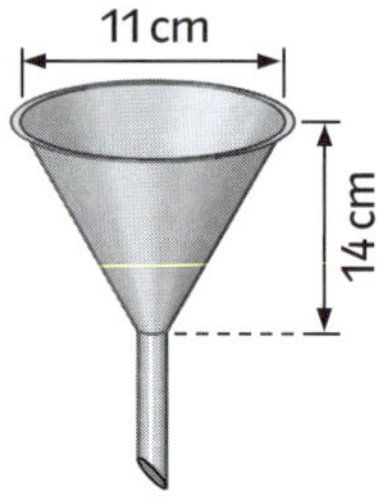

Berechne das Volumen V des Betonklotzes.

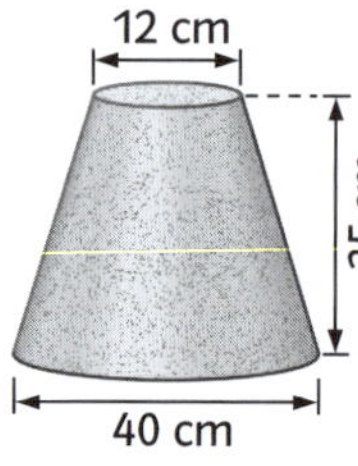

Berechne das Volumen V des Körpers.

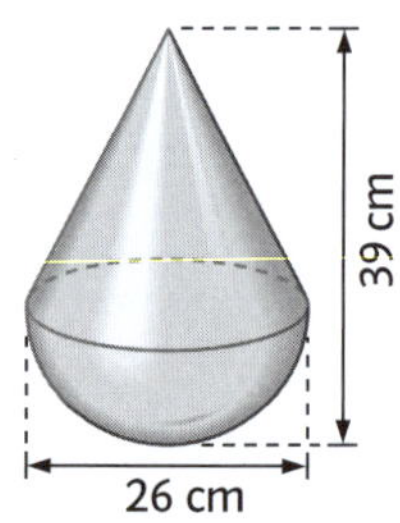

Lineares Wachstum darstellen und berechnen

1 Berechne für das Beispiel im Kasten das Guthaben nach 9 Monaten.

(1) Anfangswert $c =$ ______
Zunahme/ Abnahme? ______
Anzahl ______
(2) Formel notieren ______
(3) Rechnung ______
______
(4) Ergebnis notieren ______

Lineares Wachstum darstellen und berechnen
Eine Klasse sammelt monatlich 75 € für die Klassenfahrt. Im August waren 380 € in der Kasse. Wie viel Geld hat die Klasse im Dezember?

(1) Anfangswert $c = 380$ €
Zunahme/ Abnahme $a = 75$ €
Anzahl notieren $n = 4$
(2) Formel notieren $a_n = c + a \cdot n$
(3) Werte einsetzen, berechnen $= 380 + 75 \cdot 4$
(4) Ergebnis notieren $a_4 = 680$ €

Graph

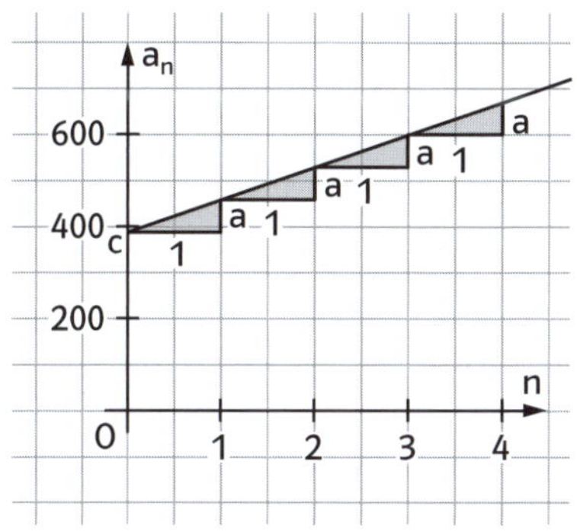

2 Ein Leihwagen kostet 80 € Grundgebühr und für jeden gefahrenen Kilometer 0,40 €.

a) Berechne die Kosten für 750 km.

(1) Anfangswert ______
Zunahme/ Abnahme? ______
Anzahl ______
(2) ______
(3) ______
(4) ______

b) Berechne die Kosten für eine Strecke von 1500 km.

(3) ______
(4) ______

3 Von einem Konto mit 1200 € Guthaben werden jeden Monat 85 € abgebucht.

a) Berechne das Guthaben nach 4 Monaten.

(1) Anfangswert ______
Zunahme/ Abnahme? ______
Anzahl ______
(2) ______
(3) ______
(4) ______

b) Berechne das Guthaben nach 8 Monaten.

(3) ______
(4) ______

Lineares Wachstum
$a_n = c + a \cdot n$
c Anfangswert
a Betrag für Zunahme ($a > 0$) oder Abnahme ($a < 0$)
n Anzahl der gleich langen Abschnitte
a_n Größe (Wert) nach n gleich langen Abschnitten

zu 3
Abnahme, also
$a < 0$
$a = -85$ €

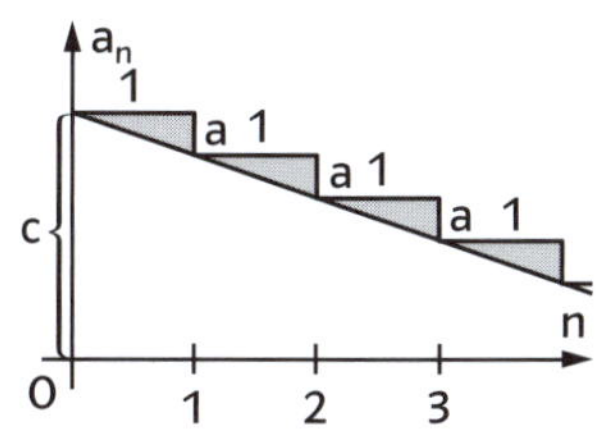

1.1 Auf ein Konto mit einem Guthaben von 475 € wird monatlich ein Betrag von 103,50 € eingezahlt.
Berechne das Guthaben nach a) 4 Monaten, b) 12 Monaten.

2.1 Bei einer Autovermietung wird ein Kleintransporter ausgeliehen. Man zahlt eine Grundgebühr von 120 € und für jeden gefahrenen Kilometer 0,35 €.
Berechne die Kosten für eine Fahrt von
a) 200 km, b) 479 km, c) 849 km, d) 1500 km.

2.2 Bei einer anderen Autovermietung kann ein Kleintransporter ohne Grundgebühr zum Kilometerpreis von 0,60 € ausgeliehen werden.
Berechne die Kosten für eine Fahrt von
a) 200 km, b) 479 km, c) 849 km, d) 1500 km.

3.1 Von einem Konto mit einem Guthaben von 2400 € werden jeden Monat 128,40 € abgebucht. Berechne das Guthaben nach
a) 4 Monaten, b) 9 Monaten, c) 12 Monaten.

4 ☆ Ein hängender Tropfstein ist 0,829 m lang. Er wächst jährlich um 3 mm. Berechne die Länge des Tropfsteins nach
a) 25 Jahren, b) 100 Jahren, c) 500 Jahren.

5 ☆ Ein landwirtschaftlicher Betrieb hat 25 t Futtervorrat; täglich werden 750 kg verfüttert. Berechne den restlichen Vorrat nach
a) 7 Tagen, b) 30 Tagen, c) 50 Tagen.

6 ☆ Für eine Taxifahrt zahlt man eine Grundgebühr von 1,90 €; für 100 m Fahrt „springt" das Taxameter um 18 ct weiter.
Berechne die Kosten für folgende Taxifahrten.
a) 0 m, b) 300 m, c) 785 m, d) 1,0 km, e) 12,3 km.

Exponentielles Wachstum darstellen und berechnen: Zunahme

1 Berechne für das Beispiel im Kasten das Gewicht der Melone nach 4 Wochen.

(1) Anfangswert $c =$ ______

Wachstumsfaktor $a =$ ______

Anzahl $n =$ ______

(2) ______

(3) ______

______

(4) ______

Exponentielles Wachstum darstellen und berechnen

Eine Wassermelone wiegt 0,150 kg. Bis zur Reife verdoppelt sich in jeder Woche das Gewicht. Berechne das Gewicht nach 3 Wochen.

(1)	Anfangswert	$c = 0{,}150\,\text{kg}$
	Wachstumsfaktor	$a = 2$
	Anzahl notieren	$n = 3$
(2)	Formel notieren	$a_n = c \cdot a^n$
(3)	Werte einsetzen, berechnen	$a_3 = 0{,}150 \cdot 2^3$
(4)	Ergebnis notieren	$a_3 = 1{,}200\,\text{kg}$

Graph

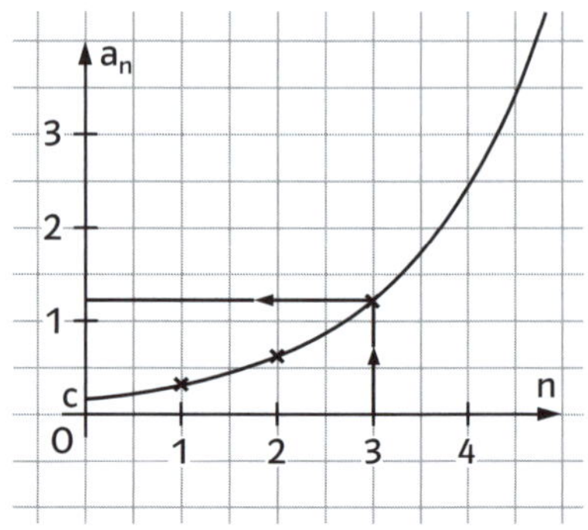

2 Die Mieten für Wohnraum steigen jährlich um durchschnittlich 3 %. Berechne für eine 600 € teure Wohnung die Mietkosten nach 5 Jahren.

(1) $c =$ ______

$a =$ ______

$n =$ ______

(2) ______

(3) ______

(4) ______

3 Eine Hausratversicherung steigt jährlich um 4 %. Anfangs sind 280 € zu zahlen. Berechne den Versicherungsbeitrag nach 9 Jahren.

(1) ______

______

______

(2) ______

(3) ______

(4) ______

4 ☆ a) Experten der UN rechneten 1990 damit, dass die Bevölkerung der Erde alle 10 Jahre um 20 % wächst. Berechne mit dem Wachstumsfaktor die zu erwartenden Bevölkerungszahlen.

Jahr	1990	2000	2010	2020	2030
Bevölkerungszahl	5,2 Mrd.				

b) In welchem Jahr wird sich die Bevölkerungszahl gegenüber 1990 verdoppelt haben?

______

Exponentielles Wachstum

Zunahme

$\mathbf{a_n = c \cdot a^n}$

c Anfangswert

a Wachstumsfaktor $a > 1$

n Anzahl der gleich langen Abschnitte

a_n Größe (Wert) nach n gleich langen Abschnitten

Tastenfolge für $0{,}15 \cdot 2^3$

[0] [,] [1] [5] [x] [2] [^] [3] [=]

Wachstumsfaktor bestimmen

Zunahme um 3 %

100 % + 3 % = 103 %

103 % = 1,03

Wachstumsfaktor 1,03

1.1 Ein Kürbis wiegt 0,120 kg. Bis zur Reife verdoppelt sich jede Woche das Gewicht.
Berechne das Gewicht nach
a) 3 Wochen, b) 4 Wochen, c) 5 Wochen, d) 6 Wochen.

2.1 Berechne für eine durchschnittliche jährliche Mietsteigerung von 3 % die Mieten.
a) 250 €, nach 10 Jahren b) 430 €, nach 6 Jahren.

3.1 Bei Abschluss einer Versicherung wird eine jährliche Steigerung von 3,5 % vereinbart. Im 1. Jahr sind 150 € zu zahlen.
a) Berechne die Beiträge nach 3 Jahren.
b) Berechne die Beiträge nach 5 Jahren.

4.1 ☆ Das Holzvolumen eines Waldes wird auf 60 000 m^3 geschätzt. Berechne das Holzvolumen nach 5 Jahren bei einem jährlichen Wachstum von 2,3 %.

4.2 ☆ Am 1.1.2010 gab es rund 2 550 000 Lkws in Deutschland. Experten schätzen, dass der Bestand jedes Jahr um 3 % zunimmt.
a) Nach wie vielen Jahren wird der Bestand 2 700 000 sein?
b) Am 1.1.1990 waren 1 760 000 Lkws zugelassen. Vergleiche.

5 ☆ Eine Braunalge ist zu Beginn der Beobachtung 2 m lang. Sie wächst jede Woche um das 1,4-fache.
Berechne die Länge der Alge nach 5 Wochen.

Exponentielles Wachstum darstellen und berechnen: Abnahme

1 Berechne für das Beispiel im Kasten den Zeitwert nach 5 Jahren.

(1) c = ______

a = ______

n = ______

(2) ______

(3) ______

______

(4) ______

Exponentielles Wachstum darstellen und berechnen
Ein Pkw verliert jährlich etwa 20 % seines Zeitwertes. Ein Neuwagen kostet 25 000 €. Berechne den Wert nach 3 Jahren.

(1) Anfangswert c = 25 000 €
Wachstumsfaktor a = 0,8
Anzahl notieren n = 3
(2) Formel notieren $a_n = c \cdot a^n$
(3) Werte einsetzen, berechnen $a_3 = 25\,000 \cdot 0{,}8^3$
(4) Ergebnis notieren $a_3 = 12\,800$ €

Graph

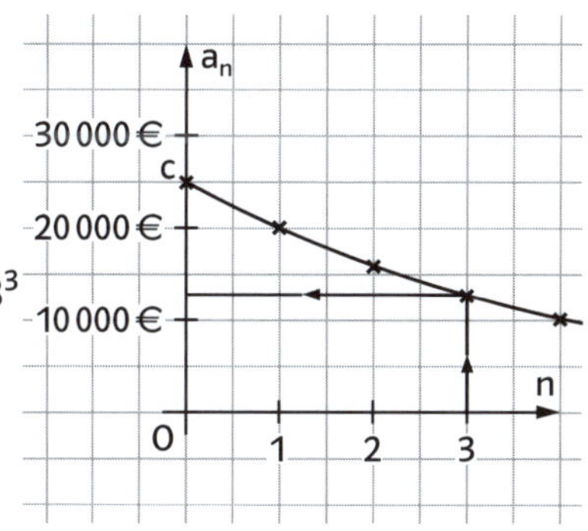

2 In einem See nimmt die Beleuchtungsstärke je 1 m Wassertiefe um 40 % ab. An der Wasseroberfläche werden 5000 Lux gemessen. Berechne die Beleuchtungsstärke in 4 m Tiefe.

(1) ______

______

______

(2) ______

(3) ______

______

(4) ______

3 Ein Topf mit kochendem Wasser (100 °C) wird vom Herd genommen. Die Wassertemperatur sinkt in jeder Minute um 5 %. Berechne die Wassertemperatur nach 20 min.

(1) ______

______

______

(2) ______

(3) ______

______

(4) ______

Exponentielles Wachstum
Abnahme
$\mathbf{a_n = c \cdot a^n}$
c Anfangswert
a Wachstumsfaktor bei Abnahme $0 < a < 1$
n Anzahl der gleich langen Abschnitte
a_n Größe (Wert) nach n gleich langen Abschnitten

zu 2
Wachstumsfaktor bestimmen

Abnahme um 40 %
100 % − 40 % = 60 %
60 % = 0,6
Wachstumsfaktor 0,6

4 ☆ In der Medizin wird radioaktives Jod 131 benutzt. An einem Tag zerfallen jeweils 8 % des noch vorhandenen radioaktiven Jods. Fülle die Tabelle aus. Gib die Ergebnisse mit 2 Stellen nach dem Komma an.

Anzahl der Tage	0	1	2	3	4	5
Jodmasse in mg	5,00					

1.1 Ein Bus kostet 500 000 €. Er verliert jährlich 25 % seines Zeitwertes. Berechne den Zeitwert nach
a) 3 Jahren, b) 5 Jahren.

1.2 Ein besonders guter Laptop kostet 1500 €. Der Wertverlust beträgt jährlich 40 %. Berechne den Wert nach 3 Jahren.

2.1 Berechne mit den Angaben aus Aufgabe 2 die Beleuchtungsstärken in
a) 8 m, b) 10 m, c) 20 m Wassertiefe.

3.1 Berechne mit den Angaben aus Aufgabe 3 die Wassertemperatur nach
a) 10 min, b) 30 min., c) $1\frac{1}{2}$ Stunden.

4.1 ☆ a) Setze die Tabelle aus Aufgabe 4 fort bis 10 Tage.
b) Nach wie vielen Tagen sind ungefähr noch 2,5 mg „strahlende" Jodmasse vorhanden?

4.2 ☆ Anfangs sind 16 mg Jod 131 vorhanden. Berechne die restliche „strahlende" Jodmenge nach
a) 10 Tagen, b) 15 Tagen, c) 20 Tagen.

4.3 ☆ Von radioaktivem Strontium 90 zerfallen jährlich 2,5 % des strahlenden Materials.
a) Anfangs sind 100 mg Strontium 90 vorhanden. Wie viel mg Strontium 90 „strahlt" noch nach 10, 20, 30, 40 und 50 Jahren?
b) Nach ungefähr wie vielen Jahren „strahlen" noch 25 mg von anfangs 100 mg Strontium 90?

Zinseszinsen berechnen

Zinseszinsen berechnen
Ein Kapital von 15 000 € wird 3 Jahre zu 6 % verzinst. Die Zinsen werden mitverzinst.

(1) Anfangskapital	K_0	= 15 000 €
Zinssatz	p %	= 3 %
Zinsfaktor	q	= 1,03
Anzahl der Zinsjahre	n	= 3
(2) Formel notieren	K_n	$= K_0 \cdot q^n$
(3) Werte einsetzen, berechnen	K_3	$= 15\,000 \cdot 1{,}03^3$
(4) Ergebnis notieren	K_3	= 19 390,91 €

1 Berechne für das Beispiel im Kasten das Kapital K nach 5 Jahren.

(1) K = ______ p % = ______

q = ______ n = ______

(2) ______

(3) ______

(4) ______

2 Bestimme die Zinsfaktoren q und q^n. Schreibe als Dezimalzahl.

a) p % = 2 %; n = 4 b) p % = 3 %; n = 6 c) p % = 2,5 %; n = 3

q = ______

q^4 = ______

3 Berechne das Kapital K_n.

a) K_0 = 5000 €
p % = 3,25 %; n = 6

b) K_0 = 2000 €
p % = 2,75 %; n = 2

c) K_0 = 8000 €
p % = 2,5 %; n = 8

(3) ______ (3) ______ (3) ______

(4) ______ (4) ______ (4) ______

4 ☆ Ein Anfangskapital K_0 soll in 5 Jahren auf 10 000 € anwachsen.
Wie viel Euro müssen bei einem Zinssatz von p % = 2,5 % angelegt werden?

(2) $K_n = K_0 \cdot q^n \quad |:q^n$ (3) ______

K_0 = ______ (4) ______

5 ☆ Berechne q^n für p % = 5,5 % und n = 10, 11, … Zinsjahre.
Runde auf eine Stelle nach dem Komma.

n	10	11	12	13	14	15
q^n						

b) Bei welchem n gilt $q^n = 2 \cdot q$? Kreise das n ein.

Zinseszinsformel
(Zinsen werden mitverzinst)

$K_n = K_0 \cdot q^n$

mit q = (1 + p %)

K_0 Anfangskapital
p % Zinssatz
q Zinsfaktor (Wachstumsfaktor)
n Anzahl der Zinsjahre
K_n Endkapital nach n Jahren

Zinsfaktor q bestimmen

Zinssatz p % = 4 %,
Anzahl der Jahre
n = 3

q = 100 % + 4 %
q = 104 %
q = 1,04
$q^3 = 1{,}04^3$
$q^3 = 1{,}124\,864$

1.1 Berechne K_n.
a) K_0 = 2000 €; p % = 1,5 %; für n = 3 Jahre, 5 Jahre, 10 Jahre.
b) K_0 = 5000 €; p % = 2,5 %; für n = 2 Jahre, 6 Jahre, 8 Jahre.

2.1 Bestimme die Zinsfaktoren q und q^n.
a) p % = 3 %, n = 4 b) p % = 2,5 %, n = 3 c) p % = 3,5 %, n = 6 d) p % = 1,75 %, n = 5

3.1 Berechne das Kapital K_n.
a) K_0 = 12 000 €, p % = 2,5 %, n = 8
b) K_0 = 7000 €, p % = 4,0 %, n = 5
c) K_0 = 8500 €, p % = 3,0 %, n = 4

3.2 2500 € werden für 6 Jahre mit 3,0 % Zinsen angelegt.
a) Berechne K_6. b) Vergleiche K_6 mit K_0.

3.3 ☆ 5000 € werden angelegt und zu 4,25 % verzinst.
a) Berechne nacheinander $K_1, K_2, K_3, \dots K_{10}$.
b) Nach wie vielen Jahren hat sich das Kapital etwa verdoppelt?

4.1 ☆ Berechne das Anfangskapital K_0.
a) K_n = 8000 €; p % = 4,0 %; n = 4
b) K_n = 15 000 €; p % = 3,5 %; n = 10

5.1 ☆ Nach wie vielen Jahren ist $K_n \approx 2 \cdot K_0$ bei p % = 3,75 %?

1 Lineares Wachstum berechnen ☹ 😐 ☺

Auf einem Konto mit einem Guthaben von 525 € werden monatlich 75 € eingezahlt.
Berechne das Guthaben nach sechs Monaten.

(1) Anfangswert c =

Zunahme a =

Anzahl n =

(2) Formel

(3) Werte einsetzen, berechnen

(4) Ergebnis notieren

Von einem Konto mit einem Guthaben von 3251,50 € werden jeden Monat 123,50 € abgebucht.
Berechne das Guthaben nach zehn Monaten.

Für eine Taxifahrt zahlt man eine Einschaltgebühr von 3,10 € und pro gefahrenen km 1,50 €.
Wie viel Euro kostet eine Fahrt über 4,5 km?

2 Exponentielles Wachstum berechnen ☹ 😐 ☺

Beim Abschluss eines Mietvertrages wird eine jährlich Steigung von 1,5 % vereinbart. Die Anfangsmiete beträgt 370,00 €.
Berechne die Miete nach fünf Jahren.

(1) Anfangswert c =

Zunahme a =

Anzahl n =

(2) Formel

(3) Werte einsetzen, berechnen

(4) Ergebnis notieren

Die Stadt Emden hatte Ende 2011 51 528 Einwohner. Es wird eine Wachstumsrate von −0,7 % vorausgesagt. Wie viele Einwohner wird Emden Ende 2021 haben?

Indien hatte im Jahr 2010 1 033 400 000 Einwohner. Die Wachstumsrate beträgt 1,51 %.
Wann wird Indien 1 200 000 000 Einwohner haben?

3 Zinseszinsen berechnen ☹ 😐 ☺

Berechne das Kapital K_n nach 5 Jahren.

(1) Anfangskapital K_0 = 5000 €

Zinssatz p = 3 %

Zinsfaktor q =

Zinsjahre n =

(2) Formel

(3) Werte einsetzen, berechnen

(4) Ergebnis notieren

Berechne das Kapital K_n nach 3 Jahren. K_0 = 75 000 €; p = 1,5 %

Ein Kapital K_0 soll in 10 Jahren auf 10 000 € anwachsen. Wie viel Euro müssen bei einem Zinssatz von p = 2,5 % angelegt werden?

Ökologischen Wert von Bäumen bestimmen

Eine alte Buche soll gefällt werden. Wie viele junge Bäume können den alten Baum „ökologisch" ersetzen? Die jungen Bäume sollen zusammen die gleiche Menge Kohlendioxid aufnehmen wie der alte Baum.
Für eine Abschätzung nehmen wir an:
- die Baumkronen sind kugelförmig
- innerhalb der Baumkrone sind die Blätter gleichmäßig dicht verteilt.

Ökologischer Wert von Pflanzen
Pflanzen (Bäume, Sträucher, ...) nehmen über die Blätter Kohlendioxid auf.
Sie „produzieren" Sauerstoff, den sie an die Luft abgeben.

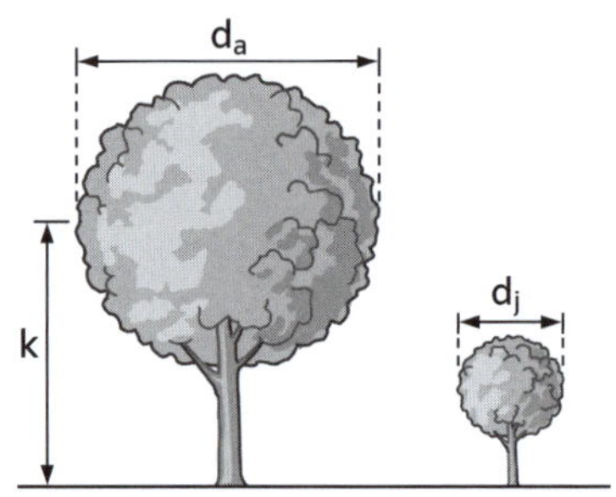

1 a) Berechne das Baumkronenvolumen V_a der alten Buche; Baumkronendurchmesser $d_a = 12\,m$.

(1) Formel ______

(2) Rechnung ______

______

b) Berechne das Baumkronenvolumen V_j eines jungen Baumes; Baumkronendurchmesser $d_j = 2\,m$.

(1) Formel ______

(2) Rechnung ______

______

c) Vergleiche. Für die Anzahl a der jungen Bäume, die den alten Baum ersetzen, gilt:
$V_a = a \cdot V_j$. Berechne a.

(1) $V_a = a \cdot V_j$ (2) $a =$ ______

$a =$ ______

d) Ein junger Baum kostet 250 €. Welchen Geldwert W besitzt demnach der alte Baum mit dem Baumkronendurchmesser $d_a = 12\,m$?

______

______

2 a) Zur Berechnung des Holzvolumens wird angenommen, dass der Baumstamm zylinderförmig ist. Berechne das Holzvolumen für die alte Buche aus Aufgabe 1. Radius des Stamms $r = 0{,}3\,m$, Stammhöhe $k = 8\,m$.

(1) Formel ______

(2) Rechnung ______

______

b) Welchen Holzwert H hat dieser Baum, wenn für $1\,m^3$ Holz 200 € erzielt werden können?

______

c) Vergleiche den Holzwert des Baumes mit seinem ökologischen Wert.

______

______

3 Die alte Buche (Baumkronendurchmesser $d_a = 12\,m$) hat ungefähr 400 000 Blätter. Diese „produzieren" ungefähr 850 g Sauerstoff in der Stunde; damit können 5 Menschen mit Sauerstoff für eine Stunde versorgt werden. Berechne die Werte für 50 junge Buchen (Baumkronendurchmesser $d_j = 2\,m$).

	Baumkronenvolumen	Anzahl der Blätter	Sauerstofferzeugung je Stunde	deckt den Sauerstoffbedarf von
alte Buche ($d_a = 12\,m$)				
50 junge Buchen ($d_j = 2\,m$)				

Formeln
Siehe Formelsammlung auf Seite 87 und 88.

i

Der Baum als „chemische" Fabrik

Buche	80 Jahre
Baumkronendurchmesser	15 m
bedeckte Standfläche	160 m²
Höhe	25 m
Zahl der Blätter	800 000
gesamte Blattoberfläche	1600 m²
Holzmenge	15 m³
Holz-Trockengewicht	12 t
Kohlendioxidverbrauch pro h	2352 g
Wasserverarbeitung pro h	960 g
Sauerstofferzeugung pro h	1712 g

1712 g Sauerstoff pro Stunde decken den Sauerstoffbedarf von 10 Menschen für eine Stunde.

Energiesparlampen verwenden

Familie Spar hat alle herkömmlichen Lampen durch Energiesparlampen ersetzt. Sie hatten in ihrer Wohnung fünfzehn 60-Watt-Lampen und zwölf 100-Watt-Lampen. Während eines Jahres sind alle Lampen im Durchschnitt täglich zwei Stunden im Betrieb.
Welche Einsparung haben sie durch den Tausch der Glühbirnen im Jahr erzielt?

Lampen (bis zum Jahr 2009)

Leistung	Preis/Stück
40 W	0,75 €
60 W	0,90 €
100 W	1,00 €

sind gleich-hell

Energiesparlampen (Typ A)

Leistung	Preis/Stück
7 W	5,50 €
11 W	6,50 €
20 W	12,00 €

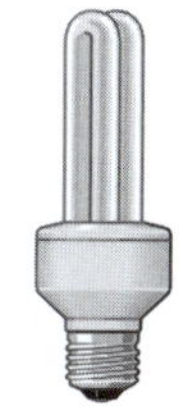

Lebensdauer ≈ 1000 Stunden

Lebensdauer ≈ 8000 Stunden

Eine Kilowattstunde (kWh) kostet einschließlich aller Gebühren und Steuern 0,28 €.

1 Energiesparlampen

a) Berechne die Leistung in kWh von allen Energiesparlampen in der Wohnung.

b) Berechne den Stromverbrauch in kWh im Jahr bei täglich zwei Betriebsstunden.

c) Berechne die Stromkosten für ein Jahr.

d) Berechne die Ausgaben für den einmaligen Kauf aller Sparlampen.

e) Nach wie vielen Jahren müssen die Sparlampen bei zwei Betriebsstunden ausgewechselt werden?

f) Berechne die Stromkosten für die in Aufgabe 1 e) berechnete Anzahl der Jahre.

g) Berechne die Gesamtausgaben (Kauf der Sparlampen und Stromkosten).

2 Lampen (bis 2009)

a) Berechne die Leistung in kWh von allen Lampen (bis 2009).

b) Berechne den Stromverbrauch in kWh im Jahr bei täglich zwei Betriebsstunden.

c) Berechne die Stromkosten für ein Jahr.

d) Berechne die Ausgaben für den einmaligen Kauf aller herkömmlichen Lampen.

e) In 11 Jahren muss man die herkömmlichen Lampen achtmal auswechseln. Berechne die Ausgaben für den Kauf dieser herkömmlichen Lampen.

f) Berechne die Stromkosten der herkömmlichen Lampen für 11 Jahre.

g) Berechne die Gesamtausgaben (Kauf der Lampen (bis 2009) und Stromkosten).

3 Vergleiche die Gesamtausgaben in Aufgabe 1 g) und 2 g).

a) Berechne die Einsparungen nach 11 Jahren. Runde auf ganze Euro.

b) Berechne die durchschnittliche Einsparung pro Jahr.

Leistung
1 W (Watt)
1 kW (Kilowatt)
= 1000 W
1 MW (Megawatt)
= 1000 kW
= 1 000 000 W

Energieverbrauch
1 kWh = 1000 Wh
kWh (Kilowattstunde)
Wh (Wattstunde)

Stromverbrauch berechnen
Eine 60-Watt-Lampe mit 400 Betriebsstunden:
60 W · 400 h = 24 000 Wh
24 000 Wh = 24 kWh

Stromkosten dafür berechnen
1 kWh kostet 0,28 €
24 · 0,28 € = 6,72 €

i

Der Glühdraht einer **herkömmlichen Lampe** besteht aus Wolfram (Schmelzpunkt ca. 3000 °C).

Energiesparlampen sind Leuchtstofflampen, die Licht auf chemischem Wege erzeugen.
Man sollte sie nicht dauernd ein- und ausschalten.
Sie sind als Sondermüll in der Schadstoffsammlung zu entsorgen.

Energiekosten vergleichen

1 Die Stromabrechnung für Familie Tunck wird nach dem City-Tarif (siehe Kasten) berechnet.
Der Zählerstand wird am 31.03.2013 abgelesen: 62 294.
Trage den Zählerstand in die Tabelle der Verbrauchsermittlung ein und berechne den Verbrauch in kWh.

Verbrauchsermittlung

von	bis	Zählerstand		Verbrauch in kWh
		alt	neu	
01.04.12	31.03.13	60 044		

Die **Stromabrechnung** besteht aus
- der **Verbrauchsermittlung** und
- der **Stromkostenermittlung**.

Die Stromkostenermittlung ist vom Verbrauch und vom Tarif abhängig.

Stromkosten	City-Tarif
Arbeitspreis Netto	22,53 ct/kWh
Grundpreis Netto	65,00 €/Jahr
Stromsteuer	0,015 € je kWh
Umsatzsteuer (Ust.)	19 % auf alle Beträge

2 Berechne die Stromkosten und trage sie in die Tabelle „Stromkostenermittlung" ein.

a) den Arbeitspreis, ______

b) die Stromsteuer, ______

c) den Nettobetrag (Arbeitspreis + Grundpreis), ______

d) die Umsatzsteuer, 19 % vom Nettobetrag, ______

e) die Brutto-Stromkosten. ______

Stromkostenermittlung

Verbrauch in kWh	€ je kWh	Arbeits-preis in €	Grund-preis in €	Strom-steuer in €	Netto-betrag in €	Umsatz-steuer in %	Umsatz-steuer in €	Strom-kosten in €
2250	0,1789		84,00			19,00		

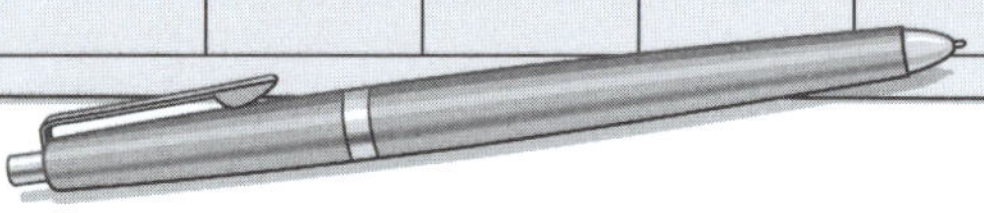

Netto
ohne USt.

Brutto
mit USt.

3 Lege wie Herr Tunck ein Rechenblatt in einer Tabellenkalkulation an.

a) In Zeile 2 werden die Stromkosten nach dem City-Tarif berechnet. Notiere in den Zellen C2, E2, F2, H2 und I2 die vollständigen Formeln und berechne.

b) Herr Tunck überlegt den Stromanbieter zu wechseln und „Billig-Strom" (Figur 1) zu wählen. Notiere die Formeln in Zeile 3 und berechne.

	A	B	C	D	E	F	G	H	I
1	Verbrauch in kWh	€ je kWh	Arbeits-preis in €	Grundpreis in €	Stromsteu-er in €	Nettobe-trag in €	Umsatz-steuer in %	Umsatz-steuer in €	Stromkos-ten in €
2	2250	0,1789	=A2	65,00	=A2	=	0,19		
3	2250								

zu 3b)

Billig-Strom
Arbeitspreis
je kWh 20,47 ct/kWh
Grundpreis
jährlich 107,30 €
Stromsteuer
0,015 € je kWh
Umsatzsteuer 19 %
bereits enthalten

Figur 1

4 a) Vergleiche die Beträge der Tarife. ______

b) Berechne die Einsparung in Euro und in Prozent. ______

Müllgebühren kontrollieren

1 Familie Zech lässt alle 14 Tage die volle 120-Liter-Mülltonne leeren. Berechne die jährlichen Müllgebühren.

a) Notiere die jährliche **Grundgebühr**.

____

b) Bestimme die Anzahl der Leerungen und berechne die jährliche **Leerungsgebühr**.

____

____

Die Müllgebühren werden in Emden seit Jahren nach Gewicht und Anzahl der Leerungen berechnet (Stand 2012).

Die Kosten setzen sich zusammen aus
- **Grundgebühr** jährlich 47,00 €
- **Leerungsgebühr** 1,53 € pro Leerung
  Mindestens 12 Leerungen im Jahr verbindlich.
- **Gewichtsgebühr** 0,22 € pro kg
  1 Liter Restmüll wiegt ungewähr 350 g.

c) Berechne die jährliche Restmüllmenge in Litern und danach das Müllgewicht in kg.

____

d) Berechne die **Gewichtsgebühr** für ein Jahr. ______________________________

e) Berechne die **Müllgebühren** für ein Jahr. ______________________________

i

Erfassung der Müllmenge
Die Müllgefäße werden mit einem Strichcode identifiziert und vor sowie nach der Leerung gewogen. Die Daten werden vom Bordrechner des Müllwagens gespeichert und zur Datenerfassung weitergegeben.

2 Herr Zech legt mithilfe einer Tabellenkalkulation ein Rechenblatt mit den Grunddaten an.
In der Zeile 9 des Rechenblattes werden die jährlichen Müllgebühren berechnet. Notiere in den Zellen G9, H9 und I9 die vollständigen Formeln und Ergebnisse.

	A	B	C
1	1 Liter Müll wiegt	0,35	kg
2	Größe der Mülltonne	120	l
3	Anzahl der Leerungen	26	
4	Jährl. Grundgebühr	47,00	€
5	Eine Leerung kostet	1,53	€
6	1 kg Müll kostet	0,22	€

	A	B	C	D	E	F	G	H	I	J
8	Abnahme in %	Faktor	Müllmenge in Liter	Müllgewicht in kg	Grundgebühr	Anzahl der Leerungen	Leerungsgebühr	Gewichtsgebühr	jährl. Gesamtgebühr	Einsparung in €
9			=B2*B3	=C9*B1	=B4	26	=F9*	=D9	=E9+	
10	20					=Ganzzahl (C10/B2) +1				=I9−
11	30									

zu Zelle F10/F11
Ganzzahl
Mit dieser Funktion erhält man ein Ergebnis ohne Dezimalstellen.

Durch +1 erhält man die erforderliche Anzahl der Leerungen.

3 Familie Zech will einen Komposter anlegen, um die jährlichen Kosten für die Müllgebühren zu reduzieren. In den Zellen A10 und A11 gibt Herr Zech die erwartete prozentuale Abnahme ein.

a) Schreibe in die Zellen B10 und B11 den Faktor für die prozentuale Abnahme.

b) Berechne alle fehlenden Werte in der Tabelle.

c) Schreibe in die Zellen J10 und J11 die Formeln zur Berechnung der Einsparung in Euro.

d) Berechne in den Zellen K10 und K11 die prozentuale Einsparung.

	K
10	
11	

zu 3
Prozentuale Abnahme
um 20 %
100 % − 20 % = 80 %
80 % = 0,80
Wachstumsfaktor 0,80

Rechnungen kontrollieren und erstellen

1 a) Färbe in der Rechnung
rot: den Preis für eine Kiste Apfelsaft;
blau: den Bruttopreis für 90 Kisten Orangensaft;
grün: den Rabattsatz für Kirschsaft;
rosa: den Nettobetrag für Kirschsaft;
lila: den Betrag;
gelb: den Skontobetrag;
orange: den steuerpflichtigen Betrag.

b) Berechne den zu zahlenden Betrag abzüglich Skonto.

Firma
Getränke Durst
Bachstraße 6–8
32603 Neuburg

Rechnung: 1369/13

Artikel-Nr.	Anzahl (Karton)	Artikel-bezeichnung	Preis je Einheit in €	Bruttobetrag in €	Rabatt in %	Nettobetrag in €
042	120	Apfelsaft	6,48	777,60	30	544,32
052	90	Orangensaft	8,36	752,40	20	601,92
125	70	Kirschsaft	8,87	620,90	20	496,72

stpfl. Betrag in €	MwSt. in %	MwSt. in €	Betrag in €
1642,96	19	312,16	1955,12

Bei Zahlung innerhalb 10 Tagen gewähren wir 3 % = 58,65 € Skonto.

2 Stelle die Rechnung aus.

Artikel-Nummer	Anzahl (Kisten)	Artikel-bezeichnung	Preis je Einheit in €	Brutto-betrag in €	Rabatt in %	Nettobetrag in €
042	250				40	
052	150				30	
125	80				20	

stpfl. Betrag in €	MwSt. in %	MwSt. in €	Betrag in €

Bei Zahlung innerhalb 10 Tagen gewähren wir 3 % = ________ Skonto.

3 Figur 1 zeigt einen Ausschnitt aus einem Rechenblatt einer Tabellenkalkulation.

	A	B	C	D	E
1	Preis je Einheit in €	Anzahl	Rabatt in %	MwSt. in %	Skonto in %
2	12,56	65	35	19	3
3	Bruttoertrag	816,40			
4	Nettobetrag	530,66			
5	MwSt. in €	100,83			
6	Betrag in €	631,49			
7	Skonto in €	18,94			
8	Betrag m. Skonto in €	612,55			

Figur 1

In Zelle B3 steht die Zuweisung A2*B2.

a) Notiere die Zuweisung für Zelle B4: ________ Zelle B5: ________

Zelle B6: ________ Zelle B7: ________ Zelle B8: ________

b) Führe eine neue Berechnung durch mit einem Preis von 13,40 € je Einheit.

c) Berechne die Aufgabe 3 b) mit 40 % Rabatt und 2 % Skonto.

i

Rabatt
Preisnachlass, der ohne Rücksicht auf den Zahlungszeitpunkt gewährt wird. (Mengen-, Personal-, Sonderrabatt)

Skonto
Preisnachlass, wenn die Ware innerhalb eines bestimmten Zeitraumes (z. B. 10 Tage) bezahlt wird.

Mehrwertsteuer
Umsatzsteuer, bei der auf die einzelnen Produktionsstufen nur der Wertzuwachs (Umsatzerlös minus Gütereinsatz) besteuert wird.

Mehrwertsteuersätze
(Stand 01.01.13)
normaler Satz 19 %
verminderter Satz 7 %
z. B. für Lebensmittel, Leitungswasser (jedoch keine sonstigen Getränke), Druckerzeugnisse (Bücher), Kunstgegenstände und Hotelübernachtungen

Daten in Diagrammen darstellen und auswerten

1 a) Lies die Daten aus den drei Darstellungen im Kasten ab und trage sie ein.

	I. Quartal	II. Quartal	III. Quartal	IV. Quartal
2010				
2011				
2012				

b) Welche Darstellung ist für diese Statistik sinnvoll? Begründe.

Daten in verschiedenen Diagrammtypen darstellen
Umsatzsteuer (USt) wird pro Kalendervierteljahr (I. bis IV. Quartal) bezahlt. Ein Betrieb hatte folgende Abgaben (etwa in Tausend €):

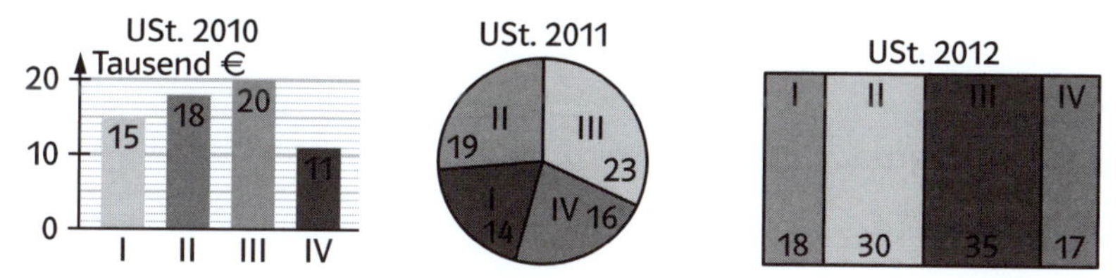

Säulendiagramm · Kreisdiagramm · Streifendiagramm

2 Bei einem Benzinpreis von 150,0 ct pro Liter sind 60,7 ct „Kosten und Gewinn", 23,9 ct „Mehrwertsteuer" und 65,4 ct „Mineralöl- und Ökosteuer".
Stelle diese Daten in den drei Diagrammen dar.

a) Säulendiagramm b) Kreisdiagramm c) Streifendiagramm

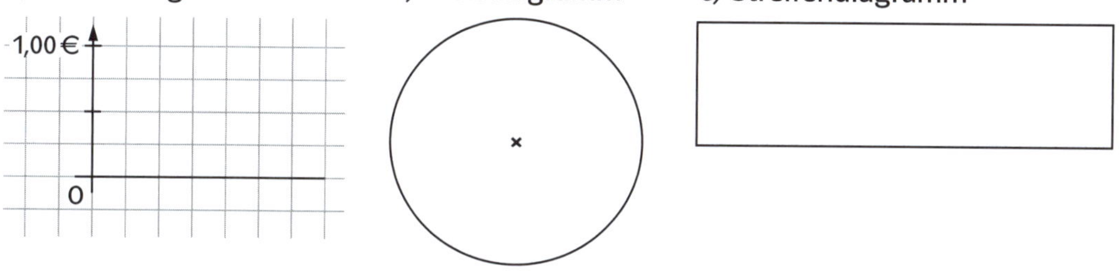

d) Welche Darstellung ist für diese Statistik sinnvoll? Begründe.

3 Bei einer Befragung nach der täglichen Beschäftigung/Nutzung von Medien wurden folgende Daten ermittelt (Mehrfachnennungen möglich):
TV 86 %; Buch 26 %; Zeitung 58 %; Kino 1 %; Internet 60 %; Radio 79 %.
Ordne die Daten und vervollständige dazu das **Balkendiagramm**.

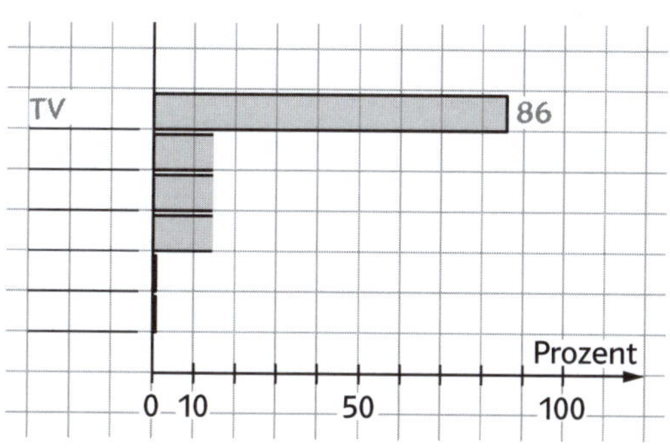

4 Sven hat notiert, wie viel Kilometer er täglich auf seiner Fahrradtour gefahren ist:
36,2 km; 20,8 km; 45,2 km; 51,3 km; 30,8 km; 62,0 km und 40,8 km.

a) Erstelle eine Rangliste. 20,8;

b) Bestimme die fünf Kennwerte dieser Statistik.

Minimum	Maximum	Spannweite	Mittelwert	Zentralwert

i zu 1
Die **Umsatzsteuer** besteuert den Austausch von Lieferungen und Leistungen

zu 2 b
Winkelgröße in Kreisdiagrammen bestimmen
$\frac{360°}{\text{Gesamtpreis}} \cdot \text{Einzelpreis}$

zu 2 c
Breite in Streifendiagrammen bestimmen
$\frac{\text{Streifenbreite}}{\text{Gesamtpreis}} \cdot \text{Einzelpreis}$

zu 4
Kennwerte einer Statistik:
Minimum = der kleinste Wert einer Liste
Maximum = der größte Wert einer Liste
Spannweite = die Differenz aus dem Maximum und dem Minimum
Mittelwert = Summe aller Werte durch Anzahl der Werte der Liste
Zentralwert = Wert in der Mitte der Rangliste

2.1 Die Bundesrepublik hatte Ende 2010 etwa 81,8 Millionen Einwohner. Stelle die Einwohnerzahlen der acht bevölkerungsstärksten Bundesländer in einem geeigneten Diagramm dar.
Nordrhein-Westfalen 17,8 Mio., Hessen 6,1 Mio.; Bayern 12,5 Mio.; Berlin 3,5 Mio.; Sachsen 4,1 Mio.; Baden-Württemberg 10,7 Mio.; Niedersachsen 7,9 Mio.; Rheinland-Pfalz 4,0 Mio.

4.1 Die Schüler der Klasse haben sich gewogen:
Karl 61,2 kg; Uwe 58,5 kg; Hakan 66,0 kg; Till 50,5 kg; Mesut 60,6 kg; Jan 56,1 kg; Lukas 56,3 kg; Finn 57,1 kg; Luca 58,1 kg; Paul 49,2 kg; Kimi 54,6 kg; Thore 52,8 kg; Alexander 60,2 kg.
a) Erstelle eine Rangliste.
b) Bestimme die fünf Kennwerte dieser Statistik.

Daten im Boxplot darstellen und auswerten

1 Lies aus dem Boxplot im Kasten folgende Werte ab:

a) Minimum Min = ________

b) Maximum Max = ________

c) Zentralwert z = ________

d) Unteres Quartil q_u = ________

e) Oberes Quartil q_o = ________

f) Quartilabstand q = ________

In einem **Boxplot** kann man die wichtigsten Kennwerte einer Statistik darstellen. Die **Rangliste** gibt die Anzahlen der verschickten SMS an einem Tag von den 13 Mädchen der Klasse 10a an.

Rangplatz	1.	2.	3.	4.	5.	6.	7.	8.	9.	10.	11.	12.	13.
SMS	2	3	3	5	8	8	10	13	15	15	19	25	28

Boxplot

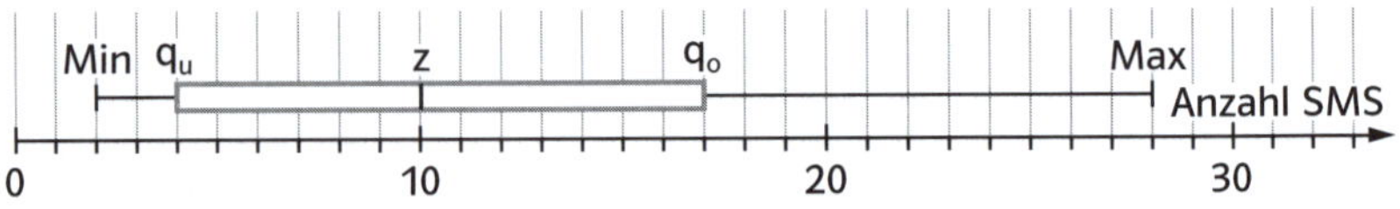

2 Die Urliste gibt die Anzahl der verschickten SMS an einem Tag von den 15 Jungen der Klasse 10a an. Urliste: 16; 13; 15; 18; 4; 10; 18; 19; 3; 7; 11; 4; 22; 6; 14

a) Erstelle eine Rangliste. Trage die Daten in die Tabelle ein.

Rangplatz	1.	2.	3.	4.	5.	6.	7.	8.	9.	10.	11.	12.	13.	14.	15.
Anzahl SMS	3														

b) Bestimme die Kennwerte der Statistik.

	unteres Quartil q_u	Zentralwert z	oberes Quartil q_o
(1)	$\frac{1}{4} \cdot 15 = 3{,}75$	$\frac{1}{2} \cdot ($	$\frac{3}{4} \cdot ($
(2)	Mittelwert zwischen 3. und 4. Rangplatz		
(3)	$q_u = \frac{1}{2} \cdot (\quad + \quad) =$		

c) Stelle die Kennwerte in einem Boxplot dar.

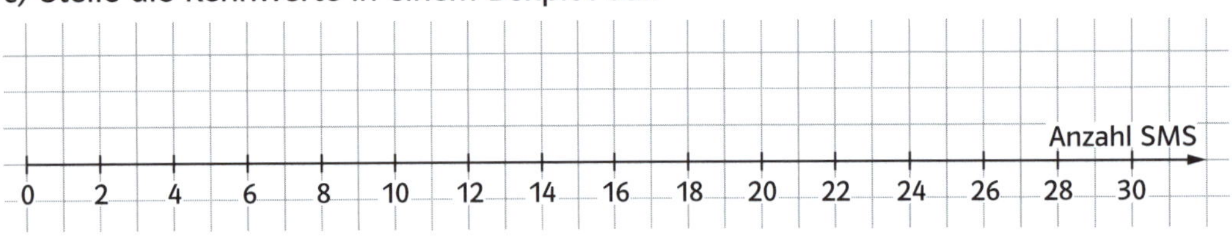

3 Bei einer Umfrage wurden die Schüler der Klassen 8 und 10 nach der Höhe des monatlichen Taschengeldes befragt. Lies die Kennwerte aus den Boxplots ab und trage sie in die Tabelle ein.

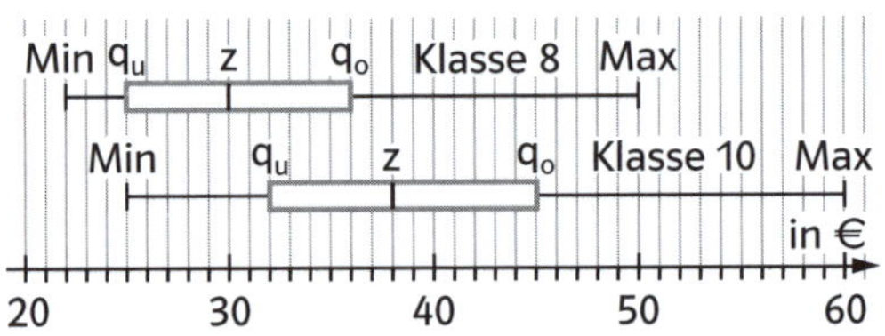

	Minimum	Maximum	q_u	z	q_o	q
Klasse 8						
Klasse 10						

Kennwerte einer Statistik:

Rangliste
n Daten werden dem 1. Platz bis n-ten Platz zugeordnet

Unteres Quartil q_u
etwa ein Viertel (25 %) der Werte liegen darunter

Zentralwert (Median) z
etwa die Hälfte (50 %) der Werte liegen darunter, etwa die Hälfte darüber

Oberes Quartil q_o
etwa drei Viertel (75 %) der Werte liegen darunter

Quartilabstand q
Differenz von q_o und q_u; 50 % der mittleren Daten liegen innerhalb der Ausdehnung der Box.

zu 2b
Quartile und Zentralwert bestimmen

(1) Anzahl n + 1 mit $\frac{1}{4}$ (bei q_u), mit $\frac{1}{2}$ (bei z) und mit $\frac{3}{4}$ (bei q_o) multiplizieren
(2) zugehörigen Rangplatz bestimmen
(3) Kennwert berechnen und notieren

2.1 In den Urlisten sind die Anzahlen der wöchentlich verschickten SMS von den Mädchen und Jungen angegeben.
Mädchen: 40, 5, 17, 33, 62, 18, 25, 32, 51, 4, 12, 20
Jungen: 25, 28, 2, 18, 0, 6, 15, 19, 45, 21, 12, 18, 5, 9
a) Erstelle die Ranglisten für die Mädchen und Jungen.
b) Bestimme die Kennwerte. Trage sie in eine Tabelle ein.
c) Stelle die Kennwerte in einem Boxplot dar.
d) Vergleiche die Boxplots. Welche Aussagen kannst du machen?

4 Überprüfe die Aussagen zu den Boxplots der Aufgabe 3. Begründe welche der Aussage wahr, welche falsch ist?
a) Bei den Schülern der Klasse 10 liegt der Zentralwert niedriger als bei den Schülern der Klasse 8.
b) Die Hälfte der Schüler von der 8. Klasse erhalten monatlich mindestens 30 € Taschengeld.
c) Mindestens 25 % der Schüler von Klasse 10 erhalten monatlich mehr als 32 € Taschengeld.

Wahrscheinlichkeit zweistufiger Zufallsversuche bestimmen

Wahrscheinlichkeit zweistufiger Zufallsversuche bestimmen

Zufallsgerät: Glücksrad mit sechs gleich großen Feldern, 1 gelb, 2 rot, 3 blau

Zufallsversuch: zweimal nacheinander drehen

Bestimme die Wahrscheinlichkeit P(E) für das Ereignis $P(E_1, E_2)$ = (gelb, rot).

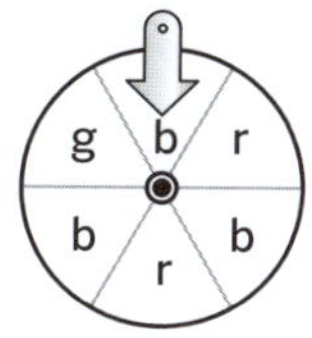

(1) Wahrscheinlichkeit $P(E_1)$ der 1. Stufe bestimmen — $P(E_1) = P(\text{gelb}) = \frac{1}{6}$

(2) Wahrscheinlichkeit $P(E_2)$ der 2. Stufe bestimmen — $P(E_2) = P(\text{rot}) = \frac{2}{6} = \frac{1}{3}$

(3) Wahrscheinlichkeit P(E) des zweistufigen Zufallsversuchs nach der Pfadregel bestimmen — $P(\text{gelb, rot}) = P(E_1) \cdot P(E_2) = \frac{1}{6} \cdot \frac{1}{3} = \frac{1}{18} \approx 5{,}6\,\%$

1 Bestimme für den Zufallsversuch aus dem Kasten die Wahrscheinlichkeit P für

a) das Ereignis (blau, rot),

$P(E_1)$ = P(blau) = ______

$P(E_2)$ = P(rot) = ______

P(blau, rot) = ______

b) das Ereignis (gelb, blau).

P(____, ____) = ______

2 Zufallsgerät: Becher mit 10 Kugeln (2 gelbe, 3 rote, 5 blaue)
Zufallsversuch: eine Kugel ziehen, zurücklegen, erneut eine Kugel ziehen

a) Färbe die Felder ○ im Baumdiagramm.

b) Schreibe die Wahrscheinlichkeiten an die Äste des Baumdiagramms.

c) Bestimme die Wahrscheinlichkeiten P für die verschiedenen Ereignisse.

d) Wie groß ist die Wahrscheinlichkeit P(E), dass die gleiche Farbe erscheint?

P_1 (gelb , gelb) = ______

P_2 (rot , ____) = ______

P_3 (____ , ____) = ______

P(E) (gleiche Farbe) = $P_1 + P_2 + P_3$ = ______

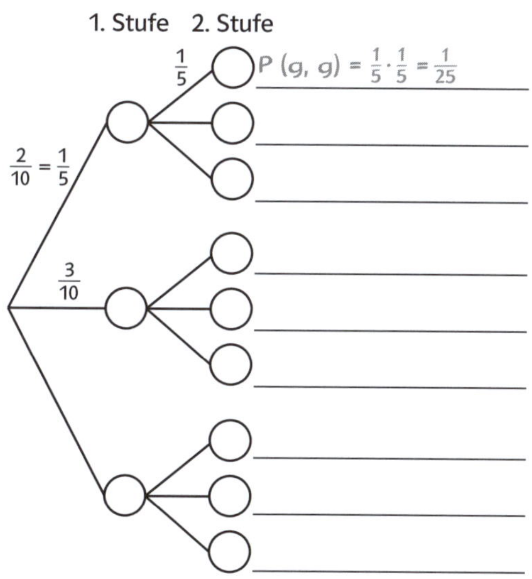

3 Zufallsgerät wie in Aufgabe 2: Becher mit 10 Kugeln (2 gelbe, 3 rote, 5 blaue)
Zufallsversuch: eine Kugel ziehen, nicht zurücklegen, noch eine Kugel ziehen

a) Färbe die Felder ○ im Baumdiagramm.

b) Schreibe die Wahrscheinlichkeiten an die Äste des Baumdiagramms.

c) Bestimme die Wahrscheinlichkeiten P für die verschiedenen Ereignisse.

d) Wie groß ist die Wahrscheinlichkeit P(E) der zusammengesetzten Ereignisse:

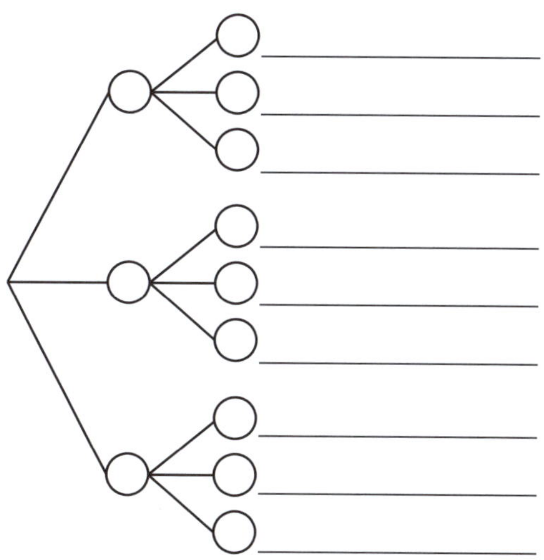

P_1 (gelb , gelb) = ______

P(E) (gleiche Farbe) = ______ , P(E) (nicht gleiche Farbe) = ______ ?

Wahrscheinlichkeit P eines Ereignisses bestimmen:

$P(E) = \frac{\text{Anzahl der günstigen Ergebnisse}}{\text{Anzahl aller möglichen Ergebnisse}}$

zu 1
Wahrscheinlichkeit P eines zweistufigen Zufallsversuchs nach der **Pfadregel** bestimmen

$\mathbf{P(E) = P(E_1) \cdot P(E_2)}$

Baumdiagramm
zur Darstellung mehrstufiger Zufallsversuche geeignet, die Wahrscheinlichkeit wird an den Ästen notiert

zu 2d und 3d
Wahrscheinlichkeit P zusammengesetzter Ereignisse nach der **Summenregel** bestimmen

$\mathbf{P(E) = P_1 + P_2}$

$\mathbf{P_1}$ Wahrscheinlichkeit der 1. Möglichkeit
$\mathbf{P_2}$ Wahrscheinlichkeit der 2. Möglichkeit

Wahrscheinlichkeit mehrstufiger Zufallsversuche bestimmen

Wahrscheinlichkeit mehrstufiger Zufallsversuche bestimmen

Zufallsgerät: eine Münze
Zufallsversuch: dreimal nacheinander werfen
Bestimme die Wahrscheinlichkeit P(E) für das Ereignis (zweimal Wappen W, einmal Zahl Z)

(1) Mögliche Ergebnisse mit einem Baumdiagramm darstellen

(2) Günstige Ergebnisse markieren, Wahrscheinlichkeit $P_1(E)$, $P_2(E)$ ... nach der **Pfadregel** bestimmen

$P_1(E) = P(E_1) \cdot P(E_2) \cdot P(E_3)$
$P_2(E) = P(E_1) \cdot P(E_2) \cdot P(E_3)$
...

(3) Wahrscheinlichkeit P(E) für die zusammengesetzten Ereignisse nach der **Summenregel** bestimmen

$P(E) = P_1 + P_2 + P_3$

1 Bestimme die Wahrscheinlichkeit für den Zufallsversuch im Kasten.
(1) (2)

1. Stufe 2. Stufe 3. Stufe

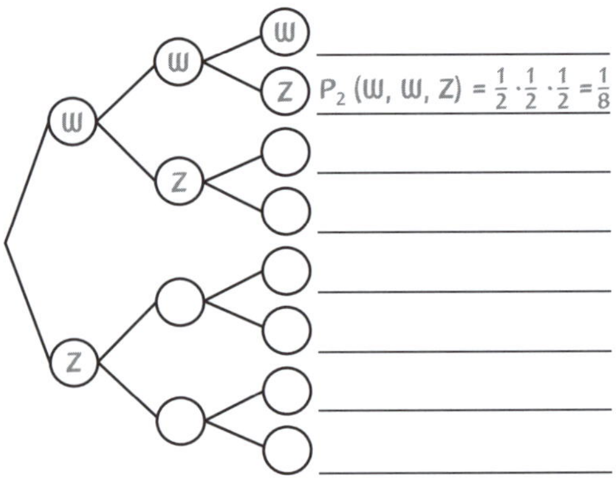

(3) ______

2 Zufallsgerät: Becher mit 10 Kugeln (3 gelbe, 7 rote)
Zufallsversuch: dreimal nacheinander eine Kugel ziehen, ohne Zurücklegen

a) Vervollständige das Baumdiagramm.

b) Schreibe die Wahrscheinlichkeiten an die Äste des Baumdiagramms.

c) Bestimme die Wahrscheinlichkeit P für die verschiedenen Ereignisse.

d) Wie groß ist die Wahrscheinlichkeit P(E), dass die gleiche Farbe erscheint?

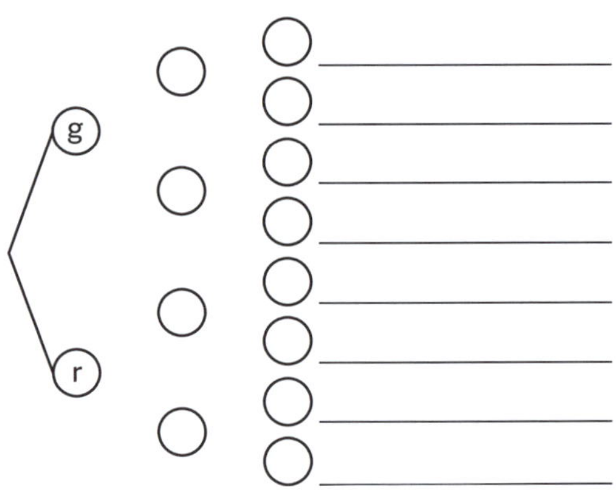

P_1 (g, g, g) = ______ P_2 (______) = ______

P(E) (gleiche Farbe) = ______

3 Zufallsgerät: drei Augenwürfel
Zufallsversuch: Würfel gleichzeitig werfen
Wie groß ist die Wahrscheinlichkeit P, dass die Augensumme 16 ergibt?

a) Notiere dazu in der Tabelle, welche Kombinationen die Augensumme 16 ergeben.

b) Berechne zu diesen günstigen Ergebnissen die Wahrscheinlichkeiten P_1, P_2, P_3, ...

c) Berechne die Wahrscheinlichkeit P(E) für die Augensumme 16.

P(E) = ______

1. Wurf	2. Wurf	3. Wurf	Wahrscheinlichkeit P
6	6	4	$\frac{1}{6} \cdot$

Wahrscheinlichkeit P eines Ereignisses bestimmen:
$P(E) = \frac{\text{Anzahl der günstigen Ergebnisse}}{\text{Anzahl aller möglichen Ergebnisse}}$

Wahrscheinlichkeit P eines mehrstufigen Zufallsversuchs nach der **Pfadregel** bestimmen

$P(E) = P(E_1) \cdot P(E_2) \cdot P(E_3) \cdot ...$

Wahrscheinlichkeit P zusammengesetzter Ereignisse nach der **Summenregel** bestimmen

$P(E) = P_1 + P_2 + ...$

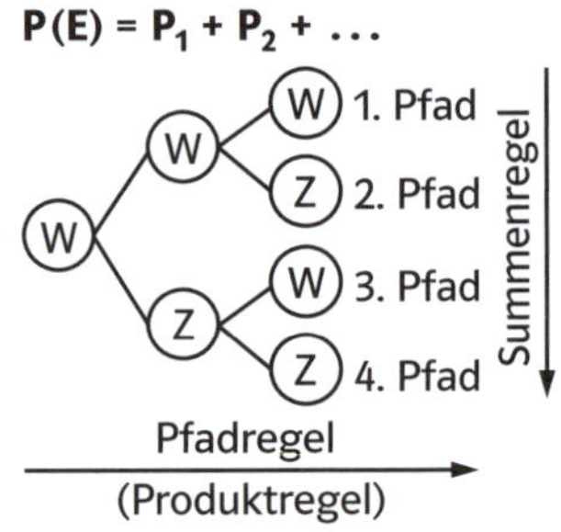

Flächen

Quadrat

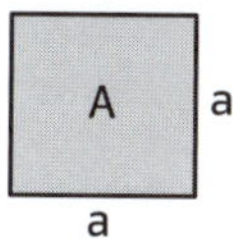

$A = a^2$
$u = 4 \cdot a$

Rechteck

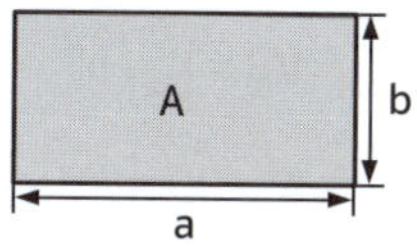

$A = a \cdot b$
$u = 2 \cdot a + 2 \cdot b$ oder
$u = 2 \cdot (a + b)$

Parallelogramm

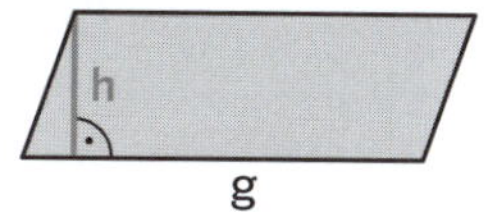

$A = g \cdot h$

Dreieck

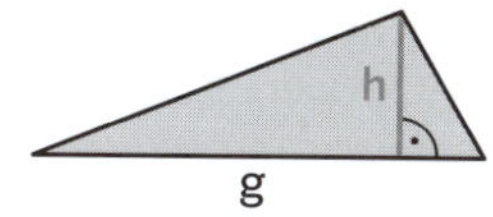

$A = \frac{g \cdot h}{2}$ oder $A = \frac{1}{2} \cdot g \cdot h$

Flächeninhalt A und Umfang u

Trapez

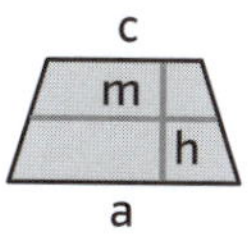

$A = \frac{a + c}{2} \cdot h$
$A = m \cdot h$

Kreis

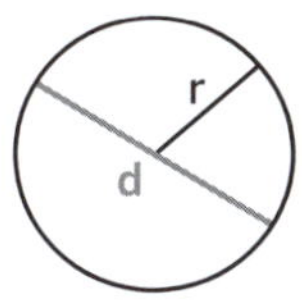

$A = \pi \cdot r^2;\ u = 2 \cdot \pi \cdot r$

Kreisausschnitt

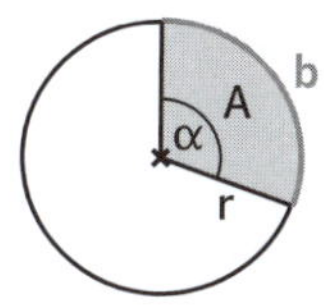

$A = \frac{\alpha}{360°} \cdot \pi \cdot r^2$

Kreisring

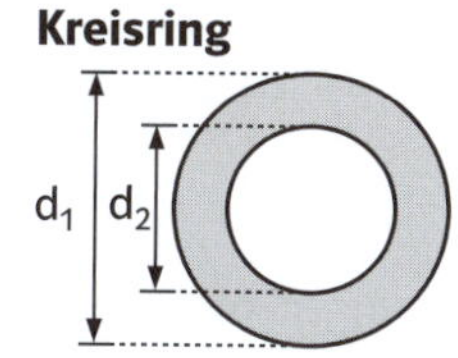

$A = \frac{\pi}{4} \cdot (d_1^{\,2} - d_2^{\,2})$

Flächensätze

Satz des Pythagoras

$a^2 + b^2 = c^2$

Summe der Kathetenquadrate gleich Hypotenusenquadrat

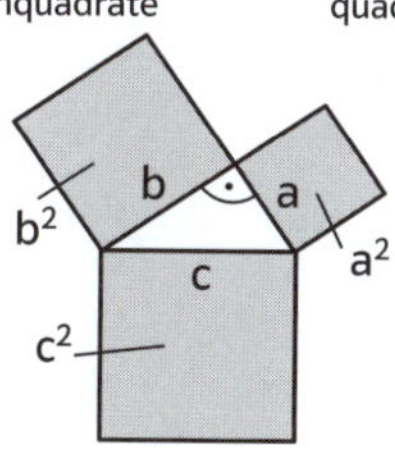

Kathetensatz

$a^2 = c \cdot p$

Kathetenquadrat gleich Rechteck aus der Hypotenuse und dem anliegenden Hypotenusenabschnitt

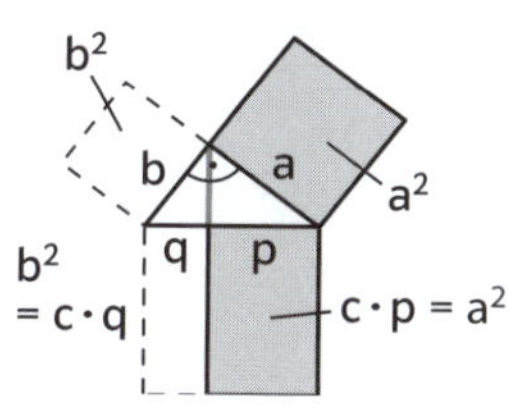

Höhensatz

$h^2 = p \cdot q$

Höhenquadrat gleich Rechteck aus den beiden Hypotenusenabschnitten

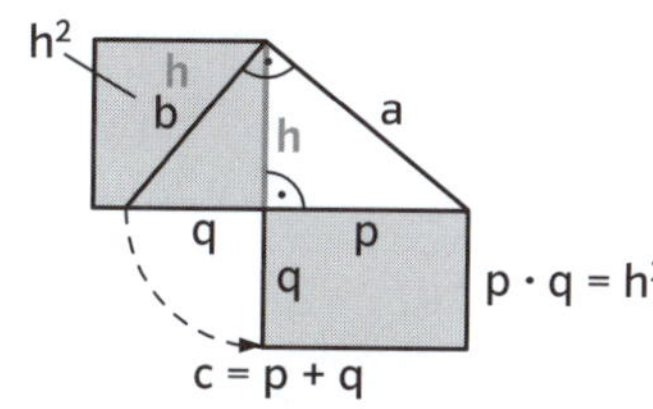

Körper

Prismen (Säulen)

$V = G \cdot k$
$O = 2 \cdot G + M$

G Grundfläche
k Körperhöhe
M Mantelfläche
O Oberflächeninhalt

Quader

$V = a \cdot b \cdot c$

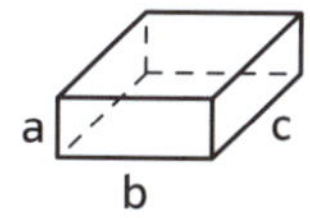

$O = 2 \cdot (ab + bc + ca)$

Würfel

$V = a^3$
$O = 6 \cdot a^2$

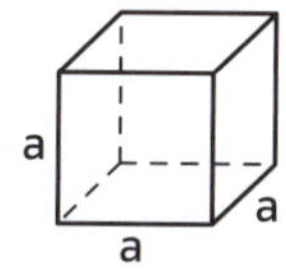

Zylinder

$M = \pi \cdot d \cdot h$
$u = 2 \cdot \pi \cdot r$

$V = G \cdot k$
$V = \pi \cdot r^2 \cdot k$

$O = 2 \cdot G + M$
$O = 2 \cdot \pi \cdot r^2 + 2 \cdot \pi \cdot r \cdot k$

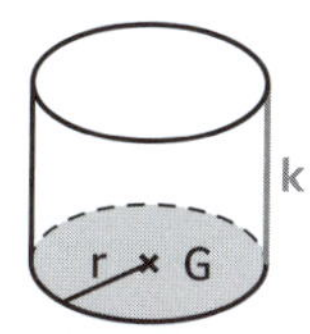

Dreieckprisma

$M = u_{Dreieck} \cdot k$
$V = G \cdot k$
$V = \frac{1}{2} c \cdot h_c \cdot k$
$O = 2 \cdot G + M$
$O = 2 \cdot \frac{1}{2} c \cdot h_c + M$

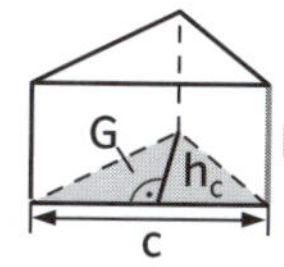

Spitzkörper

$V = \frac{1}{3} \cdot G \cdot k$
$O = G + M$

a Seitenlänge
r Radius

Quadratische Pyramide

$M = 4 \cdot A_{Dreieck}$
$V = \frac{1}{3} \cdot G \cdot k$
$V = \frac{1}{3} a^2 \cdot k$
$O = 4 \cdot A_{Dreieck} + G$
$O = 4 \cdot \frac{1}{2} a \cdot h_a + a^2$

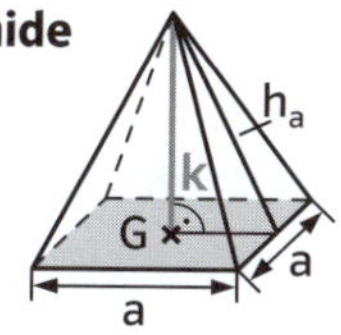

Kegel

$r = 2\,cm^2$
$k = 4\,cm$
$V = \frac{1}{3} \cdot G \cdot k$
$V = \frac{1}{3} \cdot \pi \cdot r^2 \cdot k$

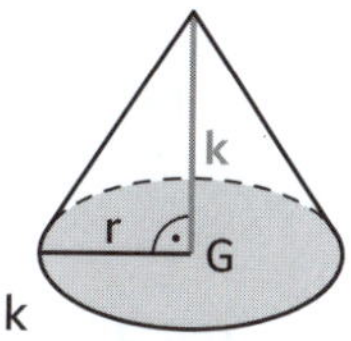

Stümpfe

$V = \frac{1}{3} \cdot k \cdot (G_1 + \sqrt{G_1 \cdot G_2} + G_2)$
$O = G_1 + G_2 + M$

Pyramidenstumpf mit quadratischer Grundfläche

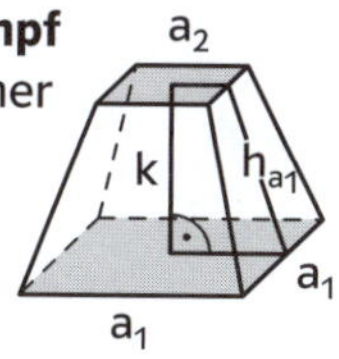

$V = \frac{1}{3} \cdot k \cdot (a_1^{\,2} + a_1 \cdot a_2 + a_2^{\,2})$
$O = a_1^{\,2} + a_2^{\,2} + 2 \cdot (a_1 + a_2) \cdot h_{a1}$
$M = 2 \cdot (a_1 + a_2) \cdot h_{a1}$

Kegelstumpf

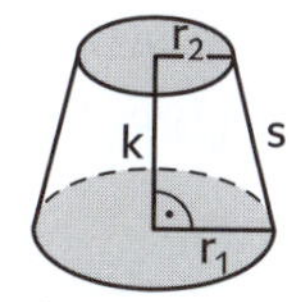

$V = \frac{1}{3} \cdot \pi \cdot k \cdot (r_1^{\,2} + r_1 \cdot r_2 + r_2^{\,2})$
$O = \pi \cdot r_1^{\,2} + \pi \cdot r_2^{\,2} + \pi \cdot s(r_1 + r_2)$
$O = \pi \cdot (r_1^{\,2} + r_2^{\,2} + s \cdot (r_1 + r_2))$
$M = \pi \cdot s \cdot (r_1 + r_2)$

Kugel

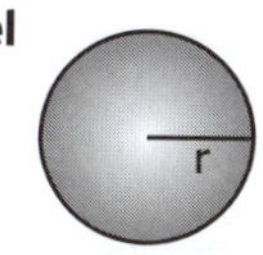

$V = \frac{4}{3} \cdot \pi \cdot r^3$
$O = 4 \cdot \pi \cdot r^2$

Rechengesetze

Prozentrechnen

$G = \frac{W \cdot 100}{p}$ $W = \frac{G \cdot p}{100}$ $p = \frac{W \cdot 100}{G}$

G Grundwert
W Prozentwert
p Prozentsatz

Zinsrechnen

$Z_t = \frac{K \cdot p \cdot t}{100 \cdot 360}$ $K = \frac{Z_t \cdot 100 \cdot 360}{p \cdot t}$ $p_t = \frac{Z_t \cdot 100 \cdot 360}{K \cdot t}$

K Kapital **Z_t** Zinsen in t Tagen
p Zinssatz **t** Tage

Zinseszinsrechnen

$K_n = K_0 \cdot q^n$ mit $q = \left(1 + \frac{p}{100}\right)$

K_n Kapital nach n Jahren
K_0 Anfangskapital
n Anzahl der Jahre
p% Zinssatz **q** Zinsfaktor

Quadratische Gleichungen

Normalform $x^2 + px + q = 0$

Lösungen $x_1 = -\frac{p}{2} + \sqrt{\left(\frac{p}{2}\right)^2 - q}$

$x_2 = -\frac{p}{2} - \sqrt{\left(\frac{p}{2}\right)^2 - q}$

Anzahl der Lösungen mithilfe der Diskriminante D bestimmen.

$D = \left(\frac{p}{2}\right)^2 - q$

$x_1;\ x_2 = -\frac{p}{2} \pm \sqrt{D}$

$D > 0$ zwei Lösungen
$D = 0$ eine Lösung
$D < 0$ keine Lösung

Klammern auflösen

$a \cdot (b + c) = a \cdot b + a \cdot c$

$a \cdot (b - c) = a \cdot b - a \cdot c$

$(a + b) \cdot (c + d) = a \cdot c + a \cdot d + b \cdot c + b \cdot d$

Binomische Formeln

① $(a + b)^2 = a^2 + 2ab + b^2$

② $(a - b)^2 = a^2 - 2ab + b^2$

③ $(a + b) \cdot (a - b) = a^2 - b^2$

Trigonometrie

Winkelfunktionen im rechtwinkligen Dreieck

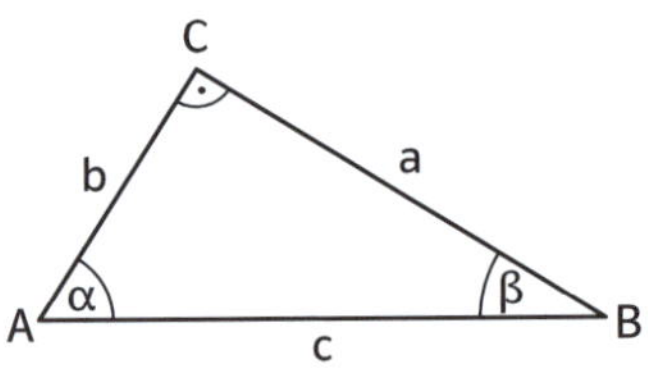

$\sin\alpha = \frac{a}{c}$ $\left(\frac{\text{Gegenkathete zu } \alpha}{\text{Hypotenuse}}\right)$

$\cos\alpha = \frac{b}{c}$ $\left(\frac{\text{Ankathete zu } \alpha}{\text{Hypotenuse}}\right)$

$\tan\alpha = \frac{a}{b}$ $\left(\frac{\text{Gegenkathete zu } \alpha}{\text{Ankathete zu } \alpha}\right)$

Berechnungen im allgemeinen Dreieck

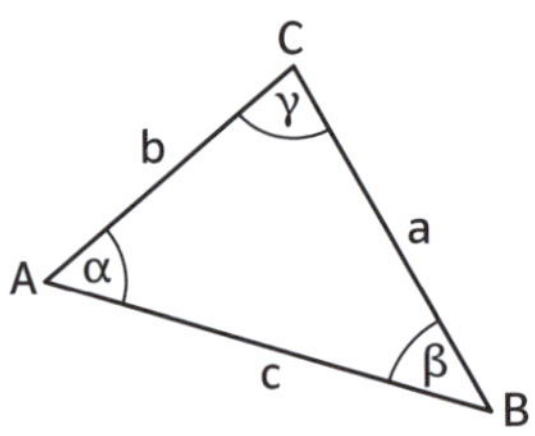

Sinussatz

$\frac{a}{b} = \frac{\sin\alpha}{\sin\beta};\ \frac{a}{c} = \frac{\sin\alpha}{\sin\gamma};\ \frac{b}{c} = \frac{\sin\beta}{\sin\gamma};$

$\frac{b}{a} = \frac{\sin\beta}{\sin\alpha};\ \frac{c}{a} = \frac{\sin\gamma}{\sin\alpha};\ \frac{c}{b} = \frac{\sin\gamma}{\sin\beta}$

Kosinussatz

$a^2 = b^2 + c^2 - 2 \cdot b \cdot c \cdot \cos\alpha$

$b^2 = a^2 + c^2 - 2 \cdot a \cdot c \cdot \cos\beta$

$c^2 = a^2 + b^2 - 2 \cdot a \cdot b \cdot \cos\gamma$

Wahrscheinlichkeit

Wahrscheinlichkeit zweistufiger Zufallsversuche mit der Pfadregel bestimmen

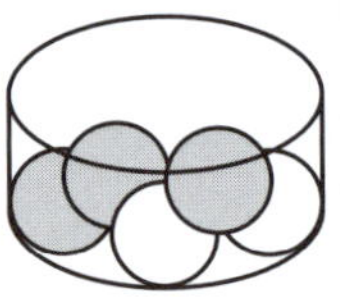

(mit Zurücklegen)
Zufallsgerät:
Becher mit 5 Kugeln,
3 schwarze und 2 weiße
Zufallsversuch:
eine Kugel ziehen, zurücklegen, erneut eine Kugel ziehen

Bestimme die Wahrscheinlichkeit P für das Ereignis (schwarz, weiß).

(1) $P(E_1)$ der 1. Stufe bestimmen $P(E_1) = \frac{3}{5} = 0{,}6$

(2) $P(E_2)$ der 2. Stufe bestimmen $P(E_2) = \frac{2}{5} = 0{,}4$

(3) P(E) des Zufallsversuch bestimmen $P(E) = \frac{3}{5} \cdot \frac{2}{5} = \frac{6}{25}$
$P(E) = P(E_1) \cdot P(E_2)$ $= 0{,}24$

Wahrscheinlichkeit zweistufiger Zufallsversuche mit der Pfadregel bestimmen

(ohne Zurücklegen)
Zufallsgerät: Becher mit 5 Kugeln,
3 schwarze und 2 weiße
Zufallsversuch:
eine Kugel ziehen, **nicht** zurücklegen, erneut eine Kugel ziehen

Bestimme die Wahrscheinlichkeit P für das Ereignis (schwarz, weiß).

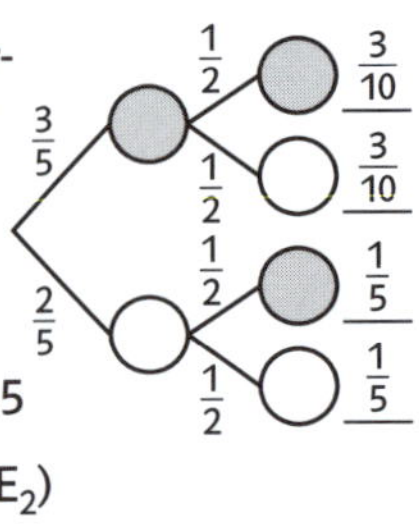

(1) $P(E_1) = \frac{3}{5} = 0{,}6$

(2) $P(E_2) = \frac{2}{4} = \frac{1}{2} = 0{,}5$

(3) $P(E) = P(E_1) \cdot P(E_2)$
$= \frac{3}{5} \cdot \frac{1}{2} = \frac{3}{10} = 0{,}3$

Wahrscheinlichkeit zusammengesetzter Ereignisse mit der Summenregel bestimmen

Zufallsgerät:
Becher mit 5 Kugeln,
3 schwarze und 2 weiße
Zufallsversuch:
eine Kugel ziehen, zurücklegen, erneut eine Kugel ziehen

Bestimme die Wahrscheinlichkeit P für das Ereignis (eine schwarze und eine weiße Kugel).

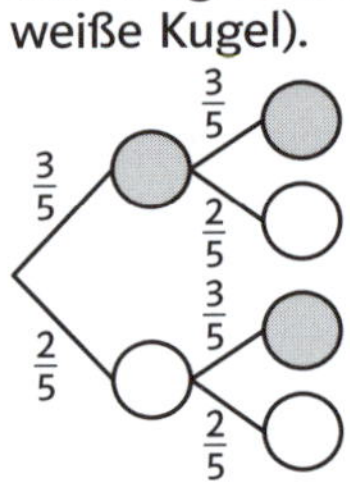

$P_1(s,s) = \frac{3}{5} \cdot \frac{3}{5} = \frac{9}{25} = 0{,}36$

$P_2(s,w) = \frac{3}{5} \cdot \frac{2}{5} = \frac{6}{25} = 0{,}24$

$P_3(w,s) = \frac{2}{5} \cdot \frac{3}{5} = \frac{6}{25} = 0{,}24$

$P_4(w,w) = \frac{2}{5} \cdot \frac{2}{5} = \frac{4}{25} = 0{,}16$

$P(E) = P_2 + P_3 = \frac{6}{25} + \frac{6}{25} = \frac{12}{25} = 0{,}48$

Arbeitsheft 6

Mathematik

Lösungen zum Arbeitsheft

1 Basiswissen

Schriftliche Rechenverfahren, Seite 5

1 a) 133,5292 b) 76,158

2 a) 62,396 b) 3,176 c) 6,67 d) −0,481

3 a) 346,086 b) 0,0147 c) 5059,6 d) 1,3838

4 a) 5,09 b) 90,7 c) 65 d) 2

1.1 a) 454,4757 b) 121,635 c) 2509,144

2.1 a) 3,4083 b) 1,949 c) 788,325 d) 0,6835 e) 851,364 f) 53,214

3.1 a) 176,209 b) 0,4769 c) 440,22 d) 0,027 09 e) 273,296 f) 57,125 05 g) 657 h) 0,000 036

4.1 a) 20,3 b) 449 c) 3,08 d) 0,87 e) 84,5 f) 746 g) 89,7 h) 63,1

Bruchrechnen, Seite 6

1 a) $1\frac{1}{28}$ b) $\frac{11}{24}$

2 a) $\frac{8}{21}$ b) $\frac{7}{15}$

3 a) $1\frac{1}{2}$ b) $1\frac{1}{10}$

4 a) $5\frac{1}{6}$ b) $7\frac{13}{20}$

5 a) $\frac{19}{40}$ b) $2\frac{32}{35}$

6 a) $9\frac{1}{6}$ b) $14\frac{3}{10}$

7 a) $2\frac{22}{31}$ b) $4\frac{1}{5}$

1.1 a) $1\frac{4}{15}$ b) $2\frac{1}{12}$ c) $\frac{25}{63}$

1.2 a) $\frac{5}{8}$ b) $\frac{1}{12}$ c) $\frac{23}{99}$

2.1 a) $\frac{4}{7}$ b) $\frac{8}{11}$ c) $\frac{8}{21}$

3.1 a) $\frac{9}{10}$ b) $\frac{7}{8}$ c) $1\frac{1}{2}$

4.1 a) $4\frac{1}{4}$ b) $6\frac{11}{15}$ c) $5\frac{7}{8}$

5.1 a) $\frac{17}{22}$ b) $1\frac{2}{9}$ c) $6\frac{9}{10}$

6.1 a) $10\frac{1}{8}$ b) $23\frac{1}{3}$ c) $13\frac{13}{15}$

7.1 a) 3 b) $7\frac{1}{2}$ c) $1\frac{23}{25}$

8 a) $1{,}625 = 1\frac{5}{8}$ b) 13 c) 1

9 Summe > 1 z. B. $\frac{4}{3} + \frac{8}{5} = 2\frac{14}{15}$

Differenz > 1 z. B. $\frac{8}{5} - \frac{1}{5} = \frac{7}{5} = 1\frac{2}{5}$

Produkt > 1 z. B. $\frac{1}{2} \cdot \frac{5}{2} = 1\frac{1}{4}$

Quotient > 1 z. B. $\frac{1}{2} : \frac{1}{5} = 2\frac{1}{2}$

Bei der Summe sucht man zwei große Brüche. Bei der Differenz zieht man einen kleinen von einem großen Bruch ab. Beim Produkt wählt man zwei große Brüche, beim Quotienten teilt man einen großen durch einen möglichst kleinen Bruch.

Zuordnungen, Dreisatz, Seite 7

1

	Personen	Gewinn	
: 8	8	350 000 €	· 8
· 7	1	2 800 000 €	: 7
	7	400 000 €	

2 a)

	Anzahl	Preis	
: 5	5	12,50 €	: 5
· 17	1	2,50 €	· 17
	17	42,50 €	

b)

	Gewicht	Preis	
: 3	9 kg	36,00 €	: 3
· 12	3 kg	12,00 €	· 12
	36 kg	144,00 €	

c)

	Zeit	Füllmenge	
: 2	10 min	750 l	: 2
· 9	5 min	375 l	· 9
	45 min	3375 l	

3 a) in 15 min fließen 660 l; in 5 min fließen 220 l; in 55 min fließen 2420 l
b) für 8 m^2 braucht man 400 Fliesen; für 2 m^2 braucht man 100 Fliesen; für 20 m^2 braucht man 1000 Fliesen
c) für 5 Kleider 21 m; für 1 Kleid 4,2 m; für 12 Kleider 50,4 m

4 a) 6 Personen je 105 000 €; 2 Personen je 315 000 €;
8 Personen je 78 750 €
b) 24 Schüler je 28,00 €; 4 Schüler je 168,00 €; 20 Schüler je 33,60 €
c) 8 Lkws, jeder 15 Fahrten; 2 Lkws, jeder 60 Fahrten;
12 Lkws, jeder 10 Fahrten

1.1 a)

	Reihen	Stühle	
· 2	15	12	: 2
: 3	30	6	· 3
	10	18	

b)

	Lkws	Tage	
: 6	6	10	· 6
· 5	1	60	: 5
	5	12	

2.1 a)

	Anzahl	Preis	
: 7	7	10,50 €	: 7
· 10	1	1,50 €	· 10
	10	15,00 €	

b)

	Gewicht	Preis	
: 3	3 kg	7,20 €	: 3
· 7	1 kg	2,40 €	· 7
	7 kg	16,80 €	

3.1 a) für $12\,m^2$ braucht man 300 Fliesen; für $1\,m^2$ braucht man 25 Fliesen; für $19\,m^2$ braucht man 475 Fliesen
b) 12 Riegel wiegen 480 g; 1 Riegel wiegt 40 g;
5 Riegel wiegen 200 g

4.1 a) bei 0,2 l erhält man 200 Gläser; bei 0,1 l erhält man 400 Gläser; bei 0,25 l erhält man 160 Gläser
b) bei 125 g erhält man 120 Packungen; bei 100 g erhält man 150 Packungen; bei 500 g erhält man 30 Packungen

Prozent- und Zinsrechnung, Seite 8

1 (1) $Z_t = K \cdot p\,\% \cdot \frac{t}{360}$ (2) $Z_t = 3570\,€ \cdot 0{,}025 \cdot \frac{120}{360}$
(3) $Z_t = 29{,}75\,€$

2 (1) $K = \frac{Z_t}{p\,\%} \cdot \frac{360}{t}$ (2) $K = \frac{18{,}25\,€}{0{,}045} \cdot \frac{360}{90}$
(3) $K \approx 1622{,}22\,€ \approx 1622\,€$

3 (1) $p\,\% = \frac{Z_t}{K} \cdot \frac{360}{t}$ (2) $p\,\% = \frac{250}{5630} \cdot \frac{360}{210}$
(3) $p\,\% \approx 7{,}6\,\%$

4 (1) $W = G \cdot p\,\%$ (2) $W = 470\,kg \cdot 0{,}03$ (3) $W = 14{,}1\,kg$

5 (1) $p\,\% = W : G$ (2) $p\,\% = 95\,m : 3080\,m$ (3) $p\,\% \approx 3{,}1\,\%$

6 (1) $G = W : p\,\%$ (2) $G = 34{,}0\,t : 0{,}04$ (3) $G = 850\,t$

7 a) $W = 2{,}16\,kg$ b) $p\,\% = 20{,}0\,\%$ c) $G = 80{,}0\,mm$
d) $p\,\% = 0{,}5\,\%$ e) $W = 622$ Personen f) $Z_t = 2{,}81\,€$
g) $t = 60\,d$ h) $p\,\% = 15{,}5\,\%$ i) $K = 913{,}91\,€$
j) $t = 3\,d$

1.1 $Z_t = K \cdot p\,\% \cdot \frac{t}{360} = 6125\,€ \cdot 0{,}015 \cdot \frac{45}{360} \approx 11{,}48\,€$

2.1 $K = \frac{Z_t}{p\,\%} \cdot \frac{360}{t} = \frac{23\,€}{0{,}08} \cdot \frac{360}{150} = 690{,}00\,€$

3.1 $p\,\% = \frac{Z_t}{K} \cdot \frac{360}{t} = \frac{26{,}90\,€}{1225{,}00\,€} \cdot \frac{360}{183} \approx 4{,}32\,€$

4.1 a) $W = G \cdot p\,\% = 470{,}0\,kg \cdot 0{,}03 \approx 14{,}1\,kg$
b) $W = 595\,m \cdot 0{,}45 = 267{,}75\,m$

5.1 a) $p\,\% = W : G = 4{,}5\,m : 150{,}0\,m = 3{,}0\,\%$
b) $p\,\% = 53{,}5\,l : 59{,}5\,l \approx 89{,}92\,\%$

6.1 a) $G = W : p\,\% = 0{,}27\,m : 0{,}0075 = 36{,}00\,m$
b) $G = 26{,}775\,t : 0{,}045 = 595\,t$

Lineare Gleichungen lösen und darstellen, Seite 9

1 $2(3x + 1) - 5x = 10 - 3x$
$6x + 2 - 5x = 10 - 3x$
$x + 2 = 10 - 3x$ $\quad| +3x - 2$
$4x = 8$ $\quad| : 4$
$x = 2$
$L = \{2\}$

2 a) $5x + 10 = 2x + 1$ $\quad| -2x$
$3x + 10 = 1$ $\quad| -10$
$3x = -9$ $\quad| : 3$
$x = -3$
$L = \{-3\}$

b) $8x + 3 = 6x + 17$ $\quad| -6x$
$2x + 3 = 17$ $\quad| -3$
$2x = 14$ $\quad| : 2$
$x = 7$
$L = \{7\}$

c) $4(8x - 5) = -6x - 1$ $\quad|$ Ausklammern
$32x - 20 = -6x - 1$ $\quad| +6x + 20$
$38x = 19$ $\quad| : 38$
$x = \frac{1}{2}$
$L = \left\{\frac{1}{2}\right\}$

3 a) $b = 5;\ m = -1$ b) $b = 3;\ m = -2$ c) $b = -4;\ m = 2$
d) $b = \frac{1}{2};\ m = \frac{1}{2}$ e) $b = 1;\ m = -\frac{1}{4}$ f) $b = 4;\ m = 0$

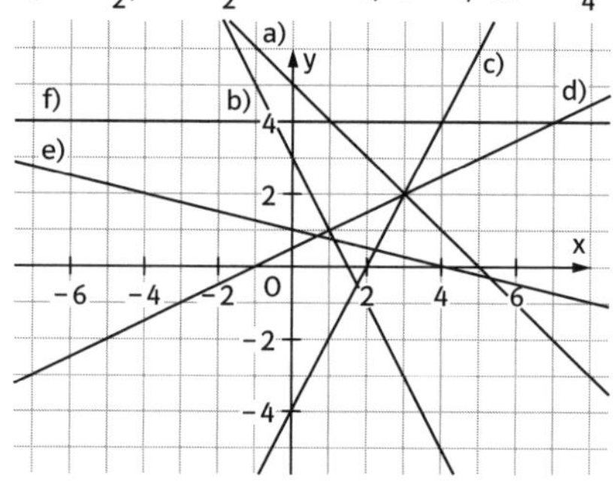

4 a) $b = 0;\ m = -2;\ y = -2x$ b) $b = 2;\ m = -\frac{1}{2};\ y = -\frac{1}{2}x + 2$
c) $b = -1;\ m = -\frac{1}{2};\ y = -\frac{1}{2}x - 1$ d) $b = 1;\ m = 1;\ y = x + 1$
e) $b = -2;\ m = \frac{1}{2};\ y = \frac{1}{2}x - 2$

1.1 a) $4(x - 2) = 2x - 2$ $\quad|$ Ausklammern
$4x - 8 = 2x - 2$ $\quad| -2x$
$2x - 8 = -2$ $\quad| +8$
$2x = 6$ $\quad| : 2$
$x = 3$
$L = \{3\}$

b) $3x + 10 = 5(2x - 5)$ $\quad|$ Ausklammern
$3x + 10 = 10x - 25$ $\quad| -10x$
$-7x + 10 = -25$ $\quad| -10$
$-7x = -35$ $\quad| : (-7)$
$x = 5$
$L = \{5\}$

c) $10 - 3x = 2(2x - 2)$ $\quad|$ Ausklammern
$10 - 3x = 4x - 4$ $\quad| +4 \quad | +3x$
$14 = 7x$ $\quad| : 7$
$2 = x$

d) $2x = 5(x - 6)$ $\quad|$ Ausklammern
$2x = 5x - 30$ $\quad| -5x$
$-3x = -30$ $\quad| : (-3)$
$x = 10$

2.1 a) $4x = 2(4x - 1)$ | Ausklammern
$4x = 8x - 2$ | $-8x$
$-4x = -2$ | $:(-4)$
$x = \frac{1}{2}$
$L = \{\frac{1}{2}\}$

b) $3x = 5x + 4$ | $-5x$
$-2x = 4$ | $:(-2)$
$x = -2$
$L = \{-2\}$

c) $2x + 9 = 8x$ | $-8x$
$-6x + 9 = 0$ | -9
$-6x = -9$ | $:(-6)$
$x = 1\frac{1}{2}$
$L = \{\frac{1}{2}\}$

d) $4(x + 3) = 2(x + 1)$ | Ausklammern
$4x + 12 = 2x + 2$ | $-2x$
$2x + 12 = 2$ | -12
$2x = -10$ | $:2$
$x = -5$
$L = \{-5\}$

3.1 a) $b = 5;\ m = 2$ b) $b = -4;\ m = -1$ c) $b = -1;\ m = -2$
d) $b = 3;\ m = \frac{1}{2}$ e) $b = 2;\ m = -0{,}5$ f) $b = -5;\ m = 3$

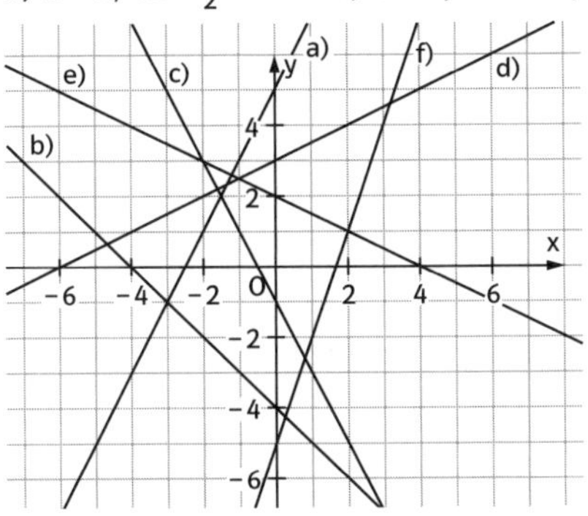

5 a) Es wurde -8 auf der rechten Seite vergessen.
$7x + 8 = 22$ | -8
$7x = 14$ | $:7$
$x = 2$
b) Es wurde 3 nicht mit -7 multipliziert.
$3(x - 7) = 10$
$3x - 21 = 10$ | $+21$
$3x = 31$ | $:3$
$x = 10\frac{1}{3}$

Potenzen berechnen, Seite 10

1 a) $2^7 = 128$ b) $(-4)^5 = -1024$
c) $3^5 = 243$ d) $5^3 = 125$

2 a) $6^4 = 1296$ b) $12^2 = 144$ c) $10^{-2} = 0{,}01$

3 a) $2^2 = 4$ b) $(-3)^2 = 9$ c) $5^0 = 1$ d) $6^2 = 36$

4 a) $3^3 = 27$ b) $(-4)^2 = 16$ c) $2^5 = 32$ d) $2^4 = 16$

5 a) $2^{10} = 1024$ b) $3^6 = 729$
c) $10^9 = 1\,000\,000\,000$ d) $(-2)^{10} = 1024$

6 a) $\frac{1}{6^2} = \frac{1}{36}$ b) $\frac{1}{3^4} = \frac{1}{81}$ c) $\frac{1}{2^5} = \frac{1}{32}$ d) $\frac{1}{(-5)^2} = \frac{1}{25}$

7 a) $32 \cdot 10^5$; $68 \cdot 10^4$; $87 \cdot 10^5$; $25 \cdot 10^6$
b) $3{,}2 \cdot 10^6$; $9{,}4 \cdot 10^5$; $1{,}5 \cdot 10^6$; $7{,}1 \cdot 10^7$
c) $32 \cdot 10^{-5}$; $57 \cdot 10^{-6}$; $98 \cdot 10^{-5}$; $26 \cdot 10^{-7}$
d) $3{,}2 \cdot 10^{-4}$; $6{,}8 \cdot 10^{-5}$; $7{,}4 \cdot 10^{-3}$; $6{,}9 \cdot 10^{-6}$

1.1 a) $3^{1+3} = 3^4 = 81$ b) $5^{2+3} = 5^5 = 3125$
c) $10^{0+2} = 10^2 = 100$ d) $2^{5+5} = 2^{10} = 1024$

2.1 a) $(3 \cdot 2)^3 = 6^3 = 216$ b) $(8 \cdot 5)^2 = 40^2 = 1600$
c) $(10 \cdot 2)^5 = 20^5 = 3\,200\,000$ d) $(1 \cdot 3)^4 = 3^4 = 81$

3.1 a) $3^{5-3} = 3^2 = 9$ b) $10^{3-3} = 10^0 = 1$
c) $0{,}5^{3-2} = 0{,}5$ d) $7^{5-0} = 7^5 = 16\,807$

4.1 a) $(9 : 3)^3 = 3^3 = 27$ b) $(10 : 5)^2 = 2^2 = 4$
c) $(2 : 0{,}5)^5 = 4^5 = 1024$ d) $(8 : 4)^4 = 2^4 = 16$

5.1 a) $3^{1 \cdot 3} = 3^3 = 27$ b) $(-2)^{2 \cdot 5} = (-2)^{10} = 1024$
c) $10^{5 \cdot 0} = 10^0 = 1$ d) $(0{,}5)^{3 \cdot 2} = (0{,}5)^6 = 0{,}015\,625$

6.1 a) $\frac{1}{3^3} = \frac{1}{27}$ b) $\frac{1}{2^4} = \frac{1}{16}$
c) $\frac{1}{8^1} = \frac{1}{8}$ d) $\frac{1}{0{,}1^3} = \frac{1}{0{,}001} = 1000$

7.1 a) $5{,}6 \cdot 10^6$ b) $8{,}9 \cdot 10^7$ c) $5{,}7 \cdot 10^5$
d) $8{,}9 \cdot 10^{10}$ e) $5{,}1 \cdot 10^{-4}$ f) $2{,}4 \cdot 10^{-7}$
g) $3{,}0 \cdot 10^{-3}$

Satz des Pythagoras, Seite 11

1 (2) $c = \sqrt{a^2 + b^2}$
(3) $c = \sqrt{12^2 + 30^2} = \sqrt{144 + 900} = \sqrt{1044}$
(4) $c \approx 32{,}3\,\text{cm}$

2 a) (2) $b = \sqrt{c^2 - a^2}$
(3) $b = \sqrt{10{,}5^2 - 3{,}6^2} = \sqrt{110{,}25 - 12{,}96} = \sqrt{97{,}29}$
(4) $b \approx 9{,}9\,\text{cm}$
b) (2) $a = \sqrt{c^2 - b^2}$
(3) $a = \sqrt{16{,}8^2 - 12{,}4^2} = \sqrt{282{,}24 - 153{,}76} = \sqrt{128{,}48}$
(4) $a \approx 11{,}3\,\text{cm}$

3 a)

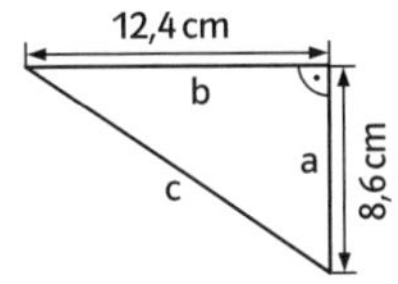

(1) Gegeben: Kathete $a = 8{,}6\,\text{cm}$
Kathete $b = 12{,}4\,\text{cm}$
Gesucht: Hypotenuse c

(2) $c = \sqrt{a^2 + b^2}$
(3) $c = \sqrt{12{,}4^2 + 8{,}6^2} = \sqrt{153{,}76 + 73{,}96} = \sqrt{227{,}72}$
(4) $c \approx 15{,}1\,\text{cm}$

b)

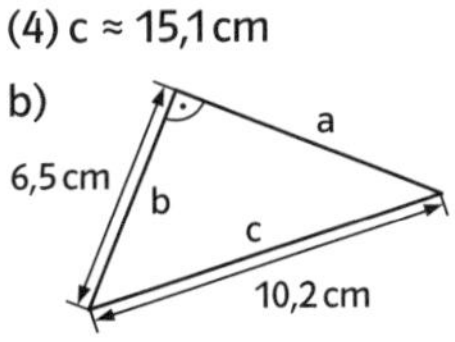

(1) Gegeben: Kathete $b = 6{,}5\,\text{cm}$
Hypotenuse $c = 10{,}2\,\text{cm}$
Gesucht: Kathete a

(2) $a = \sqrt{c^2 - b^2}$
(3) $a = \sqrt{10{,}2^2 - 6{,}5^2} = \sqrt{104{,}04 - 42{,}25} = \sqrt{61{,}79}$
(4) $a \approx 7{,}9\,\text{cm}$

1.1 a) $c \approx 9{,}1\,\text{cm}$ b) $c \approx 15{,}9\,\text{cm}$
c) $c \approx 25{,}8\,\text{cm}$ d) $c \approx 27{,}9\,\text{cm}$

1.2 a) $c \approx 2{,}77\,\text{m}$ b) $c \approx 4{,}93\,\text{m}$
c) $c \approx 2{,}37\,\text{m}$ d) $c \approx 1{,}503\,\text{km}$

2.1 a) $a \approx 47{,}6\,\text{cm}$ b) $b = 3{,}94\,\text{m}$
c) $a \approx 0{,}89\,\text{m}$ d) $a \approx 3{,}416\,\text{km}$

3.1
Figur 1 $a = \sqrt{25^2 - 20^2} = \sqrt{225} = 15$
$x = \sqrt{a^2 - 10^2} = \sqrt{225 - 100} = \sqrt{125} \approx 11{,}2$
Figur 2 $b = \sqrt{21^2 - 5^2} = \sqrt{441 - 25} = \sqrt{416} \approx 20{,}4$
$x = \sqrt{b^2 - 18^2} = \sqrt{416 - 324} = \sqrt{92} \approx 9{,}6$

Flächeninhalt und Volumen berechnen, Seite 12

1 (1) Trapez Dreieck
$a = 10{,}2\,cm;\ g = 6{,}8\,cm;$ $g = 6{,}8\,cm;\ h_1 = 4{,}2\,cm$
$h_2 = 3{,}2\,cm$
(2) $A_T = \frac{a+g}{2} \cdot h_2$ $A_D = \frac{g \cdot h_1}{2}$
(3) $A_T = 27{,}2\,cm^2$ $A_D = 14{,}28\,cm^2$
(4) $A_T + A_D = 41{,}48\,cm^2$

2 (2) $A = \pi \cdot r^2$ $u = 2\pi \cdot r$
(3) $A = \pi \cdot 3{,}5^2$ $u = 2 \cdot \pi \cdot 3{,}5$
$A \approx 38{,}5\,cm^2$ $u \approx 22{,}0\,cm$

3 (2) $A = \pi \cdot r \cdot \frac{\alpha}{360}$ $b = \frac{\alpha}{180} \cdot \pi \cdot r$
(3) $A = \pi \cdot 3{,}5 \cdot \frac{120}{360}$ $b = \frac{120}{180} \cdot \pi \cdot 3{,}5$
$A \approx 3{,}7\,cm^2$ $b \approx 7{,}3\,cm$

4 (2) $V = \frac{1}{3} \cdot a^2 \cdot k$
(3) $V = \frac{1}{3} \cdot 5{,}6^2 \cdot 10{,}2$
$V \approx 106{,}6\,cm^3$

5 (2) $k = \sqrt{s^2 - r^2}$ $V = \frac{1}{3} \cdot \pi \cdot r^2 \cdot k$
(3) $k = \sqrt{12{,}5^2 - 6{,}2^2}$ $V = \frac{1}{3} \cdot \pi \cdot 6{,}2^2 \cdot 10{,}9$
$k \approx 10{,}9\,cm$ $V \approx 438{,}8\,cm^3$

6 a) (3) $V = \frac{28{,}4 + 7{,}4}{2} \cdot 25 \cdot 10{,}8 = 4833\,cm^3$
b) (3) $V = 10 \cdot 16 \cdot 32 \cdot \frac{1}{3} \approx 1706{,}7\,cm^3$
c) (3) $V = \pi \cdot \left(\frac{9{,}5}{2}\right)^2 \cdot 21{,}5 \cdot \frac{1}{3} \approx 508{,}0\,cm^3$

7 a) $A_{\text{linkes Dreieck}} = \frac{4 \cdot 3}{2}\,cm^2 = 6\,cm^2$
$A_{\text{Trapez}} = \frac{4+6}{2} \cdot 6\,cm^2 = 30\,cm^2$
$A_{\text{rechtes Dreieck}} = \frac{6 \cdot 3}{2}\,cm^2 = 9\,cm^2$
$A_{\text{Gesamt}} = 6\,cm^2 + 30\,cm^2 + 9\,cm^2 = 45\,cm^2$
b) $A_{\text{Großer Halbkreis}} = \pi \cdot r^2 \cdot \frac{1}{2} = \pi \cdot 4^2 \cdot \frac{1}{2}\,cm^2 = \pi \cdot 8\,cm = 25{,}1\,cm^2$
$2 \cdot A_{\text{kleiner Halbkreis}} = A_{\text{kleiner Kreis}} = \pi \cdot 2^2\,cm^2 = \pi \cdot 4 = 12{,}6\,cm^2$
$A_{\text{Gesamt}} = 25{,}1\,cm^2 + 12{,}6\,cm^2 \approx 37{,}7\,cm^2$

8 a) $V_{\text{Pyramide}} = 2{,}5 \cdot 2{,}5 \cdot 4{,}5 \cdot \frac{1}{3}\,cm^3 \approx 9{,}4\,cm^3$
b) $V_{\text{Kegel}} = \pi \cdot r^2 \cdot K \cdot \frac{1}{3} = \pi \cdot 3{,}8^2 \cdot 6{,}8 \cdot \frac{1}{3}\,cm^3 \approx 102{,}8\,cm^3$
c) $V_{\text{Zylinder}} = \pi \cdot r^2 \cdot K = \pi \cdot 6^2 \cdot 68\,cm^3 \approx 7691\,cm^3$

Kompetenz-Test Basiswissen, Seite 13

<table>
<tr><td>1 $1\frac{1}{2} + \frac{3}{10} = 1\frac{5}{10} + \frac{3}{10} = 1\frac{8}{10} = 1\frac{4}{5}$</td><td>$2\frac{3}{4} \cdot \frac{5}{8} = \frac{11}{4} \cdot \frac{5}{8} = \frac{55}{32} = 1\frac{23}{32}$</td><td>$3\frac{3}{4} : \frac{3}{5} = \frac{{}^5\cancel{15} \cdot 5}{4 \cdot \cancel{3}_1} = \frac{25}{4} = 6\frac{1}{4}$</td></tr>
<tr><td>2
<table>
<tr><th></th><th>Gewicht</th><th>Preis</th><th></th></tr>
<tr><td>: 3</td><td>9 kg</td><td>36,00 €</td><td>: 3</td></tr>
<tr><td>· 10</td><td>3 kg</td><td>12,00 €</td><td>· 10</td></tr>
<tr><td></td><td>30 kg</td><td>120,00 €</td><td></td></tr>
</table></td><td>in 12 min fließen 28 l,
in 1 min fließen 2,33 l,
in 17 min fließen 39,67 l.</td><td>28 Schüler bezahlen je 30,00 €,
4 Schüler bezahlen je 210,00 €,
24 Schüler bezahlen je 35,00 €.</td></tr>
<tr><td>3 $p\% = W : G = 1875\,m^2 : 12\,500\,m^2 = 15\,\%$</td><td>$K = Z : p\% = 62{,}50\,€ : 0{,}025 = 2500\,€$</td><td>$Z_t = K \cdot p\% \cdot \frac{t}{360} = 12\,000\,€ \cdot 0{,}03 \cdot \frac{135}{360}$
$= 135{,}00\,€$</td></tr>
<tr><td>4 $3x = 5x - 10 \quad | -5x$
$-2x = -10 \quad | :(-2)$
$x = 5$
$L = \{5\}$</td><td>$6x - 2 = 2x + 1 \quad | -2x$
$4x - 2 = 1 \quad | +2$
$4x = 3 \quad | :4$
$x = \frac{3}{4}$
$L = \left\{\frac{3}{4}\right\}$</td><td>$-20 + 2x + 1 = 10x + 15 \quad | -10x$
$-8x - 19 = 15 \quad | +19$
$-8x = 34 \quad | :(-8)$
$x = -4\frac{1}{4}$
$L = \left\{-4\frac{1}{4}\right\}$</td></tr>
<tr><td>5 a) $2^8 = 256$ b) $6^4 = 1296$</td><td>a) $4^2 = 16$ b) $10^{-2} = \frac{1}{100}$</td><td>a) $2^5 = 32$ b) $2^8 = 256$</td></tr>
<tr><td>6 $c = \sqrt{a^2 + b^2}\,cm = \sqrt{9^2 + 12^2}\,cm$
$= \sqrt{81 + 144}\,cm = 15\,cm$</td><td>$b = \sqrt{c^2 - a^2}\,m = \sqrt{4{,}1^2 - 2{,}35^2}\,m$
$= \sqrt{11{,}2875}\,m \approx 3{,}36\,m$</td><td>$c = \sqrt{4{,}3^2 + 5{,}6^2}\,cm = \sqrt{49{,}85}\,cm \approx 7{,}1\,cm$
$x = \sqrt{7{,}1^2 - 3{,}2^2}\,cm = \sqrt{40{,}17}\,cm \approx 6{,}3\,cm$</td></tr>
</table>

1 Lineare Gleichungen und Gleichungssysteme

Lösungspaare linearer Gleichungen bestimmen, Seite 14

1 (1) $2y + x = 2 \quad | -x$
$2y = -x + 2 \quad | :2$
$y = -\frac{1}{2}x + 1$

(2) $x = -2$ $x = 0$ $x = 2$
$y = -\frac{1}{2}(-2) + 1$ $y = -\frac{1}{2} \cdot 0 + 1$ $y = -\frac{1}{2} \cdot 2 + 1$
$y = 2$ $y = 1$ $y = 0$

(3)

x	−2	0	2
y	2	1	0

2 a)

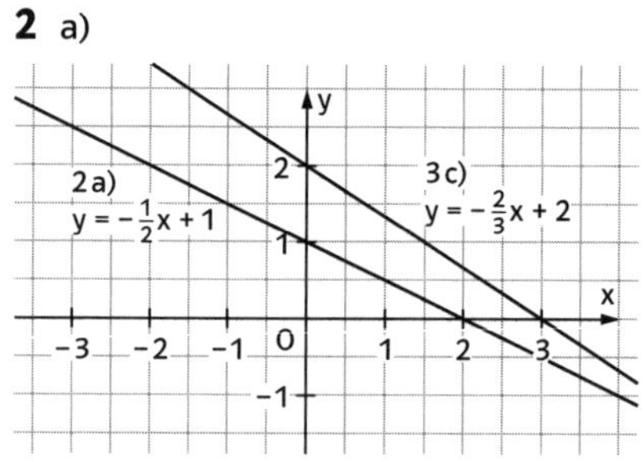

Figur 1

b) $m = -\frac{1}{2};\ b = 1;\ y = -\frac{1}{2}x + 1$

3 a) $m = -\frac{2}{3};\ b = 2;\ y = -\frac{2}{3}x + 2$

b)

x	−6	−3	0	3	6
y	6	4	2	0	−2

c) Siehe Figur 1.

4

x	-3	-2	0	2	3
$y = 2x + 3$	−3	−1	3	7	9
$y = -x + 4$	7	6	4	2	1
$y = -\frac{1}{2}x - 2$	$-\frac{1}{2}$	−1	−2	−3	$-3\frac{1}{2}$

1.1

	x	−2	−1	0	1	2
a)	$y = -x + 3$	5	4	3	2	1
b)	$y = 2x + 2$	−2	0	2	4	6
c)	$y = 3x - 2$	−8	−5	−2	1	4
d)	$y = -\frac{1}{2}x + 4$	5	$4\frac{1}{2}$	4	$3\frac{1}{2}$	3
e)	$y = 2x - \frac{2}{3}$	$-4\frac{2}{3}$	$-2\frac{2}{3}$	$-\frac{2}{3}$	$1\frac{1}{3}$	$3\frac{1}{3}$
f)	$y = 2x - 3$	−7	−5	−3	−1	1
g)	$y = -2x - 3$	1	−1	−3	−5	−7
h)	$y = -\frac{1}{2}x + 1$	2	$1\frac{1}{2}$	1	$\frac{1}{2}$	0
i)	$y = -x + 2$	4	3	2	1	0
j)	$y = 3x - 4$	−10	−7	−4	−1	2
k)	$y = -\frac{1}{2}x + 3$	4	$3\frac{1}{2}$	3	$2\frac{1}{2}$	2
l)	$y = \frac{1}{2}x + 1\frac{1}{2}$	$\frac{1}{2}$	1	$1\frac{1}{2}$	2	$2\frac{1}{2}$
m)	$y = -\frac{2}{3}x - \frac{1}{6}$	$1\frac{1}{6}$	$\frac{1}{2}$	$-\frac{1}{6}$	$-\frac{5}{6}$	$-1\frac{1}{2}$
n)	$y = \frac{3}{4}x + \frac{4}{5}$	$-\frac{7}{10}$	$\frac{1}{20}$	$\frac{4}{5}$	$1\frac{11}{20}$	$2\frac{3}{10}$

2.1 a) individuelle Lösung

b) und c)	m	b	Gerade
1.1 a)	−1	3	$y = -x + 3$
1.1 b)	2	2	$y = 2x + 2$
1.1 c)	3	−2	$y = 3x - 2$
1.1 d)	$-\frac{1}{2}$	4	$y = -\frac{1}{2}x + 4$
1.1 e)	2	$-\frac{2}{3}$	$y = 2x - \frac{2}{3}$
1.1 f)	2	−3	$y = 2x - 3$
1.1 g)	−2	−3	$y = -2x - 3$
1.1 h)	$-\frac{1}{2}$	1	$y = -\frac{1}{2}x + 1$
1.1 i)	−1	2	$y = -x + 2$
1.1 j)	3	−4	$y = 3x - 4$
1.1 k)	$-\frac{1}{2}$	3	$y = -\frac{1}{2}x + 3$
1.1 l)	$\frac{1}{2}$	$1\frac{1}{2}$	$y = \frac{1}{2}x + 1\frac{1}{2}$
1.1 m)	$-\frac{2}{3}$	$-\frac{1}{6}$	$y = -\frac{2}{3}x - \frac{1}{6}$
1.1 n)	$\frac{3}{4}$	$\frac{4}{5}$	$y = \frac{3}{4}x + \frac{4}{5}$

3.1 a) $y = 3x + 2$ b) $y = -2x + 4$ c) $y = \frac{1}{2}x - 3$
d) $y = -x + 1\frac{1}{2}$ e) $y = -\frac{1}{2}x - 3$ f) $y = -2\frac{1}{2}x + 3\frac{1}{2}$
g) $y = \frac{2}{3}x - 2$ h) $y = 2{,}5x - \frac{1}{2}$ i) $y = -\frac{3}{4}x + \frac{2}{3}$
j) $y = \frac{3}{5}x - 1{,}5$ k) $y = -\frac{2}{3}x - \frac{1}{4}$

4.1 a)

Funktion	-2	-1	2	3	4
$y = x - 2$	−4	−3	0	1	2
$y = -x + 3$	5	4	1	0	−1
$y = \frac{3}{2}x - 2{,}5$	−5,5	−4	0,5	2	3,5
$y = -0{,}5x + 1{,}5$	2,5	2	0,5	0	−0,5

A liegt auf $y = -0{,}5x + 1{,}5$; B liegt auf $y = -x + 3$; C liegt auf keiner der Geraden; D liegt auf $y = x - 2$ und E liegt auf $y = \frac{3}{2}x - 2{,}5$.

b)

Funktion	-3	-2	0	2	3
$y = x + 2$	−1	0	2	4	5
$y = \frac{1}{2}x - 1$	−2,5	−2	−1	0	0,5
$y = -\frac{2}{3}x + \frac{5}{6}$	$2\frac{5}{6}$	$2\frac{1}{6}$	$\frac{5}{6}$	$-\frac{1}{2}$	$-1\frac{1}{6}$
$y = -\frac{1}{2}x - \frac{3}{4}$	$\frac{3}{4}$	$\frac{1}{4}$	$-\frac{3}{4}$	$-1\frac{3}{4}$	$-2\frac{1}{4}$

A liegt auf $y = x + 2$; B liegt auf $y = -\frac{1}{2}x - \frac{3}{4}$; C liegt auf $y = \frac{1}{2}x - 1$; D liegt auf $y = -\frac{1}{2}x - \frac{3}{4}$; E liegt auf $y = -\frac{2}{3}x + \frac{5}{6}$.

Gleichungssysteme zeichnerisch lösen, Seite 15

1 (1) (2)

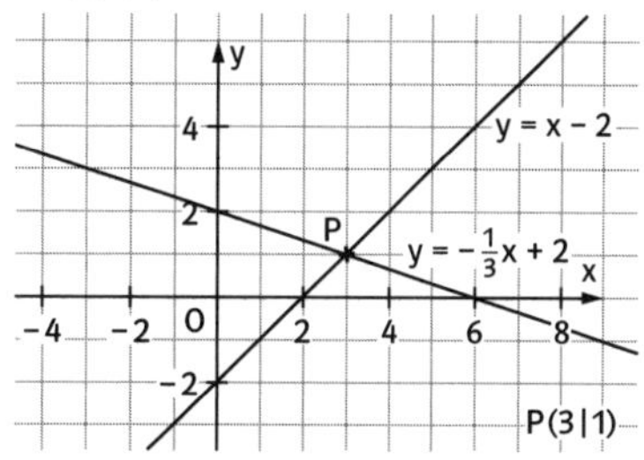

(3)

Gleichung	$x = 3;\ y = 1$	wahr/falsch
$y = -\frac{1}{3}x + 2$	$1 = -\frac{1}{3} \cdot 3 + 2$	wahr
$y = x - 2$	$1 = 3 - 2$	wahr

2 a) $2x + 2y = 6$ $\quad -5x + 5y = -5$
$y = -x + 3$ $\quad y = x - 1$
(1) (2)

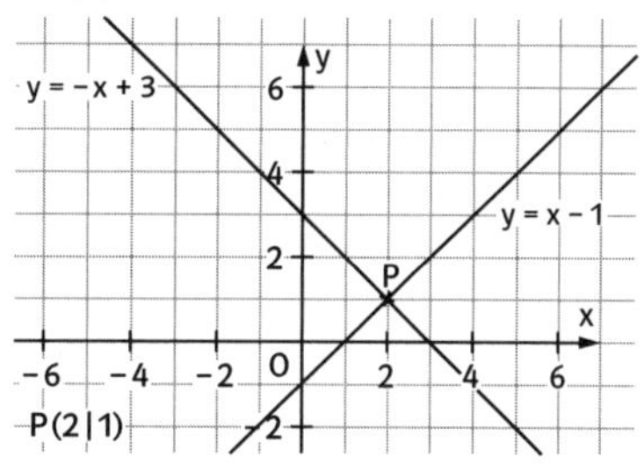

(3)

Gleichung	$x = 2;\ y = 1$	wahr/falsch
$y = -x + 3$	$1 = -2 + 3$	wahr
$y = x - 1$	$1 = 2 - 1$	wahr

b) $2x + 4y = 6$ $\quad -x + 3y + 3 = 0$
$y = -\frac{1}{2}x + 1\frac{1}{2}$ $\quad y = \frac{1}{3}x - 1$
(1) (2)

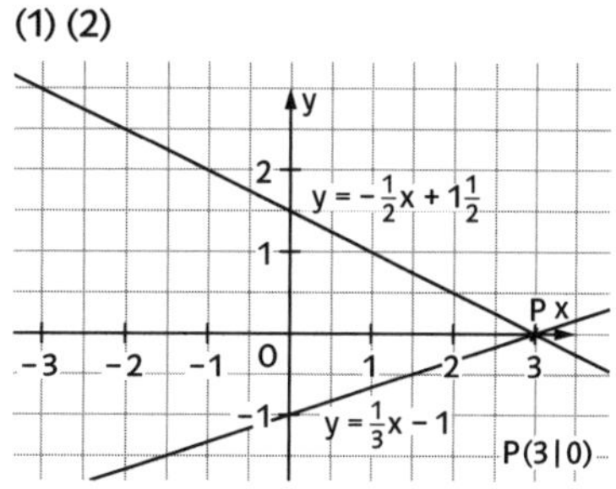

(3)

Gleichung	$x = 3;\ y = 0$	wahr/falsch
$y = -\frac{1}{2}x + 1\frac{1}{2}$	$0 = -\frac{1}{2} \cdot 3 + 1\frac{1}{2}$	wahr
$y = \frac{1}{3}x - 1$	$0 = \frac{1}{3} \cdot 3 - 1$	wahr

1.1 a) P(3 | −1) b) P(1 | 5) c) P(2 | −1)

2.1 a) P(0 | 3) b) P(−3 | 2) c) P(2 | 3)

Gleichungssysteme durch Einsetzen und Gleichsetzen lösen, Seite 16

1 (1) $3x + 2\cdot(x-4) = 7$

(2) $3x + 2x - 8 = 7 \quad |+8$

$5x = 15 \quad |:5$

$x = 3$

(3) $y = x - 4$

$y = 3 - 4$

$y = -1$

(4) $(3|-1)$

(5)

Gleichung	$x = 3;\ y = -1$	wahr/falsch
$3x + 2\cdot(x-4) = 7$	$3\cdot 3 + 2\cdot(3-4) = 7$	wahr
$y = x - 4$	$-1 = 3 - 4$	wahr

2 (1) $4\cdot(10-y) + 8y = -24$

(2) (3) $40 - 4y + 8y = -24 \quad |-40$

$4y = -64 \quad |:4$

$y = -16$

$x = 10 + 16 = 26$

(4) $(26|-16)$

(5)

Gleichung	$x = 26;\ y = -16$	wahr/falsch
$x = 10 - y$	$26 = 10 + 16$	wahr
$4x + 8y = -24$	$4\cdot 26 + 8(-16) = -24$	wahr

3 (1) $x - 6 = \frac{1}{2}x - 2 \quad |\cdot 2$

(2) (3) $2x - 12 = x - 4 \quad |-x;\ +12$

$x = 8$

$y = 8 - 6$

$y = 2$

(4) $(8|2)$

(5)

Gleichung	$x = 8;\ y = 2$	wahr/falsch
$y = x - 6$	$2 = 8 - 6$	wahr
$y = \frac{1}{2}x - 2$	$2 = \frac{1}{2}\cdot 8 - 2$	wahr

1.1 a) $2x + 3x = 15$ $\quad x = 3 \quad y = 9$

b) $6x + (-3x + 2) = -4$ $\quad x = -2 \quad y = 8$

c) $3(4 - 2y) + y = -3$ $\quad y = 3 \quad x = -2$

d) $25x + 12(-4x + 4) = 2$ $\quad x = 2 \quad y = -4$

e) $3\left(\frac{2}{3}x + 8\right) - 4x = 12$ $\quad x = 6 \quad y = 12$

f) $4\left(\frac{1}{2}x - 1\right) = 2x - 8$

$2x - 4 = 2x - 8$

$0 = -4$ $\quad$ Es gibt keine Lösung.

2.1 a) $2(12 - y) - 2y = 16$ $\quad y = 2 \quad x = 10$

b) $3(5 - y) + 2y = 25$ $\quad y = -10 \quad x = 15$

c) $3x + 2(1 - 2x) = 4$ $\quad x = -2 \quad y = 5$

3.1 a) $3x = 6x - 9$ $\quad x = 3 \quad y = 9$

b) $3x - 5 = -2x + 10$ $\quad x = 3 \quad y = 4$

c) $3x - 2 = -x + 3$ $\quad x = 1\frac{1}{4} \quad y = 1\frac{3}{4}$

d) $x + 2 = 3x - 4$ $\quad x = 3 \quad y = 5$

e) $6x = 5y - 11$

$6x = -3y - 3$

$5y - 11 = -3y - 3$ $\quad y = 1 \quad x = -1$

f) $2x = 9y + 11$

$2x = 7y - 5$

$9y + 11 = 7y - 5$ $\quad y = -8 \quad x = -30{,}5$

g) $x - 6 = \frac{x}{2} - 2$ $\quad x = 8 \quad y = 2$

h) $\frac{1}{3}x + \frac{1}{2} = \frac{1}{4}x + 1$ $\quad x = 6 \quad y = 2\frac{1}{2}$

i) $x + 2 = \frac{1}{3}x + 4$ $\quad x = 3 \quad y = 5$

Gleichungssysteme durch Addieren lösen, Seite 17

1 (1) $5y = 5 \quad |:5$

(2) $y = 1$

(3) $3x - 2y = 2 \quad |y = 1$

$3x - 2\cdot 1 = 2 \quad |+2$

$3x = 4 \quad |:3$

$x = \frac{4}{3} = 1\frac{1}{3}$

(4) $\left(1\frac{1}{3}\middle|1\right)$

(5)

Gleichung	$x = 1\frac{1}{3};\ y = 1$	wahr/falsch
$3x - 2y = 2$	$3\cdot 1\frac{1}{3} - 2\cdot 1 = 2$	wahr
$-3x + 7y = 3$	$-3\cdot 1\frac{1}{3} + 7\cdot 1 = 3$	wahr

2 a) (1) $6x + 15y = 12$

$3x - 15y = -39 \quad |+$

$9x = -27$

(2) $x = -3$

(3) $2x + 5y = 4 \quad |x = -3$

$2(-3) + 5y = 4 \quad |+6;\ :5$

$y = 2$

(4) $(-3|2)$

(5)

Gleichung	$x = -3;\ y = 2$	wahr/falsch
$2x + 5y = 4$	$-6 + 10 = 4$	wahr
$3x - 15y = -39$	$-9 - 30 = -39$	wahr

b) (1) $20y = 30 \quad |:20$

$y = \frac{30}{20} = \frac{3}{2} = 1\frac{1}{2}$

(2) $3x + 12y = 24 \quad |y = \frac{3}{2}$

$3x + 12\cdot\frac{3}{2} = 24$

(3) $3x + 18 = 24 \quad |-18;\ :3$

$x = 2$

(4) $\left(2\middle|1\frac{1}{2}\right)$

(5)

Gleichung	$x = 2;\ y = \frac{3}{2}$	wahr/falsch
$3x + 12y = 24$	$3\cdot 2 + 12\cdot\frac{3}{2} = 24$	wahr
$3x - 8y = -6$	$3\cdot 2 - 8\cdot\frac{3}{2} = -6$	wahr

1.1 a)

$3x + 2y = 19$

$-x - 2y = -1 \quad |+$

$2x = 18$

$x = 9;\quad y = -4$

b)

$y = 2x + 1$

$-y = 2x - 9 \quad |+$

$0 = 4x - 8$

$x = 2;\quad y = 5$

c)

$-2x + 14y = -12$

$2x - 11y = 18 \quad |+$

$3y = 6$

$y = 2;\quad x = 20$

d)

$18x - 2y = -68$

$8x + 2y = 16 \quad |+$

$26x = -52$

$x = -2;\quad y = 16$

e)

$x + y = 5$

$x - y = 6 \quad |+$

$2x = 11$

$x = 5{,}5;\quad y = -0{,}5$

f)

$2x - y = 1$

$-2x + 2{,}5y = 2 \quad |+$

$1{,}5y = 3$

$y = 2;\quad x = 1{,}5$

g)

$4x + 12y = 5$

$4x - 8y = 0 \quad |-$

$20y = 5$

$y = \frac{1}{4};\quad x = \frac{1}{2}$

h)

$10x + 14y = 2$

$-10x + 12y = -2 \quad |+$

$26y = 0$

$y = 0;\quad x = \frac{1}{5}$

i)

$-6x + 2y = 22$

$2x - 2y = 6 \quad |+$

$-4x = 28 \quad |:(-4)$

$x = -7;\quad y = -10$

2.1 a)

$3x - 5y = 1$ | −
$\underline{3x + 3y = 9}$
$-8y = -8$
$y = 1;\quad x = 2$

b)

$4x - 3y = 4$ | −
$\underline{4x - 2y = 12}$
$-y = -8$
$y = 8;\quad x = 7$

c)

$2x - 14y = 12$ | −
$\underline{2x - 11y = 18}$
$-3y = -6$
$y = 2;\quad x = 20$

d)

$9x - 16y = -3$ | −
$\underline{9x + 39y = 72}$
$-55y = -75$
$y = \frac{15}{11};\quad x = \frac{23}{11}$

e)

$9x - 3y = -24$ | +
$\underline{10x + 3y = 5}$
$19x = -19$
$x = -1;\quad y = 5$

f)

$4y = 2x + 10$ | −
$\underline{4y = 16x - 32}$
$0 = -14x + 42$
$x = 3;\quad y = 4$

g)

$5x - 3y = 14$ | +
$\underline{21x + 3y = 12}$
$26x = 26$
$x = 1;\quad y = -3$

h)

$6x + 8y = 23$ | +
$\underline{-6x + 9y = 19{,}5}$
$17y = 42{,}5$
$y = 2{,}5;\quad x = 0{,}5$

i)

$-4x + 3y = -18$ | +
$\underline{4x - 10y = 4}$
$-7y = -14$ | :(−4)
$y = -2;\quad x = -4$

Gleichungssysteme lösen, Seite 18

1 Verfahren: Gleichsetzen
(1) $-2x + 3 = 4x - 9$ | $+2x$
(2) $6x - 9 = 3$ | $+9$
$6x = 12$ | $:6$
$x = 2$
(3) $y = 4x - 9$ | $x = 2$
$y = 4 \cdot 2 - 9$
$y = -1$
(4) $(2 \mid -1)$

2 Verfahren: Addieren
(1) $10x = 50$ | $:10$
(2) $x = 5$
(3) $4x + 12y = -4$ | $x = 5$
$4 \cdot 5 + 12y = -4$
$20 + 12y = -4$ | -20
$12y = -24$ | $:12$
$y = -2$
(4) $(5 \mid -2)$

3 Verfahren: Einsetzen
(1) $5(4y + 1) - 2y = 3$
(2) $20y + 5 - 2y = 3$ | -5
$18y = -2$ | $:18$
$y = -\frac{1}{9}$
(3) $x = 4y + 1$ | $y = -\frac{1}{9}$
$x = 4 \cdot \left(-\frac{1}{9}\right) + 1$
$x = -\frac{4}{9} + 1$
$x = \frac{5}{9}$
(4) $\left(\frac{5}{9} \,\middle|\, -\frac{1}{9}\right)$

1.1 Gleichsetzen
a) $-y + 5 = y + 6$
$y = -0{,}5;\quad x = 5{,}5$
b) $2x + 1 = -2x + 9$
$x = 2;\quad y = 5$
c) $2x - 14 = 16 - 4x$
$x = 5;\quad y = -4$

2.1 Addieren
a) $x = 9;\quad y = -4$
b) $y = 1;\quad x = 2$
c) $x = -2;\quad y = 16$

3.1 Einsetzen
a) $2(6 + 7y) - 11y = 18$
$y = 2;\quad x = 20$
b) $16x + 4(9x + 34) = 32$
$x = -2;\quad y = 16$
c) $6(2y + 10) + 12y = -12$
$y = -3;\quad x = 4$

4 a) Gleichsetzen
$\frac{2}{3}x + 8 = 4 + \frac{4}{3}x$
$x = 6;\quad y = 12$

b) Einsetzen
$5(4y + 1) - 2y = 3$
$y = -\frac{1}{9};\quad x = \frac{5}{9}$

c) Addieren
$4x + 12y = -4$ | +
$\underline{6x - 12y = 54}$
$10x = 50$
$x = 5;\quad y = -2$

Sachaufgaben mit Gleichungssystemen lösen, Seite 19

1 (1) Fernseher x; Videorecorder y
(2) $x + y = 1298$
$x = y + 239$
(3) $y = 529{,}50;\quad x = 768{,}50$
(4) Der Fernseher kostet 768,50 € und der Videorecorder 529,50 €.

2 a)

	2 Ar	4 Ar	6 Ar	8 Ar
A	900	1800	2700	3600
B	1900	2300	2700	3100

b) (1) Anzahl Ar x; Gesamtpreis y
(2) $y = 450x$
$y = 200x + 1500$
(3) $450x = 200x + 1500$ | $-200x$ | $:250$
$x = 6$
(4) Bei einer Größe von 6 Ar sind die Vorschläge preisgleich.

3 a)

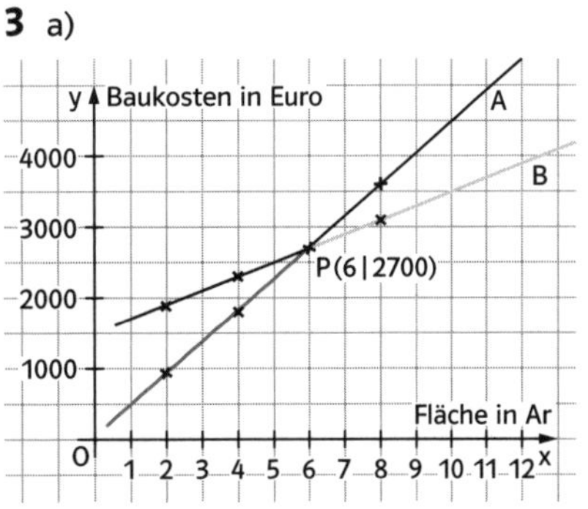

b) P(6 | 2700)
c) Siehe Grafik 3 a).
d) Vorschlag A ist günstiger bis 6 Ar.
Vorschlag B ist günstiger bei mehr als 6 Ar.
Vorschläge A und B sind gleich günstig bei 6 Ar.

4 Anzahl der 0,55-€-Briefmarken: x
Anzahl der 1,45-€-Briefmarken: y
$x + y = 15$
$0{,}55x + 1{,}45y = 17{,}25$ | $:0{,}55$
$x + y = 15$ | −
$x + \frac{1{,}45}{0{,}55}y = \frac{17{,}25}{0{,}55}$
$y\left(1 - \frac{1{,}45}{0{,}55}\right) = 15 - \frac{17{,}25}{0{,}55}$
$(-1{,}63636) \cdot y = (-16{,}3636)$ | $:(-1{,}63636)$
$y = 10;\quad x = 5$
Maren kauft 5 Briefmarken zu 0,55 € und 10 Briefmarken zu 1,45 €.

5 Schenkel a, Grundseite c

$$\begin{array}{rl} 2a + c = 22 & \\ c = a - 3{,}5 & \Big| - \\ \hline 2a \quad = -a + 25{,}5 & \end{array}$$

$a = 8{,}5;\quad c = 5$

Die Schenkel sind 8,5 cm und die Grundseite ist 5 cm lang.

Kompetenz-Test Gleichungssysteme lösen, Seite 20

1

x	−4	−2	0	2
y	−12	−8	−4	0

x	−4	−2	0	2
y	18	12	6	0

x	−4	−2	0	2
y	−32	−24	−16	−8

2

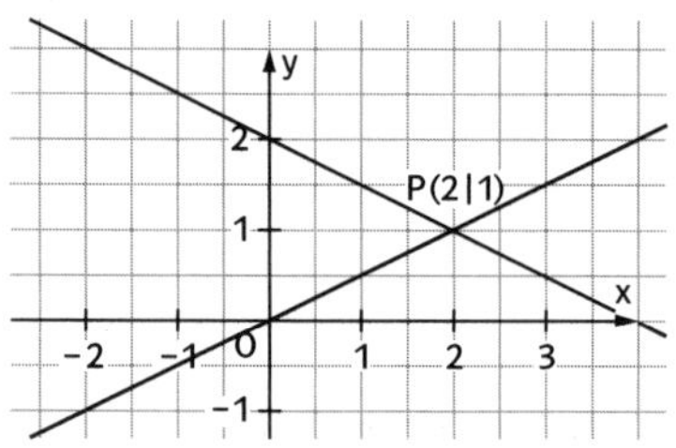

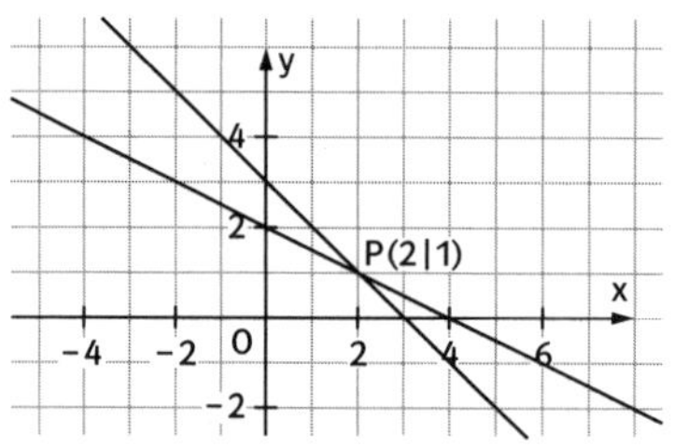

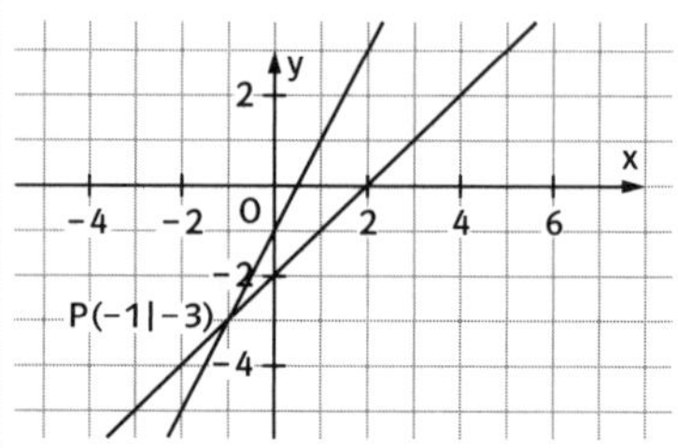

3 $2(x-1) + x = 8$ $x = \frac{10}{3} = 3\frac{1}{3};\quad y = \frac{7}{3} = 2\frac{1}{3};\quad \left(3\frac{1}{3}\middle|2\frac{1}{3}\right)$	$2(-2x+6) = x + 2$ $x = 2;\quad y = 2;\quad (2\vert 2)$	$2(3x-11) = -6x + 14$ $x = 3;\quad y = -2;\quad (3\vert -2)$
4 $x + 2 = 3x + 4$ $x = -1;\quad y = 1;\quad (-1\vert 1)$	$-x + 2 = -2x + 4$ $x = 2;\quad y = 0;\quad (2\vert 0)$	$\frac{4}{3}y + 1 = 3y - 9$ $y = 6;\quad x = 9;\quad (9\vert 6)$
5 $7x = 14$ $x = 2;\quad y = \frac{1}{2};\quad \left(2\middle|\frac{1}{2}\right)$	$-y = -8$ $y = 8;\quad x = 7;\quad (7\vert 8)$	$-y = 5$ $y = -5;\quad x = -7;\quad (-7\vert -5)$

2 Quadratische Funktionen und Gleichungen

Quadratische Funktionen $y = ax^2$ darstellen, Seite 21

1

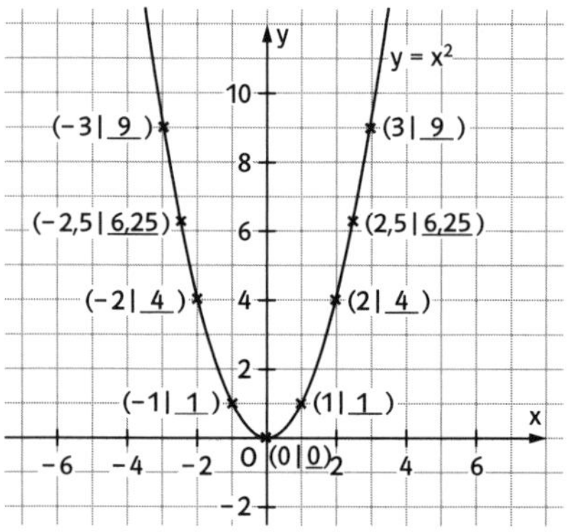

2 a)

x	−2,0	−1,5	−1,0	−0,5	0
$y = x^2$	4	2,3	1	0,3	0
$y = 1{,}5x^2$	6	3,4	1,5	0,4	0
$y = 0{,}5x^2$	2	1,1	0,5	0,1	0
$y = -0{,}5x^2$	−2	−1,1	−0,5	−0,1	0

b)

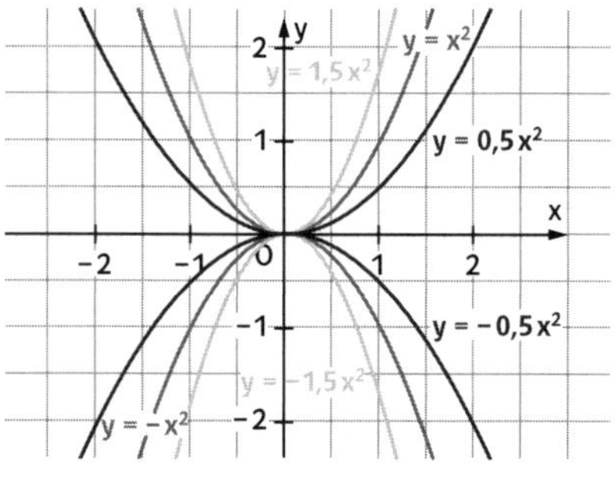

Figur 1

3 a) und b)
Siehe Figur 1.

4 a) NP gestaucht
b) NP gestreckt, gespiegelt
c) NP gespiegelt

5 a) $y = 3x^2$
b) $y = -2x^2$
c) $y = 2x^2$
d) $y = -\frac{1}{2}x^2$

1.1

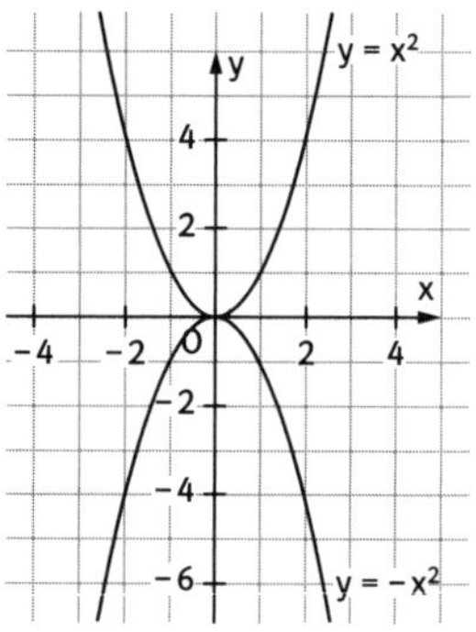

2.1

x	0,00	0,50	1,00	1,50	2,00	2,50	3,00
$y = x^2$	0,00	0,25	1,00	2,25	4,00	6,25	9,00
$y = 1{,}2x^2$	0,00	0,30	1,20	2,70	4,80	7,50	10,80
$y = 0{,}8x^2$	0,00	0,20	0,80	1,80	3,20	5,00	7,20
$y = -0{,}75x^2$	0,00	−0,19	−0,75	−1,69	−3,00	−4,69	−6,75

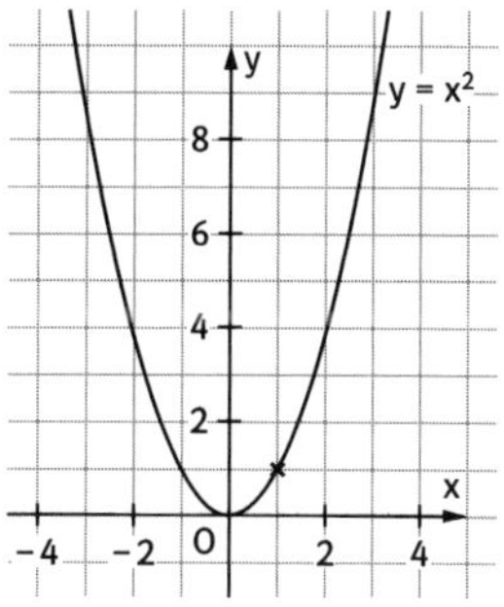

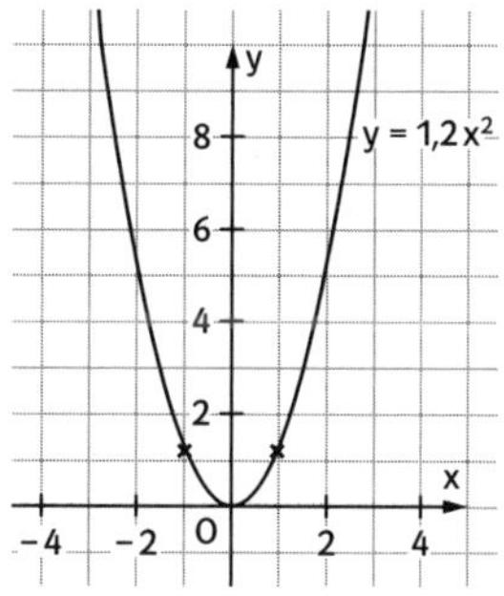

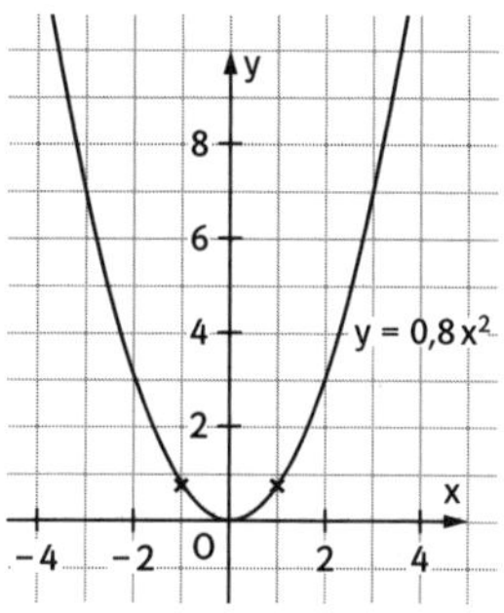

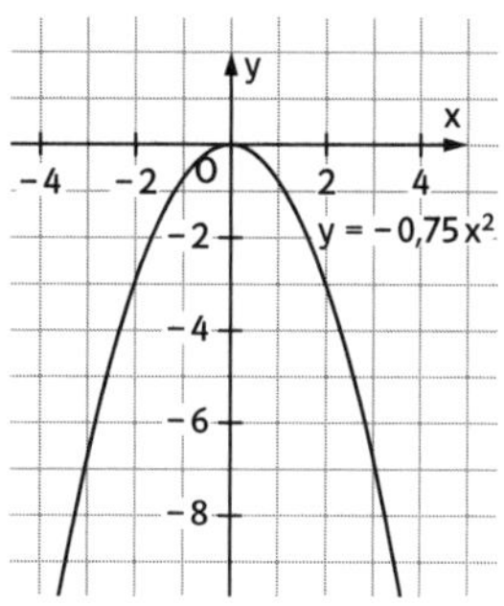

3.1

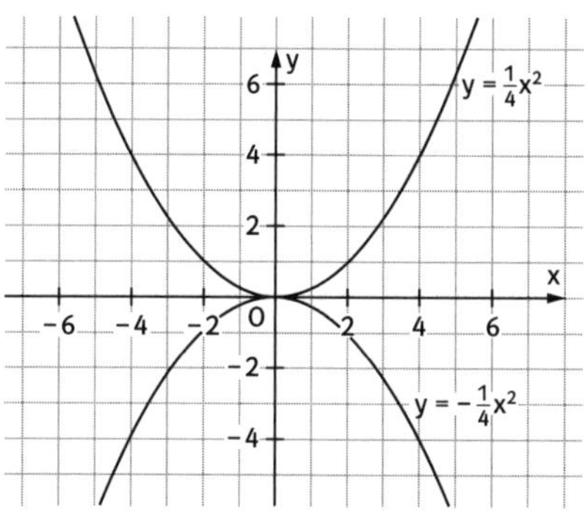

4.1 $y = 1{,}2$; gestreckt
$y = 0{,}8$; gestaucht
$y = -0{,}75$; gestaucht, an x-Achse gespiegelt

5.1 a) $y = 0{,}5x^2$ b) $y = 2x^2$

6 a) Eine Parabel ax^2 ist immer achsensymmetrisch zur y-Achse, da $ax^2 = x(-x)^2$; nicht aber zur x-Achse.
b) $y = 0 \cdot x^2 = 0$, dies gilt für alle x und der Graph ist die Gerade $y = 0$.

Quadratische Funktionen $y = ax^2 + c$ darstellen, Seite 22

1 a) S(0 | 1,7) b) S(0 | −0,3)

2

	$y = 2x^2 + 0{,}8$	$y = -\frac{1}{4}x^2 - 3$
Scheitelpunkt	S(0 | 0,8)	S(0 | −3)
Form	a = 2; gestreckt	$a = \frac{1}{4}$; gestaucht, gespiegelt

3 (1) S(0 | −1,5) (2) $a = \frac{1}{2}$; gestaucht
(3) A(1 | −1) A′(−1 | −1)
B(2 | 0,5) B′(−2 | 0,5)
C(3 | 3) C′(−3 | 3)
(4)

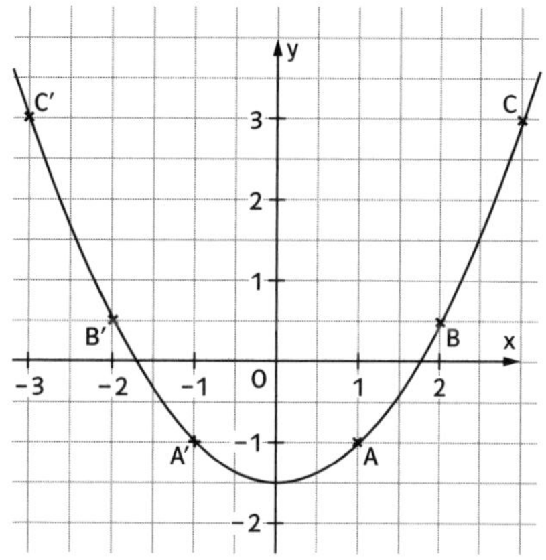

4 a) Q(3 | 5) Q′(−3 | 5) b) P2 √_ 3 | −1 3 P′2 − √_ 3 | −1 3

5 a) $y = x^2 - 3$ b) $y = -x^2 + 6$ c) $y = x^2 + 2$ d) $y = \frac{1}{2}x^2$

2.1 a) S(0 | −3); gestaucht
b) S(0 | 0); gestaucht, gespiegelt
c) S(0 | 0); Normalparabel
d) S(0 | 0,5); gestreckt, gespiegelt
e) S(0 | 2); gestreckt
f) $S\left(0 \middle| \frac{11}{13}\right)$; gespiegelt

3.1 a)

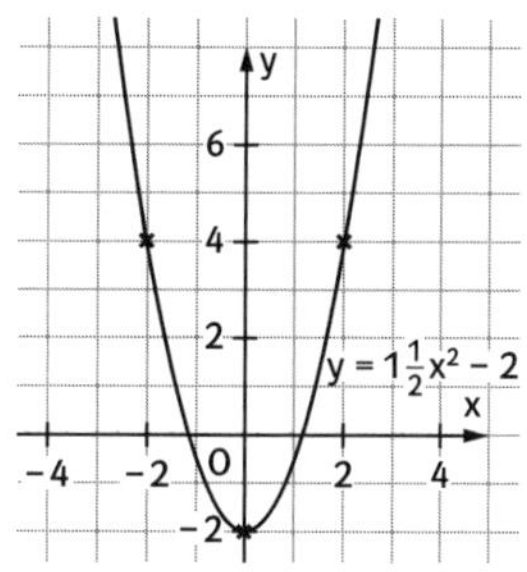

b)

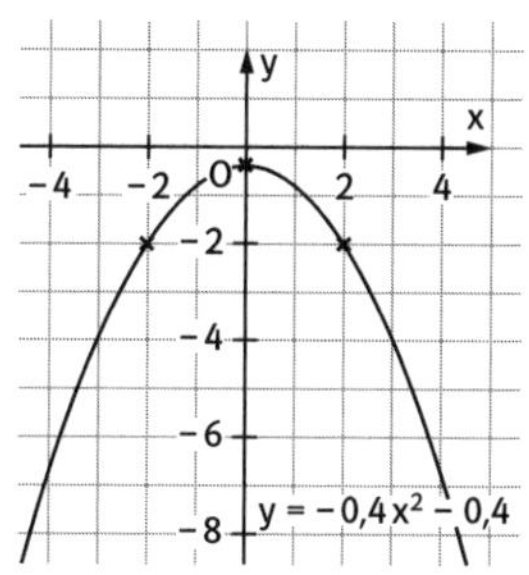

c)

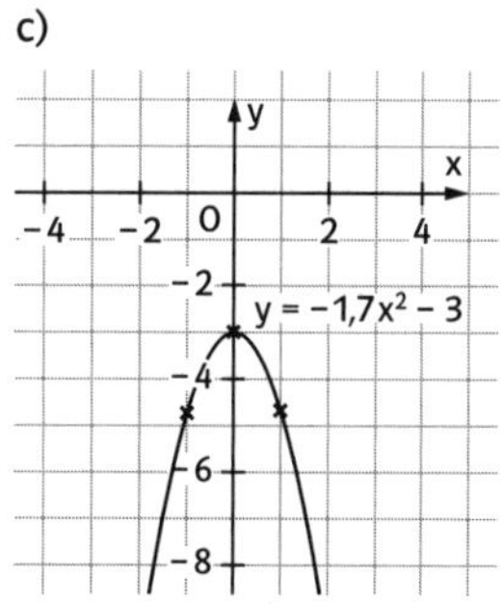

d)

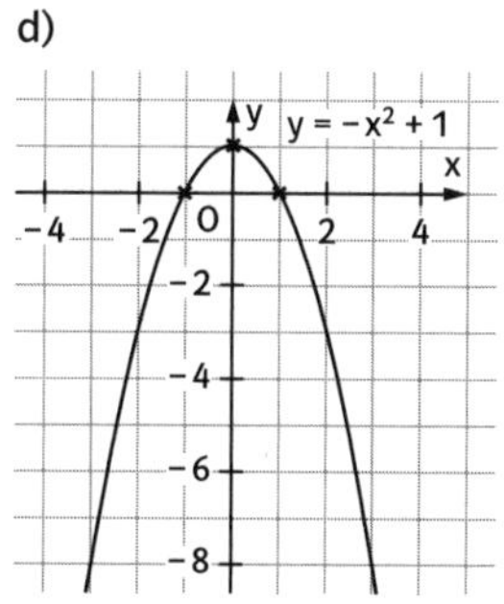

e)

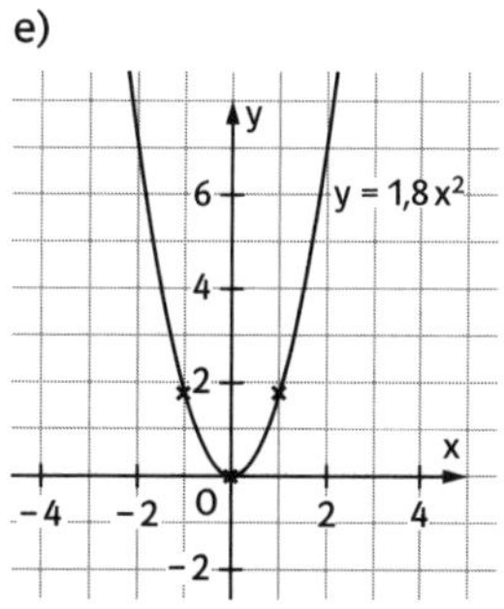

f)

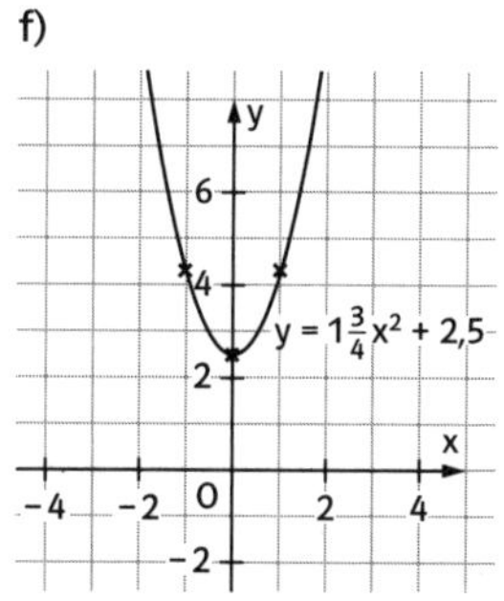

4.1 a) $x_1 = \sqrt{2}$; $x_2 = -\sqrt{2}$, d.h. $D_1(\sqrt{2} \mid 0)$ und $D_2(-\sqrt{2} \mid 0)$
b) $x_1 = 1$; $x_2 = -1$, d.h. $A_1(1 \mid 0)$ und $A_2(-1 \mid 0)$
c) $x_1 = 2$; $x_2 = -2$, d.h. $B_1(2 \mid 3)$ und $B_2(-2 \mid 3)$

6 a) Die Aussage ist richtig, denn $ax^2 + c = a(-x)^2 + c$.
b) Für $c < 0$ liegt der Scheitelpunkt unter der x-Achse, daher ist die Aussage falsch.
c) Diese Aussage ist wahr, da $a < 0$.

Quadratische Funktionen $y = a(x + b)^2$ darstellen, Seite 23

1

	a) $y = 2(x - 1{,}4)^2$	b) $y = -0{,}25(x + 1{,}8)^2$
Scheitelpunkt	$S(1{,}4 \mid 0)$	$S(-1{,}8 \mid 0)$
Form	$a = 2$; gestreckt	$a = -0{,}25$; gestaucht, gespiegelt

2 (1) $S(-2 \mid 0)$
(2) $a = \frac{1}{2}$; gestaucht
(3) $A(-1 \mid 0{,}5)$ $B(0 \mid 2)$ $C(1 \mid 4{,}5)$
$A'(-3 \mid 0{,}5)$ $B'(-4 \mid 2)$ $C'(-5 \mid 4{,}5)$
(4)

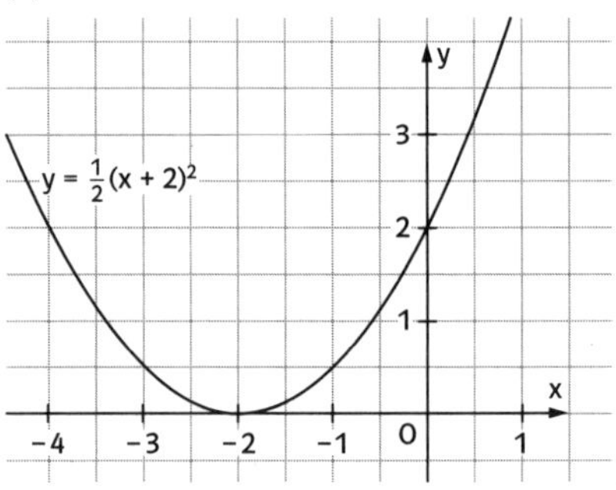

Figur 2

3 Siehe Figur 3.

4 a) $y = x^2 + 4x + 4$; $y = (x + 2)^2$; $S(-2 \mid 0)$
b) $y = x^2 + 2x + 1$; $y = (x + 1)^2$; $S(-1 \mid 0)$

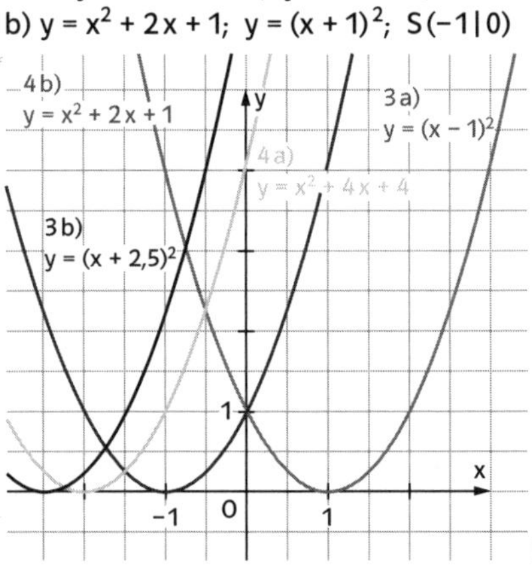

Figur 3

1.1 a) $S(7 \mid 0)$; gestaucht
b) $S\left(-1\frac{3}{4} \mid 0\right)$; gespiegelt
c) $S(5 \mid 0)$; gestaucht
d) $S(-0{,}5 \mid 0)$; gestaucht
e) $S\left(\frac{2}{3} \mid 0\right)$; gestreckt, gespiegelt
f) $S(-7{,}2 \mid 0)$; Normalparabel

2.1 a) $y = x^2$
b) $y = \left(x - \frac{1}{2}\right)^2$
c) $y = \left(x + 1\frac{1}{2}\right)^2$
d) $y = -x^2$
e) $y = -\left(x + \frac{1}{2}\right)^2$
f) $y = -(x - 2)^2$

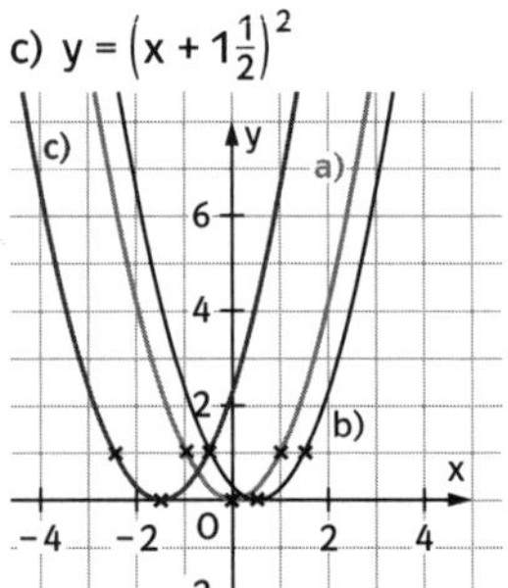

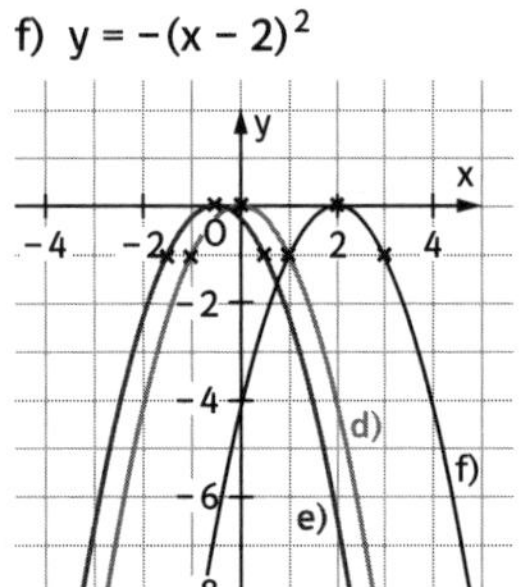

2.2
a) $y = 2(x - 1)^2$
b) $y = -2(x + 1)^2$
c) $y = \frac{1}{2}\left(x + 1\frac{1}{2}\right)^2$
d) $y = -1\frac{1}{4}(x - 1)^2$
e) $y = -0{,}2(x - 3)^2$
f) $y = 0{,}8(x + 4)^2$
g) $y = -1{,}5(x - 0{,}5)^2$

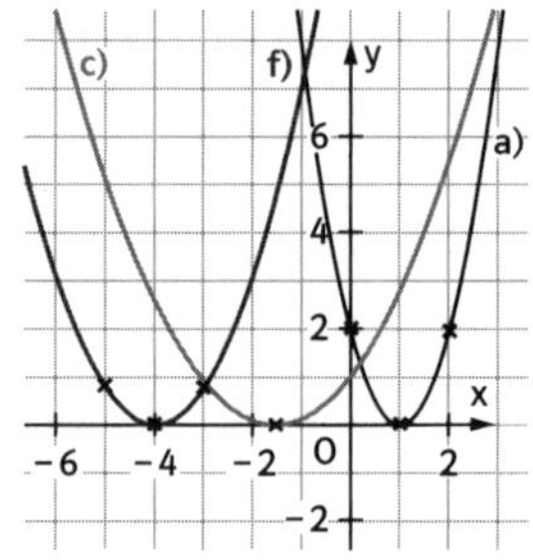

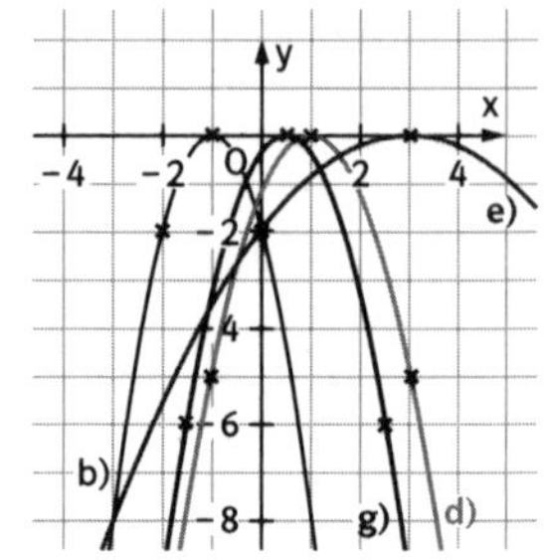

4.1
a) $y = x^2 + 6x + 9$
$y = (x + 3)^2$

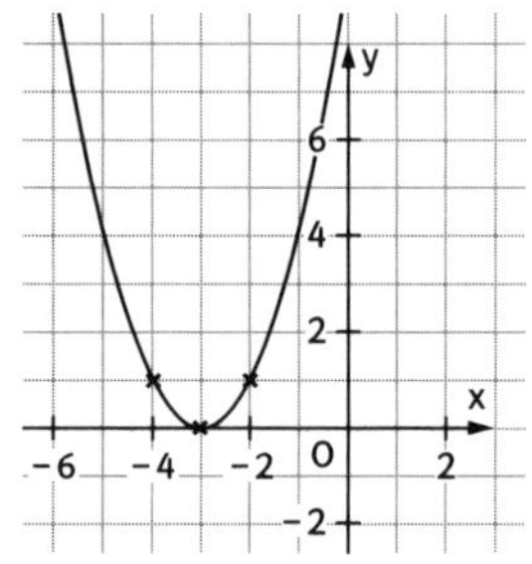

b) $y = x^2 - 4x + 4$
$y = (x - 2)^2$

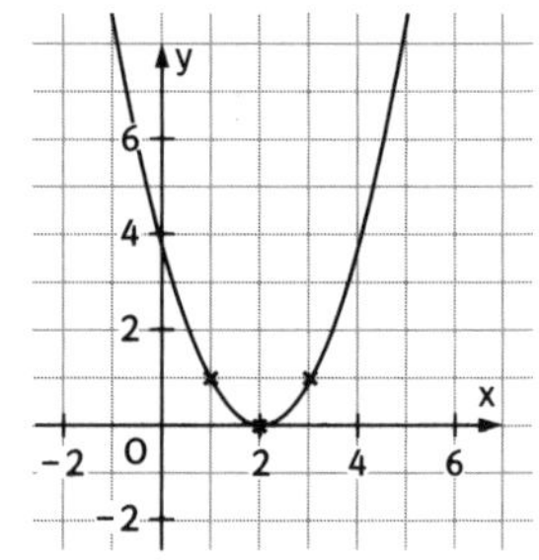

c) $y = x^2 + 3x + \frac{9}{4}$
$y = \left(x + 1\frac{1}{2}\right)^2$

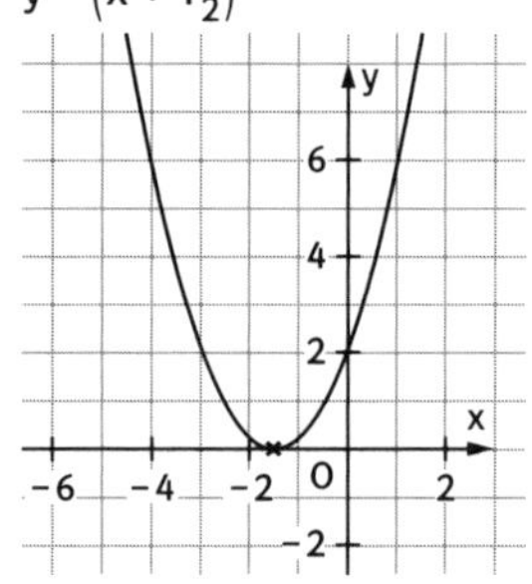

d) $y = 2x^2 + 12x + 18$
$y = 2(x + 3)^2$

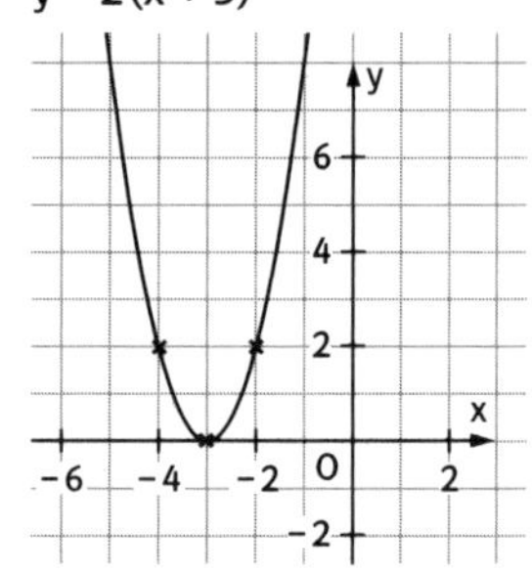

e) $y = 2x^2 - 8x + 8$
$y = 2(x - 2)^2$

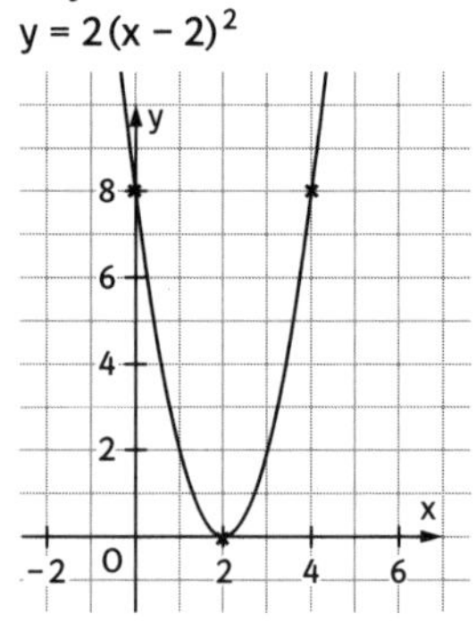

f) $y = 5x^2 - 10x + 5$
$y = 5(x - 1)^2$

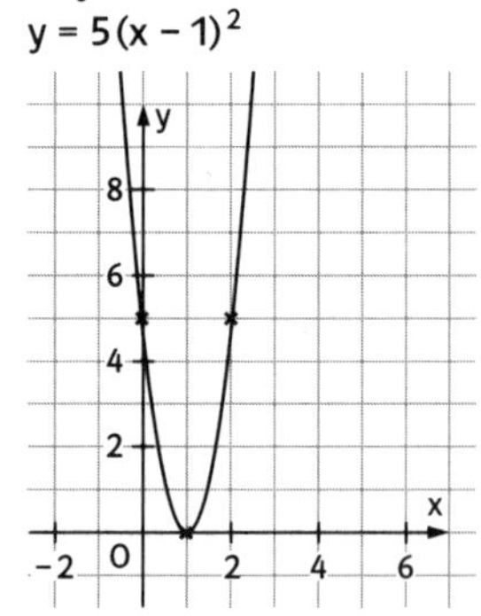

Quadratische Funktionen $x = a(x + b)^2 + c$, Seite 24

1 (1) $S(1|-2)$ (2) $a = \frac{1}{2}$; gestaucht

(3) $A(2|-1{,}5)$; $A'(0|-1{,}5)$; $B(3|0)$; $B'(-1|0)$

(4)

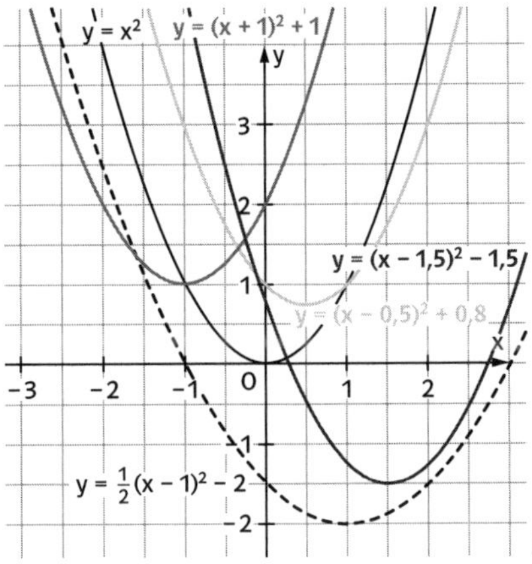

Figur 2

2 Siehe Figur 2.

3 a) $y = -(x + 2)^2 + 4$ b) $y = (x - 2)^2 - 1$

4 $y = 3x^2 + 9x + 3$ | : 3

(1) $\frac{1}{3}y = x^2 + 3x + 1$ | + quadr. Erg.

(2) $\left(\frac{3}{2}\right)^2 + \frac{1}{3}y = x^2 + 3x + \left(\frac{3}{2}\right)^2 + 1$

(3) $\frac{9}{4} + \frac{1}{3}y = \left(x + \frac{3}{2}\right)^2 + 1$

(4) $\frac{1}{3}y = \left(x + \frac{3}{2}\right)^2 + 1 - \frac{9}{4}$

$\frac{1}{3}y = \left(x + \frac{3}{2}\right)^2 - \frac{5}{4}$

$y = 3\left(x + \frac{3}{2}\right)^2 - \frac{15}{4}$

(5) $S\left(-\frac{3}{2}\middle|-\frac{15}{4}\right)$

1.1 a) $y = (x - 3)^2 + 1$ c) $y = -(x - 1)^2 + 6$

b) $y = (x + 1)^2 - 1{,}5$ d) $y = -(x + 2)^2 + 3{,}2$

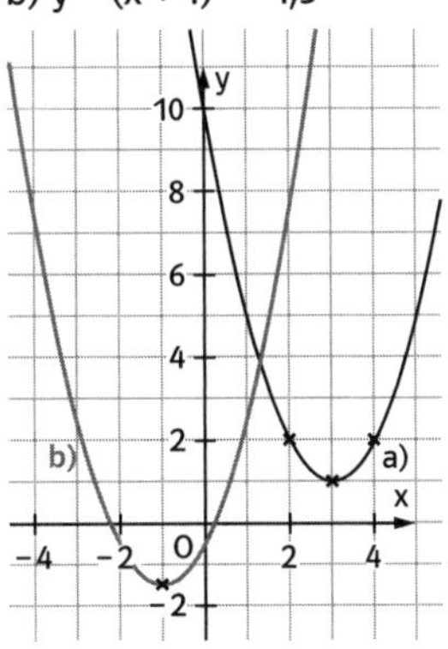

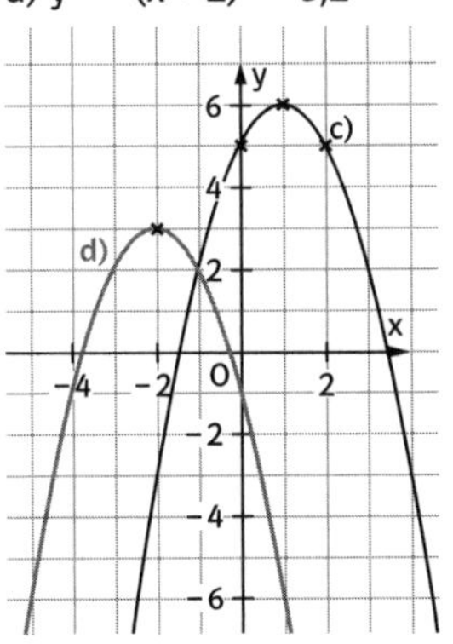

1.2 a) $y = \frac{1}{2}(x + 2)^2 - 3$ b) $y = 2(x - 3)^2 - 4$

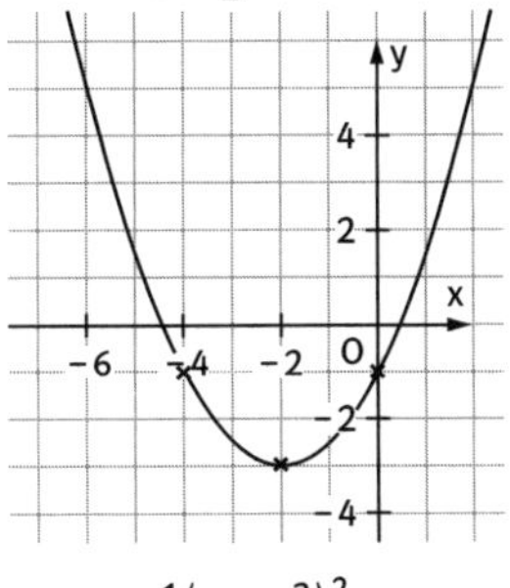

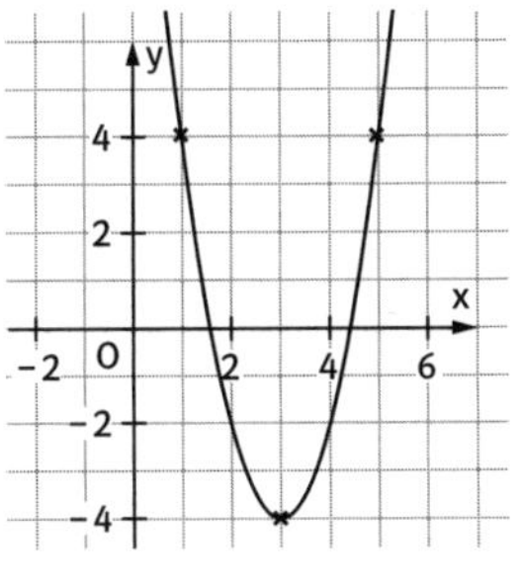

c) $y = -\frac{1}{4}\left(x - 1\frac{3}{4}\right)^2 + 4$

d) $y = \frac{2}{3}(x - 2)^2 + 6$

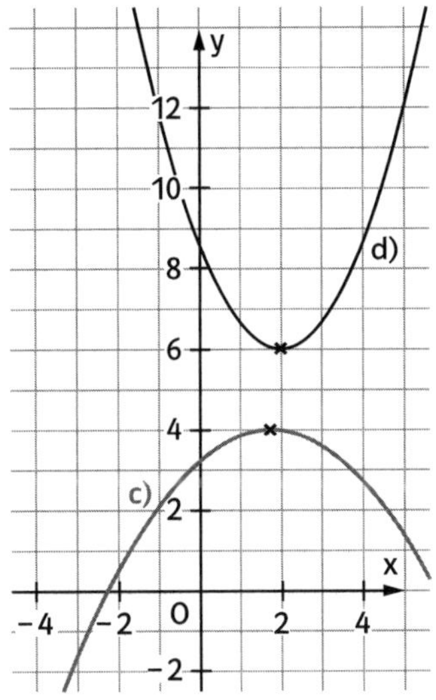

1.3

	a)	b)
Funktion	$y = 1{,}4(x + 3)^2 - 2{,}2$	$y = -\frac{1}{36}\left(x + \frac{4}{9}\right)^2 + \frac{7}{36}$
Scheitel	$S(-3|-2{,}2)$	$S\left(-\frac{4}{9}\middle|\frac{7}{36}\right)$
Form	NP gestreckt	NP gestaucht NP gespiegelt

3.1 a) $y = (x - 2)^2 - 2$ b) $y = (x - 3)^2 + 1$ c) $y = -(x - 2)^2 + 4$

4.1 a) $y = x^2 + 4x + 5$ $y = (x + 2)^2 + 1$

b) $y = x^2 - 6x - 3$ $y = (x - 3)^2 - 12$

c) $y = 7x^2 - 21x + 35$ $y = 7\left(x - 1\frac{1}{2}\right)^2 + 19\frac{1}{4}$

d) $y = 3x^2 + 4x + 7$ $y = 3\left(x + \frac{2}{3}\right)^2 + 5\frac{2}{3}$

e) $y = \frac{4}{5}x^2 - 3x + \frac{1}{3}$ $y = \frac{4}{5}\left(x - 1\frac{7}{8}\right)^2 - 2\frac{23}{48}$

Nullstellen quadratischer Funktionen bestimmen, Seite 25

1

	a	c	Nullstellen
a) $y = x^2 - 0{,}5$	1	−0,5	zwei
b) $y = x^2 - 1$	1	−1	zwei
c) $y = (x + 2)^2$	1	0	eine
d) $y = 0{,}5x^2 + 1$	0,5	1	keine
e) $y = -4x^2 + 7$	−4	7	zwei
f) $y = -3(x - 2)^2 + 2$	−3	2	zwei
g) $y = 0{,}75(x + 2)^2 + 2$	0,75	2	keine

2 a)

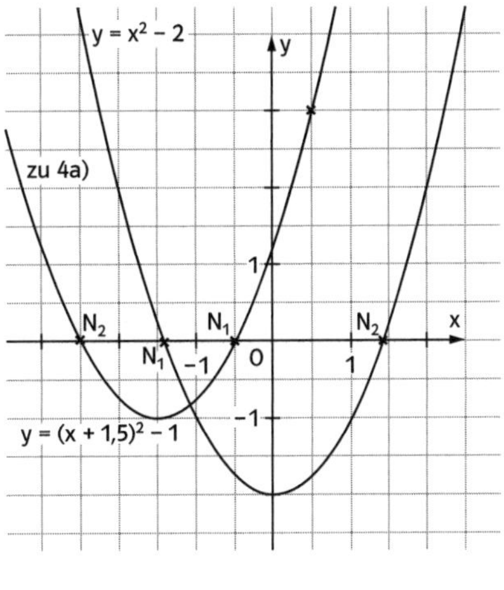

Figur 1

b) $N_1(-1{,}4\,|\,0)$; $N_2(1{,}4\,|\,0)$

3 a) $N_1(\sqrt{2}\,|\,0)$; $N_2(-\sqrt{2}\,|\,0)$
b) 1. Lösung: $x^2 - 2 = 0$; $x_1 = \sqrt{2}$
2. Lösung: $x^2 - 2 = 0$; $x_2 = -\sqrt{2}$

4 a) Siehe Figur 1.
b) $N_1(-0{,}5\,|\,0)$; $N_2(-2{,}5\,|\,0)$
c) 1. Lösung: $(-0{,}5 + 1{,}5)^2 - 1 = 0$; $0 = 0$; wahr
2. Lösung: $(-2{,}5 + 1{,}5)^2 - 1 = 0$; $0 = 0$; wahr

1.1

	Funktion	a	c	Nullstellen
a)	$y = x^2$	1	0	eine
b)	$y = 2x^2$	2	0	eine
c)	$y = 5x^2$	5	0	eine
d)	$y = 2(x-3)^2$	2	0	eine
e)	$y = 0{,}3(x+4)^2$	0,3	0	eine
f)	$y = -0{,}2(x-1)^2$	−0,2	0	eine
g)	$y = -4(x+2)^2 - 1$	−4	−1	keine
h)	$y = 3(x+1)^2 + 4$	3	4	keine
i)	$y = -3(x-1)^2 + 5$	−3	5	zwei
j)	$y = 5(x-3)^2 + 2$	5	2	keine
k)	$y = -2(x+3)^2 - 5$	−2	−5	keine
l)	$y = -(x-0{,}5)^2$	−1	0	eine

2.1 a) $y = x^2 - 4$
x-Werte der Nullstellen: 2; −2

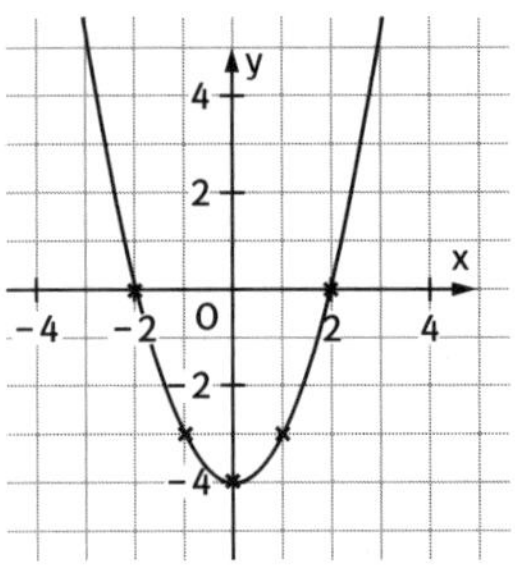

b) $y = x^2 - 1$
x-Werte der Nullstellen: 1; −1

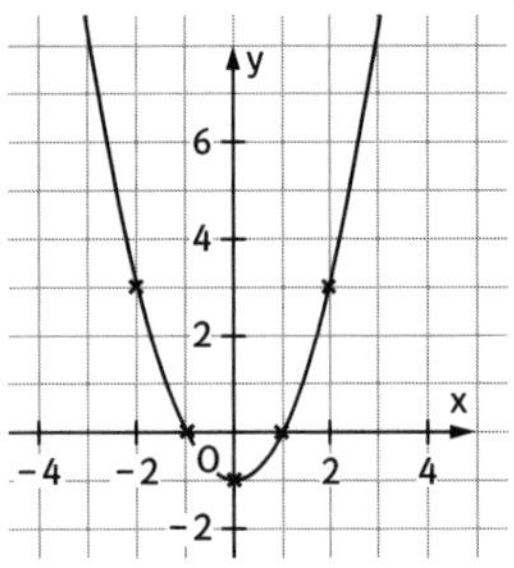

c) $y = -x^2 + 3$
x-Werte der Nullstellen: 1,7; −1,7

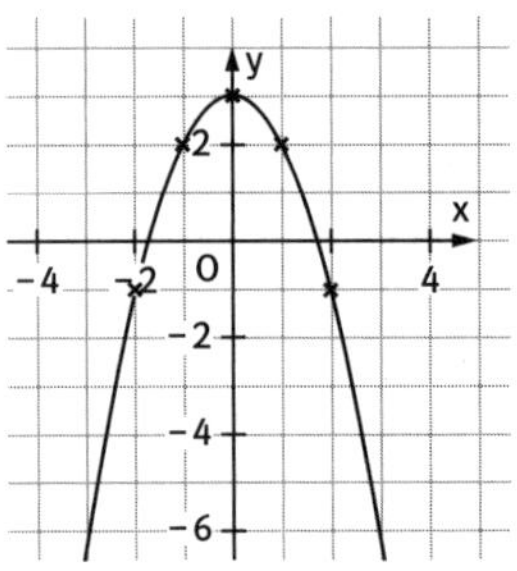

d) $y = x^2$
x-Wert der Nullstelle: 0

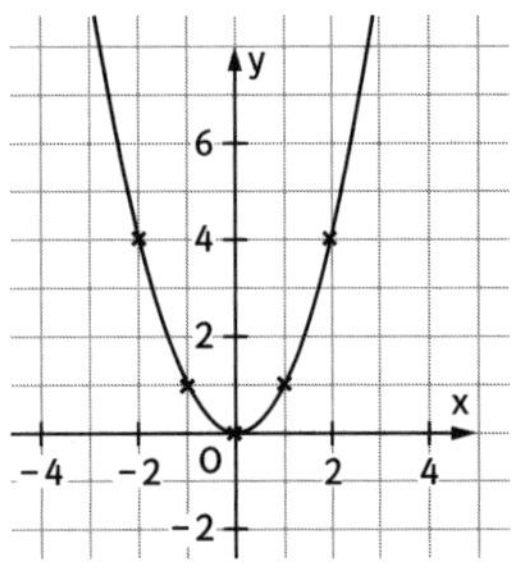

e) $y = -(x+1)^2$
x-Wert der Nullstelle: −1

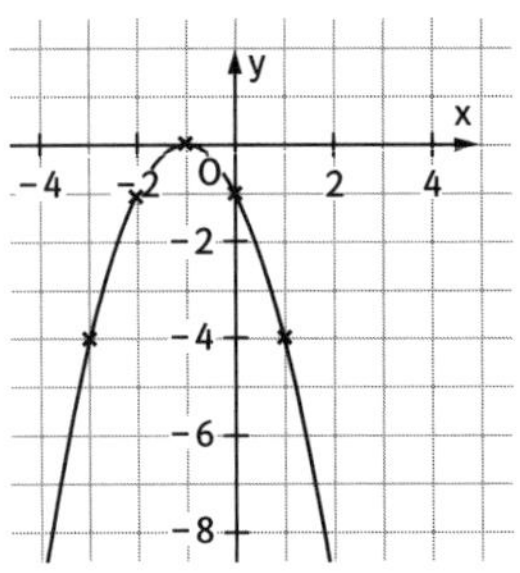

f) $y = (x-3)^2$
x-Wert der Nullstelle: 3

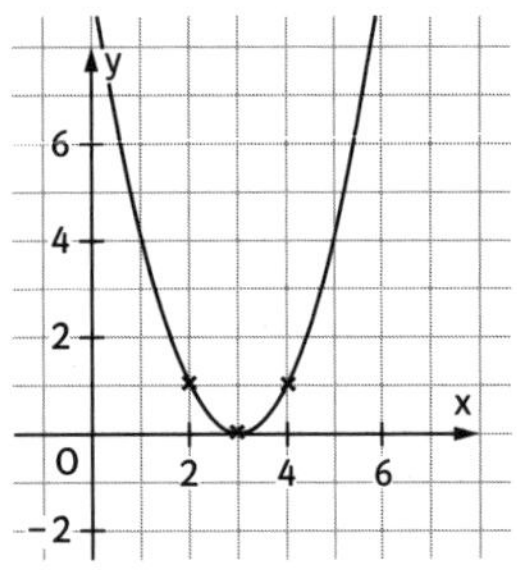

g) $y = x^2 + 1{,}5$
keine Nullstellen

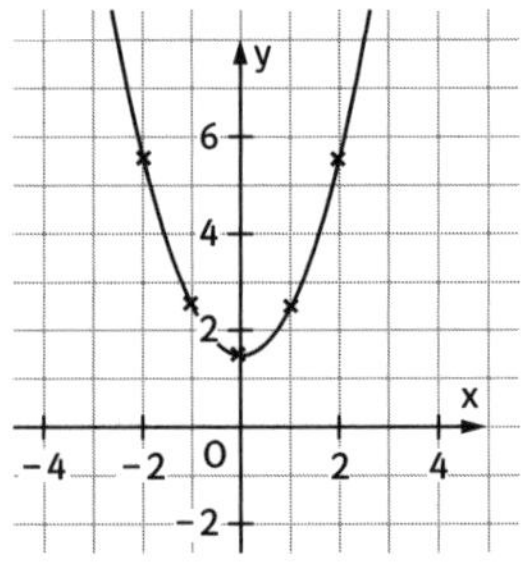

h) $y = -x^2 + 2{,}4$
x-Werte der Nullstellen: −1,5; 1,5

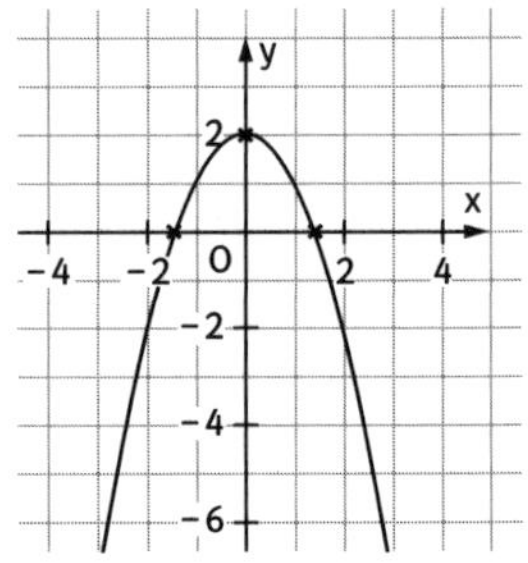

i) $y = -x^2 - 0{,}5$
keine Nullstellen

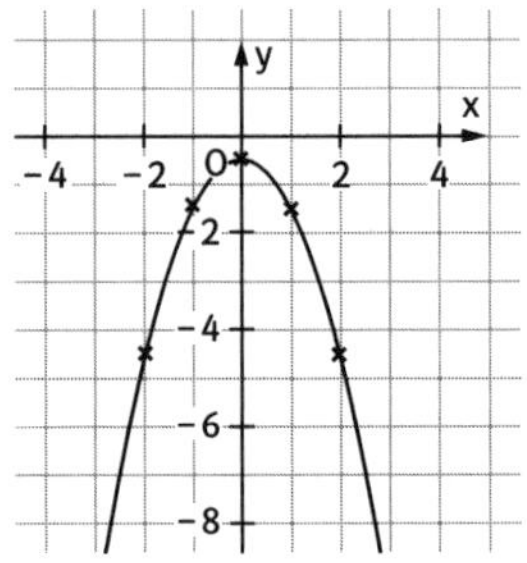

2.2 a) $y = (x - 0{,}8)^2 - 1{,}2$
x-Werte der Nullstellen:
−0,3; 1,9

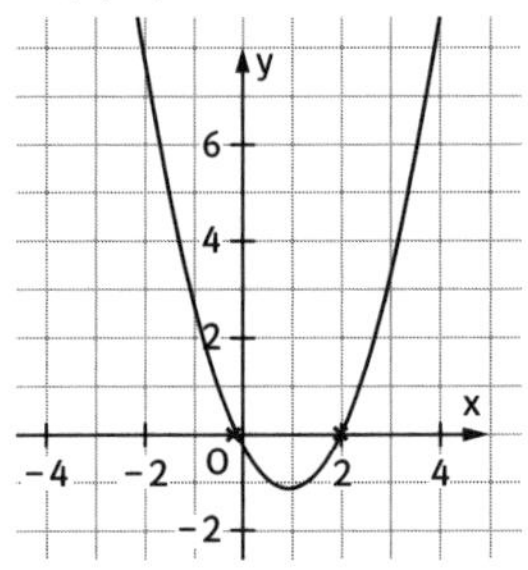

b) $y = \frac{1}{2}(x-2)^2 - 2$
x-Werte der Nullstellen:
0; 4

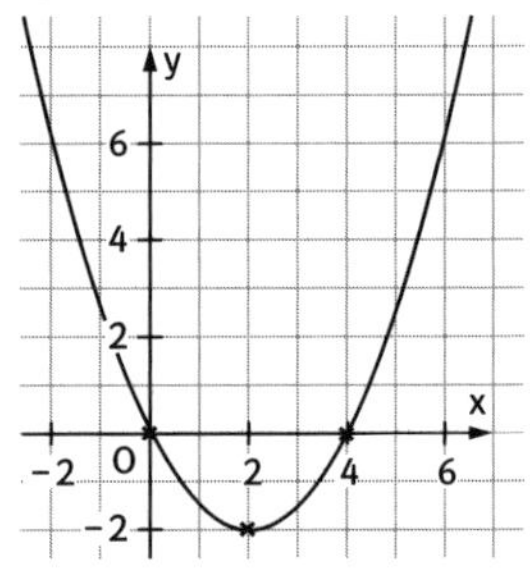

c) $y = \frac{1}{4}(x+1)^2 - 1$
x-Werte der Nullstellen: −3; 1

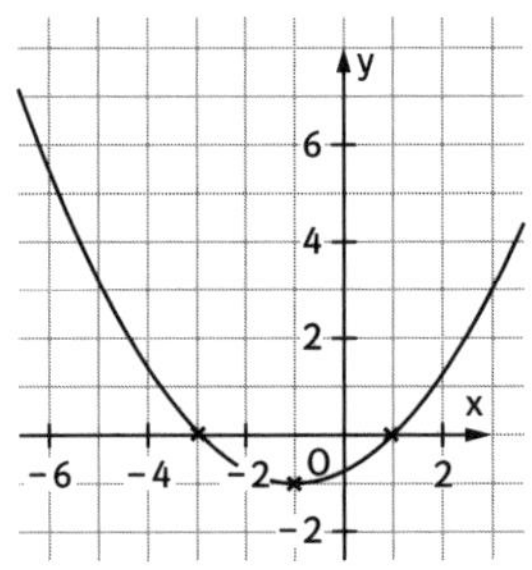

3.1 a) $y = -x^2 + \frac{9}{4}$
x-Werte der Nullstellen:
−1,5; 1,5

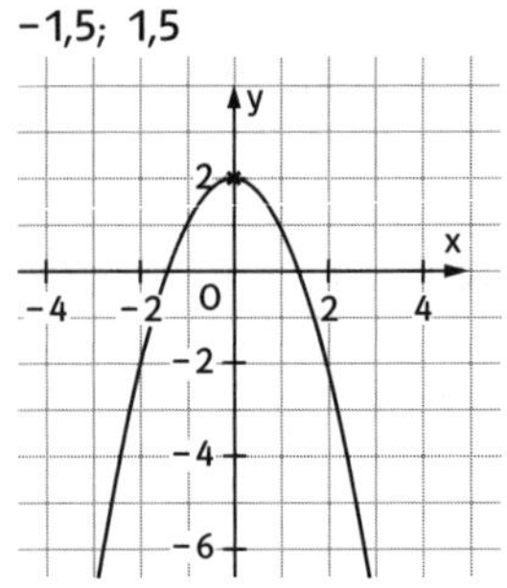

b) $y = x^2 - \frac{4}{25}$
x-Werte der Nullstellen:
−0,4; 0,4

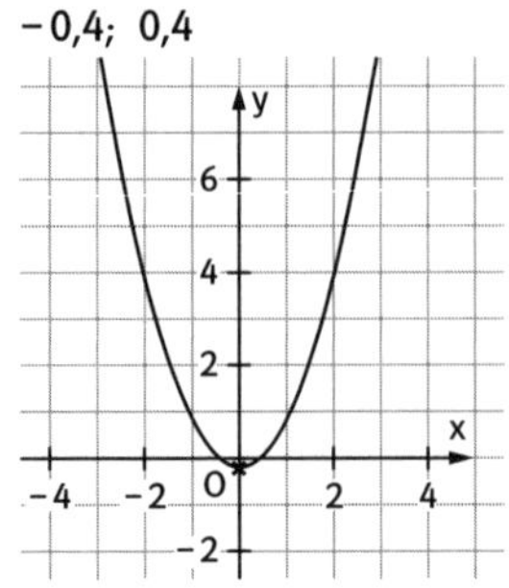

c) $y = x^2 - 1{,}44$
x-Werte der Nullstellen: $-1{,}2$; $1{,}2$

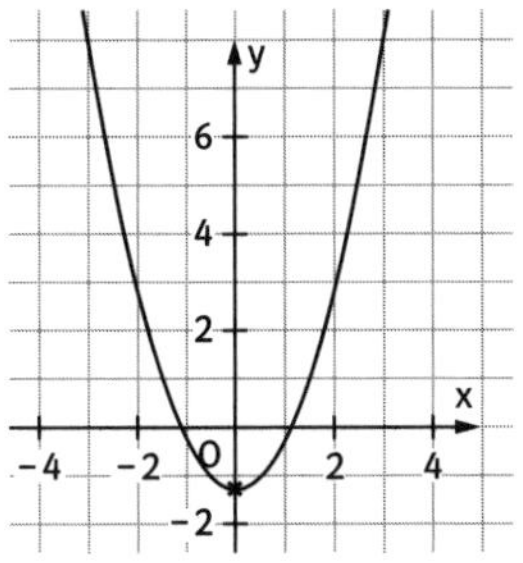

5 a) Die Aussage ist falsch. Für $a > 0$ und $c > 0$ hat $y = a(x + b)^2 + c$ keine Nullstelle, da $a(x + b)^2 \geqq 0$ und somit $y = a(x + b)^2 + c > 0$ ist.
b) Die Aussage ist richtig. Für $a < 0$ und $c < 0$ hat $y = a(x + b)^2 + c$ keine Nullstellen, da $a(x + b)^2 \leqq 0$ und somit $y = a(x + b)^2 + c < 0$ ist.

Quadratische Gleichungen zeichnerisch lösen, Seite 26

1 (1) $x^2 = x + 2$ (2) $y = x^2$; $y = x + 2$
(3)

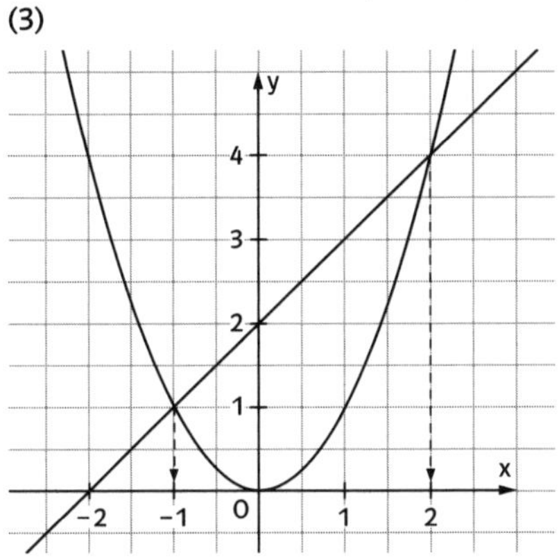

(4) $x_1 = -1$; $x_2 = 2$ (5) $L = \{-1; 2\}$

2 a) $\frac{1}{4} + y = x^2 - x + \left(\frac{1}{2}\right)^2 - 2$
$\frac{1}{4} + y = \left(x - \frac{1}{2}\right)^2 - 2$
$y = \left(x - \frac{1}{2}\right)^2 - 2 - \frac{1}{4}$
$y = \left(x - \frac{1}{2}\right)^2 - 2\frac{1}{4}$
b) $S\left(\frac{1}{2} \middle| -2\frac{1}{4}\right)$

3 a)

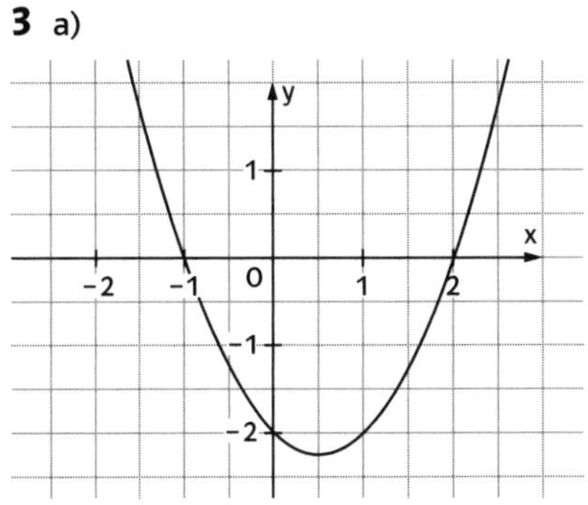

b) $x_1 = -1$; $x_2 = 2$
c) $x_1 = -1$ $x_2 = 2$
$(-1)^2 - (-1) - 2 = 0$ $2^2 - 2 - 2 = 0$
$0 = 0$; wahr $0 = 0$; wahr

1.1 a) $L = \{-1; 1\}$ b) $L = \{-2; 2\}$ c) $L = \{-1{,}7; 1{,}7\}$
d) $L = \{\,\}$ e) $L = \{-1{,}2; 1{,}2\}$ f) $L = \{-1{,}4; 1{,}4\}$
g) $L = \{1; 3\}$ h) $L = \{-3; 1\}$ i) $L = \{\,\}$
j) $L = \{\,\}$ k) $L = \{-0{,}7; 0{,}7\}$ l) $L = \{0\}$

1.2 a) $L = \{-1; 3\}$ b) $L = \{\,\}$ c) $L = \{-0{,}5; 2\}$
d) $L = \{-1{,}5; 2\}$ e) $L = \{-0{,}5; 1{,}5\}$ f) $L = \{-0{,}7; 2{,}7\}$
g) $L = \{-1{,}4; 0{,}7\}$ h) $L = \{-1{,}5; 1{,}3\}$ i) $L = \{-2{,}4; 0{,}4\}$

3.1 a) $y = x^2 + 2x - 3$ $y = (x + 1)^2 - 4$
b) $y = x^2 - 1{,}5x - 1$ $y = \left(x - \frac{3}{4}\right)^2 - 1\frac{9}{16}$
c) $y = x^2 + 1{,}5x - 4{,}5$ $y = \left(x + \frac{3}{4}\right)^2 - 5\frac{1}{16}$
d) $y = x^2 + 2x - 3$ $y = (x + 1)^2 - 4$
e) $y = x^2 - 4x + 3$ $y = (x - 2)^2 - 1$
f) $y = x^2 + 2x + 2$ $y = (x + 1)^2 + 1$
g) $y = x^2 - 4$ $y = (x + 0)^2 - 4$
h) $y = x^2 - 1{,}5$ $y = (x + 0)^2 - 1{,}5$
i) $y = -x^2 + 3$ $y = -(x + 0)^2 + 3$

a) $L = \{-3; 1\}$ b) $L = \{-0{,}5; 2\}$ c) $L = \{-3; 1{,}5\}$
d) $L = \{-3; 1\}$ e) $L = \{1; 3\}$ f) $L = \{\,\}$
g) $L = \{-2; 2\}$ h) $L = \{-1{,}2; 1{,}2\}$ i) $L = \{-\sqrt{3}; \sqrt{3}\}$

4 a) $L = \{-2{,}4; 0{,}4\}$ b) $L = \{-2; 4\}$

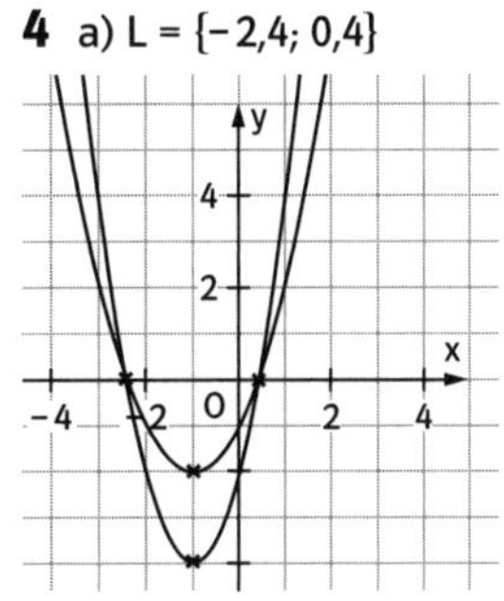

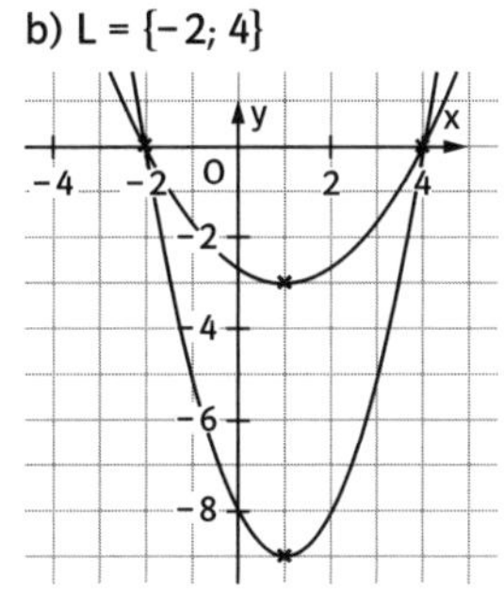

c) $L = \{-2; 2\}$

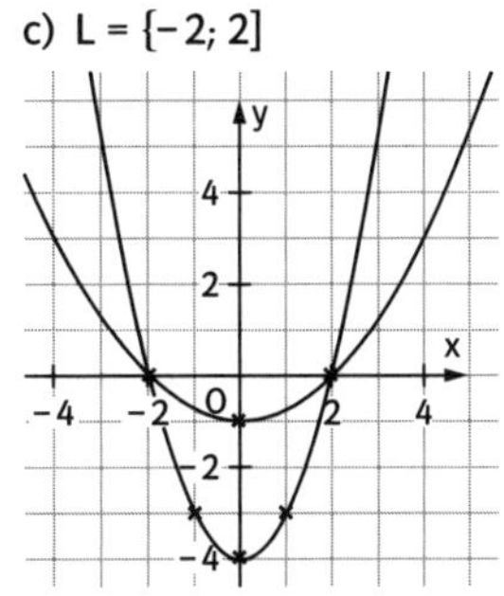

Quadratische Gleichungen mit der Lösungsformel lösen, Seite 27

1 (1) $x^2 - 4x - 12 = 0$
(2) $p = -4$; $q = -12$
(3) $D = \left(\frac{-4}{2}\right)^2 - (-12) = 4 + 12 = 16$; $D > 0$; 2 Lösungen
(4) $x_{1,2} = +2 \pm \sqrt{16} = +2 \pm 4$
(5) $x_1 = +6$; $x_2 = -2$
(6) $L = \{6; -2\}$

2 $-x^2 + 2x + 8 = 0$ $\quad | \cdot (-1)$
(1) $x^2 - 2x - 8 = 0$
(2) $p = -2$; $q = -8$
(3) $D = 1 + 8 = 9$; $D > 0$; 2 Lösungen
(4) $x_{1,2} = 1 \pm \sqrt{9} = 1 \pm 3$
(5) $x_1 = 4$; $x_2 = -2$
(6) $L = \{4; -2\}$

3 $x^2 - 30 = 8x \qquad | -8x$
(1) $x^2 - 8x - 30 = 0$
(2) $p = -8;\ q = -30$
(3) $D = \left(\frac{-8}{2}\right)^2 + 30 = 46;\ D > 0;$ 2 Lösungen
(4) $x_{1,2} = 4 \pm \sqrt{46}$
(5) $x_1 = 4 + \sqrt{46} \approx 4 + 6{,}8 = 10{,}8;\ x_2 = 4 - \sqrt{46} \approx 4 - 6{,}8 = -2{,}8$
(6) $L = \{10{,}8; -2{,}8\}$

4 a) $\frac{1}{2}x^2 + \frac{1}{4}x - 1 = 0 \qquad | \cdot 2$
(1) $x^2 + \frac{1}{2}x - 2 = 0$
(2) $p = \frac{1}{2};\ q = -2$
(3) $D = \frac{1}{16} + 2 = \frac{33}{16};\ D > 0;$ 2 Lösungen
(4) $x_{1,2} = -\frac{1}{4} \pm \sqrt{\frac{33}{16}} = -\frac{1}{4} \pm \frac{1}{4}\sqrt{33}$
(5) $x_1 = -\frac{1}{4} + \frac{1}{4}\sqrt{33} \approx 1{,}2;\ x_2 = -\frac{1}{4} - \frac{1}{4}\sqrt{33} \approx -1{,}7$
(6) $L = \{1{,}2; -1{,}7\}$
b) $-2x^2 - 20x - 50 = 0 \qquad | :(-2)$
(1) $x^2 + 10x + 25 = 0$
(2) $p = 10;\ q = 25$
(3) $D = 25 - 25 = 0;\ D = 0$, also 1 Lösung
(4) $x = -5 \pm \sqrt{0}$
(5) $x = -5$
(6) $L = \{-5\}$

1.1 a) $L = \{-1; -2\}$ b) $L = \{-1; -5\}$ c) $L = \{5; -4\}$
d) $L = \{1; -3\}$ e) $L = \{-12; 1\}$ f) $L = \{-9\}$
g) $L = \{-0{,}6; -67{,}4\}$ h) $L = \{9; -4\}$

1.2 a) $L = \left\{\frac{1}{8}; -\frac{7}{8}\right\}$ b) $L = \left\{\frac{1}{2}; -1\right\}$ c) $L = \left\{\frac{1}{6}; -1\right\}$
d) $L = \{\,\}$ e) $L = \left\{\frac{1}{3}; -\frac{2}{3}\right\}$ f) $L = \left\{\frac{1}{4}; -2\right\}$
g) $L = \left\{\frac{2}{3}; -3\right\}$ h) $L = \{\,\}$

2.1 a) $L = \{15; -1\}$ b) $L = \{6; -13\}$ c) $L = \{3; -24\}$
d) $L = \{11; -5\}$ e) $L = \{20; -4\}$ f) $L = \{3; -15\}$
g) $L = \{15; -2\}$ h) $L = \{-5; -10\}$

3.1 a) $L = \{\,\}$ b) $L = \{11{,}3; -2{,}3\}$ c) $L = \{2; -5\}$
d) $L = \{\,\}$ e) $L = \{23; 9\}$

4.1 a) $L = \{14{,}9; 0{,}1\}$ b) $L = \{\,\}$ c) $L = \{1{,}1; -1{,}4\}$
d) $L = \{12; 0\}$ e) $L = \{0{,}7; -0{,}7\}$

5 a) $L = \{4; 0{,}5\}$ b) $L = \{-1{,}5; -2\}$ c) $L = \{6; -6\}$
d) $L = \{1{,}4; -1{,}4\}$ e) $L = \{\,\}$

6 a) Die Aussage ist wahr. b) Die Aussage ist wahr.

Sachaufgaben mit quadratischen Gleichungen lösen, Seite 28

1 (1) Verlängerung x
Kanten: $a = 14;\ b' = 9 + x;\ c' = 5 + x$
(2) $V = a \cdot b' \cdot c'$
$1078 = 14 \cdot (9 + x) \cdot (5 + x) \qquad | :14$
(3) $77 = (9 + x)(5 + x)$
$77 = 45 + 5x + 9x + x^2$
$x^2 + 14x - 32 = 0$
(4) $x_{1,2} = -7 \pm \sqrt{49 + 32}$
$= -7 \pm \sqrt{81} = -7 \pm 9$
$x_1 = -7 + 9 = 2$
$x_2 = -7 - 9 = -16$
(5) Verlängerung: 2 cm
(6) Die Kanten müssen um 2 cm verlängert werden.
(7) $V = 14\,cm \cdot 11\,cm \cdot 7\,cm = 1078\,cm^3$

2 (1) 1. Zahl: x; 2. Zahl: x + 1
(2) $x^2 + (x + 1)^2 = 221$
(3) $x^2 + x^2 + 2x + 1 = 221$
$2x^2 + 2x - 220 = 0$
$x^2 + x - 110 = 0$
(4) $x_{1,2} = -0{,}5 \pm \sqrt{0{,}25 + 110} = -0{,}5 \pm 10{,}5$
$x_1 = 10;\ x_2 = -11$
(5) 1. Zahl: 10; 2. Zahl 11 oder 1. Zahl −11; 2. Zahl: −10
(6) Die Zahlen sind 10 und 11 oder −10 und −11.
(7) $11 - 10 = 1$ oder $-10 - (-11) = 1$
$11^2 + 10^2 = 121 + 100 = 221$

1.1 1. Seite: x
2. Seite: x + 8
$x^2 + (x + 8)^2 = 20^2$
Die Seiten sind 9,6 cm und 17,6 cm lang.

1.2 1. Abschnitt: x
2. Abschnitt x + 5
$x(x + 5) = 36$
$L = \{4; -9\}$
Die Hypotenusenabschnitte sind 9 cm und 4 cm lang.

1.3 alter Radius: x
neuer Radius: x + 3
$\pi(x + 3)^2 = 2\pi x^2$
$L = \{-1{,}24; 7{,}24\}$
Der alte Radius des Kreises ist 7,2 cm lang.

2.1 1. Zahl: x
2. Zahl: x + 1
$x(x + 1) = 240$
$L = \{15; -16\}$
Die Zahlen sind 15 oder 16 oder −15 und −16.

3 Marens Alter: x
Fraukes Alter: x + 3
$x(x + 3) = 208$
$L = \{13; -16\}$
Maren ist 13 und Frauke ist 16 Jahre alt.

4 Zeit, nach der die Kugel 320 m Höhe erreicht: t
$h = v_0 \cdot t - \frac{g}{2} \cdot t^2$
$L = \{38{,}33; 1{,}67\}$
Die Kugel benötigt 1,67 s, um die Höhe von 320 m zu erreichen.

Kompetenz-Test Quadratische Funktionen und Gleichungen, Seite 29

	a)	b)	c)
1	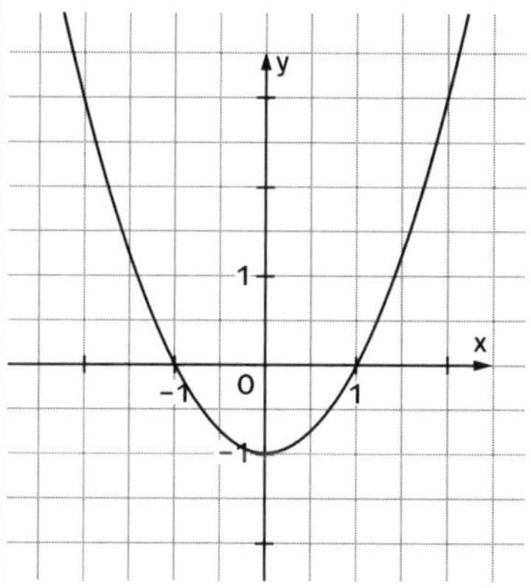	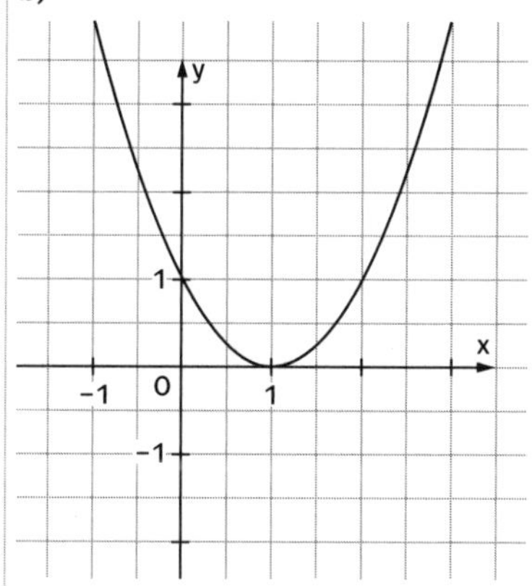	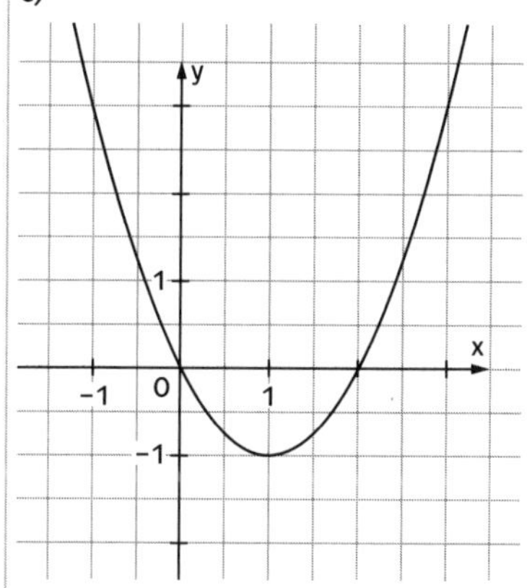
2	$S(0\|1)$	$S(-1\|1)$	$S(-1\|0)$
3	NP gestaucht	NP gestreckt, gespiegelt	NP gestaucht, verschoben
4	$x_1 = -2;\ x_2 = 2$	$x_1 = -2;\ x_2 = 2$	$x_1 = 4;\ x_2 = 0$
5	$D = 4$; 2 Lösungen	$D = 0$; 1 Lösung	$x^2 + \frac{3}{4}x + \frac{9}{64} = 0$ $D = 0$; d.h. 1 Lösung
6	$L = \{3; 2\}$	$L = \{0{,}4; -0{,}7\}$	$L = \{\ \}$

3 Potenzen und Potenzfunktionen

Potenzen mit ganzzahligem Exponent berechnen, Seite 30

1 a) $4 \cdot 4 \cdot 4 = 64$
b) $(-4) \cdot (-4) \cdot (-4) = -64$
c) $3 \cdot 3 \cdot 3 \cdot 3 = 81$
d) $(-3) \cdot (-3) \cdot (-3) \cdot (-3) = 81$
e) $(-10)^5 = (-10) \cdot (-10) \cdot (-10) \cdot (-10) \cdot (-10) = -100\,000$

2 a) $\frac{1}{5^2} = \frac{1}{25} = 0{,}04$ b) $\frac{1}{4^3} = \frac{1}{64}$ c) $\frac{1}{(-4)^3} = -\frac{1}{64}$
d) $\frac{1}{10^3} = \frac{1}{1000} = 0{,}001$ e) $\frac{1}{1^4} = 1$ f) $\frac{1}{0{,}5^2} = \frac{1}{0{,}25} = 4$

3 a) 125 b) $\frac{1}{125} = 0{,}008$ c) 16
d) $\frac{1}{(-2)^4} = \frac{1}{16} = 0{,}0625$ e) 1000 f) $\frac{1}{10^3} = \frac{1}{1000} = 0{,}001$
g) 10 h) $\frac{1}{10^1} = \frac{1}{10} = 0{,}1$ i) 1

4 a) 2^5 b) 2^{-5} c) 2^0 d) 2^{-3} e) 2^{-1} f) $\frac{1}{2^8}$

5 a) 10^4 b) 10^{-2} c) 10^1 d) 10^{-3} e) 10^0 f) 10^{-1}

6 a) $10^2 < 10^3$ b) $10^{-2} > 10^{-3}$
c) $(-10)^2 > (-10)^3$ d) $(-10)^{-2} > (-10)^{-3}$
e) $10^0 < 10$ f) $10^1 = 10$
g) $(-10)^4 = 10^4$ h) $(-10)^3 < 10^3$

7 a) $10^{3+(-5)} = 10^{-2}$ b) $10^{-3-(-5)} = 10^2$
c) $(10 \cdot 0{,}4)^{-2} = 4^{-2}$ d) $(6 : 10)^{-3} = 0{,}6^{-3}$
e) $10^{-2 \cdot 3} = 10^{-6}$ f) $10^{-2 \cdot (-3)} = 10^6$

1.1 a) 125; −125; 243; −243 b) 2; −2; 1; 1
c) −27; 27; 9; 9 d) 4; 16; −64; 256

2.1 a) $\frac{1}{9}$; $\frac{1}{9}$; $\frac{1}{8}$; $-\frac{1}{8}$ b) $\frac{1}{4}$; $-\frac{1}{4}$; 1; 1

3.1 a) 16; 16; $\frac{1}{16}$; $\frac{1}{16}$ b) 32; −32; $\frac{1}{32}$; $-\frac{1}{32}$
c) 0,25; 4; 0,25 d) 3; $\frac{1}{3}$; 1; $-\frac{1}{3}$

3.2 a) 100; 100; 0,01 b) 0,001; −1000; −0,001
c) 10; 1; 0,1; −10 d) 0,01; 100; 100

4.1 a) $2^2 = (-2)^2$; $2^{-2} = (-2)^{-2}$; 2^3; 2^{-3}
b) 2^3; $(-2)^3$; 2^{-3}; $(-2)^{-3}$

5.1 a) 10^3; 10^2; 10^0 b) 10^{-3}; 10^{-2}; 10^{-1}

6.1 a) $4 < 8$ b) $\frac{1}{4} > \frac{1}{8}$ c) $4 > -8$ d) $\frac{1}{4} > -\frac{1}{8}$

7.1 a) 10^2 b) 10^{-8} c) 10^2 d) 10^{-8}
e) 10^8 f) 10^{-8} g) 8^{-2} h) 2^3
i) $0{,}5^{-2}$ j) 2^{-2} k) 10^6 l) 10^{-6}

Zehnerpotenzen bestimmen, Seite 31

1 a) (1) $\approx 74\,000$ (2) $\approx 7{,}4 \cdot 10\,000$ (3) $= 7{,}4 \cdot 10^4$
b) $86\,400 \approx 86\,000 = 8{,}6 \cdot 10\,000 = 8{,}6 \cdot 10^4$
c) $0{,}0283 \approx 0{,}028 = 2{,}8 \cdot 0{,}01 = 2{,}8 \cdot 10^{-2}$
d) $0{,}6483 \approx 0{,}65 = 6{,}5 \cdot 0{,}1 = 6{,}5 \cdot 10^{-1}$

2 a) 10^3 b) 10^{-5} c) 10^{-3} d) 10^{-4} e) 10^2
f) 10^{-2} g) 10^{-8} h) 10^{-2} i) 10^0

3 a) $29\,400 \cdot 0{,}083 \approx 3 \cdot 10^4 \cdot 8 \cdot 10^{-2}$
$= 3 \cdot 8 \cdot 10^4 \cdot 10^{-2} = 24 \cdot 10^2 = 2{,}4 \cdot 10^3$
b) $0{,}06 \cdot 0{,}008\,54 \approx 6 \cdot 10^{-2} \cdot 9 \cdot 10^{-3}$
$= 6 \cdot 9 \cdot 10^{-2} \cdot 10^{-3} = 54 \cdot 10^{-5} = 5{,}4 \cdot 10^{-4}$

4 a) $814 : 0{,}003\,87 = \frac{814}{0{,}003\,87} \approx \frac{8 \cdot 10^2}{4 \cdot 10^{-3}} = \frac{8}{4} \cdot \frac{10^2}{10^{-3}} = 2 \cdot 10^5$
b) $0{,}893 : 290 = \frac{0{,}893}{290} \approx \frac{9 \cdot 10^{-1}}{3 \cdot 10^2} = \frac{9}{3} \cdot \frac{10^{-1}}{10^2} = 3 \cdot 10^{-3}$

1.1 a) $8 \cdot 10^5$ b) $4 \cdot 10^{-3}$ c) $3 \cdot 10^4$
d) $5 \cdot 10^3$ e) $9 \cdot 10^{-6}$ f) $4 \cdot 10^{-7}$
g) $2 \cdot 10^6$ h) $3 \cdot 10^{-1}$ i) $1 \cdot 10^4$
j) $6 \cdot 10^1$ k) $8 \cdot 10^{-3}$ l) $2 \cdot 10^{-3}$

1.2 a) $2{,}6 \cdot 10^5$ b) $3{,}4 \cdot 10^{-2}$ c) $4{,}8 \cdot 10^3$
d) $7{,}8 \cdot 10^3$ e) $4{,}5 \cdot 10^{-1}$ f) $7{,}4 \cdot 10^{-2}$
g) $1{,}0 \cdot 10^6$ h) $7{,}7 \cdot 10^{-5}$ i) $2{,}0 \cdot 10^{-2}$
j) $8{,}1 \cdot 10^1$ k) $3{,}4 \cdot 10^{-1}$ l) $5{,}9 \cdot 10^4$
m) $3{,}8 \cdot 10^2$ n) $4{,}0 \cdot 10^{-3}$ o) $1{,}0 \cdot 10^0$

2.1 a) 10^{-1} b) 10^{-3} c) 10^6 d) 10^2
e) 10^1 f) 10^7 g) 10^4 h) 10^{-18}
i) 10^{-7} j) 10^{-7} k) 10^2 l) 10^{-8}

3.1 a) $6 \cdot 10^8$ b) $5 \cdot 10^3$ c) $4 \cdot 10^{-2}$
d) $9 \cdot 10^2$ e) $18 \cdot 10^{-5}$ f) $4 \cdot 10^2$

4.1 a) $4 \cdot 10^1$ b) $2 \cdot 10^8$ c) $4 \cdot 10^{-8}$ d) 10^{-7}

Potenzfunktion $y = x^n$ darstellen, Seite 32

1

x	0	1	−1	1,5	−1,5
$y = x^2$	0	1	1	2,25	2,25
$y = x^3$	0	1	−1	3,375	−3,375

a) bis c)

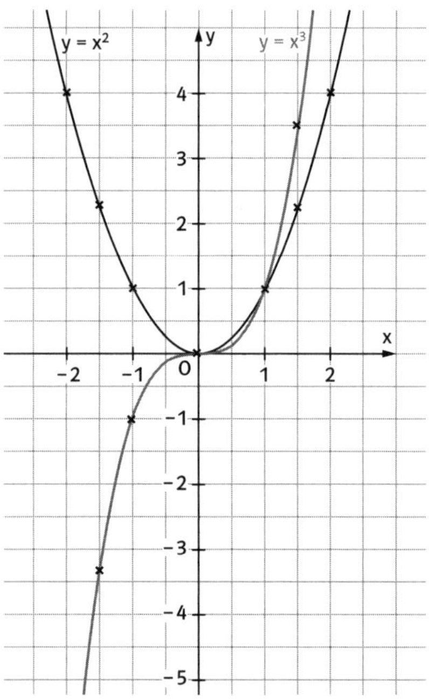

Figur 1

2 □: C(−1|1); E(2|4); F(−2|4)
○: A(0|0); B(1|1); D(−1|−1); H(−2|−8)

3
a) A(3|y) B(−3|y) C(−0,8|y)
$y = 3^2$ $y = (-3)^2$ $y = (-0{,}8)^2$
$y = 9$ $y = 9$ $y = 0{,}64$
b) D(2|y) E(−2|y) F(−0,4|y)
$y = 2^3$ $y = (-2)^3$ $y = (-0{,}4)^3$
$y = 8$ $y = -8$ $y = -0{,}064$

1.1 a)

x	0	0,1	−0,1	0,2	−0,2	0,3
$y = x^2$	0	0,01	0,01	0,04	0,04	0,09
$y = x^3$	0	0,001	−0,001	0,008	−0,008	0,027

x	−0,3	0,4	−0,4	0,5	−0,5
$y = x^2$	0,09	0,16	0,16	0,25	0,25
$y = x^3$	−0,027	0,064	−0,064	0,125	−0,125

x	0,6	−0,6	0,7	−0,7	0,8
$y = x^2$	0,36	0,36	0,49	0,49	0,64
$y = x^3$	0,216	−0,216	0,343	−0,343	0,512

x	−0,8	0,9	−0,9	1	−1
$y = x^2$	0,64	0,81	0,81	1	1
$y = x^3$	−0,512	0,729	−0,729	1	−1

x	1,1	−1,1	1,2	−1,2	1,3
$y = x^2$	1,21	1,21	1,44	1,44	1,69
$y = x^3$	1,331	−1,331	1,728	−1,728	2,197

x	−1,3	1,4	−1,4	1,5	−1,5
$y = x^2$	1,69	1,96	1,96	2,25	2,25
$y = x^3$	−2,197	2,744	−2,744	3,375	−3,375

b)

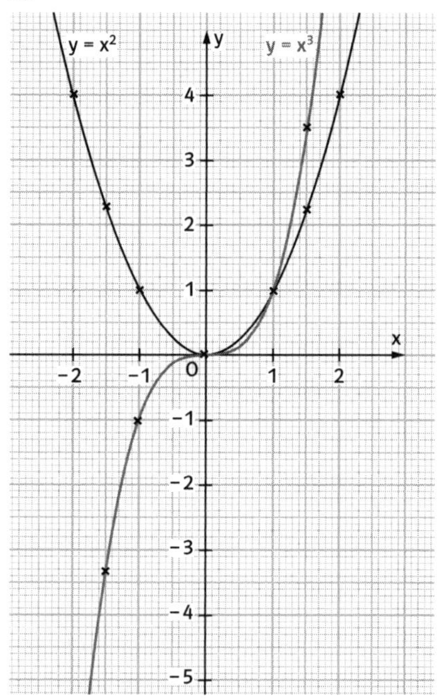

2.1 a) A, C, E b) A, D, G

3.1 a) A(4|16); B(−4|16); C(1,2|1,44); D(−2,5|6,25)
b) A(4|64); B(−4|−64); C(0,2|0,008); D(−0,2|−0,008)

4 Alle Parabeln der Form $y = x^2$; $y = x^4$; $y = x^6$; …, also alle $y = x^n$ mit geradem n sind achsensymmetrisch.
Alle Parabeln der Form $y = x^3$; $y = x^5$; $y = x^7$; …, also alle $y = x^n$ mit ungeradem n sind punktsymmetrisch zum Nullpunkt.

Potenzfunktion $y = x^{-n}$ darstellen, Seite 33

1 a)

x	1	−1	2	−2	3	−3
$y = x^{-1}$	1	−1	0,5	−0,5	$\frac{1}{3}$	$-\frac{1}{3}$

c)

x	0,2	−0,2	0,8	−0,8	1,2	−1,2
$y = x^{-1}$	5	−5	1,25	−1,25	$0{,}8\overline{3}$	$-0{,}8\overline{3}$

x	1,4	−1,4	1,8	−1,8	2,5	−2,5
$y = x^{-1}$	≈ 0,7	≈ −0,7	≈ 0,6	≈ −0,6	0,4	−0,4

b) und d)

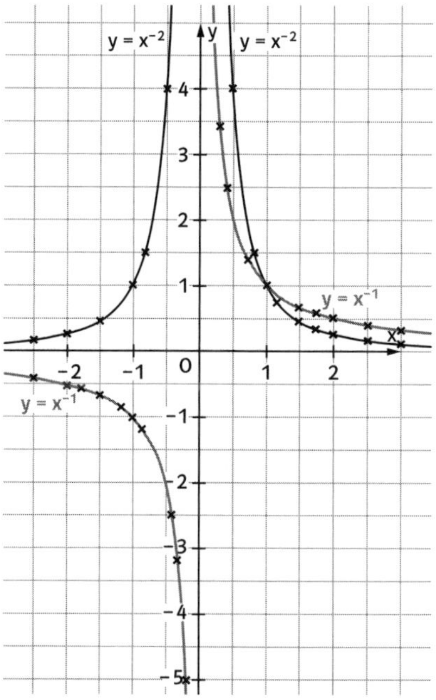

Figur 1

2 a)

x	1	−1	2	−2	3	−3
$y = x^{-2}$	1	1	0,25	0,25	$0,\overline{1}$	$0,\overline{1}$

b) und d) Siehe Figur 1.

c)

x	0,2	−0,2	0,5	−0,5	0,8	−0,8
$y = x^{-2}$	25	25	4	4	≈ 1,6	≈ 1,6

x	1,4	−1,4	1,8	−1,8	2,5	−2,5
$y = x^{-2}$	≈ 0,5	≈ 0,5	≈ 0,3	≈ 0,3	0,16	0,16

3 A(3 | y) $y = 3^{-2}$ $y = \frac{1}{9}$

B(−3 | y) $y = (-3)^{-2}$ $y = \frac{1}{9}$

C(−1,5 | y) $y = (-1{,}5)^{-2}$ $y = \frac{4}{9}$

2.1 a)

x	0	0,1	−0,1	0,2	−0,2	0,3
$y = x^{-1}$	–	10	−10	5	−5	3,33
$y = x^{-2}$	–	100	100	25	25	11,11

x	−0,3	0,4	−0,4	0,5	−0,5
$y = x^{-1}$	−3,33	2,5	−2,5	2	−2
$y = x^{-2}$	11,11	6,25	6,25	4	4

x	0,6	−0,6	0,7	−0,7	0,8
$y = x^{-1}$	1,67	−1,67	1,43	−1,43	1,25
$y = x^{-2}$	2,78	2,78	2,04	2,04	1,56

x	−0,8	0,9	−0,9	1	−1
$y = x^{-1}$	−1,25	1,11	−1,11	1	−1
$y = x^{-2}$	1,56	1,23	1,23	1	1

x	1,1	−1,1	1,2	−1,2	1,3
$y = x^{-1}$	0,91	−0,91	0,83	−0,83	0,77
$y = x^{-2}$	0,83	0,83	0,69	0,69	0,59

x	−1,3	1,4	−1,4	1,5	−1,5
$y = x^{-1}$	−0,77	0,71	−0,71	0,67	−0,67
$y = x^{-2}$	0,59	0,51	0,51	0,44	0,44

b) $y = x^{-1}$

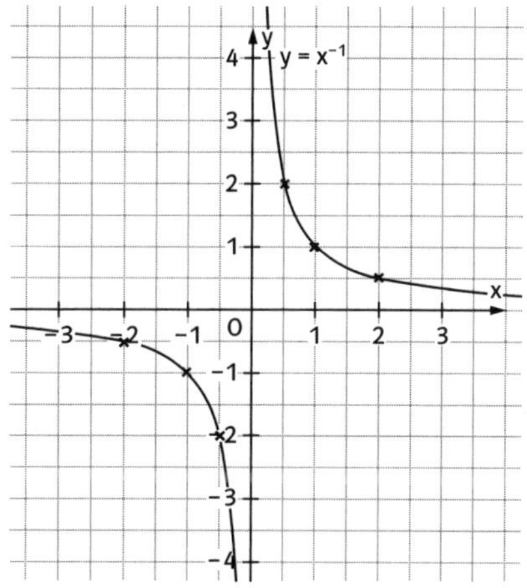

c) $y = x^{-2}$

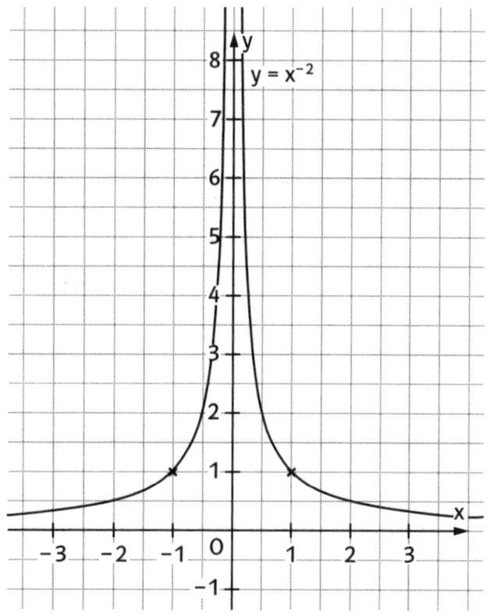

3.1 a) $y = \frac{1}{2}$ b) $y = -\frac{1}{2}$ c) $y = -1$ d) $y = 2$
e) $y = -2$ f) $y = 10$ g) $y = -10$

3.2 a) $y = \frac{1}{4}$ b) $y = \frac{1}{4}$ c) $y = 1$ d) $y = 1$
e) $y = 4$ f) $y = 4$ g) $y = 100$

4 Alle Hyperbeln mit $y = x^{-2}$; $y = x^{-4}$; $y = x^{-6}$; …, also alle $y = x^{-n}$ mit geradem n sind achsensymmetrisch zur y-Achse.
Alle Hyperbeln mit $y = x^{-1}$; $y = x^{-3}$; $y = x^{-5}$; …, also alle $y = x^{-n}$ mit ungeradem n sind punktsymmetrisch zum Ursprung.

Wurzeln bestimmen, Wurzelfunktionen darstellen, Seite 34

1 a) $\sqrt[3]{8} = 2$; denn $2^3 = 8$ b) $\sqrt[4]{81} = 3$; denn $3^4 = 81$
c) $\sqrt[6]{64} = 2$; denn $2^6 = 64$ d) $\sqrt{36} = 6$; denn $6^2 = 36$
e) $\sqrt[3]{125} = 5$; denn $5^3 = 125$

2 a) $\sqrt[3]{27} = 3$ b) $\sqrt[5]{32} = 2$ c) $\sqrt[3]{216} = 6$
d) $\sqrt[4]{10\,000} = 10$ e) $\sqrt[7]{1} = 1$ f) $\sqrt[6]{0} = 0$
g) $\sqrt[3]{0{,}001} = 0{,}1$ h) $\sqrt[4]{0{,}0016} = 0{,}2$ i) $\sqrt{0{,}0016} = 0{,}04$
j) $\sqrt[3]{\frac{1}{27}} = \frac{1}{3}$ k) $\sqrt[3]{\frac{8}{125}} = \frac{2}{5}$ l) $\sqrt[4]{\frac{16}{625}} = \frac{2}{5}$

3 a)

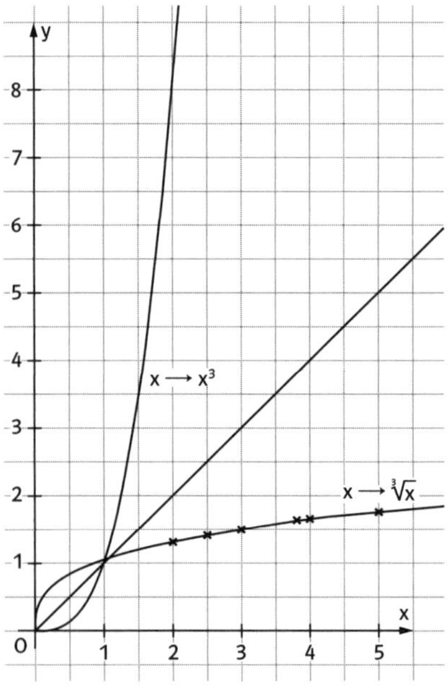

Figur 1

b) $\sqrt[3]{2} \approx 1{,}3$ $\quad \sqrt[3]{3} \approx 1{,}4$ $\quad \sqrt[3]{4} \approx 1{,}6$
$\sqrt[3]{5} \approx 1{,}7$ $\quad \sqrt[3]{2{,}5} \approx 1{,}4$ $\quad \sqrt[3]{3{,}8} \approx 1{,}6$

4 a) $\sqrt[3]{375} = \sqrt[3]{125 \cdot 3} = \sqrt[3]{125} \cdot \sqrt[3]{3} = 5 \cdot \sqrt[3]{3}$
b) $\sqrt[4]{80} = \sqrt[4]{16 \cdot 5} = \sqrt[4]{16} \cdot \sqrt[4]{5} = 2 \cdot \sqrt[4]{5}$

5
$$\begin{aligned} 2x^3 - 54 &= 0 && \mid +54 \\ 2x^3 &= 54 && \mid :2 \\ x^3 &= 27 && \mid \sqrt[3]{} \\ x &= \sqrt[3]{27} = 3 \end{aligned}$$

1.1 a) $\sqrt[3]{64} = 4$, denn $4^3 = 64$ $\quad$ b) $\sqrt{49} = 7$, denn $7^2 = 49$
c) $\sqrt[5]{32} = 2$, denn $2^5 = 32$ $\quad$ d) $\sqrt[4]{10\,000} = 10$, denn $10^4 = 10\,000$
e) $\sqrt[6]{1} = 1$, denn $1^6 = 1$ $\quad$ f) $\sqrt[7]{128} = 2$, denn $2^7 = 128$
g) $\sqrt[4]{625} = 5$, denn $5^4 = 625$ $\quad$ h) $\sqrt[10]{1} = 1$, denn $1^{10} = 1$

2.1 a) 2 $\quad$ b) 6 $\quad$ c) 3 $\quad$ d) 16
e) 0 $\quad$ f) 7 $\quad$ g) 100 $\quad$ h) 1

2.2 a) $\frac{1}{2}$ $\quad$ b) $\frac{1}{3}$ $\quad$ c) $\frac{2}{3}$ $\quad$ d) $\frac{3}{2}$
e) $\frac{2}{3}$ $\quad$ f) $\frac{5}{3}$ $\quad$ g) $\frac{2}{3}$ $\quad$ h) 11

2.3 a) 0,2 $\quad$ b) 0,3 $\quad$ c) 0,3 $\quad$ d) 0,1
e) 0,13 $\quad$ f) 0,2 $\quad$ g) 0,02 $\quad$ h) $\frac{14}{15}$

4.1 a) $2 \cdot \sqrt[3]{5}$ $\quad$ b) $2 \cdot \sqrt[4]{20}$ $\quad$ c) $3 \cdot \sqrt[5]{2}$ $\quad$ d) $10 \cdot \sqrt{2}$
e) $5 \cdot \sqrt[3]{4}$ $\quad$ f) $6 \cdot \sqrt[3]{5}$ $\quad$ g) $4 \cdot \sqrt[4]{25}$ $\quad$ h) $20 \cdot \sqrt[3]{4}$

5.1 a) $x = 7$ $\quad$ b) $x = 2$ $\quad$ c) $x = 2$
d) $x = -8 \cdot \sqrt[3]{2}$ $\quad$ e) $x = -10$ $\quad$ f) $x = 8$

Potenzen mit rationalem Exponenten bestimmen, Seite 35

1 a) $8^{\frac{1}{3}} = \sqrt[3]{8}$ $\quad$ b) $81^{\frac{1}{4}} = \sqrt[4]{81}$ $\quad$ c) $0{,}04^{\frac{1}{2}} = \sqrt{0{,}04}$ $\quad$ d) $x^{\frac{1}{6}} = \sqrt[6]{x}$

2 a) $\sqrt[3]{27} = 27^{\frac{1}{3}}$ $\quad$ b) $\sqrt{25} = 25^{\frac{1}{2}}$ $\quad$ c) $\sqrt[4]{16} = 16^{\frac{1}{4}}$ $\quad$ d) $\sqrt[5]{y} = y^{\frac{1}{5}}$

3 a) $27^{\frac{1}{3}} = \sqrt[3]{27} = 3$ $\quad$ b) $10\,000^{\frac{1}{4}} = \sqrt[4]{10\,000} = 10$
c) $625^{\frac{1}{4}} = \sqrt[4]{625} = 5$ $\quad$ d) $0{,}0004^{\frac{1}{2}} = \sqrt{0{,}0004} = 0{,}02$
e) $32^{\frac{1}{5}} = \sqrt[5]{32} = 2$ $\quad$ f) $0{,}0081^{\frac{1}{4}} = \sqrt[4]{0{,}0081} = 0{,}3$
g) $1000^{\frac{1}{3}} = \sqrt[3]{1000} = 10$ $\quad$ h) $10\,000^{0{,}25} = 10\,000^{\frac{1}{4}} = \sqrt[4]{10\,000} = 10$

4 a) $8^{\frac{2}{3}} = \sqrt[3]{8^2} = \sqrt[3]{64} = 4$ $\quad$ b) $81^{\frac{3}{4}} = \sqrt[4]{81^3} = \left(\sqrt[4]{81}\right)^3 = 3^3 = 27$
c) $243^{\frac{1}{5}} = \sqrt[5]{243} = 3$ $\quad$ d) $36^{0{,}5} = \sqrt{36} = 6$
e) $27^{\frac{4}{3}} = \sqrt[3]{27^4} = \left(\sqrt[3]{27}\right)^4 = 81$ $\quad$ f) $10\,000^{0{,}25} = \sqrt[4]{10\,000} = 10$

5 a) $8^{-\frac{2}{3}} = \frac{1}{8^{\frac{2}{3}}} = \frac{1}{\sqrt[3]{64}} = \frac{1}{4}$ $\quad$ b) $81^{-\frac{3}{4}} = \frac{1}{81^{\frac{3}{4}}} = \frac{1}{27}$
c) $625^{-\frac{1}{4}} = \frac{1}{625^{\frac{1}{4}}} = \frac{1}{5}$ $\quad$ d) $243^{-0{,}6} = \frac{1}{243^{\frac{3}{5}}} = \frac{1}{27}$

6 a) $\sqrt[4]{2} \approx 1{,}2$ $\quad$ b) $\sqrt[100]{5} \approx 1{,}0$ $\quad$ c) $\sqrt[6]{24} \approx 1{,}7$ $\quad$ d) $\sqrt[10]{10} \approx 1{,}3$
e) $15^{\frac{2}{5}} \approx 3{,}0$ $\quad$ f) $7^{-\frac{1}{2}} \approx 0{,}4$ $\quad$ g) $100^{\frac{1}{3}} \approx 4{,}6$ $\quad$ h) $100^{\frac{1}{4}} \approx 3{,}2$
i) $\sqrt[3]{2} \approx 1{,}259\,921 \approx 1{,}3$ $\quad$ j) $20^{\frac{1}{5}} = \sqrt[5]{20} \approx 1{,}820\,56 \approx 1{,}8$

1.1 a) $\sqrt{36}$ $\quad$ b) $\sqrt[5]{243}$ $\quad$ c) $\sqrt[3]{64}$ $\quad$ d) $\sqrt[4]{625}$
e) $\sqrt[3]{5}$ $\quad$ f) $\sqrt{a}$

2.1 a) $49^{\frac{1}{2}}$ $\quad$ b) $8^{\frac{1}{3}}$ $\quad$ c) $16^{\frac{1}{4}}$ $\quad$ d) $196^{\frac{1}{2}}$
e) $10^{\frac{1}{3}}$ $\quad$ f) $b^{\frac{1}{5}}$

3.1 a) $\sqrt{9} = 3$ $\quad$ b) $\sqrt{25} = 5$ $\quad$ c) $\sqrt[3]{8} = 2$
d) $\sqrt{16} = 4$ $\quad$ e) $\sqrt[4]{16} = 2$ $\quad$ f) $\sqrt[3]{1000} = 10$
g) $\sqrt[3]{125} = 5$ $\quad$ h) $\sqrt{81} = 9$

4.1 a) $\sqrt[4]{16^3} = 8$ $\quad$ b) $\sqrt[3]{125^2} = 25$
c) $\sqrt[3]{64^2} = 16$ $\quad$ d) $\sqrt[5]{243^3} = 27$
e) $\sqrt{64^3} = 512$ $\quad$ f) $\sqrt{0{,}04^3} = 0{,}008$
g) $\sqrt[4]{0{,}0016^3} = 0{,}008$ $\quad$ h) $\sqrt[3]{0{,}008^2} = 0{,}04$

5.1 a) $\frac{1}{36^{\frac{1}{2}}} = \frac{1}{6}$ $\quad$ b) $\frac{1}{125^{\frac{1}{3}}} = \frac{1}{5}$
c) $\frac{1}{81^{\frac{1}{4}}} = \frac{1}{3}$ $\quad$ d) $\frac{1}{64^{\frac{2}{3}}} = \frac{1}{16}$

6.1 a) $\approx 4{,}6$ $\quad$ b) $\approx 3{,}0$ $\quad$ c) $\approx 7{,}4$ $\quad$ d) $\approx 0{,}4$

Kompetenz-Test Potenzen und Potenzfunktionen, Seite 36

1 $(-4)^2 = 16$	$5^{-3} = \frac{1}{5^3} = \frac{1}{125}$	$(-2)^{-4} = \frac{1}{(-2)^4} = \frac{1}{16}$
2 $1000 = 10^3$	$256 = 2^8$	$0{,}125 = \frac{1}{8} = \frac{1}{2^3} = 2^{-3}$
3 $\sqrt[3]{27} = 3$	$\sqrt[4]{625} = 5$	$81^{-\frac{1}{4}} = \frac{1}{\sqrt[4]{81}} = \frac{1}{3}$
4 $16^{\frac{1}{2}} = 4$	$8^{\frac{2}{3}} = \sqrt[3]{8^2} = \sqrt[3]{2 \cdot 2 \cdot 2 \cdot 2 \cdot 2 \cdot 2} = 4$	$8^{-\frac{2}{3}} = \frac{1}{\sqrt[3]{8^2}} = \frac{1}{4}$
5 $180\,000 = 1{,}8 \cdot 10^5$	$267\,436 \approx 2{,}7 \cdot 10^5$	$0{,}050\,961 \approx 5{,}1 \cdot 10^{-2}$
6 $10^2 \cdot 10^{-5} = 10^{-3}$	$10^{-2} : 0{,}4^{-2} = 25^{-2}$	$(2^{-2})^{-3} = 2^6$
7 $7600 \cdot 52\,700 \approx 8 \cdot 10^3 \cdot 5 \cdot 10^4 \approx 4 \cdot 10^8$	$0{,}0842 \cdot 389\,000 \approx 8 \cdot 10^{-2} \cdot 4 \cdot 10^5 \approx 3{,}2 \cdot 10^4$	$0{,}8109 : 0{,}000\,476 \approx (8 \cdot 10^{-1}) : (5 \cdot 10^{-4}) \approx 1{,}6 \cdot 10^3$
8 $y = x^2$	$y = x^{\frac{1}{2}}$	$y = x^{-1}$

4 Trigonometrie

Rechtwinklige Dreiecke konstruieren und berechnen, Seite 37

1 a)

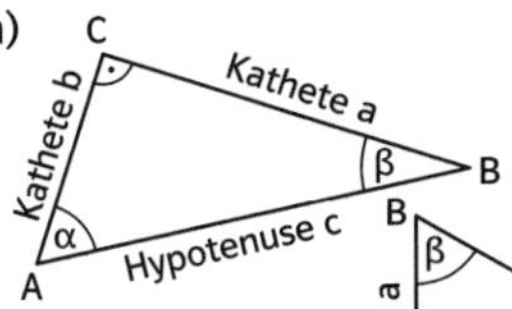

b)

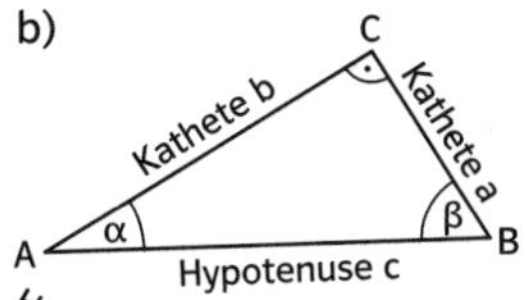

c)

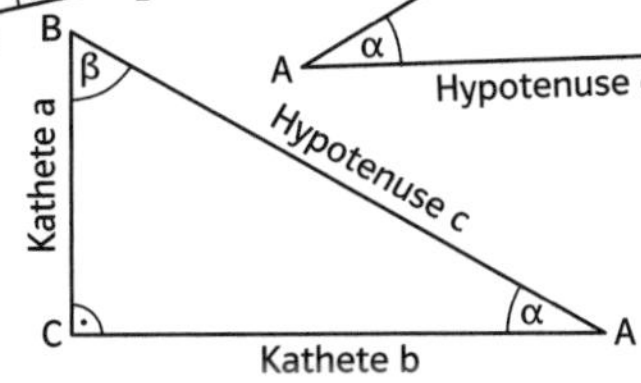

2

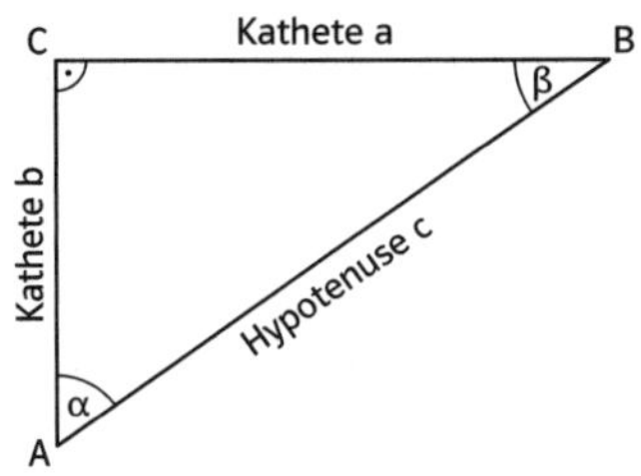

3

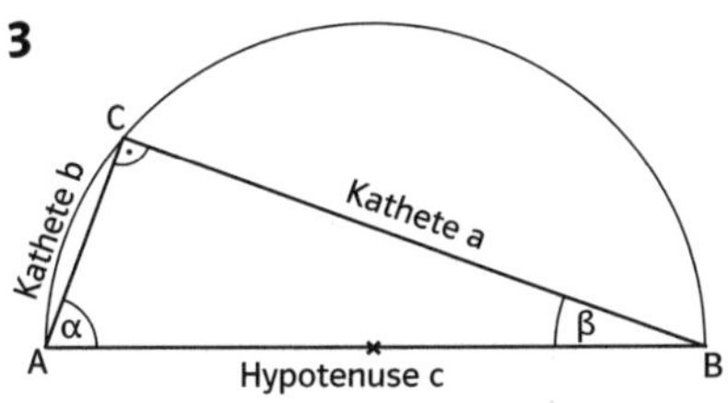

4 a) (2) $c^2 = a^2 + b^2$; $c = \sqrt{a^2 + b^2}$

(3) $\sqrt{8^2 + 12^2}$ (4) $c \approx 14{,}4\,\text{cm}$

b) (2) $c^2 = a^2 + b^2$; $c = \sqrt{a^2 + b^2}$

(3) $\sqrt{4{,}5^2 + 8{,}2^2} \approx 9{,}4$ (4) $c \approx 9{,}4\,\text{cm}$

5 a) (2) $a^2 = c^2 - b^2$; $a = \sqrt{c^2 - b^2}$

(3) $\sqrt{14^2 - 9^2}$ (4) $a \approx 10{,}7\,\text{cm}$

b) (2) $b^2 = c^2 - a^2$; $b = \sqrt{c^2 - a^2}$

(3) $\sqrt{8{,}4^2 - 3{,}8^2} = 7{,}5$ (4) $c = 7{,}5\,\text{cm}$

2.1 Grafiken verkleinert auf 50%.

a)

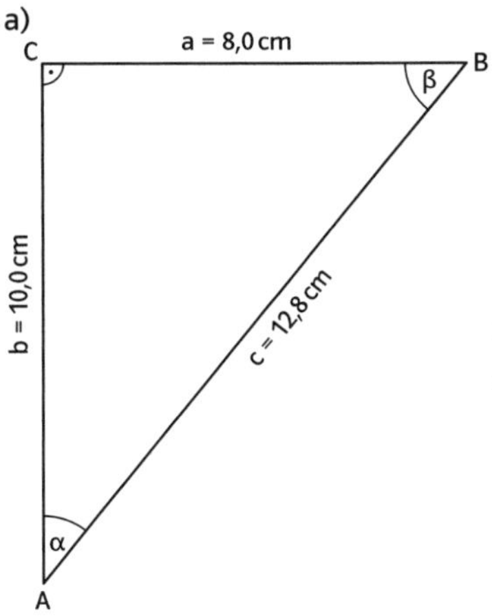

b)

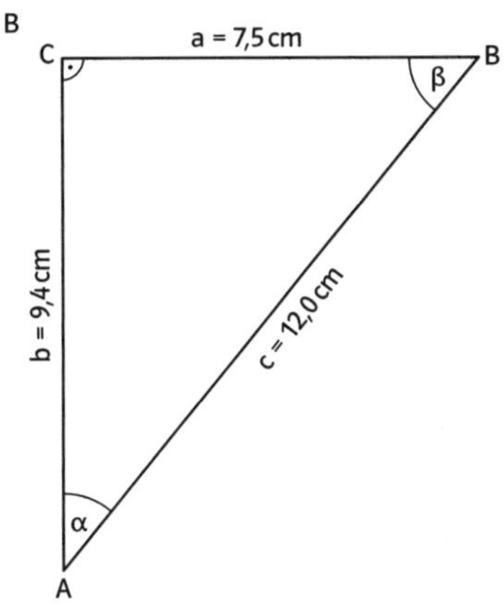

3,1 Grafiken verkleinert auf 50%.

a)

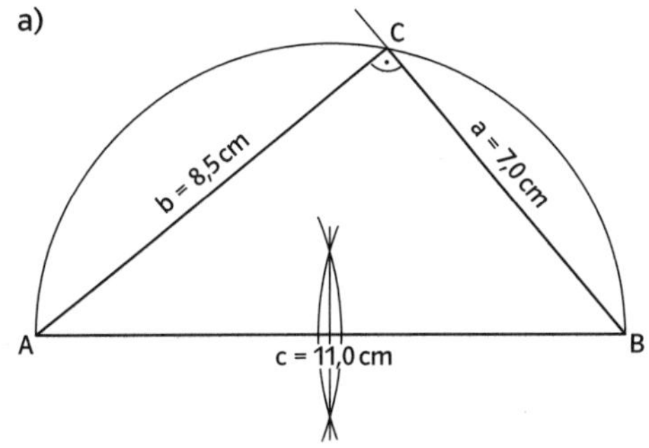

b)

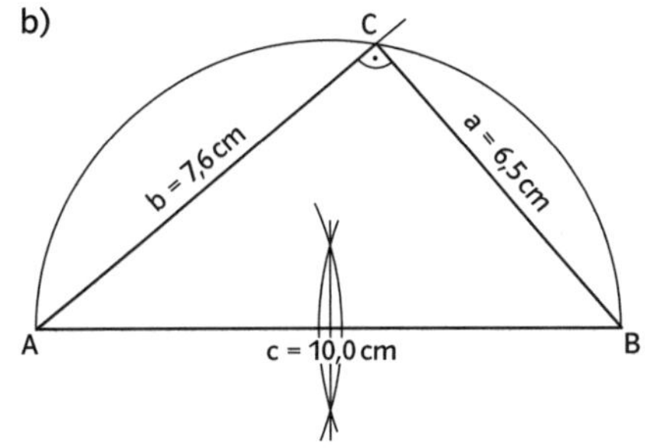

4.1 a) c = 12,1 cm b) c = 6,85 m

5.1 a) b = 7,3 cm b) a = 6,1 cm
c) b = 6,3 cm d) b = 3,13 m
e) b = 2,92 m f) a = 418,66 m

6 Zeichnet man an die Hypotenuse zwei rechte Winkel, so laufen die Katheten parallel, es entsteht kein Dreieck.

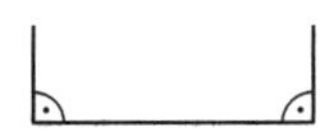

Sinus, Seite 38

1 a) $\sin\alpha = \frac{r}{t}$

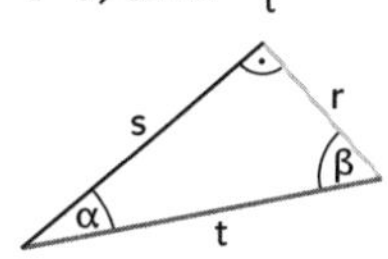

b) $\sin\alpha = \frac{v}{u}$

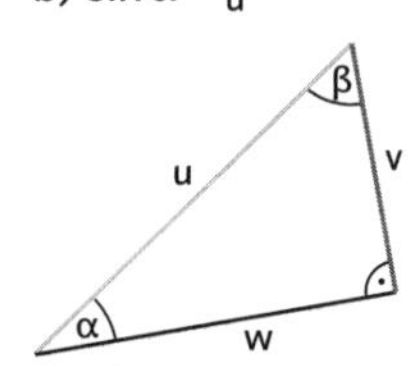

2 a) $\sin\alpha = \frac{m}{l}$; $\sin\beta = \frac{k}{l}$ b) $\sin\alpha = \frac{x}{z}$; $\sin\beta = \frac{y}{z}$

c) $\sin\alpha = \frac{p}{r}$; $\sin\beta = \frac{q}{r}$ d) $\sin\alpha = \frac{u}{w}$; $\sin\beta = \frac{v}{w}$

3

α	20°	40°	70°
sin α	0,3420	0,6428	0,9397

4

sin α	0,8660	0,5736	0,9659
α	60,0°	35,0°	75,0°

5 a)

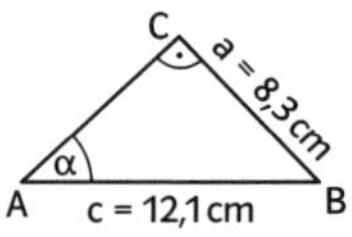

b)

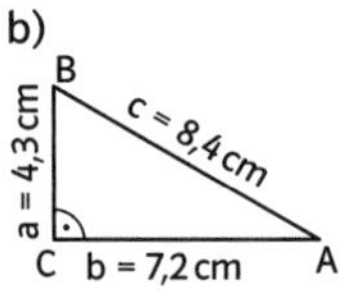

c)

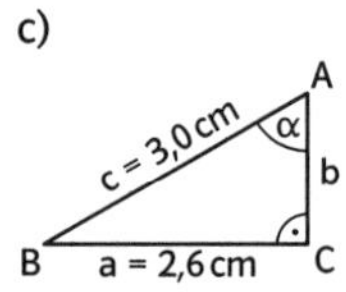

	a)	b)	c)
(1)	$\sin\alpha = \frac{a}{c}$	$\sin\alpha = \frac{a}{c}$	$\sin\alpha = \frac{a}{c}$
(2)	$\sin\alpha = \frac{8{,}3}{12{,}1}$	$\sin\alpha = \frac{4{,}3}{8{,}4}$	$\sin\alpha = \frac{2{,}6}{3{,}0}$
(3)	$\alpha \approx 43{,}3°$	$\alpha \approx 30{,}8°$	$\alpha \approx 60{,}1°$

2.1 Figur 1: $\sin\alpha = \frac{z}{y}$; $\sin\beta = \frac{x}{y}$

3.1 a) $\sin\alpha = 0{,}5000$ b) $\sin\alpha = 0{,}5736$
c) $\sin\alpha = 0{,}9063$ d) $\sin\alpha = 0{,}9994$
e) $\sin\alpha = 0{,}8660$ f) $\sin\alpha = 0{,}5000$
g) $\sin\alpha = 0{,}5948$ h) $\sin\alpha = 0{,}3338$

4.1 a) $\alpha = 25{,}0°$ b) $\alpha = 55{,}0°$ c) $\alpha = 67{,}0°$
d) $\alpha = 15{,}0°$ e) $\alpha = 85{,}0°$ f) $\alpha = 88{,}0°$

5.1 a) Figur 2: $\alpha = 40{,}3°$ b) Figur 3: $\alpha = 32{,}5°$

Kosinus, Seite 39

1 a) $\cos\alpha = \frac{s}{t}$

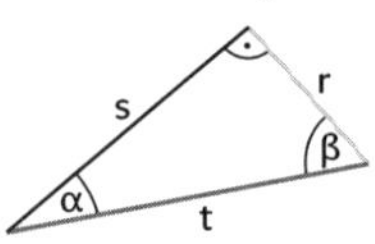

b) $\cos\alpha = \frac{w}{u}$

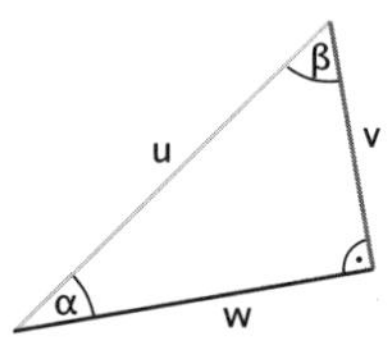

2 a) $\cos\alpha = \frac{k}{l}$; $\cos\beta = \frac{m}{l}$ b) $\cos\alpha = \frac{y}{z}$; $\cos\beta = \frac{x}{z}$
c) $\cos\alpha = \frac{q}{r}$; $\cos\beta = \frac{p}{r}$ d) $\cos\alpha = \frac{v}{w}$; $\cos\beta = \frac{u}{w}$

3

α	20°	35°	40°	70°	85°	120°
cos α	0,9397	0,8192	0,7660	0,3420	0,0875	−0,5000

4

cos α	0,5736	0,6428	0,8192	0,8660	0,9511	0,9659
α	55,0°	50°	35°	30,0°	18°	15,0°

5 a)

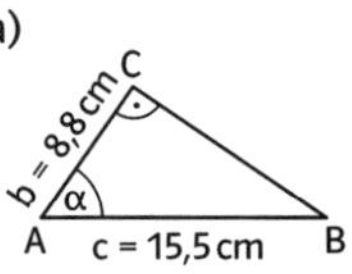

b)

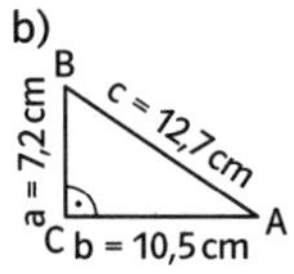

c)

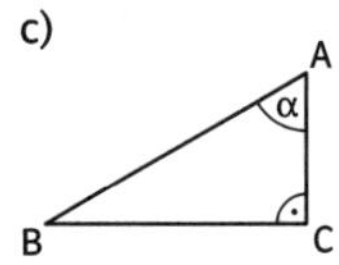

	a)	b)	c)
(1)	$\cos\alpha = \frac{b}{c}$	$\cos\alpha = \frac{b}{c}$	$\cos\alpha = \frac{b}{c}$
(2)	$\cos\alpha = \frac{8{,}8}{15{,}5}$	$\cos\alpha = \frac{10{,}5}{12{,}7}$	$\cos\alpha = \frac{1{,}5}{3{,}0}$
(3)	$\alpha \approx 55{,}4°$	$\alpha \approx 34{,}2°$	$\alpha \approx 60{,}0°$

2.1 Figur 1: $\cos\alpha = \frac{w}{u}$; $\cos\beta = \frac{v}{u}$

3.1 a) $\cos\alpha = 0{,}8660$ b) $\cos\alpha = 0{,}8192$
c) $\cos\alpha = 0{,}4226$ d) $\cos\alpha = 0{,}0349$

4.1 a) $\alpha = 65{,}0°$ b) $\alpha = 35{,}0°$ c) $\alpha = 23{,}0°$
d) $\alpha = 75{,}0°$ e) $\alpha = 5{,}0°$ f) $\alpha = 2{,}0°$

5.1 a) Figur 2: $\alpha = 58{,}3°$ b) Figur 3: $\alpha = 53{,}1°$

Tangens, Seite 40

1 a) $\tan\alpha = \frac{a}{b}$

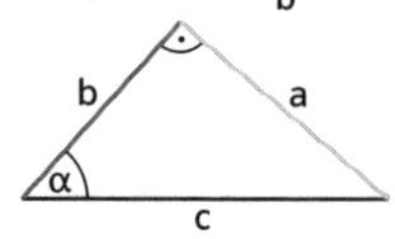

b) $\tan\alpha = \frac{z}{x}$

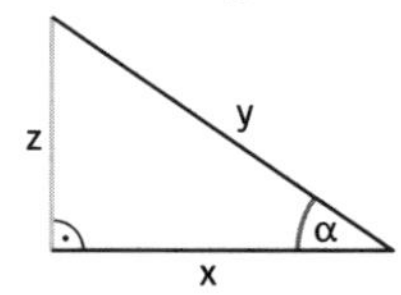

2 a) $\tan\alpha = \frac{r}{s}$; $\tan\beta = \frac{s}{r}$ b) $\tan\alpha = \frac{x}{y}$; $\tan\beta = \frac{y}{x}$
c) $\tan\alpha = \frac{k}{l}$; $\tan\beta = \frac{l}{k}$ d) $\tan\alpha = \frac{u}{v}$; $\tan\beta = \frac{v}{u}$

3

α	10°	20°	30°	50°	60°	75°	80°
tan α	0,1763	0,3640	0,5774	1,1918	1,7321	3,732	5,6713

4

tan α	0,2217	0,2680	0,4663	0,8391	1,0000	2,1445	5,6713
α	12,5°	15,0°	25,0°	40,0°	45,0°	65,0°	80,0°

5 a) $\tan\alpha = \frac{a}{b}$; $\tan\alpha = \frac{3{,}3}{4{,}8}$; $\alpha \approx 34{,}5°$
b) $\sin\alpha = \frac{a}{c}$; $\sin\alpha = \frac{3{,}3}{5{,}8}$; $\alpha \approx 34{,}7°$
c) $\cos\alpha = \frac{b}{c}$; $\cos\alpha = \frac{4{,}8}{5{,}8}$; $\alpha \approx 34{,}1°$

2.1 Figur 1: $\tan\alpha = \frac{y}{z}$; $\tan\beta = \frac{z}{y}$

3.1 a) $\tan\alpha = 0{,}5774$ b) $\tan\alpha = 0{,}7002$
c) $\tan\alpha = 2{,}1445$ d) $\tan\alpha = 0{,}2126$
e) $\tan\alpha = 0{,}2679$ f) $\tan\alpha = 0{,}4040$
g) tan α nicht def. h) $\tan\alpha = 57{,}2900$
i) $\tan\alpha = 0{,}0875$ j) $\tan\alpha = 0{,}4663$
k) $\tan\alpha = 0{,}0175$ l) $\tan\alpha = 0{,}3249$

4.1 a) $\alpha = 15{,}0°$ b) $\alpha = 20{,}0°$ c) $\alpha = 44{,}0°$
d) $\alpha = 50{,}0°$ e) $\alpha = 65{,}0°$ f) $\alpha = 80{,}0°$

5.1 a) Figur 2:
$\alpha = 29{,}9°$ (über tan)
$\alpha = 30{,}0°$ (über sin)
$\alpha = 29{,}5°$ (über cos)

b) Figur 3:
$\alpha = 54{,}9°$ (über tan)
$\alpha = 54{,}9°$ (über sin)
$\alpha = 54{,}8°$ (über cos)

Berechnungen an rechtwinkligen Dreiecken, Seite 41

1 (1) Kathete b, Winkel α, Winkel β
(2) $\sin\alpha = \frac{a}{c} = \frac{13{,}2}{18{,}5}$; $\alpha \approx 45{,}5°$
(3) $\beta = 90° - \alpha = 90° - 45{,}5° = 44{,}5°$
(4) $b = \sqrt{c^2 - a^2} = \sqrt{18{,}5^2 - 13{,}2^2}\,\text{cm} \approx 13{,}0\,\text{cm}$

2 (1) Hypotenuse c, Winkel α, Winkel β
(2) $\tan\alpha = \frac{a}{b} = \frac{9{,}5}{12{,}0}$; $\alpha \approx 38{,}4°$
(3) $\beta = 90° - \alpha = 90° - 38{,}4° = 51{,}6°$
(4) $c = \sqrt{a^2 + b^2} = \sqrt{9{,}5^2 + 12{,}0^2}\,\text{cm} \approx 15{,}3\,\text{cm}$

3 (1) Kathete a, Hypotenuse c, Winkel α
(2) $\alpha = 90° - \beta = 90° - 50° = 40°$
(3) $\sin\beta = \frac{b}{c}$; $c = \frac{b}{\sin\beta} = \frac{8{,}0\,\text{cm}}{\sin 50°} \approx 10{,}4\,\text{cm}$
(4) $a = \sqrt{c^2 - b^2} = \sqrt{10{,}4^2 - 8{,}0^2}\,\text{cm} \approx 6{,}6\,\text{cm}$

4 (1) Kathete a, Kathete b, Winkel β

(2) $\beta = 90° - \alpha = 90° - 60° = 30°$

(3) $\sin\alpha = \frac{a}{c}$; $a = c \cdot \sin\alpha = 15{,}0\,\text{cm} \cdot \sin 60° \approx 13{,}0\,\text{cm}$

(4) $b = \sqrt{c^2 - a^2} = \sqrt{15{,}0^2 - 13{,}0^2}\,\text{cm} \approx 7{,}5\,\text{cm}$

1.1 a) $b = 5{,}2\,\text{cm}$; $\alpha = 44{,}0°$; $\beta = 46{,}0°$
b) $a = 6{,}3\,\text{cm}$; $\alpha = 40{,}1°$; $\beta = 49{,}9°$
c) $c = 10{,}6\,\text{cm}$; $\alpha = 31{,}4°$; $\beta = 58{,}6°$
d) $c = 5{,}47\,\text{m}$; $\alpha = 39{,}8°$; $\beta = 50{,}2°$

3.1 a) $b = 5{,}0\,\text{cm}$; $c = 8{,}8\,\text{cm}$; $\beta = 35{,}0°$
b) $a = 1{,}47\,\text{m}$; $c = 2{,}17\,\text{m}$; $\alpha = 42{,}5°$

4.1 a) $a = 3{,}8\,\text{cm}$; $b = 5{,}6\,\text{cm}$; $\beta = 56{,}0°$
b) $a = 0{,}64\,\text{m}$; $b = 3{,}03\,\text{m}$; $\alpha = 12{,}0°$

5 a) $b = 5{,}4\,\text{cm}$; $\alpha = 56{,}8°$; $\beta = 33{,}2°$
b) $a = 2{,}7\,\text{cm}$; $b = 10{,}1\,\text{cm}$; $\alpha = 15{,}0°$
c) $c = 3{,}29\,\text{m}$; $\alpha = 56{,}8°$; $\beta = 33{,}2°$
d) $a = 212\,\text{m}$; $c = 316\,\text{m}$; $\beta = 48{,}0°$

Winkelfunktionen in der Geometrie anwenden, Seite 42

1 (2) (3)

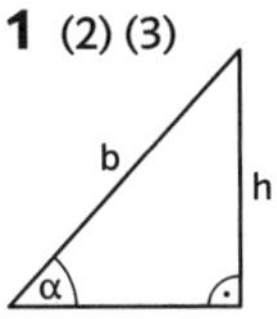

$\sin\alpha = \frac{h}{b}$

$h = b \cdot \sin\alpha$

(4) $h = b \cdot \sin\alpha = 5{,}0 \cdot \sin 40° \approx 3{,}2\,\text{cm}$
Die Höhe beträgt 3,2 cm.

2 (2) (3)

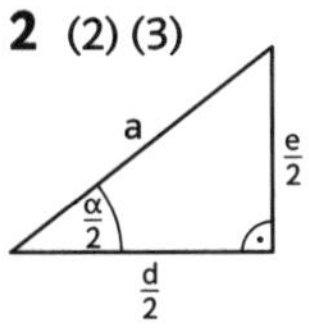

(4) $\sin\frac{\alpha}{2} = \frac{\frac{e}{2}}{a}$; $\frac{e}{2} = \alpha \cdot \sin\frac{\alpha}{2}$
$e = 2 \cdot a \cdot \sin\frac{\alpha}{2} = 2 \cdot 10 \cdot \sin 30°$
$e = 10{,}0\,\text{cm}$
$\cos\frac{\alpha}{2} = \frac{\frac{d}{2}}{a}$; $\frac{d}{2} = a \cdot \cos\frac{\alpha}{2}$
$d = 2 \cdot a \cdot \cos\frac{\alpha}{2} = 2 \cdot 10 \cdot \cos 30°$
$d \approx 17{,}3\,\text{cm}$

3 (2) (3)

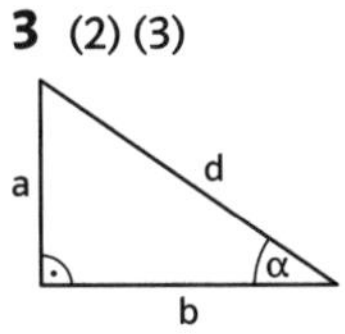

(4) $b = \sqrt{a^2 + a^2} = \sqrt{12^2 + 12^2}$
$b \approx 17{,}0\,\text{cm}$
$\tan\alpha = \frac{a}{b} = \frac{12}{17}$
$\alpha \approx 35{,}2°$

4 Figur 1: Die Höhe h beträgt 11,3 cm.

5 Figur 2: Der Winkel α beträgt 55,4°.

6 Figur 3: Der Neigungswinkel α beträgt 62,1°.

Sachaufgaben mit Sinus, Kosinus und Tangens berechnen, Seite 43

1 (2) (3)

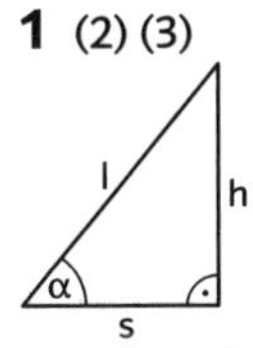

$h = 6{,}00\,\text{m}$

$\alpha = 75°$

(4) $\sin\alpha = \frac{h}{l}$; $l = \frac{h}{\sin\alpha} = \frac{6}{\sin 75°}$; $l \approx 6{,}21\,\text{m}$
Die Leiter muss mindestens 6,21 m lang sein.

2 (2) (3)

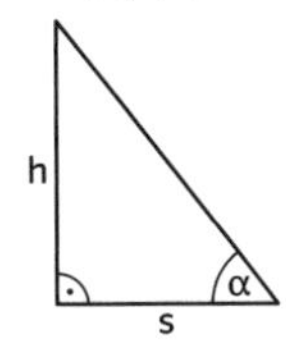

(4) $\tan\alpha = \frac{h}{s}$; $h = s \cdot \tan\alpha = 15{,}3 \cdot \tan 42°$
$h \approx 13{,}78\,\text{m}$
Die Höhe des Baumes ist 13,78 m.

3 (2) (3)

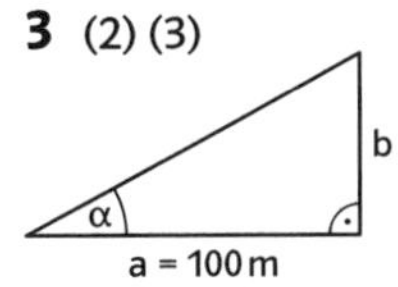

(4) $\tan\alpha = \frac{b}{a}$; $b = a \cdot \tan\alpha = 100 \cdot \tan 8°$
$b \approx 14{,}1\,\text{m}$
Die Steigung beträgt $\left(\frac{14{,}1}{100}\right) = 14{,}1\,\%$.

4 Die Seile werden unter einem Winkel von 44,4° befestigt.

5 Die Leiter reicht 2,31 m hoch.

6 a) Der Steigungswinkel α beträgt 19,3°.
b) Der Höhenunterschied beträgt 407 m.

Kompetenz-Test Trigonometrie, Seite 44

1 $\sin\alpha = \frac{a}{c}$	$\cos\alpha = \frac{b}{c}$	$\tan\alpha = \frac{s}{r}$
2 $\sin\alpha = \frac{a}{c}$; $\alpha \approx 53{,}1°$	$\sin\alpha = \frac{a}{c}$; $\alpha \approx 55{,}7°$	$\sin\beta = \frac{b}{c}$; $\beta \approx 65{,}3°$
3 $\cos\alpha = \frac{b}{c}$; $\alpha \approx 51{,}3°$	$\cos\alpha = \frac{b}{c}$; $\alpha \approx 53{,}1°$	$\cos\beta = \frac{a}{c}$; $\beta \approx 37{,}5°$
4 $\tan\alpha = \frac{a}{b}$; $\alpha \approx 53{,}1°$	$\tan\alpha = \frac{a}{b}$; $\alpha \approx 37{,}8°$	$\tan\beta = \frac{b}{a}$; $\beta \approx 40{,}4°$
5 (1) gesucht: b, α, β (2) $b = \sqrt{c^2 - a^2}$; $b \approx 8{,}9\,\text{cm}$ (3) $\sin\alpha = \frac{a}{c}$; $\alpha \approx 41{,}8°$ (4) $\beta = 90° - \alpha$; $\beta \approx 48{,}2°$	(1) gesucht: c, α, β (2) $c = \sqrt{a^2 + b^2}$; $c \approx 7{,}8\,\text{cm}$ (3) $\sin\alpha = \frac{a}{c}$; $\alpha \approx 39{,}9°$ (4) $\beta = 90° - \alpha$; $\beta \approx 50{,}1°$	(1) gesucht: a, c, β (2) $\cos\alpha = \frac{b}{c}$; $c = \frac{b}{\cos\alpha} \approx 13{,}2\,\text{cm}$ (3) $a = \sqrt{c^2 - b^2}$; $a \approx 10{,}2\,\text{cm}$ (4) $\beta = 90° - \alpha$; $\beta \approx 39{,}5°$

5 Trigonometrische Funktionen

Periodische Vorgänge darstellen, Seite 45

1 a)

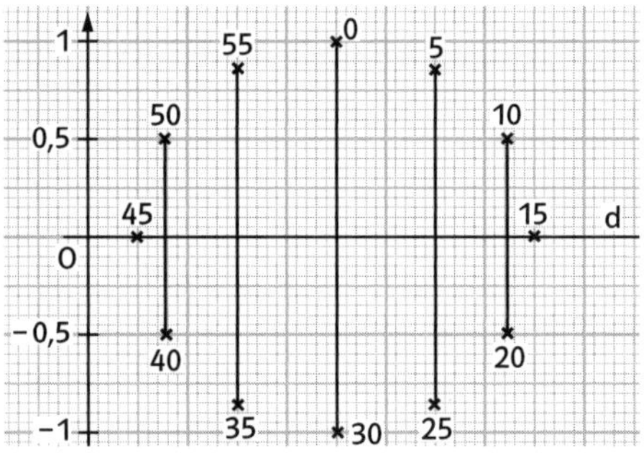

b)

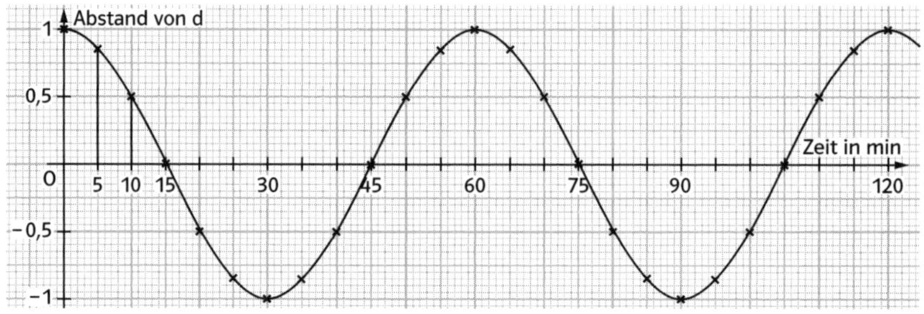

c)

Zeit in Minuten	70	80	90	100	110	120	130
Abstand von d	0,5	−0,5	−1,0	−0,5	0,5	1,0	0,5

Der Vorgang wiederholt sich nach 60 Minuten.

2 periodisch (ja/nein)	Dauer der Periode
a) ja	$12\frac{1}{2}$ Stunden
b) ja	1 Sekunde
c) nein	–

3 a) und d) sind periodisch.

Sinusfunktion darstellen, Seite 46

1 a)

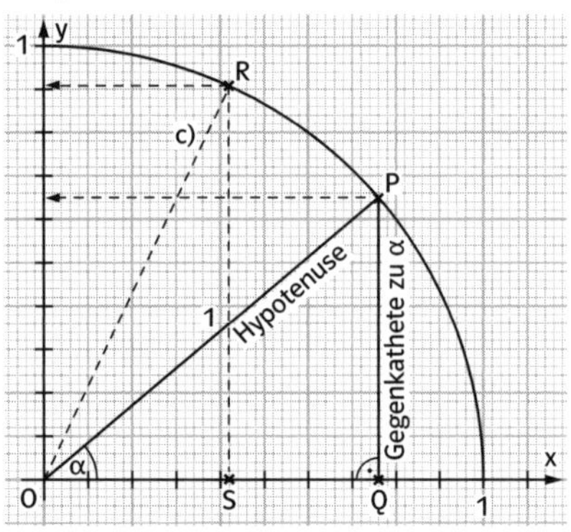

Figur 1

b) (1) $\sin\alpha = \frac{\text{Gegenkathete}}{\text{Hypotenuse}}$ (2) $\sin 40° = \frac{0{,}64}{1}$ (3) $\sin 40° = 0{,}64$

c) Siehe Figur 1.

(1) $\sin\alpha = \frac{\text{Gegenkathete}}{\text{Hypotenuse}}$ (2) $\sin 65° = \frac{0{,}91}{1}$ (3) $\sin 65° = 0{,}91$

2

α	0°	30°	60°	90°	120°	150°	180°	210°
sin α	0,00	0,50	0,85	1,00	0,85	0,50	0,00	−0,50

α	240°	270°	300°	330°	360°	390°	420°
sin α	−0,85	−1,00	−0,85	−0,50	0,00	0,50	0,85

3 a) Siehe Figur 2.

b) $\sin 45° = \sin 135° = \sin 405°$; $\sin 15° = \sin 165° = \sin 375°$

Kosinusfunktion darstellen, Seite 47

1 a)

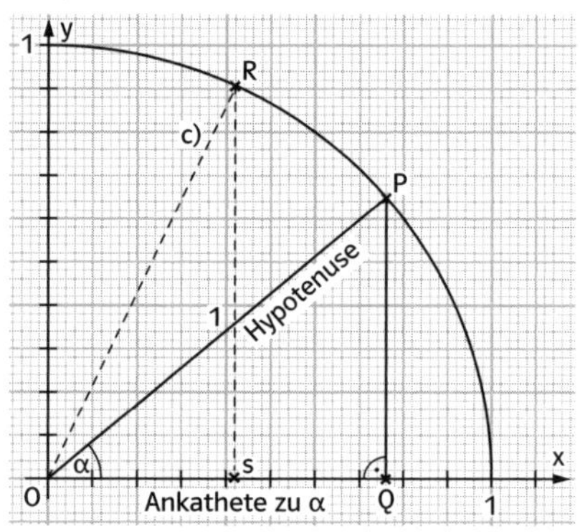

Figur 3

b) (1) $\cos\alpha = \frac{\text{Ankathete}}{\text{Hypotenuse}}$ (2) $\cos 40° = \frac{0{,}77}{1}$ (3) $\cos 40° = 0{,}77$

c) Siehe Figur 3.

(1) $\cos\alpha = \frac{\text{Ankathete}}{\text{Hypotenuse}}$ (2) $\cos 65° = \frac{0{,}42}{1}$ (3) $\cos 65° = 0{,}42$

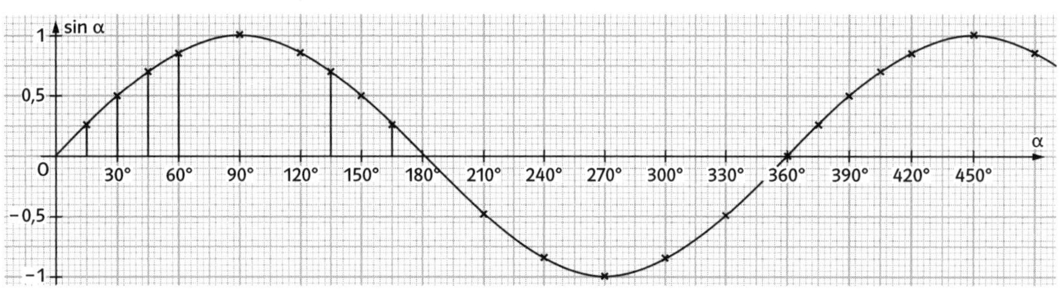

Figur 2

2

α	0°	30°	60°	90°	120°	150°	180°	210°
cos α	1,00	0,85	0,50	0,00	−0,50	−0,85	−1,00	−0,85

α	240°	270°	300°	330°	360°	390°	420°
cos α	−0,50	0,00	0,50	0,85	1,00	0,85	0,50

3 a) Siehe Figur 1.
b) cos 45° = cos 315° = cos 405°; cos 15° = cos 345° = cos 375°

Tangensfunktion darstellen, Seite 48

1 a)

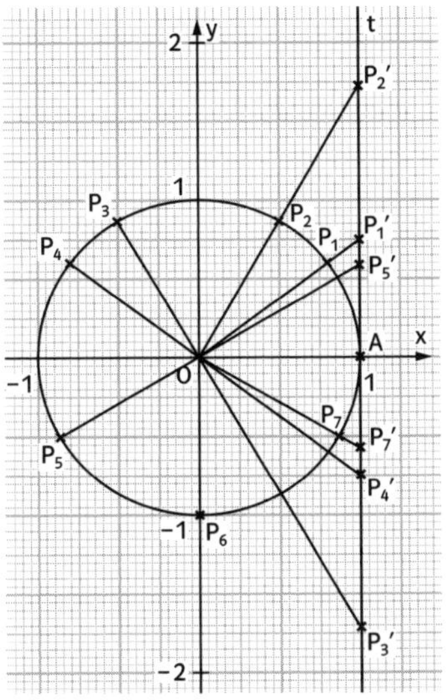

b) $\overline{OA}$ ist die Ankathete; $\overline{AP'}$ ist die Gegenkathete.
c) $\tan\alpha = \frac{\text{Gegenkathete}}{\text{Ankathete}}$; $\tan 35° = \frac{0,7}{1} = 0,7$

2 b)

α	0°	30°	45°	60°	120°	135°	150°	180°
tan α	0,00	0,58	1,00	1,75	−1,75	−1,00	−0,58	0,00

α	210°	225°	240°	300°	315°	330°	360°
tan α	0,58	1,00	1,75	−1,75	−1,00	−0,58	0,00

c)

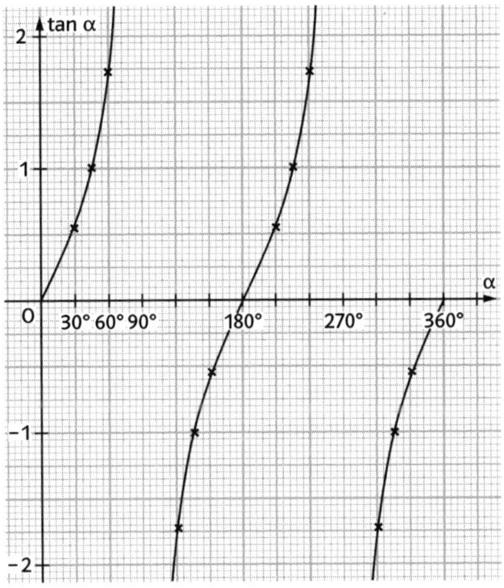

6 Trigonometrische Berechnungen

Der Sinussatz, Seite 49

1 (1) gesucht: c; β; γ
(2) $\frac{a}{b} = \frac{\sin\alpha}{\sin\beta}$; $\sin\beta = \frac{b}{a}\cdot\sin\alpha = \frac{7,5}{4,8}\cdot\sin 28°$; $\beta \approx 47,2°$
(3) $\gamma = 180° - \alpha - \beta$; $\gamma \approx 104,8°$
(4) $\frac{a}{c} = \frac{\sin\alpha}{\sin\gamma}$; $c = a\cdot\frac{\sin\gamma}{\sin\alpha} = 4,8\cdot\frac{\sin 104,8°}{\sin 28°}$; $c \approx 9,9\,\text{cm}$

2 a)
(1) gegeben: a = 5,8 cm; β = 51°; γ = 29°
gesucht: b; c; α
(2) α = 180° − β − γ; α = 100°
(3) $\frac{a}{b} = \frac{\sin\alpha}{\sin\beta}$
$b = a\cdot\frac{\sin\beta}{\sin\alpha} = 5,8\cdot\frac{\sin 51°}{\sin 100°}$;
b ≈ 4,6 cm
(4) $\frac{a}{c} = \frac{\sin\alpha}{\sin\gamma}$
$c = a\cdot\frac{\sin\gamma}{\sin\alpha} = 5,8\cdot\frac{\sin 29°}{\sin 100°}$;
c ≈ 2,9 cm

b)
(1) gegeben: b = 6,5 cm; α = 55°; γ = 62°
gesucht: a; c; β
(2) β = 180° − α − γ; β = 63°
(3) $\frac{a}{b} = \frac{\sin\alpha}{\sin\beta}$
$a = b\cdot\frac{\sin\alpha}{\sin\beta} = 6,5\cdot\frac{\sin 55°}{\sin 63°}$;
a ≈ 6,0 cm
(4) $\frac{b}{c} = \frac{\sin\beta}{\sin\gamma}$
$c = b\cdot\frac{\sin\gamma}{\sin\beta} = 6,5\cdot\frac{\sin 62°}{\sin 63°}$;
c ≈ 6,4 cm

1.1 a) c = 9,9 cm; β = 61,2°; γ = 70,8°
b) c = 15,2 cm; α = 52,3°; γ = 92,7°
c) a = 5,10 m; α = 83,5°; β = 41,5°
d) b = 797 m; β = 96,2°; γ = 51,8°

2.1 a) b = 8,2 cm; c = 4,9 cm; α = 73,0°
b) a = 15,6 cm; c = 14,0 cm; β = 72,5°
c) a = 2,62 m; b = 2,27 m; γ = 68,0°
d) b = 378 m; c = 742 m; α = 75,3°

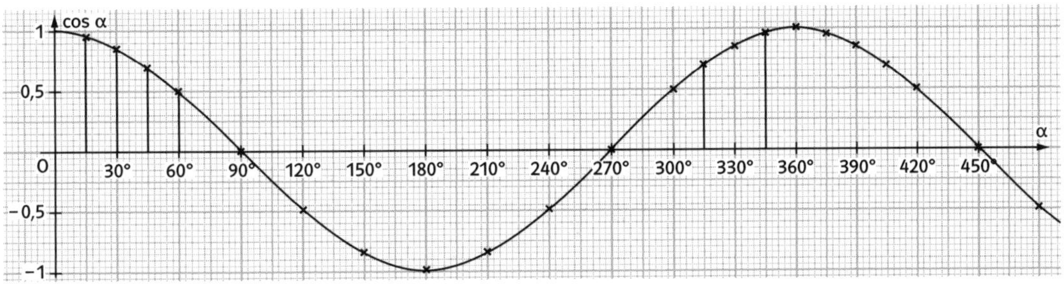

Figur 1

Der Kosinussatz, Seite 50

1 (1) gesucht: c; α; β

(2) $c = \sqrt{a^2 + b^2 - 2ab \cdot \cos\gamma} = \sqrt{4{,}8^2 + 7{,}5^2 - 2 \cdot 4{,}8 \cdot 7{,}5 \cdot \cos 78°}$;

$c \approx 8{,}0\,\text{cm}$

(3) $\frac{a}{c} = \frac{\sin\alpha}{\sin\gamma}$; $\sin\alpha = \frac{a}{c} \cdot \sin\gamma = \frac{4{,}8}{8{,}0} \cdot \sin 78°$; $\alpha \approx 35{,}9°$

(4) $\beta = 180° - \alpha - \gamma$; $\beta \approx 66{,}1°$

2 a)

(1) gesucht: α; β; γ

(2) $a^2 = b^2 + c^2 - 2 \cdot b \cdot c \cdot \cos\alpha$

$\cos\alpha = -\frac{a^2 - b^2 - c^2}{2 \cdot b \cdot c} = -\frac{5{,}8^2 - 6{,}2^2 - 3{,}5^2}{2 \cdot 6{,}2 \cdot 3{,}5}$

$\alpha \approx 66{,}9°$

(3) $\frac{a}{b} = \frac{\sin\alpha}{\sin\beta}$

$\sin\beta = \sin\alpha \cdot \frac{b}{a} = \sin 66{,}9° \cdot \frac{6{,}2}{5{,}8}$

$\beta \approx 79{,}5°$

(4) $\gamma = 180° - \alpha - \beta$; $\gamma \approx 33{,}6°$

b)

(1) gesucht: α; β; γ

(2) $a^2 = b^2 + c^2 - 2 \cdot b \cdot c \cdot \cos\alpha$

$\cos\alpha = -\frac{a^2 - b^2 - c^2}{2 \cdot b \cdot c} = -\frac{12^2 - 5^2 - 13^2}{2 \cdot 5 \cdot 13}$

$\alpha \approx 67{,}4°$

(3) $\frac{a}{b} = \frac{\sin\alpha}{\sin\beta}$

$\sin\beta = \frac{b}{a} \cdot \sin\alpha = \frac{5}{12} \cdot \sin 67{,}4°$

$\beta \approx 22{,}6°$

(4) $\gamma = 180° - \alpha - \beta$; $\gamma \approx 90{,}0°$

1.1 a) c = 11,7 cm; α = 48,6°; β = 86,4°
b) b = 10,2 cm; α = 65,6°; γ = 51,9°
c) a = 2,07 m; β = 38,1°; γ = 108,9°
d) c = 627 m; α = 56,6°; β = 48,4°

2.1 a) α = 21,3°; β = 41,0°; γ = 117,7°
b) α = 53,7°; β = 68,1°; γ = 58,2°
c) α = 12,1°; β = 160,5°; γ = 7,4°
d) α = 96,7°; β = 36,0°; γ = 47,3°

Dreiecke mit Winkelsätzen berechnen, Seite 51

1 (1)

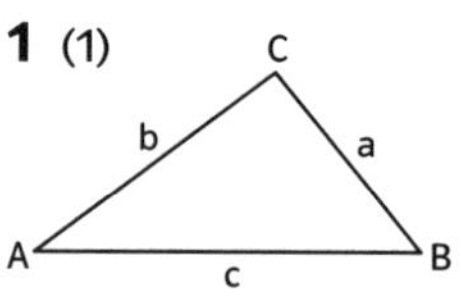

(2) gesucht: α; β; γ
(3) SSS

(4) $\cos\alpha = -\frac{a^2 - b^2 - c^2}{2 \cdot b \cdot c} = -\frac{6{,}3^2 - 8{,}2^2 - 10{,}5^2}{2 \cdot 8{,}2 \cdot 10{,}5}$; $\alpha \approx 36{,}8°$

(5) $\sin\beta = \sin\alpha \cdot \frac{b}{a} = \sin 36{,}8° \cdot \frac{8{,}2}{6{,}3}$; $\beta \approx 51{,}2°$

(6) $\gamma = 180° - \alpha - \beta$; $\gamma \approx 92{,}0°$

2 (1)

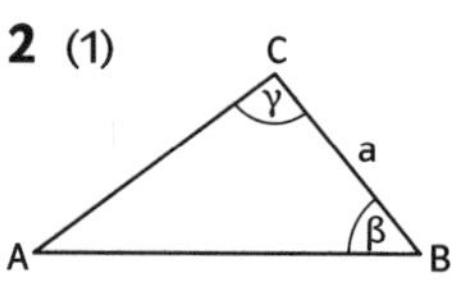

(2) WSW

(3) gesucht: b; c; α

(4) $\alpha = 180° - \beta - \gamma$; $\alpha = 49{,}4°$

(5) $b = a \cdot \frac{\sin\beta}{\sin\alpha} = 9{,}5 \cdot \frac{\sin 85{,}4°}{\sin 49{,}4°}$; $b \approx 12{,}5\,\text{cm}$

(6) $c = a \cdot \frac{\sin\gamma}{\sin\alpha} = 9{,}5 \cdot \frac{\sin 45{,}2°}{\sin 49{,}4°}$; $c \approx 8{,}9\,\text{cm}$

3 (1)

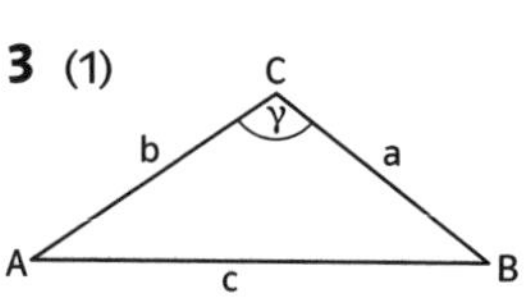

(2) SsW

(3) gesucht: b; α; β

(4) $\sin\alpha = \frac{a}{c} \cdot \sin\gamma = \frac{3{,}7}{6{,}2} \cdot \sin 107°$; $\alpha \approx 34{,}8°$

(5) $\beta = 180° - \alpha - \gamma$; $\beta \approx 38{,}2°$

(6) $b = a \cdot \frac{\sin\beta}{\sin\alpha} = 3{,}7 \cdot \frac{\sin 38{,}2°}{\sin 34{,}8°}$; $b \approx 4{,}0\,\text{cm}$

1.1 a) α = 54,8°; β = 74,7°; γ = 50,5°
b) α = 25,4°; β = 59,1°; γ = 95,5°
c) α = 26,7°; β = 51,2°; γ = 102,1°

2.1 a) b = 8,5 cm; c = 12,5 cm; α = 68,0°
b) a = 58,5 cm; c = 96,2 cm; β = 61,0°
c) a = 314 m; b = 251 m; γ = 73,0°

3.1 a) b = 7,4 cm; α = 64,2°; β = 48,8°
b) c = 122 cm; β = 48,9°; γ = 92,6°
c) a = 248 m; α = 26,2°; γ = 30,9°

4 a) a = 7,3 cm; β = 79,0°; γ = 39,0°
b) c = 20,1 cm; α = 36,9°; β = 64,5°
c) b = 1,47 m; α = 16,5°; γ = 152,3°

Winkelsätze in der Geometrie anwenden, Seite 52

1 (1)

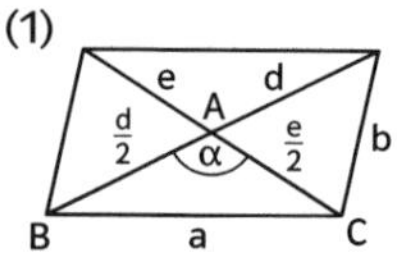

(2) gesucht: a
(3) SWS

(4) 3. Seite mit Kosinussatz berechnen

$a = \sqrt{\left(\frac{d}{2}\right)^2 + \left(\frac{e}{2}\right)^2 - 2 \cdot \frac{d}{2} \cdot \frac{e}{2} \cdot \cos\alpha} = 6^2 + 5^2 - 2 \cdot 6 \cdot 5 \cdot \cos 120°$;

$a \approx 9{,}5\,\text{cm}$

(5) Die Länge der Seite a beträgt 9,5 cm.

2 (1)

a) b)

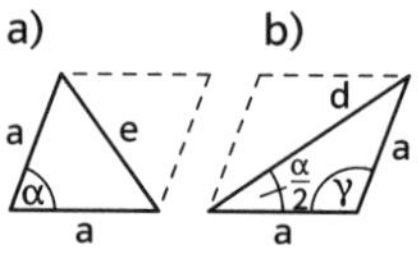

(2) gesucht: d; e
(3) a) SWS
b) SsW

(4) a) 3. Seite mit Kosinussatz berechnen

$e = \sqrt{a^2 + a^2 - 2 \cdot a \cdot a \cdot \cos\alpha} \approx 9{,}2\,\text{cm}$

b) 2. und 3. Winkel berechnen

β = 35°; γ = 110°

3. Seite mit Kosinussatz berechnen

$d = \sqrt{a^2 + a^2 - 2 \cdot a \cdot a \cdot \cos\gamma} \approx 13{,}1\,\text{cm}$

(5) Die Diagonalen betragen e = 9,2 cm und d = 13,1 cm.

3 (1) $b = \sqrt{a^2 + a^2}$

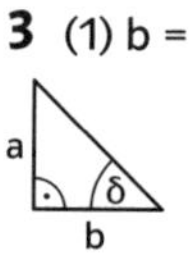

(2) gesucht: δ
(3) rechtwinkliges Dreieck, Tangensbeziehung

(4) $\tan\delta = \frac{a}{b} = \frac{10}{\sqrt{10^2 + 10^2}}$; $\delta \approx 35{,}3°$

(5) Der Winkel δ beträgt 35,3°.

4 a) a = 7,7 cm; b = 5,2 cm; c = 8,5 cm
Der Umfang u beträgt 21,4 cm.
b) a = 10,2 cm; b = 11,1 cm; c = 8,8 cm
Der Umfang u beträgt 30,1 cm.

5 Die Diagonalen haben die Längen e = 9,9 cm und f = 12,1 cm.

6 f = 22,4 cm; g = 15,6 cm; e = 23,3 cm;
α = 67,0°; β = 39,9°; γ = 73,1°

Winkelsätze zur Vermessung anwenden, Seite 53

1 (1)

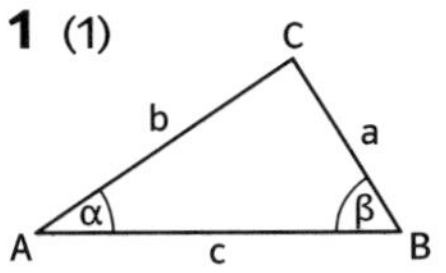

(2) WSW

(3) 3. Winkel mit Winkelsatz $\gamma = 180° - \alpha - \beta$; $\gamma = 94{,}3°$

2. Seite mit Sinussatz $a = c \cdot \frac{\sin\alpha}{\sin\gamma} = 28 \cdot \frac{\sin 37{,}2°}{\sin 94{,}3°}$; $a \approx 17{,}0\,\text{sm}$

3. Seite mit Sinussatz $b = c \cdot \frac{\sin\beta}{\sin\gamma} = 28 \cdot \frac{\sin 48{,}5°}{\sin 94{,}3°}$; $b \approx 21{,}0\,\text{sm}$

(4) S_1 ist 17,0 sm, S_2 ist 21,0 sm von P entfernt.

2 (1)

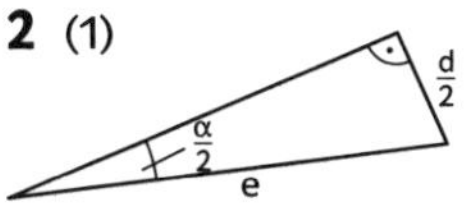

(2) rechtwinkliges Dreieck, Sinus

(3) $\sin\frac{\alpha}{2} = \frac{\frac{d}{2}}{e}$; $e = \frac{\frac{d}{2}}{\sin\frac{\alpha}{2}} = \frac{10}{\sin 3{,}25°}$; $e \approx 176{,}4\,\text{m}$

(4) Der Ballon ist 176 m entfernt.

3 (1)

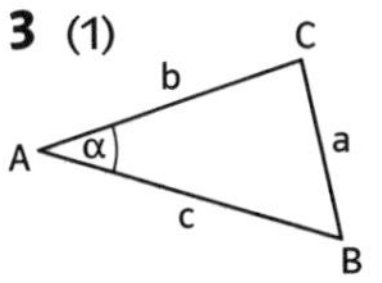

(2) SWS

(3) 3. Seite mit Kosinussatz berechnen

$a = \sqrt{b^2 + c^2 - 2 \cdot b \cdot c \cdot \cos\alpha}$

$= \sqrt{4109^2 + 3742^2 - 2 \cdot 4109 \cdot 3742 \cdot \cos 38{,}5°}$; $a \approx 2611\,\text{m}$

(4) Die Fähre fährt 2611 m.

4

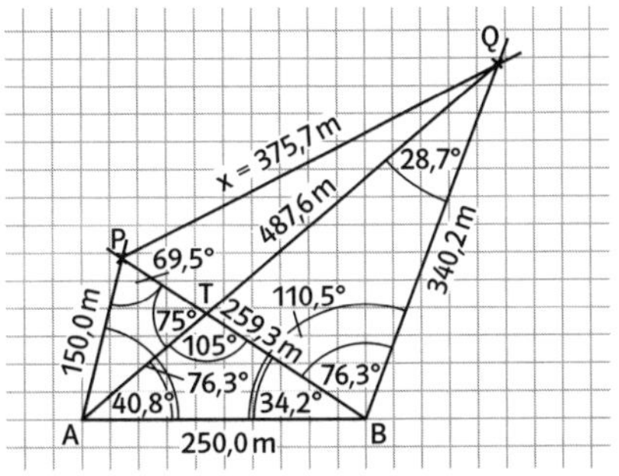

Der Abstand der Kirchturmspitzen P und Q beträgt 376 m.

Winkelsätze in Physik und Technik anwenden, Seite 54

1 (1)

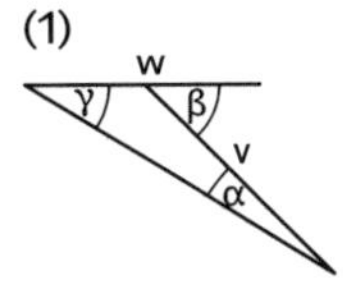

$\alpha = 5°$
$\beta = 45°$
$v = 680$

(2) W-S-W

(3) Erst 3. Winkel, dann 2. Seite berechnen.

$\gamma = 180° - \alpha - (180 - \beta)$; $\gamma = 40°$

$\frac{w}{v} = \frac{\sin\alpha}{\sin\gamma}$; $w = v \cdot \frac{\sin\alpha}{\sin\gamma} = 680 \cdot \frac{\sin 5°}{\sin 40°}$; $w \approx 92{,}2\,\text{km/h}$

(4) Die Windgeschwindigkeit beträgt 92,2 km/h.

2 (1)

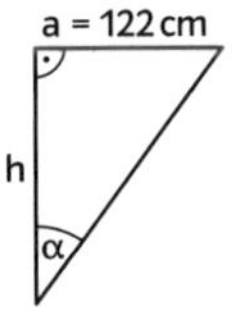

(2) rechtwinkliges Dreieck; Tangens

(3) $\tan\alpha = \frac{a}{h}$; $h = \frac{a}{\tan\alpha} = \frac{122}{\tan 190°} \approx 354{,}3\,\text{cm}$

(4) Der Abstand beträgt 3,54 m.

3

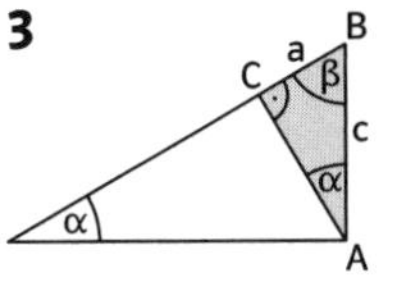

(1) $\alpha = 20°$; $c = 600\,\text{N}$; gesucht: a

(2) rechtwinkliges Dreieck; Sinus

(3) $\sin\alpha = \frac{a}{c}$; $a = c \cdot \sin\alpha = 600 \cdot \sin 20°$; $a \approx 205\,\text{N}$

(4) Die Rollkraft beträgt 205 N.

1.1 Die Windgeschwindigkeit beträgt 32,0 km/h.

3.1 Der Neigungswinkel der Rampe darf höchstens 9,6° betragen.

Kompetenz-Test Trigonometrische Funktionen und Berechnungen, Seite 55

1 $\frac{a}{c} = \frac{\sin\alpha}{\sin\gamma}$	$\frac{c}{b} = \frac{\sin\gamma}{\sin\beta}$	$\frac{w}{u} = \frac{\sin\beta}{\sin\gamma}$
2 $a^2 = b^2 + c^2 - 2bc \cdot \cos\alpha$	$c^2 = a^2 + b^2 - 2ab \cdot \cos\gamma$	$t^2 = s^2 + r^2 - 2sr \cdot \cos\alpha$
3 $\frac{b}{a} = \frac{\sin\beta}{\sin\alpha}$; $\sin\beta = \frac{b}{a} \cdot \sin\alpha = \frac{6}{8} \cdot \sin 50°$; $\beta \approx 35{,}1°$	$\sin\gamma = \frac{c}{b} \cdot \sin\beta = \frac{15{,}5}{12{,}2} \cdot \sin 37{,}5°$; $\gamma \approx 50{,}7°$	$\sin\gamma = \frac{z}{x} \cdot \sin\alpha = \frac{636}{825} \cdot \sin 39°$; $\gamma \approx 29{,}0°$
4 $\alpha = 77{,}0°$; $b \approx 6{,}9\,\text{cm}$	$\beta = 74{,}5°$; $c \approx 8{,}3\,\text{cm}$	$\gamma = 51{,}0°$; $f \approx 1116\,\text{m}$
5 $a \approx 5{,}9\,\text{cm}$	$b \approx 9{,}5\,\text{cm}$	$t \approx 6{,}88\,\text{m}$
6 $\alpha \approx 90°$	$\gamma \approx 63{,}9°$	$\alpha \approx 54{,}3°$

7 Mit Formeln rechnen

Formeln aufstellen, Seite 56

1 $P = G + n \cdot P$

2 a) $A = \frac{a+c}{2} \cdot h$ b) $A = \frac{6{,}5\,cm + 3{,}5\,cm}{2} \cdot 8{,}2\,cm = 41\,cm^2$

3 a) $l = b + f + b + f + b + f + b + f + b + f + b = 6b + 5f$
b) $l = n \cdot b + (n - 1) \cdot f$

4 a) $A = a \cdot b - (c \cdot d + c \cdot 2d) = a \cdot b - 3cd$
b) $A = 12{,}0 \cdot 8{,}0\,cm^2 - 3 \cdot 4{,}2 \cdot 2{,}8\,cm^2 = 60{,}72\,cm^2$

2.1 $M = (a + b + c) \cdot h$

4.1 a) $A = a \cdot b - c^2$ b) $A = a^2 + \left(\frac{a}{2}\right)^2 \cdot \pi$

Formeln umformen, Seite 57

1 (1) $A = \frac{a+c}{2} \cdot h \quad | : h$
(2) $\frac{A}{h} = \frac{a+c}{2} \quad | \cdot 2$
$\frac{2 \cdot A}{h} = a + c \quad | - c$
$\frac{2 \cdot A}{h} - c = a \quad | \leftrightarrows$
$a = \frac{2 \cdot A}{h} - c$

2 (1) $u = 2(a + b) \quad | : 2$
(2) $\frac{u}{2} = a + b \quad | - a$
$\frac{u}{2} - a = b \quad | \leftrightarrows$
$b = \frac{u}{2} - a$

3 (1) $A = \frac{g \cdot h}{2} \quad | \cdot 2$
(2) $2 \cdot A = g \cdot h \quad | : h$
$\frac{2 \cdot A}{h} = g \quad | \leftrightarrows$
$g = \frac{2 \cdot A}{h}$

4 (1) $s = \frac{1}{2} \cdot g \cdot t^2 \quad | \cdot 2$
(2) $2 \cdot s = g \cdot t^2 \quad | : g$
$\frac{2 \cdot s}{g} = t^2 \quad | \sqrt{\ }$
$\sqrt{\frac{2 \cdot s}{g}} = t \quad | \leftrightarrows$
$t = \sqrt{\frac{2 \cdot s}{g}}$

5 (1) $v = \sqrt{2 \cdot g \cdot h} \quad | (\,)^2$
(2) $v^2 = 2 \cdot g \cdot h \quad | : 2$
$\frac{v^2}{2} = g \cdot h \quad | : g$
$\frac{v^2}{2 \cdot g} = h \quad | \leftrightarrows$
$h = \frac{v^2}{2 \cdot g}$

1.1 $A = \frac{a+c}{2} \cdot h$ $h = \frac{2A}{a+c}$

1.2 $V = \frac{a+c}{2} \cdot h \cdot k$
$k = \frac{2V}{(a+c) \cdot h}$ $h = \frac{2V}{(a+c) \cdot k}$ $a = \frac{2V}{h \cdot k} - c$ $c = \frac{2V}{h \cdot k} - a$

2.1 $l = 4a + 4b + 4c$
$a = \frac{l - 4b - 4c}{4}$ $b = \frac{l - 4a - 4c}{4}$ $c = \frac{l - 4a - 4b}{4}$

2.2 $M = 2c \cdot (a + b)$
$c = \frac{M}{2(a+b)}$ $a = \frac{M}{2c} - b$ $b = \frac{M}{2c} - a$

3.1 $A = \frac{g \cdot h}{2}$ $h = \frac{2A}{g}$

3.2 $O = ab + k \cdot (a + b + c)$ $k = \frac{O - ab}{a + b + c}$

3.3 $V = \frac{1}{3} G \cdot k$ $G = \frac{3V}{k}$ $k = \frac{3V}{G}$

4.1 a) $O = 6a^2$ $a = \sqrt{\frac{O}{6}}$ b) $A = \pi r^2$ $r = \sqrt{\frac{A}{\pi}}$

Formeln in der Zinsrechnung anwenden, Seite 58

1 (1) $Z_t = \frac{K \cdot p \cdot t}{100 \cdot 360} \quad | \cdot 100$
(2) $Z_t \cdot 100 = \frac{K \cdot p \cdot t}{360} \quad | \cdot 360$
$Z_t \cdot 100 \cdot 360 = K \cdot p \cdot t \quad | : K$
$\frac{Z_t \cdot 100 \cdot 360}{K} = p \cdot t \quad | : t$
$\frac{Z_t \cdot 100 \cdot 360}{K \cdot t} = p \quad | \leftrightarrows$
$p = \frac{Z_t \cdot 100 \cdot 360}{K \cdot t}$
(3) (4) $p = \frac{37{,}50 \cdot 100 \cdot 360}{1800 \cdot 150}$; $p\,\% = 5\,\%$

2 (1) $Z_t = \frac{K \cdot p \cdot t}{100 \cdot 360} \quad | \cdot 100$
(2) $Z_t \cdot 100 = \frac{K \cdot p \cdot t}{360} \quad | \cdot 360$
$Z_t \cdot 100 \cdot 360 = K \cdot p \cdot t \quad | : (K \cdot p)$
$\frac{Z_t \cdot 100 \cdot 360}{K \cdot p} = t \quad | \leftrightarrows$
$t = \frac{Z_t \cdot 100 \cdot 360}{K \cdot p}$

3 (1) $K_n = K_0 \cdot \left(1 + \frac{p}{100}\right)^n$
(3) $K_{10} = 20\,000 \cdot \left(1 + \frac{7}{100}\right)^{10}$
(4) $K_{10} \approx 39\,343$ €

4

	a)	b)	c)	d)	e)
K (€)	1500	2100	48 000	150	270
p%	6 %	7 %	8 %	12 %	11 %
t (d)	68	210	240	200	320
Z_t (€)	17,00	85,75	2560	10	26,40

	f)	g)	h)	i)
K (€)	1700	1400	1350	1260
p%	9 %	9 %	7,5 %	3,5 %
t (d)	146	220	312	144
Z_t (€)	62,05	77	87,75	17,64

1.1

	a)	b)	c)	d)	e)	f)
K (€)	50 000,00	25 000,00	2500,00	3000,00	6300,00	150,00
Z_t (€)	850,00	425,00	26,00	50,00	472,50	0,05
t (d)	68	136	30	120	300	1
p%	9 %	4,5 %	12,5 %	5 %	9 %	12 %

1.2

	a)	b)	c)	d)	e)	f)
K (€)	2500,00	12 000,00	7000,00	12 500,00	850,00	1500,00
p%	8%	6%	3%	14%	18%	2%
t (d)	168	250	120	210	7	3
Z_t (€)	93,33	500,00	70,00	1020,83	2,98	0,25

2.1

	a)	b)	c)	d)	e)	f)
K (€)	25 000,00	3000,00	1000,00	2400,00	1700,00	2900,00
Z_t (€)	212,50	50,00	25,00	70,00	68,00	17,40
p%	9%	5%	15%	3,5%	6%	3%
t (d)	34	120	60	300	240	72

2.2

	a)	b)	c)	d)	e)	f)
Z_t (€)	850,00	1700,00	230,00	212,50	28,00	112,00
p%	9%	4,5%	5%	9%	4%	16%
t (d)	68	136	310	272	168	84
K (€)	50 000,00	100 000,00	5342,00	3125,00	1500,00	3000,00

3.1 $K_5 = 53\,852$ €
Nach 5 Jahren beträgt das Kapital 53 852 €.

Formeln bei Flächeninhalten anwenden, Seite 59

1 (1) $A = \frac{g \cdot h}{2}$

(2) $A = \frac{g \cdot h}{2}$ $\quad | \cdot 2$

$2 \cdot A = g \cdot h$ $\quad | : h$

$\frac{2 \cdot A}{h} = g$ $\quad | \leftrightarrow$

(3) $g = \frac{2 \cdot 16{,}77}{4{,}3} = 7{,}8$

(4) $g = 7{,}8$ cm

2 (1) $A = \frac{a + c}{2} \cdot h$ $\quad | : h$

(2) $\frac{A}{h} = \frac{a + c}{2}$ $\quad | \cdot 2$

$\frac{2 \cdot A}{h} = a + c$ $\quad | - c$

$\frac{2 \cdot A}{h} - c = a$ $\quad | \leftrightarrow$

$a = \frac{2 \cdot A}{h} - c$

(3) $a = \frac{2 \cdot 21{,}00}{3{,}5} - 3{,}2 = 8{,}8$

(4) $a = 8{,}8$ cm

3 (1) $A = \frac{\alpha}{360°} \cdot \pi \cdot r^2$ $\quad | : r^2$

(2) $\frac{A}{r^2} = \frac{\alpha}{360°} \cdot \pi$ $\quad | : \pi$

$\frac{A}{r^2 \cdot \pi} = \frac{\alpha}{360°}$ $\quad | \cdot 360°$

$\frac{A \cdot 360°}{r^2 \cdot \pi} = \alpha$ $\quad | \leftrightarrow$

$a = \frac{A \cdot 360°}{r^2 \cdot \pi}$

(3) $\alpha = \frac{13{,}08 \cdot 360°}{5^2 \cdot \pi} = 59{,}954\ldots°$

(4) $\alpha \approx 60°$

1.1

	a)	b)	c)	d)	e)	f)
g (cm)	10,0	5,0	2,0	8,3	8,3	8,3
h (cm)	8,0	8,0	8,0	3,0	6,0	12,0
A (cm²)	40,00	20,00	8,00	12,45	24,90	49,80

1.2

	a)	b)	c)	d)	e)	f)
A (cm²)	4,25	7,82	11,73	7,56	7,56	7,56
g (cm)	2,5	2,3	2,3	5,4	10,8	2,7
h (cm)	3,4	6,8	10,2	2,8	1,4	5,6

2.1

	a)	b)	c)	d)	e)	f)
A (cm²)	21,00	25,60	17,55	26,24	35,90	8,25
a (cm)	8,8	12,0	4,2	14,2	1,08	1,8
c (cm)	3,2	4,0	3,6	18,6	13,28	6,45
h (cm)	3,5	3,2	4,5	1,6	5,0	2,0

3.1

	a)	b)	c)	d)	e)	f)
A (cm²)	78,50	314,20	706,90	1256,00	1962,50	2826,00
r (cm)	5,0	10,0	15,0	20,0	25,0	30,0

4

	a)	b)	c)	d)	e)	f)
A (cm²)	16,32	16,32	34,56	17,28	8,64	6,56
g (cm)	2,4	12,0	7,2	3,6	1,8	0,8
h (cm)	6,8	1,36	4,8	4,8	4,8	8,2

5

	a)	b)	c)	d)	e)	f)
A	16,38 dm²	12,00 m²	53,07 m²	93,75 m²	82,65 cm²	22,08 km²
a	3,9 dm	2,5 m	6,1 m	5,0 m	5,8 cm	6,4 km
b	2,8 dm	3,2 m	5,8 m	12,5 m	9,5 cm	2,3 km

Formeln bei Flächensätzen anwenden, Seite 60

1 (1) $b^2 = c \cdot q$ $\qquad$ (2) $c = \frac{b^2}{q}$

2 (1) $h^2 = p \cdot q$ $\qquad$ (2) $p = \frac{h^2}{q}$

3

	a)	b)	c)	d)	e)
a	24,0 cm	15,0 cm	28,0 m	72,0 mm	162,0 m
p	8,0 cm	9,0 cm	14,0 m	48,0 mm	81,0 m
c	72,0 cm	25,0 cm	56,0 m	108,0 mm	324,0 m

	f)	g)	h)	i)
a	96,0 km	1026,4 m	420,0 km	5,4 m
p	72,0 km	108,0 m	350,0 km	1,2 m
c	128,0 km	9755,0 m	504,0 km	24,3 m

4

	a)	b)	c)	d)	e)
h	12,0 cm	18,0 cm	28,0 m	36,0 mm	54,0 m
p	4,0 cm	12,0 cm	7,0 m	48,0 mm	81,0 m
q	36,0 cm	27,0 cm	112,0 m	27,0 mm	36,0 m

	f)	g)	h)	i)
h	96,0 km	80,5 m	420,0 km	5,4 m
p	64,0 km	108,0 m	84,0 km	8,1 m
q	144,0 km	60,0 m	2100,0 km	3,6 m

5 a)
(1) $a^2 + b^2 = c^2$
(2) $a^2 = c^2 - b^2$; $a = \sqrt{c^2 - b^2}$

b)
(3) $a = \sqrt{7{,}8^2 - 4{,}8^2}$
(4) $a \approx 6{,}1\,\text{cm}$

3.1

	a)	b)	c)	d)	e)	f)
a (cm)	6,2	6,4	6,0	23,0	4,5	6,0
p (cm)	1,0	4,0	4,5	18,9	2,0	4,0
c (cm)	38,4	10,2	8,0	28,0	10,0	9,0

4.1

	a)	b)	c)	d)	e)	f)
h (cm)	3,2	8,4	9,2	36,0	5,4	4,9
p (cm)	4,0	3,0	14,1	56,3	3,2	6,4
q (cm)	2,6	23,5	6,0	23,0	9,0	3,8

5.1 a) $b = \sqrt{c^2 - a^2}$ b) $c = \sqrt{a^2 + b^2}$

5.2

	a)	b)	c)	d)	e)	f)
a (cm)	3,5	9,2	4,0	9,0	3,0	12,3
b (cm)	6,3	6,8	8,6	64,4	4,0	5,2
c (cm)	7,2	11,4	9,5	65,0	5,0	13,4

Formeln zusammensetzen und vereinfachen, Seite 61

1 (1) $V_1 = b \cdot 2a \cdot a$ $V_2 = 2a \cdot a \cdot a$
(2) $V_{ges} = V_1 + V_2$
$V_{ges} = b \cdot 2a \cdot a + 2a \cdot a \cdot a$
(3) $V_{ges} = b \cdot 2a^2 + 2a^3$
$V_{ges} = 2a^2(b + a)$

2 a)
(1) $A_{Qu} = a^2$
$A_{Kr} = \left(\frac{a}{2}\right)^2 \cdot \pi$
(2) $A = A_{Qu} - A_{Kr}$
(3) $A = a^2 - \left(\frac{a}{2}\right)^2 \cdot \pi$
$A = a^2 - \frac{a^2}{4} \cdot \pi$
$A = a^2\left(1 - \frac{1}{4}\pi\right)$

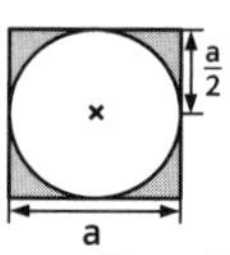

a
Figur 2

(1) $A_{Qu} = a^2$
$A_{Kr} = \left(\frac{a}{4}\right)^2 \cdot \pi \cdot 4$
(2) $A = A_{Qu} - A_{Kr}$
(3) $A = a^2 - \left(\frac{a}{4}\right)^2 \cdot \pi \cdot 4$
$A = a^2 - \frac{a^2}{16} \cdot \pi \cdot 4$
$A = a^2\left(1 - \frac{1}{4}\pi\right)$

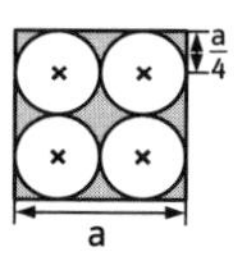

a
Figur 3

b) Der Verschnitt ist in beiden Figuren 2 und 3 gleich.

3 a) $\rho = \frac{m}{V}$; $m = V \cdot \rho$ b) $m = a \cdot b \cdot c \cdot \rho$
c) $80 \cdot 40 \cdot 0{,}2\,\text{cm}^3 \cdot 2{,}5\,\text{g/cm}^3 = 1600\,\text{g} = 1{,}6\,\text{kg}$
Die Glasscheibe wiegt 1,6 kg.

1.1 $A_{ges} = a^2 + \frac{a \cdot a}{2} \cdot 4 = 3a^2$

1.2 $V = a^2 b + \frac{1}{3}a^2 c = a^2\left(b + \frac{1}{3}c\right)$

2.1 Figur 6: $A = a^2 - \frac{1}{2}a^2 = \frac{1}{2}a^2$
Figur 7: $A = 4\left(\frac{1}{4}a^2 - \frac{1}{2} \cdot \frac{a}{2} \cdot \frac{a}{2}\right) = \frac{1}{2}a^2$
Die beiden Restflächen sind gleich groß.

3.1 a) $m = \rho \cdot \frac{4}{3}\pi r^3$; $\rho = 11{,}3\,\text{g/cm}^3$

b)

r (cm)	2,0	4,0	8,0
m (g)	378,7	3029,3	24234,7

Formeln bei Volumenberechnungen anwenden, Seite 62

1 (1) $V = \frac{1}{3} \cdot G \cdot k \quad | \cdot 3$
(2) $3 \cdot V = G \cdot k \quad | : k$
$\frac{3 \cdot V}{k} = G \quad | \leftrightarrow$
$G = \frac{3 \cdot V}{k}$
(3) $G = \frac{3 \cdot 246{,}5}{8{,}5}$
(4) $G = 87{,}0\,\text{cm}^2$

2 (1) $V = \frac{1}{3} \cdot G \cdot k$
(2) $V = \frac{1}{3} \cdot \pi \cdot r^2 \cdot k \quad | \cdot 3$
$3 \cdot V = \pi r^2 \cdot k \quad | : \pi r^2$
$\frac{3 \cdot V}{\pi \cdot r^2} = k \quad | \leftrightarrow$
$k = \frac{3 \cdot V}{\pi \cdot r^2}$
(3) $k = \frac{3 \cdot 9{,}425}{\pi \cdot 4^2}$
(4) $k \approx 0{,}6\,\text{cm}$

3 (1) $V_Z = \pi \cdot r^2 \cdot k_Z$ $V_K = \frac{2}{3} \cdot \pi \cdot r^3$
(2) $V_{ges} = V_Z + V_K$
$V_{ges} = \pi \cdot r^2 \cdot k_Z + \frac{2}{3} \cdot \pi \cdot r^3 = \pi \cdot r^2\left(k_Z + \frac{2}{3} \cdot r\right)$
(3) $V_{ges} = \pi \cdot 4^2\left(5 + \frac{2}{3} \cdot 4\right)$
(4) $V_{ges} \approx 385\,\text{dm}^3$

1.1

	a)	b)	c)	d)	e)	f)
a (m)	3,2	3,6	6,0	7,3	12,4	5,0
b (m)	5,0	9,2	4,2	6,1	3,0	6,0
k (m)	4,2	10,5	3,0	15,0	5,1	0,5
V (m^3)	67,20	347,76	75,60	667,95	189,72	15,00

1.2

	a)	b)	c)	d)	e)	f)
a (m)	5,0	3,0	3,2	7,3	1,3	3,5
k (m)	6,0	4,0	0,8	0,4	18,2	5,0
V (m^3)	50,00	12,00	2,70	6,30	10,91	20,09

2.1

	a)	b)	c)	d)	e)	f)
r (m)	3,0	3,4	0,8	5,3	5,9	2,6
k (m)	4,0	2,9	2,6	15,2	13,2	9,2
V (m^3)	37,70	35,11	1,74	447,12	481,18	65,13

3.1

	a)	b)	c)	d)	e)	f)
r (m)	5,1	3,1	6,2	2,1	8,6	9,4
k_Z (m)	15,1	9,5	12,7	5,3	16,5	19,5
V (m^3)	1511,7	349,2	2032,8	92,8	5166,0	7152,6

4 Das Volumen beträgt $539{,}5\,\text{m}^3$.

Kompetenz-Test Mit Formeln rechnen, Seite 63

1 $v = \frac{s}{t}$	$u = (a + b) \cdot 2$	$O = (A \cdot 3 + G \cdot 2) \cdot 2$
2 $r = \frac{u}{2 \cdot \pi}$	$t = \frac{2 \cdot h}{v_0 + v_t}$	$v_t = \frac{2 \cdot h}{t} - v_0$
3 $Z_t = \frac{1250 \cdot 7{,}75 \cdot 180}{100 \cdot 360}$; $Z_t \approx 48{,}44$ €	$Z_t = \frac{K \cdot p \cdot t}{100 \cdot 360}$; $K = \frac{Z_t \cdot 100 \cdot 360}{p \cdot t}$	$Z_t = \frac{K \cdot p \cdot t}{100 \cdot 360}$; $t = \frac{Z_t \cdot 100 \cdot 360}{p \cdot K}$
4 $A = \frac{g \cdot h}{2} = \frac{5 \cdot 7}{2}$; $A = 17{,}5\,cm^2$	$A = \frac{a + c}{2} \cdot h = \frac{8 + 13{,}2}{2} \cdot 7{,}4$; $A = 78{,}44\,cm^2$	$V = \frac{1}{3} \cdot G \cdot k = \frac{1}{3} \cdot 28{,}5 \cdot 9{,}3$; $V = 88{,}350\,cm^3$
5 $V = \frac{g \cdot h}{2} \cdot k$	$G = \frac{g \cdot h}{2}$; $V = \frac{g \cdot h}{2} \cdot k$	$V = a \cdot b \cdot c + \frac{1}{3} \cdot a \cdot b \cdot c = \frac{4}{3} \cdot a \cdot b \cdot c$

8 Körper

Schrägbilder von Körpern zeichnen, Seite 64

1 a)

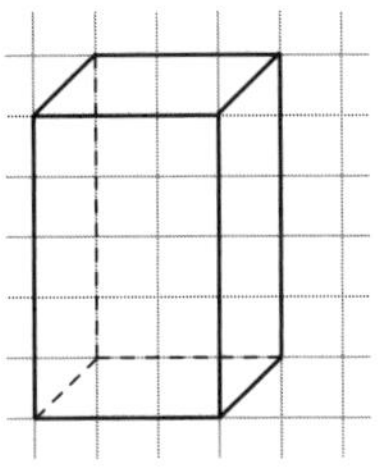

b)

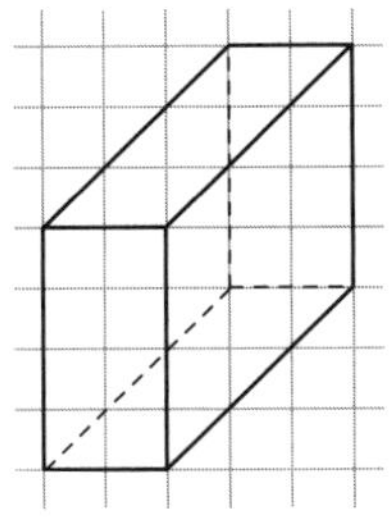

2

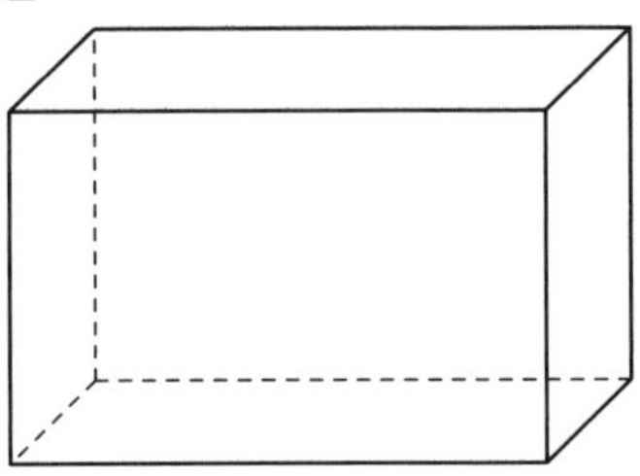

3

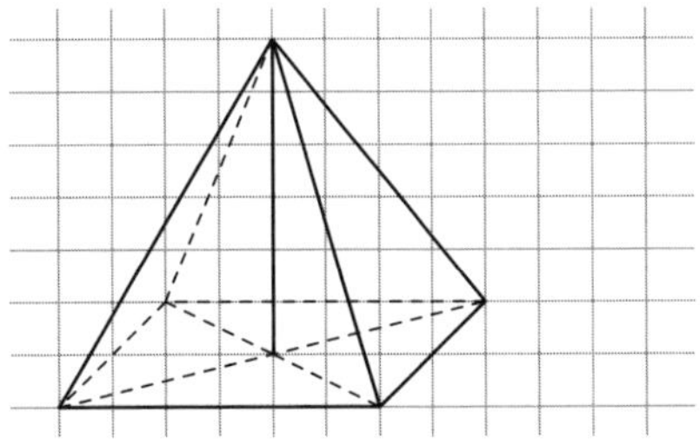

4

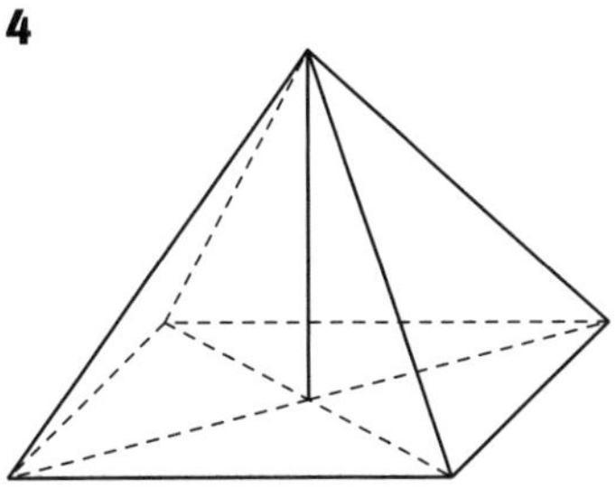

5

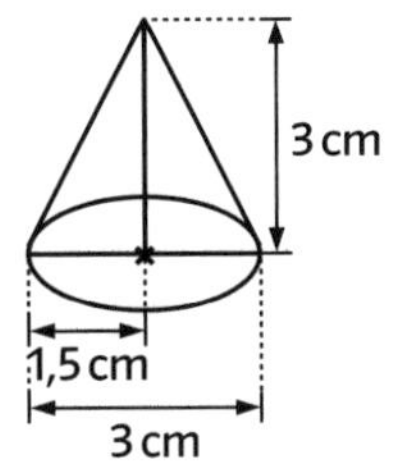

2.1 a)

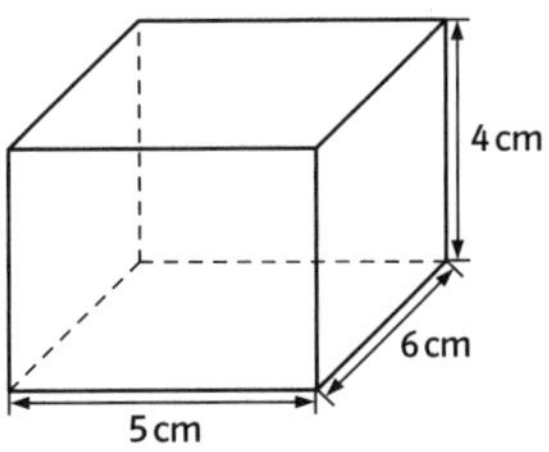

b)

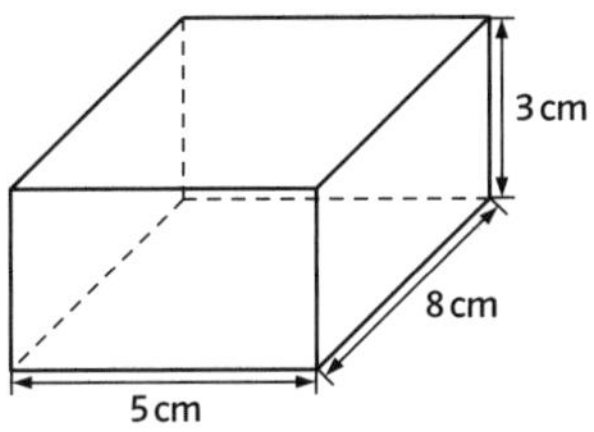

c)

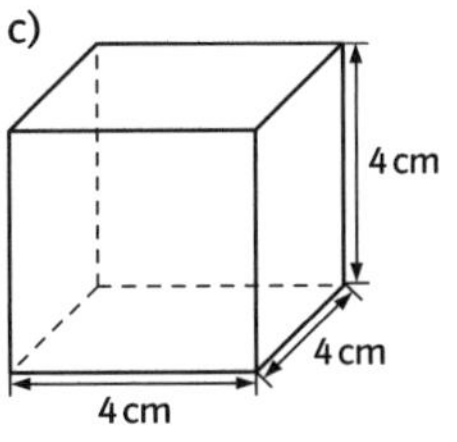

d)

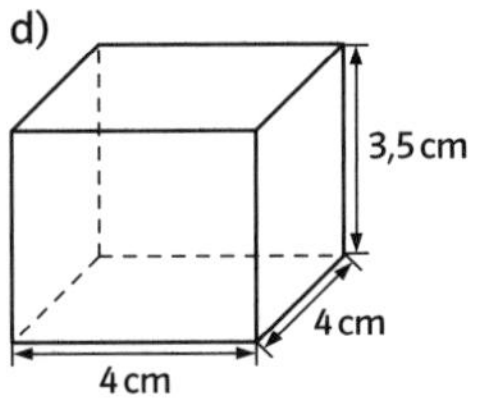

e)

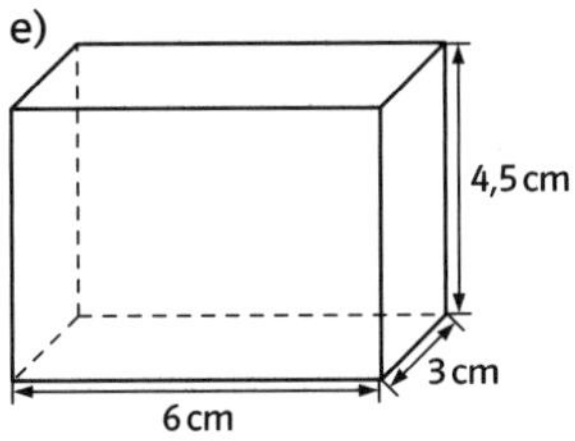

f)

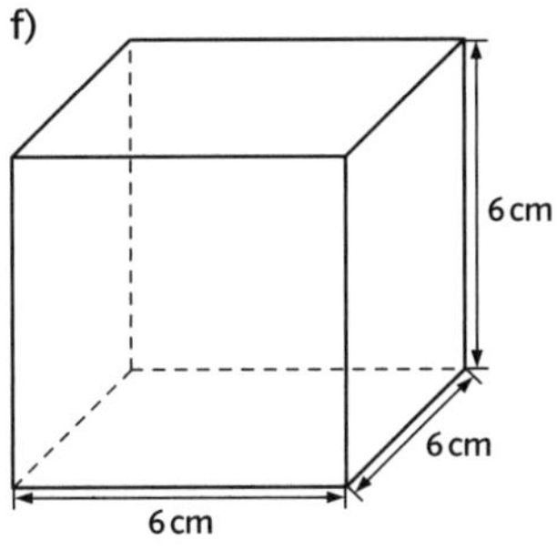

4.1 a)

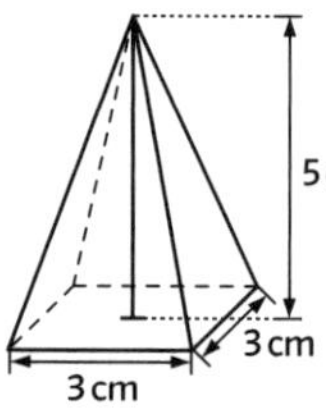

b)

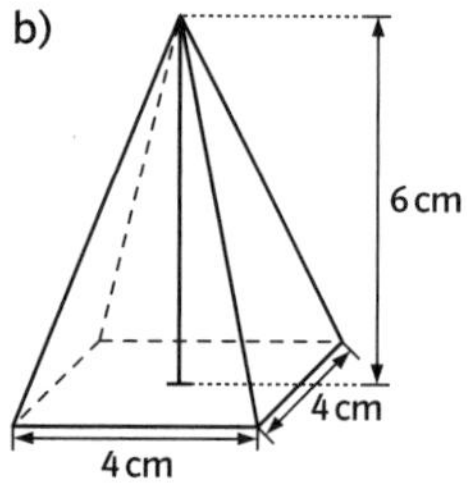

c)

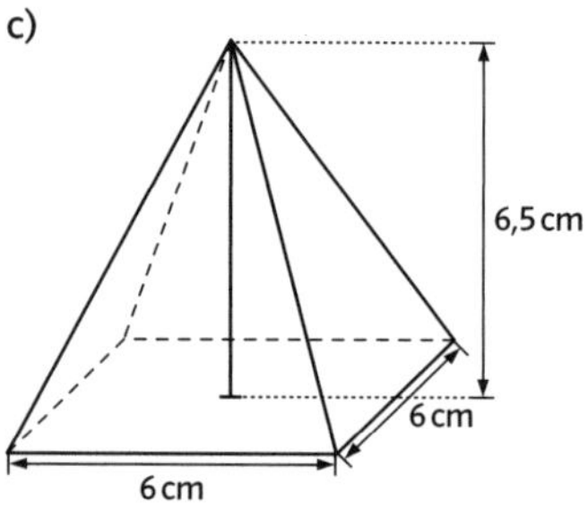

5.1 a)

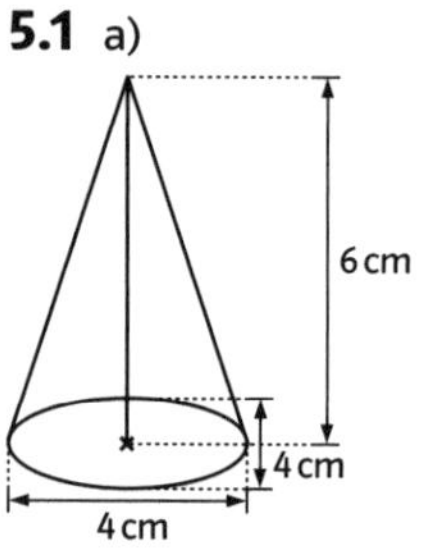

b)

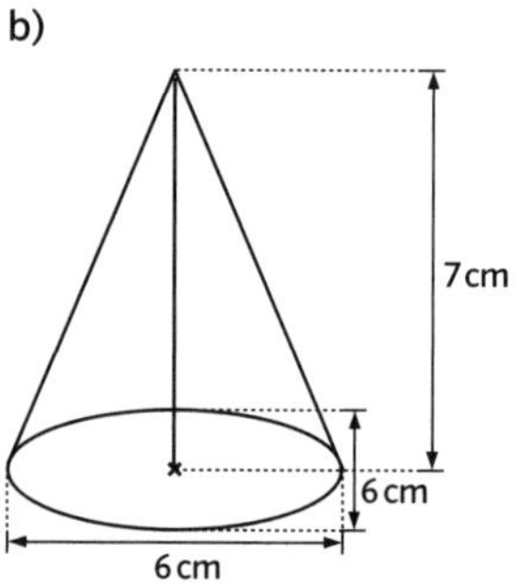

c)

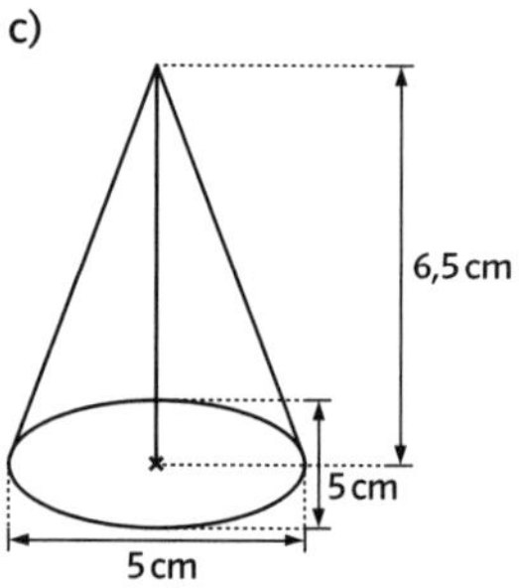

Pyramiden berechnen, Seite 65

1 (2) $V = \frac{1}{3} \cdot G \cdot k \quad | G = a^2$

$V = \frac{1}{3} \cdot a^2 \cdot k \quad | \cdot 3$

$3 \cdot V = a^2 \cdot k \quad | : a^2$

$\frac{3 \cdot V}{a^2} = k \quad | \leftrightarrows$

$k = \frac{3 \cdot V}{a^2}$

(3) $k = \frac{3 \cdot 198}{6^2}$

(4) $k = 16{,}5\,\text{cm}$

2 a)

(2) $k^2 = h_a^2 - \left(\frac{a}{2}\right)^2$

$k = \sqrt{h_a^2 - \left(\frac{a}{2}\right)^2}$

(3) $k = \sqrt{16{,}2^2 - \left(\frac{8{,}4}{2}\right)^2}$

(4) $k \approx 15{,}6\,\text{cm}$

b)

(2) $V = \frac{1}{3} \cdot G \cdot k$

$V = \frac{1}{3} \cdot a^2 \cdot k$

(3) $V = \frac{1}{3} \cdot 8{,}4^2 \cdot 15{,}6$

(4) $V \approx 366{,}9\,\text{cm}^3$

3 (1) $a = 3\,\text{m}$; $k = 1\,\text{m}$

a)

(2) $h_a^2 = k^2 + \left(\frac{a}{2}\right)^2$

$h_a = \sqrt{k^2 + \left(\frac{a}{2}\right)^2}$

(3) $h_a = \sqrt{1^2 + \left(\frac{3}{2}\right)^2}$

(4) $h_a \approx 1{,}8\,\text{m}$

b)

(2) $M = 2 \cdot a \cdot h_a$

(3) $M = 2 \cdot 3 \cdot 1{,}8$

(4) $M \approx 10{,}8\,\text{m}^2$

Die Dachfläche beträgt $10{,}8\,\text{m}^2$.

1.1 a) $k = 28\,\text{cm}$ b) $k = 45\,\text{cm}$ c) $k = 16{,}5\,\text{cm}$

2.1 a) $k \approx 21{,}9\,\text{cm}$; $V \approx 5723{,}2\,\text{cm}^3$
b) $k \approx 50{,}5\,\text{cm}$; $V \approx 139\,396{,}8\,\text{cm}^3$
c) $k \approx 21{,}3\,\text{cm}$; $V \approx 654{,}3\,\text{cm}^3$
d) $k \approx 0{,}67\,\text{m}$; $V \approx 0{,}080\,\text{m}^3$
e) $k \approx 0{,}60\,\text{m}$; $V \approx 2{,}45\,\text{m}^3$
f) $k \approx 11{,}4\,\text{cm}$; $V \approx 1597{,}0\,\text{cm}^3$

3.1

	Figur 1	Figur 2
a)	$h_a \approx 3{,}75\,\text{m}$	$h_a \approx 2{,}92\,\text{m}$
b)	$M \approx 25{,}1\,\text{m}^2$	$M \approx 23{,}1\,\text{m}^2$

Kegel berechnen, Seite 66

1 (2) $V = \frac{1}{3} \cdot G \cdot k \quad | G = \pi \cdot r^2$

$V = \frac{1}{3} \cdot \pi \cdot r^2 \cdot k \quad | \cdot 3$

$3 \cdot V = \pi \cdot r^2 \cdot k \quad | : (\pi \cdot r^2)$

$\frac{3 \cdot V}{\pi \cdot r^2} = k \quad | \leftrightarrows$

$k = \frac{3 \cdot V}{\pi \cdot r^2}$

(3) $k = \frac{3 \cdot 468}{\pi \cdot 4{,}5^2}$

(4) $k \approx 22{,}1\,\text{cm}$

2 a)

(2) $s^2 = r^2 + k^2$

$s = \sqrt{r^2 + k^2}$

(3) $s = \sqrt{7^2 + 12{,}5^2}$

(4) $s \approx 14{,}3\,\text{cm}$

b)

(2) $O = G + M$

$O = \pi \cdot r^2 + (\pi \cdot r \cdot s)$

(3) $O = \pi \cdot 7^2 + (\pi \cdot 7 \cdot 14{,}3)$

(4) $O \approx 468{,}4\,\text{cm}^2$

3 (1) $V = 112\,\text{cm}^3$; $k = 9\,\text{cm}$

(2) $V = \frac{1}{3} \cdot \pi \cdot r^2 \cdot k \quad | \cdot 3$

$3 \cdot V = \pi \cdot r^2 \cdot k \quad | : (\pi \cdot k)$

$\frac{3 \cdot V}{\pi \cdot k} = r^2 \quad | \leftrightarrows$

$r^2 = \frac{3 \cdot V}{\pi \cdot k} \quad | \sqrt{}$

$r = \sqrt{\frac{3 \cdot V}{\pi \cdot k}}$

(3) $r = \sqrt{\frac{3 \cdot 112}{\pi \cdot 9}}$

(4) $r \approx 3{,}4\,\text{cm}$; $d \approx 6{,}8\,\text{cm}$

1.1 a) $k \approx 11{,}3\,\text{cm}$ b) $k \approx 41{,}8\,\text{cm}$ c) $k \approx 3{,}4\,\text{cm}$

2.1 a) $s \approx 14{,}3\,\text{cm}$; $O \approx 382{,}6\,\text{cm}^3$
b) $s \approx 30{,}3\,\text{cm}$; $O \approx 467{,}4\,\text{cm}^3$
c) $s \approx 51{,}2\,\text{cm}$; $O \approx 4940{,}1\,\text{cm}^3$

3.1 $d \approx 7{,}4\,cm$
Das Glas hat einen Durchmesser von 7,4 cm.

4 $s \approx 8{,}20\,m$; $M \approx 128{,}8\,m^2$
Das Dach hat eine Fläche von $128{,}8\,m^2$.

Pyramidenstümpfe berechnen, Seite 67

1 (2) $V = \frac{1}{3} \cdot k \cdot (G_1 + \sqrt{G_1 \cdot G_2} + G_2)$
(3) $V = \frac{1}{3} \cdot 8 \cdot (36 + \sqrt{36 \cdot 9} + 9)$
(4) $V = 168\,cm^3$

2 (2) $V = \frac{1}{3} \cdot k \cdot (G_1 + \sqrt{G_1 \cdot G_2} + G_2)$
$V = \frac{1}{3} \cdot k \cdot (a_1^2 + \sqrt{a_1^2 \cdot a_2^2} + a_2^2)$
(3) $V = \frac{1}{3} \cdot 20 \cdot (8^2 + \sqrt{8^2 \cdot 2^2} + 2^2)$
(4) $V = 560\,cm^3$

3 (2) $O = G_1 + G_2 + M$
$O = a_1^2 + a_2^2 + 2 \cdot (a_1 + a_2) \cdot h_a$
(3) $O = 6^2 + 2^2 + 2 \cdot (6 + 2) \cdot 8{,}5$
(4) $O = 176\,cm^2$

4 a)
(2) $k^2 = h_a^2 - \left(\frac{a_1}{2} - \frac{a_2}{2}\right)^2$
$k = \sqrt{h_a^2 - \left(\frac{a_1}{2} - \frac{a_2}{2}\right)^2}$
(3) $k = \sqrt{15^2 - \left(\frac{12}{2} - \frac{4}{2}\right)^2}$
(4) $k \approx 14{,}5\,cm$

b) (1) $a_1 = 12\,cm$; $a_2 = 4\,cm$; $k = 14{,}5\,cm$
(2) $V = \frac{1}{3} \cdot k \cdot (G_1 + \sqrt{G_1 \cdot G_2} + G_2)$
$V = \frac{1}{3} \cdot k \cdot (a_1^2 + \sqrt{a_1^2 \cdot a_2^2} + a_2^2)$
(3) $V = \frac{1}{3} \cdot 14{,}5 \cdot (12^2 + \sqrt{12^2 \cdot 4^2} + 4^2)$
(4) $V \approx 1005{,}3\,cm^3$

1.1 a) $V \approx 223{,}7\,cm^3$ b) $V \approx 237{,}9\,cm^3$

2.1 a) $V = 294\,cm^3$ b) $V = 30\,824\,cm^3$

3.1 a) $O = 417\,cm^2$ b) $O = 3827\,cm^2$

4.1 a) $k \approx 13{,}4\,cm$; $V \approx 553{,}9\,cm^3$
b) $k \approx 9{,}6\,cm$; $V \approx 2662{,}4\,cm^3$

5

	Figur 1	Figur 2
a)	$V = 21\,490\,cm^3$	$V = 13\,858{,}3\,cm^3$
b)	$h_a = 30{,}7\,cm$	$h_a = 25{,}1\,cm$
c)	$O = 4743{,}2\,cm^2$	$O = 3476{,}4\,cm^2$

Kegelstümpfe berechnen, Seite 68

1 (2) $V = \frac{1}{3} \cdot k \cdot \pi \cdot (r_1^2 + r_1 \cdot r_2 + r_2^2)$
(3) $V = \frac{1}{3} \cdot 10 \cdot \pi \cdot (6^2 + 6 \cdot 3 + 3^2)$
(4) $V \approx 659{,}7\,cm^3$

2 (2) $O = G_1 + G_2 + M$
(3) $O = 35{,}4 + 11{,}2 + 45{,}6$
(4) $O = 92{,}2\,cm^2$

3 (2) $O = G_1 + G_2 + M$
$O = \pi \cdot r_1^2 + \pi \cdot r_2^2 + \pi \cdot s \cdot (r_1 + r_2)$
(3) $O = \pi \cdot 6^2 + \pi \cdot 2^2 + \pi \cdot 8 \cdot (6 + 2)$
(4) $O \approx 326{,}7\,cm^2$

4 a)
(2) $k^2 = s^2 - (r_1 - r_2)^2$
$k = \sqrt{s^2 - (r_1 - r_2)^2}$
(3) $k = \sqrt{9{,}6^2 - (9 - 4)^2}$
(4) $k \approx 8{,}2\,cm$

b) (1) $r_1 = 9\,cm$; $r_2 = 4\,cm$; $k = 8{,}2\,cm$
(2) $V = \frac{1}{3} \cdot k \cdot \pi \cdot (r_1^2 + r_1 \cdot r_2 + r_2^2)$
(3) $V = \frac{1}{3} \cdot 8{,}2 \cdot \pi \cdot (9^2 + 9 \cdot 4 + 4^2)$
(4) $V \approx 1142{,}1\,cm^3$

1.1 a) $V \approx 701{,}6\,cm^3$ b) $V \approx 10\,354{,}7\,cm^3$

2.1 a) $O = 326{,}8\,cm^2$ b) $O = 62{,}8\,cm^2$

3.1 a) $O \approx 747{,}7\,cm^2$ b) $O \approx 5262{,}2\,cm^2$

4.1 a) $k \approx 11{,}6\,cm$; $V \approx 2077{,}2\,cm^3$
b) $k \approx 27{,}9\,cm$; $V \approx 218\,892{,}4\,cm^3$

5

	Figur 1	Figur 2
a)	$V \approx 15\,599{,}1\,cm^3$	$V \approx 145\,204{,}4\,cm^3$
b)	$s \approx 29{,}7\,cm$	$s \approx 61{,}4\,cm$
c)	$O \approx 3644{,}9\,cm^2$	$O \approx 15\,626{,}3\,cm^2$

Kugeln berechnen, Seite 69

1 (1) $d = 8\,cm$ ($r = 4\,cm$)
(2) $V = \frac{4}{3} \cdot \pi \cdot r^3$
(3) $V = \frac{4}{3} \cdot \pi \cdot 4^3$
(4) $V \approx 268{,}1\,cm^3$

2 (1) $r = 16\,cm$
(2) $V = \frac{4}{3} \cdot \pi \cdot r^3$
(3) $V = \frac{4}{3} \cdot \pi \cdot 16^3$
(4) $V \approx 17\,157{,}3\,cm^3$

3 (1) $d = 8\,cm$ ($r = 4\,cm$)
(2) $O = 4 \cdot \pi \cdot r^2$
(3) $O = 4 \cdot \pi \cdot 4^2$
(4) $O \approx 201{,}1\,cm^2$

4 (1) $V = 500\,cm^3$
(2) $V = \frac{4}{3} \cdot \pi \cdot r^3 \quad | \cdot 3$
$3 \cdot V = 4 \cdot \pi \cdot r^3 \quad | : (4 \cdot \pi)$
$\frac{3 \cdot V}{4 \cdot \pi} = r^3 \quad | \leftrightarrow \sqrt[3]{}$
$r = \sqrt[3]{\frac{3 \cdot V}{4 \cdot \pi}}$
(3) $r = \sqrt[3]{\frac{3 \cdot 500}{4 \cdot \pi}}$
(4) $r \approx 4{,}9\,cm$

5 (1) $O = 245\,cm^2$
(2) $O = 4 \cdot \pi \cdot r^2 \quad | : (4 \cdot \pi)$
$\frac{O}{4 \cdot \pi} = r^2 \quad | \leftrightarrow$
$r^2 = \frac{O}{4 \cdot \pi} \quad | \sqrt{}$
$r = \sqrt{\frac{O}{4 \cdot \pi}}$
(3) $r = \sqrt{\frac{245}{4 \cdot \pi}}$
(4) $r \approx 4{,}4\,cm$; $d \approx 8{,}8\,cm$

1.1 a) $V \approx 381{,}7\,cm^3$ b) $V \approx 904{,}8\,cm^3$
c) $V \approx 2572{,}4\,cm^3$ d) $V \approx 3942{,}5\,cm^3$
e) $V \approx 24\,838{,}4\,cm^3$ f) $V \approx 87\,113{,}7\,cm^3$

2.1 a) $V \approx 65\,449{,}8\,mm^3$ b) $V \approx 2\,144\,660{,}6\,mm^3$
c) $V \approx 337\,706{,}8\,mm^3$ d) $V \approx 7{,}6\,m^3$
e) $V \approx 179{,}6\,m^3$ f) $V \approx 94{,}9\,m^3$

3.1 a) $O \approx 380{,}1\,cm^2$ b) $O \approx 6939{,}8\,cm^2$
c) $O \approx 24\,884{,}6\,cm^2$ d) $O \approx 13\,684{,}8\,mm^2$
e) $O \approx 65{,}0\,m^2$ f) $O \approx 1040{,}6\,m^2$

3.2 a) $O \approx 72\,583{,}4\,cm^2$ b) $O \approx 25\,446{,}9\,cm^2$
c) $O \approx 115\,811{,}7\,cm^2$ d) $O \approx 84\,496{,}3\,mm^2$
e) $O \approx 6951{,}6\,m^2$ f) $O \approx 9{,}7\,m^2$

4.1 a) $r \approx 4{,}6\,cm$ b) $r \approx 5{,}4\,cm$ c) $r \approx 6{,}2\,cm$
d) $r \approx 5{,}1\,cm$ e) $r \approx 5{,}7\,cm$ f) $r \approx 4{,}2\,cm$

4.2 a) $d \approx 15{,}6\,mm$ b) $d \approx 25{,}2\,m$ c) $d \approx 20{,}7\,cm$
d) $d \approx 10{,}6\,mm$ e) $d \approx 7{,}9\,m$ f) $d \approx 17{,}9\,cm$

5.1 a) $d \approx 7{,}9\,cm$ b) $d \approx 12{,}1\,m$ c) $d \approx 25{,}5\,cm$
d) $d \approx 12{,}9\,mm$ e) $d \approx 13{,}3\,m$ f) $d \approx 39{,}0\,cm$

5.2 a) $r \approx 5{,}1\,cm$ b) $r \approx 6{,}1\,m$ c) $r \approx 18{,}9\,cm$
d) $r \approx 3{,}2\,mm$ e) $r \approx 4{,}8\,m$ f) $r \approx 16{,}6\,cm$

Volumen zusammengesetzter Körper berechnen, Seite 70

1 Teilkörper A
(1) Pyramide
(2) $a = b = 5\,cm$; $k = 7\,cm$
(3) $V_A = \frac{1}{3} \cdot G \cdot k$
$V_A = \frac{1}{3} \cdot a \cdot b \cdot k$
(4) $V_A = \frac{1}{3} \cdot 5 \cdot 5 \cdot 7$
$V_A \approx 58{,}3\,cm^3$

Teilkörper B
(1) Quader
(2) $a = 5\,cm$; $b = 5\,cm$, $c = 3\,cm$
(3) $V_B = a \cdot b \cdot c$
(4) $V_B = 5 \cdot 5 \cdot 3$
$V_B = 75\,cm^3$

(5) Gesamtkörper: $V = 58{,}3\,cm^3 + 75\,cm^3 = 133{,}3\,cm^3$

2 Teilkörper A
(1) Kegel
(2) $r = 2{,}5\,cm$; $k = 5{,}5\,cm$
(3) $V_A = \frac{1}{3} \cdot G \cdot k$
$V_A = \frac{1}{3} \cdot \pi \cdot r^2 \cdot k$
(4) $V_A = \frac{1}{3} \cdot \pi \cdot 2{,}5^2 \cdot 5{,}5$
$V_A \approx 36\,cm^3$

Teilkörper B
(1) Halbkugel
(2) $r = 2{,}5\,cm$
(3) $V_B = \frac{1}{2} \cdot \frac{4}{3} \cdot \pi \cdot r^3$
$V_B = \frac{2}{3} \cdot \pi \cdot r^3$
(4) $V_B = \frac{2}{3} \cdot \pi \cdot 2{,}5^3$
$V_B \approx 32{,}7\,cm^3$

(5) Gesamtkörper: $V = 36\,cm^3 + 32{,}7\,cm^3 = 68{,}7\,cm^3$

3 Teilkörper A
(1) Würfel
(2) $a = 8\,cm$
(3) $V_A = a^3$
(4) $V = 8^3$
$V = 512{,}0\,cm^3$

Teilkörper B
(1) Kegel
(2) $r = 4\,cm$; $a = 8\,cm$
(3) $V = \frac{1}{3}\pi \cdot r^2 \cdot a$
(4) $V = \frac{1}{3} \cdot \pi \cdot 4^2 \cdot 8$
$V = 134{,}0\,cm^3$

(5) Gesamtkörper: $V \approx 512{,}0\,cm^3 - 134{,}0\,cm^3 \approx 378{,}0\,cm^3$

4 $V = 112\,cm^3$

5 $V \approx 23{,}8\,cm^3$

6 $V \approx 65{,}4\,cm^3$

7 $V \approx 171{,}4\,cm^3$

Sachaufgaben zu Körpern berechnen, Seite 71

1 (1) Kegel, Volumen V
(2) $r = 9\,cm$; $k = 20\,cm$
(3) $V = \frac{1}{3} \cdot G \cdot k$
$V = \frac{1}{3} \cdot \pi \cdot r^2 \cdot k$
(4) $V = \frac{1}{3} \cdot \pi \cdot 9^2 \cdot 20$
$V \approx 1696{,}5\,cm^3$
(5) Der Trichter fasst $1696{,}5\,cm^3$.

2 (1) Kegelstumpf, Mantelfläche M
(2) $r_1 = 18\,cm$; $r_2 = 14\,cm$; $s = 30{,}3\,cm$
(3) $M = \pi \cdot s \cdot (r_1 + r_2)$
(4) $M = \pi \cdot 30{,}3 \cdot (18 + 14)$
$M \approx 3046{,}1\,cm^2$
(5) Man braucht ungefähr $0{,}3\,m^2$ Stoff.

3 (1) Pyramidenstumpf, Volumen V
(2) $a_1 = 42\,cm$; $a_2 = 28\,cm$; $k = 39\,cm$
(3) $V = \frac{1}{3} \cdot k \cdot (G_1 + \sqrt{G_1 \cdot G_2} + G_2)$
$V = \frac{1}{3} \cdot k \cdot (a_1{}^2 + \sqrt{a_1{}^2 \cdot a_2{}^2} + a_2{}^2)$
(4) $V = \frac{1}{3} \cdot 39 \cdot (42^2 + \sqrt{42^2 \cdot 28^2} + 28^2)$
$V \approx 48\,412\,cm^3$
(5) Der Blumenkübel fasst ungefähr 48,4 l Erde.

4 (1) Kugel, Oberflächeninhalt O
(2) $d = 12\,740\,km$ ($r = 6370\,km$)
(3) $O = 4 \cdot \pi \cdot r^2$
(4) $O = 4 \cdot \pi \cdot 6370^2$
$O \approx 5{,}099 \cdot 10^8\,km^2$
(5) Die Erdoberfläche beträgt ungefähr 500 Mio. km^2.

5 Der Regentropfen sieht aus wie eine Kugel.
$V = \frac{4}{3} \cdot \pi \cdot r^3 = \frac{4}{3} \cdot \pi \cdot (4\,mm)^3 = 268{,}1\,mm^3$

6 Es wurden $30{,}8\,m^3$ Sand aufgeschüttet.

7 Der Eimer fasst 12,1 l Wasser.

8 Man benötigt $0{,}18\,m^2$ Leder für einen Fußball.

9 Im Zylinder sind noch 1,5 l Wasser.

Kompetenz-Test Körper, Seite 72

1 $V = \frac{1}{3} \cdot a^2 \cdot k = 155{,}52\,cm^3$	$k = \frac{3 \cdot V}{G} = 8\,cm$	$k \approx 15{,}4\,cm$; $V \approx 415{,}8\,cm^3$
2 $V = \frac{1}{3} \cdot \pi \cdot r^2 \cdot k \approx 141{,}1\,cm^3$	$k = \frac{3 \cdot V}{G} = 15\,cm$	$d = 2 \cdot \sqrt{\frac{3 \cdot V}{\pi \cdot k}}$; $d \approx 6{,}3\,cm$
3 $O = G + M = 108{,}38\,cm^2$	$O = \pi \cdot r(r + s) \approx 239{,}8\,cm^3$	$s \approx 10{,}8\,cm$; $O \approx 316{,}7\,cm^2$
4 $V = \frac{4}{3} \cdot \pi \cdot r^3 \approx 268{,}1\,cm^3$	$O = \pi \cdot d^2 \approx 78{,}5\,cm^2$	$r = \sqrt{\frac{O}{4 \cdot \pi}} \approx 8{,}4\,cm$
5 $V = \frac{1}{3} \cdot \pi \cdot r^2 \cdot k \approx 443{,}5\,cm^3$	$V = \frac{1}{3}\pi k(r_1{}^2 + r_1 r_2 + r_2{}^2) \approx 20\,378{,}5\,cm^3$	$V_{Kegel} \approx 4601{,}4\,cm^3$; $V_{Halbkugel} \approx 4601{,}4\,cm^3$; $V_G \approx 9202{,}8\,cm^3$

9 Wachstumsprozesse

Lineares Wachstum darstellen und berechnen, Seite 73

1 (1) Anfangswert c = 380 €; a = 75 €; n = 9
(2) $a_n = c + a \cdot n$ (3) $a_9 = 380 + 75 \cdot 9$ (4) $a_9 = 1055$ €

2 a) (1) Anfangswert c = 80 €; a = 0,4 €; n = 750
(2) $a_n = c + a \cdot n$ (3) $a_{750} = 80 + 0{,}4 \cdot 750$
(4) $a_{750} = 380$ €
b) (3) $a_{1500} = 80 + 0{,}4 \cdot 1500$
(4) $a_{1500} = 680$ €

3 a) (1) Anfangswert c = 1200 €; a = −85 €; n = 4
(2) $a_n = c + a \cdot n$ (3) $a_4 = 1200 + (-85) \cdot 4$
(4) $a_4 = 860$ €
b) (3) $a_8 = 1200 + (-85) \cdot 8$
(4) $a_8 = 520$ €

1.1 a) 889,00 € b) 1717,00 €

2.1 a) 190,00 € b) 287,65 €
c) 417,15 € d) 645,00 €

2.2 a) 120,00 € b) 287,40 €
c) 509,40 € d) 900,00 €

3.1 a) 1886,40 € b) 1244,40 €
c) 859,20 €

4 a) 0,904 m b) 1,129 m c) 2,329 m

5 a) 19,75 t b) 2,5 t
c) Für 50 Tage bräuchte man 37,5 t. Das Futter reicht nur 30 Tage.

6 a) 1,90 € b) 20,35 € c) 3,34 €
d) 3,70 € e) 24,04 €

Exponentielles Wachstum darstellen und berechnen: Zunahme, Seite 74

1 (1) c = 0,150 kg; a = 2; n = 4
(2) $a_n = c \cdot a^n$ (3) $a_4 = 0{,}150 \cdot 2^4$ (4) $a_4 = 2{,}4$ kg

2 (1) c = 600 €; a = 1,03; n = 5
(2) $a_n = c \cdot a^n$ (3) $a_5 = 600 \cdot 1{,}03^5$ (4) $a_5 \approx 696$ €

3 (1) c = 280 €; a = 1,04; n = 9
(2) $a_n = c \cdot a^n$ (3) $a_9 = 280 \cdot 1{,}04^9$ (4) $a_9 \approx 398{,}53$ €

4 a)

Jahr	1990	2000	2010	2020	2030
Bevölkerungszahl	5,2 Mrd.	6,24 Mrd.	≈ 7,49 Mrd.	≈ 8,99 Mrd.	≈ 10,78 Mrd.

b) Im Jahr 2030

1.1 a) 0,960 kg b) 1,92 kg
c) 3,84 kg d) 7,68 kg

2.1 a) 336,00 € b) 513,00 €

3.1 a) nach 3 Jahren: 166,31 €
b) nach 5 Jahren: 178,15 €

4.1 ≈ 67000 m^3

4.2 a) Der Bestand hat sich nach 8 Jahren mehr als verdoppelt: 5144613 Lkws.
b) Nach der Schätzung hätte es im Jahr 2005 insgesamt 4251746 Lkws geben sollen, es waren aber viel weniger.

5 Nach 5 Wochen ist die Alge 10,80 m lang.

Exponentielles Wachstum darstellen und berechnen: Abnahme, Seite 75

1 (1) c = 25000 €; a = 0,8; n = 5
(2) $a_n = c \cdot a^n$ (3) $a_5 = 25000 \cdot 0{,}8^5$ (4) $a_5 \approx 8192$ €

2 (1) c = 5000 Lux; a = 0,6; n = 4
(2) $a_n = c \cdot a^n$ (3) $a_4 = 5000 \cdot 0{,}6^4$ (4) $a_4 = 648$ Lux

3 (1) c = 100 °C; a = 0,95; n = 20
(2) $a_n = c \cdot a^n$ (3) $a_{20} = 100 \cdot 0{,}95^{20}$ (4) $a_{20} \approx 36$ °C

4

Anzahl der Tage	0	1	2	3	4	5
Jodmasse in mg	5,00	≈ 4,60	≈ 4,23	≈ 3,89	≈ 3,58	≈ 3,30

1.1 a) Nach 3 Jahren beträgt der Zeitwert ≈ 210000 €.
b) Nach 5 Jahren beträgt der Zeitwert ≈ 120000 €.

1.2 Der Wert des Laptops beträgt nach 3 Jahren 324 €.

2.1 a) ≈ 84 Lux b) ≈ 30 Lux c) ≈ 0,2 Lux

3.1 a) 59,9 °C b) 21,5 °C c) 4 °C
Allerdings sinkt die Wassertemperatur nicht unter die Zimmertemperatur.

4.1 a)

Anzahl der Tage	6	7	8	9	10
Jodmasse in mg	3,03	2,79	2,57	2,36	2,17

b) nach ca. 8 Tagen

4.2 a) nach 10 Tagen: 6,95 mg
b) nach 15 Tagen: 4,58 mg
c) nach 20 Tagen: 3,02 mg

4.3 a)

Anzahl der Jahre	10	20	30	40	50
Masse in mg	77,63	60,27	46,79	36,32	28,20

b) nach ca. 50 Jahren (54 Jahren 9 Monaten)

Zinseszinsen berechnen, Seite 76

1 (1) K = 15000 €; p % = 3 %; q = 1,03; n = 5
(2) $K_n = K_0 \cdot q^n$ (3) $15000 \cdot 1{,}03^5$ (4) $K_5 = 17389{,}11$ €

2 a) $q = 1{,}02$; $q^4 \approx 1{,}082$ b) $q = 1{,}03$; $q^6 \approx 1{,}194$
c) $q = 1{,}025$; $q^3 \approx 1{,}077$

3 a) (1) $K_6 = 5000 \cdot 1{,}0325^6$ b) (1) $K_2 = 2000 \cdot 1{,}0275^2$
(2) $K_6 = 6057{,}74$ € (2) $K_2 = 2111{,}51$ €
c) (1) $K_8 = 8000 \cdot 1{,}025^8$
(2) $K_8 = 9747{,}22$ €

4 (2) $K_n = K_0 \cdot q^n \quad | : q^n$; $K_0 = K_n : q^n$
(3) $K_0 = 10000$ € $: 1{,}025^5$ (4) $K_0 \approx 8838{,}54$ €

5 a)

n	10	11	12	13	14	15
q^n	1,708	1,802	1,901	2,006	2,116	2,232

b) n = 13

1.1 a) $K_3 = 2091{,}36$ €; $K_5 = 2154{,}57$ €; $K_{10} = 2321{,}08$ €
b) $K_2 = 5253{,}13$ €; $K_6 = 5798{,}47$ €; $K_8 = 6092{,}01$ €

2.1 a) $q = 1{,}03$; $q^4 \approx 1{,}126$ b) $q = 1{,}025$; $q^3 \approx 1{,}077$
c) $q = 1{,}035$; $q^6 \approx 1{,}229$ d) $q = 1{,}0175$; $q^5 \approx 1{,}0906$

3.1 a) $K_8 = 14\,620{,}84$ € b) $K_5 = 8516{,}57$ €
c) $K_4 = 9566{,}82$ €

3.2 a) $K_6 = 2985{,}13$ € b) $K_6 \approx 1{,}194 \cdot K_0$

3.3 a) $K_1 = 5212{,}50$ €; $K_2 = 5434{,}03$ €; $K_3 = 5664{,}98$ €;
$K_4 = 5905{,}74$ €; $K_5 = 6156{,}73$ €; $K_6 = 6418{,}39$ €; $K_7 = 6691{,}18$ €;
$K_8 = 6975{,}55$ €; $K_9 = 7272{,}01$ €; $K_{10} = 7581{,}07$ €
b) Nach ca. 17 Jahren hat sich das Kapital verdoppelt.

4.1 a) $K_0 = 6838{,}43$ € b) $K_0 = 10\,633{,}78$ €

5.1 Nach ca. 19 Jahren hat sich das Kapital verdoppelt.

Kompetenz-Test Wachstumsprozesse, Seite 77

1 (1) c = 525,00 €; a = 75 €; n = 6 (2) $a_n = c + a \cdot n$ (3) $a_6 = 525 + 6 \cdot 75$ (4) $a_6 = 975{,}00$ €	(1) c = 3251,50 €; a = 123,50 €; n = 10 (2) $a_n = c + a \cdot n$ (3) $a_{10} = 3251{,}50 + 10 \cdot 123{,}50$ (4) $a_{10} = 4486{,}50$ €	(1) c = 3,10 €; a = 1,50 €; n = 4,5 (2) $a_n = c + a \cdot n$ (3) $a_{4,5} = 3{,}10 + 4{,}5 \cdot 1{,}5$ (4) $a_{4,5} = 9{,}85$ €
2 (1) c = 370,00 €; a = 1,015; n = 5 (2) $a_n = c \cdot a^n$ (3) $a_5 = 370 \cdot 1{,}015^5$ (4) $a_5 = 398{,}60$ €	(1) c = 51 528 Einw.; a = 0,993; n = 10 (2) $a_n = c \cdot a^n$ (3) $a_{10} = 51\,528 \cdot 0{,}993^{10}$ (4) $a_{10} \approx 48\,033$ Einw.	(1) c = 1 033 400 000 Einw.; a = 1,0151; n = 10 bzw. 20 (2) $a_n = c \cdot a^n$ Jahr 2020: (3) $a_{10} = 1\,033\,400\,000 \cdot 1{,}0151^{10}$ (4) $a_{10} = 1\,200\,485\,000$ Einw. Jahr 2030: (3) $a_{20} = 1\,033\,400\,000 \cdot 1{,}0151^{20}$ (4) $a_{20} = 1\,394\,585\,100$ Einw.
3 (1) $K_0 = 5000$ €; p = 3,0 %; q = 1,03; n = 5 (2) $K_n = K_0 \cdot q^n$ (3) $K_5 = 5000 \cdot 1{,}03^5$ (4) $K_5 = 5796{,}37$ €	(1) $K_0 = 75\,000$ €; p = 1,5 %; q = 1,015; n = 3 (2) $K_n = K_0 \cdot q^n$ (3) $K_3 = 75\,000 \cdot 1{,}015^3$ (4) $K_3 = 78\,425{,}88$ €	(1) $K_{10} = 10\,000$ €; q = 1,025; n = 10 (2) $K_0 = K_n : q^n$ (3) $10\,000 : 1{,}025^{10}$ (4) $K_0 = 7811{,}98$ €

10 Sachthemen

Ökologischen Wert von Bäumen bestimmen, Seite 78

1 a)
(1) $V_a = \frac{1}{6} \cdot \pi \cdot d_a^3$
(2) $V_a = \frac{1}{6} \cdot \pi \cdot (12\,m)^3$
$V_a \approx 900\,m^3$

b)
(1) $V_j = \frac{1}{6} \cdot \pi \cdot d_j^3$
(2) $V_j = \frac{1}{6} \cdot \pi \cdot (2\,m)^3$
$V_j \approx 4\,m^3$

c) (1) $V_a = a \cdot V_j \quad | : V_j$
$a = \frac{V_a}{V_j}$
(2) $a = \frac{900\,m^3}{4\,m^3} \approx 230$

d) W = 250 € · 230
W ≈ 60 000 €

2 a) (1) $V = r^2 \cdot \pi \cdot k$
(2) $V = (0{,}3\,m)^2 \cdot \pi \cdot 8\,m$
$V \approx 2{,}3\,m^3$

b) H ≈ 200 € · 2,3 = 460 €

c) Der ökologische Wert in Euro ist ungefähr das 130-Fache des Holzwertes.

3

	Baumkronenvolumen	Anzahl der Blätter	Sauerstofferzeugung je Stunde	deckt den Sauerstoffbedarf von
alte Buche ($d_a = 12\,m$)	$\approx 900\,m^3$	≈ 400 000	≈ 850 g	≈ 5 Menschen
50 junge Buchen ($d_j = 2\,m$)	$\approx 200\,m^3$	≈ 90 000	≈ 200 g	≈ 1 Mensch

Energiesparlampen verwenden, Seite 79

1 a) 15 · 11 W + 12 · 20 W = 405 W = 0,405 kW
b) 0,405 kW · 2 h · 365 = 295,65 kWh
c) 295,65 kWh · 0,28 € = 82,78 €
d) 15 · 6,50 € + 12 · 12,00 € = 241,50 €
e) 8000 h : 2 h pro Tag = 4000 Tage; 4000 h : 365 ≈ 11 Jahre
f) 82,78 € · 11 = 910,58 €
g) 241,50 € + 910,58 € = 1152,08 €

2 a) 15 · 60 W + 12 · 100 W = 2100 W = 2,1 kW
b) 2,1 kW · 2 h · 365 = 1533 kW
c) 1533 · 0,28 € = 429,24 €
d) 15 · 0,90 € + 12 · 1,00 € = 25,50 €
e) 25,50 € · 8 = 204,00 €
f) 11 · 429,24 € = 4721,64 €
g) 204,00 € + 4721,64 € = 4925,64 €

3 a) 4925,64 € − 1152,08 € = 3773,56 €
Einsparungen nach 11 Jahren 3773,56 €.
b) 3773,56 € : 11 = 189 €
Einsparung pro Jahr 343,05 €.

Energiekosten verstreichen, Seite 80

1 Zählerstand alt: 60 044; Zählerstand neu: 62 294
Verbrauch in kWh: 2250

2 a) 2250 kWh · 0,2253 €/kWh = 506,93 €
b) 2250 kWh · 0,015 €/kWh = 33,75 €
c) 506,93 € + 33,75 € + 65,00 € = 605,68 €
d) 605,68 € · 0,19 = 115,08 €
e) 605,68 € + 115,08 € = 720,76 €
Siehe Abbildung 1.

3 a) Siehe Abbildung 1.
b) Siehe Abbildung 2.

4 a) Billig-Strom ist unwesentlich günstiger.
b) Einsparung 4,82 €, d.h. 0,67%.

Müllgebühren kontrollieren, Seite 81

1 a) 47,00 €
b) 26 Leerungen; 26 · 1,53 € = 39,78 €
c) 120 l · 26 = 3120 l; 3120 l · 0,350 kg/l = 1092 kg
d) 1092 · 0,22 € = 240,24 €
e) 47,00 € + 39,78 € + 240,24 € = 327,02 €

2 und **3** a), b) und c)
Siehe Abbildung 3.

3 d)

	K
10	=J10/I9*100 (−17,0%)
11	=J11/I9*100 (−25,3%)

Rechnungen kontrollieren und erstellen, Seite 82

1 b) 1757,97 € − 52,74 € = 1705,23 €

2

Artikel-Nummer	Anzahl (Kisten)	Artikelbezeichnung	Preis je Einheit in €	Bruttobetrag in €	Rabatt in %	Nettobetrag in €
042	250	Apfelsaft	6,48	1620,00	40	972,00
052	150	Orangensaft	8,36	1254,00	30	877,80
125	80	Kirschsaft	8,87	709,60	20	567,68

stpfl. Betrag in €	MwSt. in %	MwSt. in €	Betrag in €
2417,48 €	19%	459,32 €	2876,80 €

3 a) Zelle B4: B3−B3*C2/100 Zelle B5: B4*D2/100
Zelle B6: B4+B5 Zelle B7: B6*E2/100 Zelle B8: B6−B7
b) 653,51 € c) 609,46 €

Abbildung 1

Stromkostenermittlung

Verbrauch in kWh	€ je kWh	Arbeitspreis in €	Grundpreis in €	Nettobetrag in €	Umsatzsteuer in %	Umsatzsteuer in €	Stromkosten in €
2250	0,2253	506,93	65,00	605,68	19,00	115,08	720,76

Abbildung 2

	A	B	C	D	E	F	G	H	I
1	Verbrauch in kWh	€ je kWh	Arbeitspreis in €	Grundpreis in €	Stromsteuer in €	Nettobetrag in €	Umsatzsteuer in %	Umsatzsteuer in €	Stromkosten in €
2	2250	0,2253	=A2*B2 506,93	65,00	=A2*0,015 (33,75)	=C2+D2+E2 605,68	0,19	=F2*G2 115,08	=F2+H2 720,76
3	2250	0,2047	=A3*B3 460,58	107,30	=A3*0,015 (33,75)	=C3+D3+E3 601,63	0,19	=F3*G3 114,31	=F3+H3 715,94

Abbildung 3

	A	B	C	D	E	F	G	H	I	J
8	Abnahme in %	Faktor	Müllmenge in Liter	Müllgewicht in kg	Grundgebühr	Anzahl der Leerungen	Leerungsgebühr	Gewichtsgebühr	jährl. Gesamtgebühr	Einsparung in €
9			=B2*B3 (3120)	=C9*B1 (1092)	=B4 (47,00)	26	=F9*B5 (39,78)	=D9*B6 (240,24)	=E9+G9+H9 (327,02)	
10	20	0,8	=C9*B10 (2496)	=C10*B1 (873,6)	=B4 (47,00)	=Ganzzahl (C10/B2) + 1 (21)	=F10*B5 (32,13)	=D10*B6 (192,19)	=E10+G10+H10 (271,32)	=I9−I10 (55,70)
11	30	0,7	=C9*B11 (2184)	=C11*B1 (764,4)	=B4 (47,00)	=Ganzzahl (C11/B2) + 1 (19)	=F11*B5 (29,07)	=D11*B6 (168,17)	=E11+G11+H11 (244,24)	=I9−I11 (82,78)

11 Daten und Zufall

Daten in Diagrammen darstellen und auswerten, Seite 83

1 a)

	I. Quartal	II. Quartal	III. Quartal	IV. Quartal
2010	15	18	20	11
2011	14	19	23	16
2012	18	30	35	17

b) Sinnvoll ist das Säulendiagramm. Verteilung direkt ablesbar.

2 a)

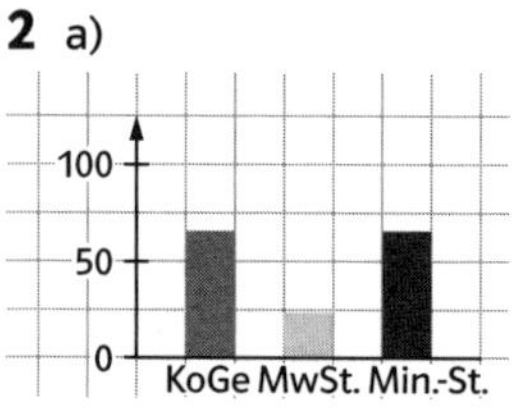

b)

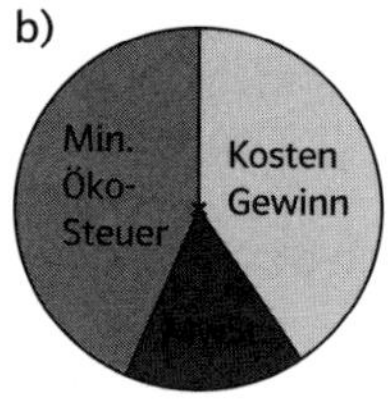

c)

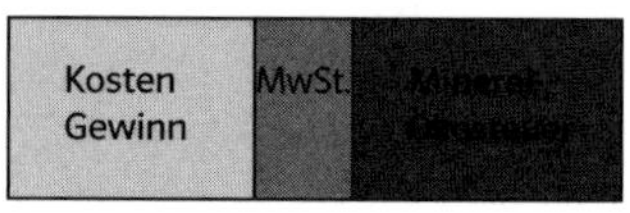

d) Am Sinnvollsten ist das Kreisdiagramm, dann das Streifendiagramm. Dabei werden die Anteile am besten dargestellt.

3

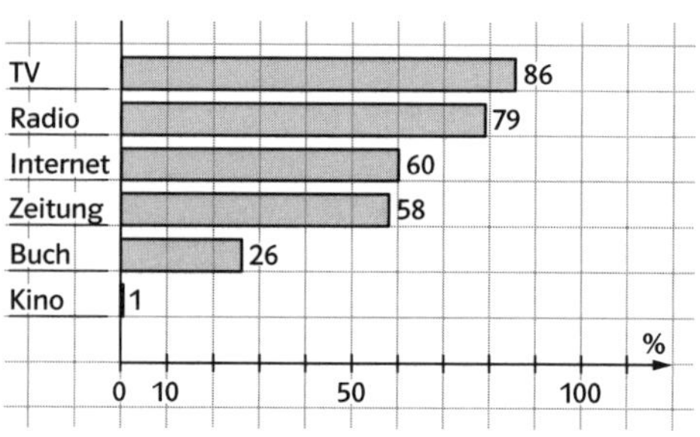

4 a) 20,8; 30,8; 36,2; 40,8; 45,2; 51,3; 62,0
b) Minimum: 20,8 km Maximum: 62,0 km Spannweite: 41,2 km
Mittelwert: 41,0 km Zentralwert: 40,8 km

2.1 Geeignet sind Säulen- und Balkendiagramme.

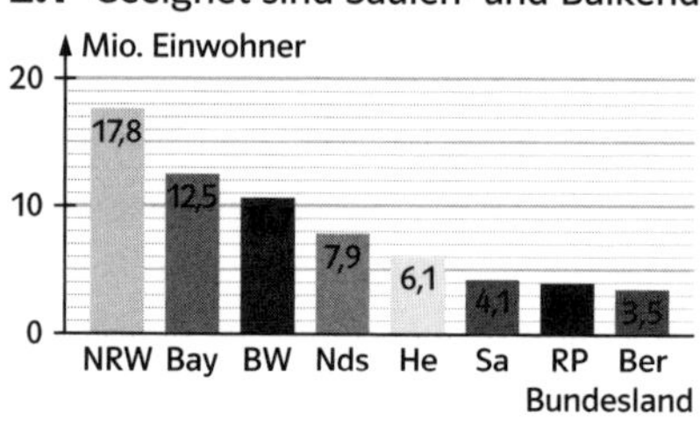

4.1 a) Rangliste: 49,2; 50,5; 52,8; 54,6; 56,1; 56,3; 57,1; 58,1; 58,5; 60,2; 60,6; 61,2; 66,0
b) Minimum: 49,2 kg Maximum: 66,0 kg Spannweite: 16,8 kg
Mittelwert: 57,0 kg Zentralwert: 57,1 kg

Daten im Boxplot darstellen und auswerten, Seite 84

1 a) Min = 2 b) Max = 28 c) z = 10
d) $q_u = 5$ e) $q_o = 15$ f) q = 10

2 a)

Rangplatz	1.	2.	3.	4.	5.	6.	7.	8.	9.	10.	11.	12.	13.	14.	15.
Anzahl SMS	3	4	4	6	7	10	11	13	14	15	16	18	18	19	22

b)

	unteres Quartil q_u	Zentralwert z	oberes Quartil q_o
(1)	$\frac{1}{4} \cdot (15 + 1) = 4$	$\frac{1}{2} \cdot (15 + 1) = 8$	$\frac{3}{4} \cdot (15 + 1) = 12$
(2)	Mittelwert ist 4. Rangplatz	Mittelwert ist 8. Rangplatz	Mittelwert ist 12. Rangplatz
(3)	$q_u = 6$	z = 13	$q_o = 18$

c)

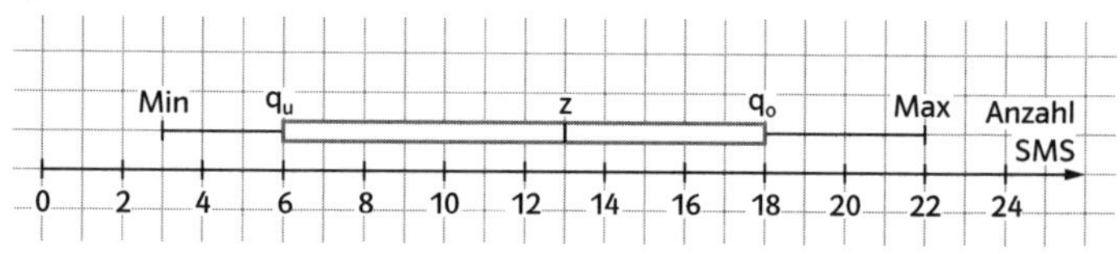

3

	Minimum	Maximum	q_u	z	q_o	q
Klasse 8	22	50	25	30	36	11
Klasse 10	25	60	32	38	45	13

2.1 a) Rangliste Mädchen: 4; 5; 12; 17; 18; 20; 25; 32; 33; 40; 51; 62
Rangliste Jungen: 0; 2; 5; 6; 9; 12; 15; 18; 18; 19; 21; 25; 28; 45
b)

	Min	Max	q_u	z	q_o	q
Mädchen	4	62	$\frac{12+17}{2} = 14{,}5$	$\frac{20+25}{2} = 22{,}5$	$\frac{33+40}{2} = 36{,}5$	22
Jungen	0	45	6	$\frac{15+18}{2} = 16{,}5$	21	15

c)

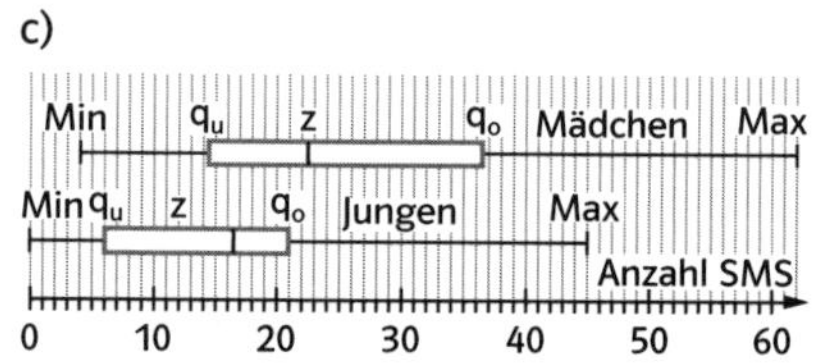

d) Alle statistischen Kennwerte sind bei den Mädchen größer.

4 a) falsche Aussage! Der Zentralwert bei den Schülern der Klasse 10 liegt höher.
b) richtige Aussage! Der Zentralwert z beträgt 30 €, somit liegt die Hälfte darunter.
c) richtige Aussage! Das untere Quartil q_u liegt bei 32 €, 25 % liegen darunter.

Wahrscheinlichkeit zweistufiger Zufallsversuche bestimmen, Seite 85

1 a) $P(E_1) = P(\text{blau}) = \frac{3}{6} = \frac{1}{2}$; $P(E_2) = P(\text{rot}) = \frac{2}{6} = \frac{1}{3}$;

$P(\text{blau, rot}) = \frac{1}{2} \cdot \frac{1}{3} = \frac{1}{6} \approx 16{,}7\,\%$

b) $P(\text{gelb, blau}) = \frac{1}{6} \cdot \frac{1}{2} = \frac{1}{12} \approx 8{,}3\,\%$

2 a), b), c)

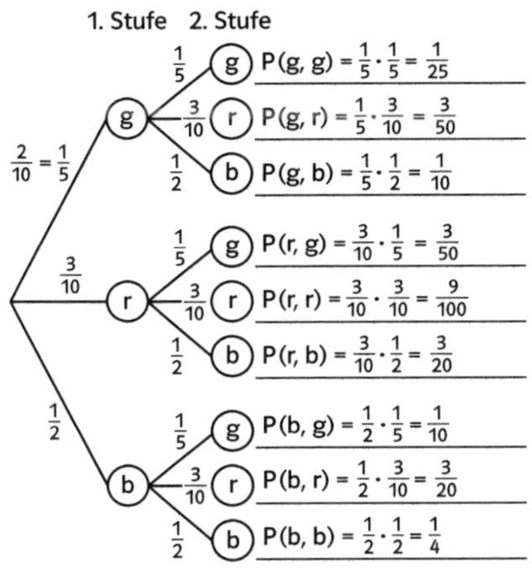

d) $P_1(\text{gelb, gelb}) = \frac{1}{25}$; $P_2(\text{rot, rot}) = \frac{9}{100}$; $P_3(\text{blau, blau}) = \frac{1}{4}$

$P(E)(\text{gleiche Farbe}) = P_1 + P_2 + P_3 = \frac{1}{25} + \frac{9}{100} + \frac{1}{4} = \frac{38}{100} = 38\,\%$

3 a), b), c)

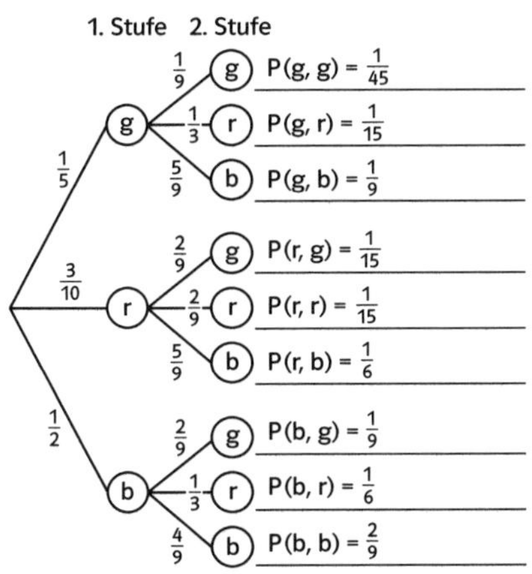

d) $P(E)(\text{gleiche Farbe}) = \frac{1}{45} + \frac{1}{15} + \frac{2}{9} = \frac{14}{45} \approx 31{,}1\,\%$

$P(E)(\text{nicht gleiche Farbe}) \approx 1 - 31{,}1\,\% = 68{,}9\,\%$

Wahrscheinlichkeit mehrstufiger Zufallsversuche bestimmen, Seite 86

1 (1) (2)

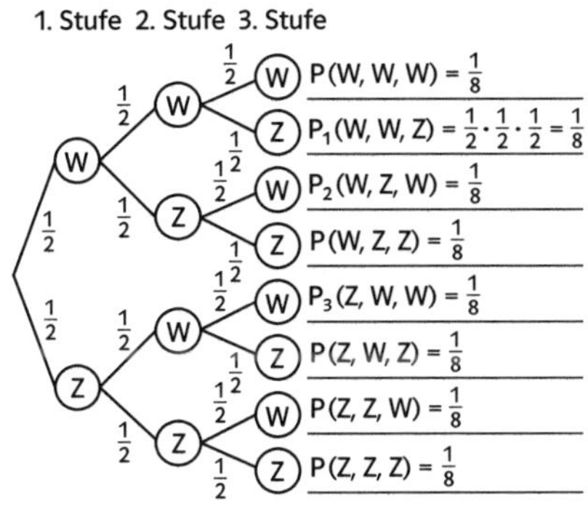

(3) $P_1 + P_2 + P_3 = \frac{1}{8} + \frac{1}{8} + \frac{1}{8} = \frac{3}{8}$

2 a), b), c)

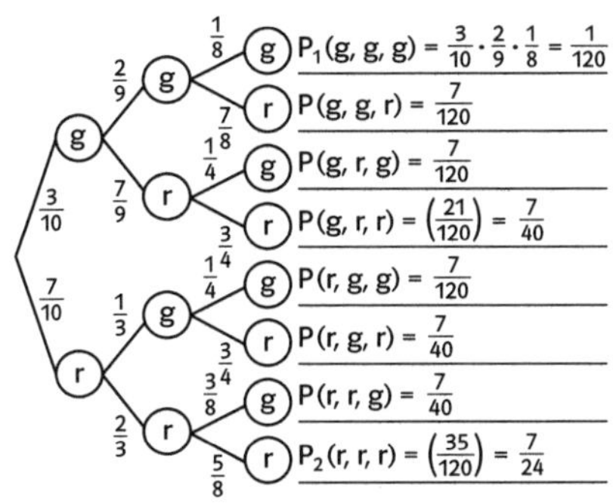

d) $P_1(g, g, g) = \frac{1}{120}$; $P_2(r, r, r) = \left(\frac{35}{120}\right) = \frac{7}{24}$;

$PE(\text{gleiche Farbe}) = \frac{1}{120} + \frac{7}{24} = \frac{36}{120} = \frac{3}{10} = 30\,\%$

3 a), b)

1. Wurf	2. Wurf	3. Wurf	Wahrscheinlichkeit P
6	6	4	$\frac{1}{6} \cdot \frac{1}{216}$
6	5	5	$\frac{1}{216}$
5	6	5	$\frac{1}{216}$
5	5	6	$\frac{1}{216}$
4	6	6	$\frac{1}{216}$
6	4	6	$\frac{1}{216}$

c) $P(E) = \frac{1}{216} + \frac{1}{216} + \frac{1}{216} + \frac{1}{216} + \frac{1}{216} + \frac{1}{216} = \frac{6}{216} \approx 2{,}8\,\%$

Das Arbeitsheft Mathematik kann lehrwerksunabhängig eingesetzt werden:
- zusätzlich zu jedem Lehrwerk im Unterricht
- als zentrales Arbeitsheft für den Mathematikunterricht
- zur selbstständigen Erarbeitung mit individuellen Lehrplänen
- im Nachmittagsunterricht
- zur Wiederholung und Festigung von Inhalten der letzten Schuljahre

Heft 6 enthält folgende Themenbereiche der Klasse 10:
- Gleichungen
- Gleichungssysteme
- Quadratische Funktionen
- Potenzfunktionen
- Trigonometrie
- Rauminhalte
- Oberflächeninhalte
- Sachthemen
- Daten und Zufall
- sowie alle Lösungen zu den Aufgaben

Ein Test am Ende wichtiger Kapitel überprüft die erworbenen Kompetenzen.

Beilage zum Arbeitsheft Mathematik 6

www.klett.de

Zeichnungen/Illustrationen: media office gmbh, Kornwestheim; Rudolf Hungreder, Leinfelden
DTP / Satz: media office gmbh, Kornwestheim